奔腾年代

互联网与中国
1995
—
2018

郭万盛 著

中信出版集团·北京

图书在版编目（CIP）数据

奔腾年代：互联网与中国：1995—2018 / 郭万盛著 . -- 北京：中信出版社，2018.9
ISBN 978-7-5086-9354-5

I. ①奔⋯ II. ①郭⋯ III. ①互联网络－发展－研究－中国－1995-2018 IV. ① TP393.4

中国版本图书馆 CIP 数据核字（2018）第 184279 号

奔腾年代——互联网与中国 1995—2018
著　　者：郭万盛
出版发行：中信出版集团股份有限公司
　　　　　（北京市朝阳区惠新东街甲 4 号富盛大厦 2 座　邮编　100029）
承　印　者：北京诚信伟业印刷有限公司

开　　本：787mm×1092mm　1/16　　印　张：14.5　　字　数：387 千字
版　　次：2018 年 9 月第 1 版　　　　印　　次：2018 年 9 月第 1 次印刷
广告经营许可证：京朝工商广字第 8087 号
书　　号：ISBN 978-7-5086-9354-5
定　　价：68.00 元

版权所有·侵权必究
如有印刷、装订问题，本公司负责调换。
服务热线：400-600-8099
投稿邮箱：author@citicpub.com

谨以此书献给推动中国前进的人们

推荐语

《奔腾年代》是中国互联网史的佳作。互联网史有两个特点：一是近在眼前。这段历史与每个人的当下与现在割舍不断，我们每人身处庐山之中，一花一草，无不生鲜。看历史的人就是历史中人。二是远在天边。一千年后，其他轰轰烈烈的当代历史都暗淡下去后，人们仰望星空，会发现，这颗星与蒸汽机革命那颗星一样明亮，离得越远，越显光芒，因为它是恒星。

——姜奇平　中国社科院信息化研究中心秘书长

今年是改革开放40周年，互联网在中国改革开放的后半程扮演了关键角色。系统梳理这20多年的中国互联网发展历程，是了解中国改革开放一把很重要的钥匙。中国互联网史，不远不近，值得我们深入总结和思考。郭万盛为我们做了一件很有价值的事情。

——方兴东　互联网实验室创始人，互联网口述历史（OHI）项目发起人

凡为过去，皆为序章。《奔腾年代》以鲜活的故事深入反映了互联网如何改变中国，呈现了中国经济、社会、科技、政治等领域激动人心的变革，对于人们如何透过互联网，考察过去，走进未来，具有重要参考价值。

——李建华　滴滴出行集团党委书记、首席发展官

跨界融合，万物互联，互联网正在深入彻底地改变人类社会，并让人们对自己产生更深刻的认知。这一切的发生，让当下无愧于一个伟大的时代！《奔腾年代》对这个时代做了生动的记录，有助于我们更清楚地把握所处的时代位。

——张衍阁　界面新闻执行总编辑

阅读《奔腾年代》，你会发现，这20多年间，互联网的发展变革了整个时代。究其本质，是源于个体进化方式的颠覆：互联网彻底打破了资源的过度中心化，任何渺小的个体，都有可能爆发出"影响世界"的巨大能量。这种因变革而带给普通人的机遇与价值空间，足够激荡人心，这是互联网给个体赋能的结果。

——董冠杰　北京奇树有鱼文化传媒有限公司创始人兼首席执行官

目 录

前 言 -III

第一部 拓 荒

1995：潮起 -003

1996：启蒙 -025

1997：浪奔浪流 -046

1998：门户元年 -067

第二部 跌 宕

1999：热浪滚滚 -093

2000：火与冰 -120

2001—2002：突围 -145

2003：声音的力量 -166

第三部　沸　腾

2004：第二次浪潮 -191

2005—2006：众神狂欢 -211

2007：数字化民主 -231

2008：大国公民 -248

第四部　社　交

2009：新连接 -275

2010：大碰撞 -296

2011：微革命 -312

2012—2013：新人治国 -332

第五部　融　合

2014：引领者 -355

2015：跨越边界 -376

2016：万物皆媒 -398

2017—2018：未来已来 -423

后　记 -441

参考书目 -445

前 言

> 我似乎觉得,为我们所经历过的那种紧张而富有戏剧性的令人惊诧的生活做见证,是我应尽的一种义务。
>
> ——[奥]斯蒂芬·茨威格《昨日的世界》

一

20世纪90年代初的某一天,在山东兰陵的一片棉花地里,因为疲惫和孤独,我突发奇想:要是有一种机器能带在身上,让我能随时联系到远方的小伙伴就好了。彼时,因为物质的匮乏和信息的闭塞,"大哥大"于我而言,还是个闻所未闻的词,BP机直到90年代中叶才开始在县城追求时尚的人群中流行。在几乎与信息文明毫无关联的故乡的土地上,我的想法显得遥远而不切实际。对于个人亲历的经验世界之外的认知途径,除了学校发的教科书,偶尔在县城书店购得的杂志,就是口口相传的历史故事和民间传说。时间平静舒缓,世界似乎一成不变。

大概在2000年前后,随着网吧在县城零星出现,信息化的浪潮开始冲刷到了我所生活的乡土中国。互联网悄无声息地为无数年轻人打开了一扇大门，将他们带向一个充满了无限可能的世界。他们从网上阅读新闻，浏览信息，消遣娱乐，在论坛中发表一己之见，向不知身在何方的陌生人敞开心扉。人们的生活越来越多地被打上信息技术革命的烙印。事物存在的方式也逐渐分为两部分，现实的和虚拟的。自此，时间开始了加速度，影响生存的变量逐渐增多。

特别是 2010 年之后，随着移动互联网的普及，这种趋势愈发明显。信息科技的门槛越来越低，操作也越来越简单。互联网成为人们日常生活中不可或缺的一部分。手机支付越来越普遍，在城镇的集市上，即使买一碗豆浆，也可以使用支付宝或微信支付。网约车软件把出租车和专车司机与乘客密切地联系在了一起，无论是在人口聚集的县城，还是在散布于原野的村庄，出行用车都变得便捷而高效。互联网拉近了中国村庄和世界各地的距离，在代购网站下单后，海外的各种物品可以通过便捷的物流渠道抵达中国的村落。

互联网给故乡带来的变化，只是一个非典型样本。到目前为止，8 亿人笼罩在互联网的晨晖之中。广袤的中国大地，正被互联网赋予崭新的生机与活力。随着数字化的浪潮与中国改革开放的大潮相互激荡，一个繁荣的数字社会正在降临。尼葛洛庞帝在 20 世纪 90 年代所预言的"数字化生存"，我们都已习以为常。

二

《失控》的作者凯文·凯利说："互联网时代是一个关联的时代，在这个时代中，我们会由一种个体变为一种集体。我认为，在互联网时代中，我们通过结合把自己变为一种新的、更强大的物种。"这种表述并非夸大其词。在互联网时代，不同区域、不同行业的人产生了新的连接，人们存在的方式和以前有着天壤之别。个体正得到前所未有的尊重，草根长成参天大树的故事，数不胜数。曾经沉默的、弱小的或孤寂的人，也可以通过互联网发出自己的声音。即使卑如苔花、渺如尘埃，同样可以成为被关注的焦点。

当个体被赋能以后，组织的存在形态也不可避免地发生了变化。在互联网的冲击之下，无数行业的固有边界变得模糊不清。交融成为趋势，跨界和重构成为常态。"去中心化""零距离""分布式"的互联网特质，投射到各个传统行业领域。平台化管理的互联网企业运营方式，启发着传统的企业寻求互联网时代的再生之道。在诸多企业中，海尔成为颇有代表性的先行者。传统企业管理的封闭式科层制被打破，企业转型为开放式、自组织的创业平台。用张瑞敏的话说："过去海尔是海，现在海尔是云。海再大，仍有边际。云再小，可接万端。"在他眼中，海尔已经蜕变成了一家互联网公司。

从更宏观的角度审视互联网与中国的关系，人们将会发现，互联网革命给中国带来了重新崛起的时代机遇。经过 20 多年的发展，中国站在了数字化浪潮的前沿，从一个亦步亦趋的追随者转变为勇于革故鼎新的引领者。在全球市值排名前 10 的互联网公司中，中国已经占据了 5 个席位。阿里巴巴、腾讯、京东、百度等互联网企业开始成为中国的新名片。而在独角兽企业的世界排名中，中国的独角兽企业数量超过 60 家，成为仅次于美国的国家。中国的"新四大发明"——高铁、移动支付、共享单车和网购——为"一带一路"沿线国家的年轻人艳羡不已。诞生于互联网时代的"双 11"，已成为世界规模最大的购物节，覆盖全球 220 多个国家和地区，汇聚了全世界 1500 万种货品。开启未来的人工智能、共享经济、区块链等互联网最新的应用，即便是一些中国大妈也已经耳熟能详。因为在资本觉醒的年代，这些与她们的投资收益息息相关。

如果一个外国人初来乍到，在体验移动互联网技术对于日常生活的渗透之后，将不可避免地会产生一种走进未来的错觉。美国硅谷那些向来有些自负的技术天才，正对微信、淘宝等源自中国的互联网创新思维和模式产生着越来越浓厚的兴趣。在西方媒体的版面上，"世界工厂"这个词显然落伍了，取而代之的是"世界创新工厂"。

三

一切肇始于 1987 年 9 月 20 日。那一天，中国科学家钱天白向德国卡尔斯鲁厄大学发出了一封内容为"穿越长城，走向世界"的电子邮件，中国由此成为国际互联网络大家庭中的重要一员。当时的人们不会料到，这封言简意赅的电子邮件，会开创崭新的历史。1994 年 4 月 20 日，又一个重要的历史节点。这天，经过中国科学家胡启恒、钱华林等人不竭余力地争取，一条 64K 国际专线将中关村地区教育与科研示范网络与互联网连在了一起。中国成为第 77 个全功能接入互联网的国家。自此，互联网的神秘之光照到了渴盼早日融入世界数字大潮的中国。面对互联网这个历史上不曾出现的新事物，中国的互联网创业者们将美国互联网公司的做法拷贝到中国，让其在中国生根发芽。而开放的社会环境，则为互联网的壮大提供了广阔的成长空间。

历史的关键之处，往往只有几步。互联网的前身阿帕网诞生在美国国防部，而且带着美苏两个不同意识形态的国家进行冷战的烙印。虽然这个新技术如何影响未来尚不明确，但当互联网的浪潮在世界激荡时，渴望融入世界的中国并未视之为洪水猛兽，而是从中看到了追寻现代性的新希望。尤为难得的是，中国的决策者，准确地把握住了这次难得的机遇，张开双臂，热烈地迎接这个伟大的发明。在美国 1993 年宣布实施"信息高速公路"计划之后，中国政府紧接着于 1994 年做出了让互联网落地中国的决定。1995 年，中国互联网正式开始了商业化应用。接下来，决策者对互联网领域的创新给予了最大限度的支持和包容。每逢关键的时刻，政府层面推出的政策几乎都推动互联网浪潮跃向新的高度。

造就互联网蓬勃发展态势的，还有一股源自市场经济深处的力量，那便是敢于冒险和探索的企业家精神。这种精神滋长于改革开放开辟的新天地中，反过来又拓展着改革开放领域的边界。在中国开辟出一条通向互联网世界的道路之后，嗅到先机的企业家便开始了行动。张树新、马云、丁磊、田溯宁等人，勇敢地和过去的自己告别，义无反顾、无所畏惧地跃向互联网的浪潮之中。在很大程度上，他们扮演了中国互联网奠基者的角色。基于一种舍我其谁的历史使命感，他们或者凭借技术或者凭借资本或者仅凭对互联网的信仰，试图借助互联网带来的契机助推民族的崛起。他们殚精竭虑地向中国民众普及互联网知识，激发人们对互联网的好奇和向往，并将他们发展成为互联网的用户。"中国人离信息高速路还有多远？向北 1500 米。"这句写在中关村南大街一块广告牌上的广告词，已经成为中国互联网发展史和中国改革开放史上的经典话语。

习近平总书记说："历史是人民书写的，一切成就归功于人民。"中国互联网的光辉灿烂，归根结底来自数亿网民的推动。中国巨大的人口数量，是互联网发展的厚重的土壤。没有哪个国家，具有中国这种互联网用户规模。根据中国互联网络信息中心在 2018 年 8 月发布的报告，到 2018 年 6 月，我国网民数量有 8.02 亿，使用手机上网的网民规模达到

7.88亿。而放眼未来，中国网民的数量还在呈持续增长趋势。数亿网民就是数亿个节点。他们的思想和创意，他们的参与和分享，他们交往主体角色的增强，造就了互联网的繁荣景象，并推动着互联网与经济社会各领域深度融合。十几年前，网易提出的口号"网聚人的力量"，放在今天依然有其存在的价值。

四

在急遽变化的时代中，人们更多地将目光投向未来。但不论身处何种方位，驻足回望都有其必要性。唯有了解过去的行进之路，才能更好地走进前方未知的地带。

特别是当中国改革开放进入不惑之年的时候，对中国互联网的来时之路进行审视，更是别有一番况味。在中国改革开放的历史中，互联网几乎是最具活力的领域。万物皆流，无物常驻。技术的突飞猛进，让一切都尚未定型。你永远不知道新的力量会在何方突然拔地而起。"我们所有的陈旧观念都处于风雨飘摇之中。社会的古老支柱也正在一个个地倒塌。群体的力量成了唯一没有受到任何威胁的力量，而且它的权威处于不断上升之中。"古斯塔夫·勒庞在《乌合之众》中所写的这句话，用在互联网时代，丝毫没有违和感。紧跟时代潮流，不断地破旧立新，正是互联网时代的魅力所在，也是改革年代的价值所在。

即将展现在读者面前的，是一次关于中国互联网的漫长叙事。叙述的时间从1995年开始，正是在这一年，中国互联网进入完全开放的市场化阶段。这是具有深远影响的重要变化。正是无数普通人的介入，中国互联网的历史进程才变得丰富生动起来。如果不是向大众开放，互联网不会在改革开放的壮阔大潮中激荡起壮丽景观。叙述的内容虽然因互联网而生，但又不局限于互联网。在过去的20多年，中国的经济发展方式、社会管理模式以及人们的交流方式、价值观念均发生了翻天覆地的变化。我试图通过对历史细节的打捞和梳理，发掘出过去20多年社会变革的基本脉络。叙述的对象既有高瞻远瞩的国家领导人，也有敢为天下先的地方官员；既有声名显赫的商业领袖，也有致力于互联网启蒙和普及的知识分子。当然，还有默默无闻的社会"草根"，他们占据了相当的篇幅。在社会结构发生扁平化变革的时代中，"小人物"聚成的群体注定是一支磅礴的力量。

第一部
拓　荒

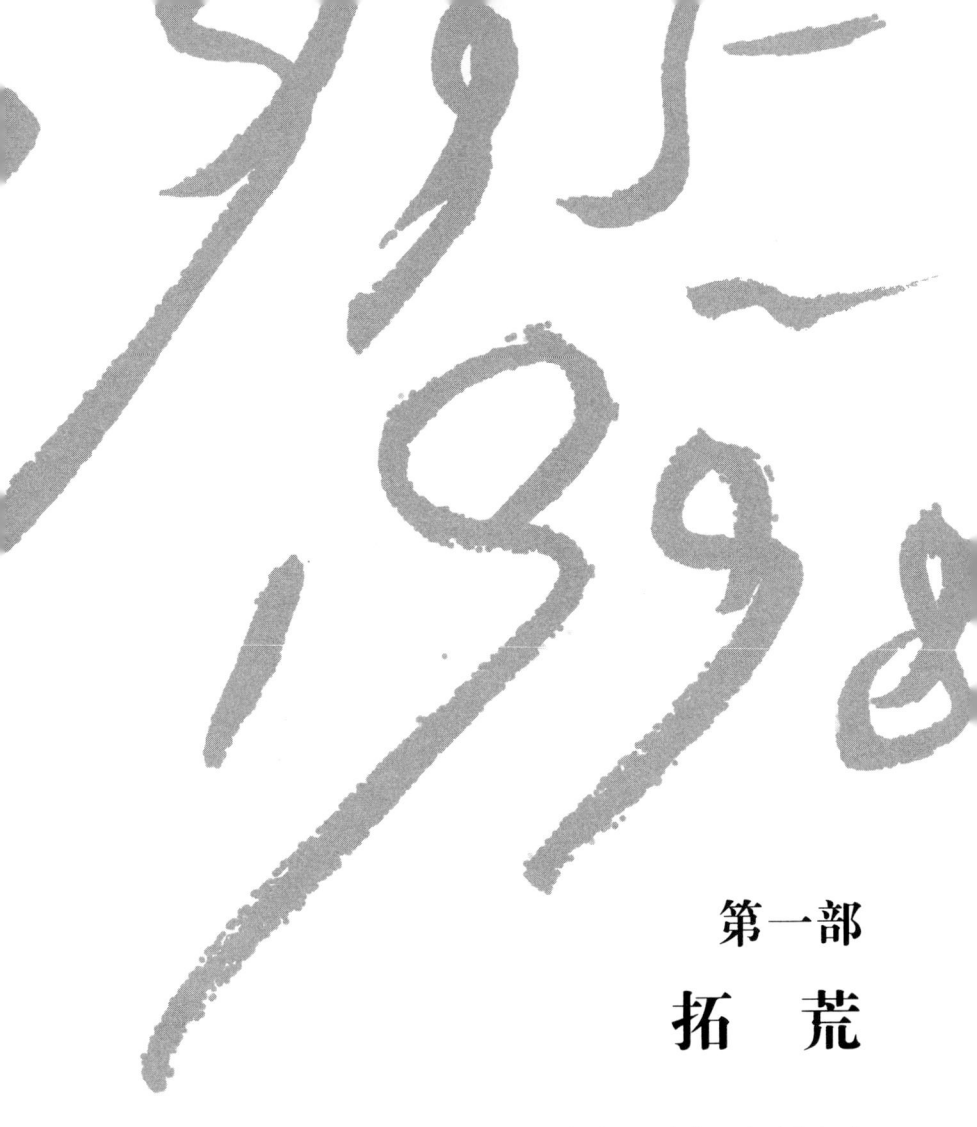

唯一不会改变的事情是,在每一个时代都发生了"巨大的变化"。

——［法］马塞尔·普鲁斯特《追忆似水年华》

1995：
潮起

1995年5月17日，第27个世界电信日，一扇无形的大门轰然打开——中国互联网的社会化时间开始了！就在这一天，当时的中国电信管理机构——邮电部正式宣布，向国内社会开放计算机互联网接入服务。在北京西单电贸大楼，邮电部专门设立了业务受理点，普通人只要缴纳一定费用，填写一张用户资料表格，就可以成为互联网用户。

这是具有标志性意义的一天。从这一天起，中国的互联网跨过非开放性的学术网络阶段，正式进入开放的社会化网络时代。从此以后，无论是单位还是个人，只要交钱便可以登录互联网。在这之前，对于普通大众而言，不要说接触互联网，即便听说过也只是把它当作虚无缥缈的遥远传说。因为当时的互联网与社会大众是无缘的，由于网络规模小，传输速率低，加上操作复杂，它的使用只局限于科研人员和计算机专业人员。

所以，为了吊起大众的胃口，同年5月，邮电部在《人民日报》上刊登的推广互联网的广告，也多少带有"成功学"的意味："中国Internet骨干网——ChinaNet已经与国际Internet连通。您在国内也可以使用Internet业务了，试试看，它会给您带来知识、信息、成功的机会……Internet即国际计算机互联网，是当今世界上普遍使用的全球信息资源网,它已经把当时世界各地的数百万台计算机和4000多万的用户连在一起,使他们之间可以互通信息、共享计算机和各种信息资源。Internet已经成为进行科学研究、商业活动和共享信息的重要手段。"为了让民众亲身体验一下互联网到底是什么新奇玩意儿,邮电部还在当时的北京图书馆(如今已成为国家图书馆)举办了为期6天(5月16日至21日)的"中国公用数据通信演示周"活动。它以"ChinaNet接入Internet的最佳选择,提供所有Internet服务"为口号,向社会介绍和推广互联网络,并提供联网计算机,供人们操作体验。对于中国老百姓而言,这显然是一个新奇的时刻。中国社会科学院学者闵大洪和两名同事兴致勃勃地去北京图书馆参加体验。对于和互联网的第一次亲密接触,闵大洪几乎留下了终生难忘的回忆。他后来这样描绘当时的场景:"当时在大厅摆放的30多台连线计算机供来宾亲自操作感受一番。当时邮电部还特意发行了一套电话卡(共4张),第一张就是'ChinaNet——中国公用Internet网'。它已成为我珍藏的中国互联网文物。"

历史的新机遇

5月17日,一个新时代开启的日子。从这一天起,互联网开始逐渐介入中国人的现实生活,为他们营造出另一种生活方式;从这一天起,互联网开始唤起具有敏锐嗅觉的创业者的梦想,无数人的命运将随之跌宕;从这一天起,互联网开始对中国的政治、经济、文化等领域发挥一系列影响,成为推动中国不断前进的巨大力量。

从信息革命的角度看,一切都不算晚。信息社会已经酝酿多年了。自从1964年日本学者梅棹忠夫提出"信息化"这一概念以来,"信息社会"就被视为是继农业社会、工业社会后的第三种社会形态。它被众多研究者寄予了厚望,期待工业社会中因市场失灵而导致的生产过剩、资源过度消耗等问题会得到有效解决。20世纪80年代,美国未来学家阿尔文·托夫勒"第三次浪潮"的提出,更是对信息社会进行了激动人心的畅想。在他眼中,由信息化带来的"第三次浪潮"将为人们制定新的生活规范,带领人们"超越标准化、同步化、集中化,超越密集的能源、金钱和权力"。

相对于弊端不断显现的工业社会,信息社会犹如一个崭新的美丽新世界,矗立在不远的地方。但在互联互通的网络搭建起来之前,要想抵达是困难的。直到1993年年初,美国新总统克林顿上任后不久提出兴建"信息高速公路"的计划,才终于水到渠成。1994年1月25日,他在《国情咨文》中详细阐释了美国信息高速公路的建设目标:争取在2000年以前把全美的公共设施联系在一起,中期计划是21世纪初使大部分美国家庭上网,实现多媒体普及化,最高要求是用15~20年的时间建成一个前所未有的全美最终扩展至全世界的电子通信网络,它四通八达,将每个人都连在一起,并能提供想象得出的通信服务。1995年,美国完成了互联网的铺设工作,完工后举国庆祝进入信息高速公路时代。

美国的信息高速公路计划,探索出了一条将信息社会从梦想变成现实的可行路径,迅速激荡起一股全球性的信息化浪潮。1994年2月16日,欧洲委员会宣布将建立自己的信息高速公路。新加坡的信息高速公路计划也有了初步蓝图,计划在15年之内建成将所有家庭、学校、机关、工厂连接起来的高速信息网络。韩国则计划在2015年时将光纤铺设到普通家庭。大学和企业已经开始使用互联网,"www"也开始流行,很多人都开始谈论互联网商业文化。

不过对于普通民众而言，变化还需要等待一段时间。1995年2月，欧洲联盟民意调查机构的调查显示：有一半欧洲人从未听说过信息高速公路或信息社会；将近六成的人认为信息技术将威胁人们的私生活，但几乎同样多的人认为互联网将带来更多的个人自由；在世界上，互联网也不过连接了600多万台主机，约有5000多万名用户。根据凌志军在《联想风云》一书中的描述，到1995年全世界还有大约三分之二的人完全不知道计算机是什么东西，他们分布在非洲、大洋洲、美洲南部、欧洲东部和亚洲；即使是在宣布"与世界同步"的中国，计算机的普及率也不到1/100；在中部和西部的广大地区，有7000万人还在为衣食发愁，有5亿人从来没有见过计算机。

在崇尚"科技是第一生产力"的中国，毫不犹豫地对这股信息化浪潮展示出热情拥抱的姿态。1994年4月20日，通过美国Sprint公司的一条64K国际专线，中关村地区教育与科研示范网络（NCFC）完成了与国际互联网的全功能连接。至此，中国成为国际上第77个正式拥有全功能Internet的国家。《中国计算机报》报道说，这算是打开了中国通向国际互联网的第一扇大门，"当时的64K专线则更像是一个缓慢爬行的小蜗牛，只有极少数用户可以透过这个狭小的瞭望孔窥得貌似神秘的网络新世纪"。1995年1月，邮电部分别在北京、上海开通了64K专线，开始尝试向社会提供国际互联网接入服务。5月，中国电信开始筹建中国公用计算机互联网（ChinaNet）全国骨干网，开始了互联网在中国的大规模建设。据统计，1995年3—7月，我国与互联网连接的主机由400多台迅速增加到6000多台，用户由3000多户增加到4万多户。

可以说，中国牢牢把握住了信息革命的历史机遇。尽管互联网起源于美国，但是中国以互联网为基础的信息化运动开始得却并不算晚。在错过工业革命、电力革命的历史机遇后,科技对于复兴进程中的中国具有非同一般的意义。近代中国一系列屈辱的经历,让中国比以往任何时候都更加明白科技对于国家和民族的价值。

1995年5月6日,中共中央、国务院做出了《关于加速科学技术进步的决定》。该决定通过总结中华人民共和国成立以后,特别是改革开放以来我国科学技术发展的实践经验,进而提出了科教兴国战略。5月26日,全国科学技术大会召开。江泽民在大会上指出:"党中央、国务院决定在全国实施科教兴国战略,是总结历史经验和根据我国现实情况所做出的重大部署。没有强大的科技实力,就没有社会主义的现代化。"科教兴国战略的提出,为互联网技术在中国日新月异的发展提供了宽松的环境,也激发出无数科研工作者的报国情怀。时任联想集团公司高级工程师的柳传志参加了这次全国科学技术大会,后来他在发表于《人民日报》的文章《责无旁贷的使命》中以充满憧憬的笔触写道:"科教兴国战略的提出,将为我们这批知识分子施展才能、报效人民提供更多的机会和条件。致力推动国家经济发展,把高科技成果转化为生产力,是我们责无旁贷的神圣使命。"

如果为中国互联网浪潮的兴起寻找更为深远的历史机缘的话,可以追溯到1978年。这一年3月18日至31日,全国科学大会在北京召开。正是在这次大会上,邓小平明确提出了"科学技术是生产力",知识分子"是工人阶级自己的一部分"。新理念的提出,扫清了十年动乱后科学技术发展的政治障碍,为科技力量的喷涌而出打开了闸门。大会闭幕那天,已经86岁的中国科学院院长郭沫若用饱含诗意的语言致辞:"我们民族历史上最灿烂的科学的春天到来了。"在以后的岁月中,邓小平在不同的场合又多次强调了科学技术对中国发展的意义。他曾说,高科技领域,中国也要在世界占有一席之地，搞科技，越高越好，越新越好。[①] 在诸多技术领域中，信息技术一直是他倍加关注的领域。就在1979年1月，邓小平在与余秋里、王震、谷牧、康世恩四位副总理谈经济工作时，明确提出："投资的重点，要用在电、煤、石油、交通、电信、建材上来。"1984年2月，第二次深圳之行回京后，他又对信息行业进行了强调："中国发展经济、搞现代化，要从交通、通信入手，这是经济发展的起点。"也就是在1984年2月，在上海市展览馆，邓小平提出了"计算机的普及要从娃娃抓起"的著名口号。

1978年春天召开的全国科学大会与同年年底召开的十一届三中全会成为具有深远历史意义的两次会议。"科学技术是生产力"的主张与改革开放的决策，在以后的历史中交相辉映。科技创新的浪潮与改革开放的浪潮相互推涌，激荡出一幕幕震撼人心的历史景观，让中国不断跃上新的高度。接入处于时代前沿的国际互联网，让无数人接触到一个更加浩瀚的世界，是中国科技创新举措结出的新鲜果实，也是改革开放政策带来的意外礼物。

信息高速公路之争

历史每发生一次变革，社会上几乎都要经历一场争论。特别是新生事物刚刚破茧而出，未来形势还不明朗的时候，思想的交锋和观点的碰撞最为激烈。就在1978年2月的美国《新闻周刊》上，网络专家克利夫·斯托尔（Cliff Stoll）表达出对网上虚拟社区和网上购物的满腹狐

[①] 出自1992年邓小平同志《在武昌、深圳、珠海、上海等地的谈话要点》。——编者注

疑，文章标题显示出对处于萌芽期的互联网完全不屑一顾的态度："互联网？呸！"

由于中国人对互联网尚缺乏全面深刻的认知，无论是普通民众还是专家学者，都各执一词。在这年的国际大专辩论赛上，初赛第四场的辩题即是"信息高速公路对发展中国家有利还是不利"。在这场辩论中，支持者认为信息高速公路带来了一个空前的机会，使发展中国家可以借助新科技的力量跃上时代的潮头，摆脱落后的地位。而反对者则认为它将会带来一系列弊端。这代表了社会上的一般心态。翻阅当年的报纸，关于互联网的新闻更多来自美国。而且过半是关于互联网所面临的黑客入侵、垃圾信息、色情信息泛滥等社会难题。依照美国计算机紧急反应小组的报告，在连接数百万计算机的互联网上，1994年发生了2241起安全事故，比1993年翻了一番。这些信息左右着人们对互联网的认知，让乐观者更加审慎，让反对者更加坚持已有的偏见。

1995年1月7日，《人民日报》上的文章《信息高速公路通向何方》以并不确切的笔触写道："从对'信息高速公路'的最高要求，也就是建立真正的信息高速公路来看，有两种可能的前途，其一是由于体制和观念的限制，做不到全民共享，该计划流于形式，实质失败；其二是尽管未必与制定者的本愿一致，但大大促进了信息和知识财富的社会化和实际共享，从而产生社会变革。"随后，《探索与商榷》栏目接二连三地刊登了关于信息高速公路争鸣的文章。

有人认为，从现在起着手研究和规划建设我国高速信息网络已不容迟疑；态度更为急切的文章则称，无论是从现实的需求还是从未来发展的战略来考虑，也无论是从市场的需求还是从技术基础来看，我们都完全有必要、有条件建设自己的高速信息网络，中国应力争在15年至20

年的时间内基本建成国家高速信息网络，使全国所有大中城市、沿海开放地带和经济发达地区之间实现高速、宽带的信息传输。

而一篇《宣传信息高速公路应该降温》的文章认为，中国能在15年至20年内建成一个以普及电话为中心的低速光纤通信网络，电话普及率达到70%~80%就已是极大的成就，信息高速公路距离中国国情还太远。这篇文章的作者是中国科学院理论物理研究所的研究员何祚庥。他的观点也代表了很大一部分人的态度。这种态度是一种基于中国现实的考虑。因为当时美国的电话普及率已经达到93%，而中国尚不到3%；美国的家用电脑普及率已高达31%，而中国根本谈不上电脑普及率。何祚庥认为，在中国，能使用和掌握家用电脑技术的恐怕还不到1000万人，因此与建设高速信息网络相比，建设一条供科研和教育体育使用的电子邮路显得更为实际，因为在科研和教育系统中有较高的电脑普及率。

经济学家、信息经济学创始人乌家培则在《对信息高速公路要全面理解》一文中指出，传输网络的建设适当超前是必要的，我国的现实是传输网络严重滞后，已影响经济发展和社会进步；而信息资源网的建设更为落后，尚未摆脱封闭、割裂、分散的局面，社会化和共享程度很低。所以对信息高速公路的宣传不应降温，而应升温。

学者们对建设信息高速公路的争论可谓仁者见仁，智者见智，在政府内部也存在不同的声音。时任邮电部部长吴基传2009年在接受《中国新闻周刊》采访时说，当时对互联网是有担心，但是后来，认为互联网从技术上会很有利的意见占了上风，决定先发展了再说。那时对互联网的担心，有这样两个方面：一是互联网没有管制，当时网上就有黑客、病毒，以及很多垃圾和黄色的东西，人们担心青少年的教育问题；二是赢利模式的问题，在网上提供信息的人，怎么获取利益？

抛开争议的问题，几乎所有参与争鸣的人都认为，随着科学技术的进步和社会经济的发展，人类进入信息社会是毋庸置疑的。美国提出建设信息高速公路计划后，世界各国纷纷响应便是最好的例证。因此，问题的焦点不是中国要不要建设信息高速公路，而是如何根据中国的国情实事求是地建设。

关于中国要不要大力发展互联网的争论，1995年正是最高潮的时候。这场起始于民间的争论让中国政府开始重视互联网的崛起，不再单纯地认为它只是一门新兴技术，而是从经济、社会发展的高度权衡中国互联网的发展。1996年1月，国务院信息化工作领导小组成立，共有20多个部委参加，由国务院副总理邹家华担任组长。次年4月，由国务院信息化工作领导小组组织的第一次"全国信息化工作会议"在深圳举行。与会人员再次就是否发展互联网进行了激烈争论。反对者认为，互联网不过是一场骗局，当年美国人用星球大战拖垮了苏联，现在又试图把中国拖到互联网的泥淖中去；还有经济学家认为，中国应该以发展工农业为主，搞信息业也太超前了。支持者则列出互联网的种种好处，据理力争。争论的最终结果是，中国决定大力发展信息产业。

打造中国第一个百姓网

"春江水暖鸭先知"。在1995年，先知先觉嗅到互联网商业气息的人们，已经开始行动起来。就在这一年8月9日，成立仅仅16个月的美国网景公司成功在纳斯达克上市。这家公司在上市之前虽然没有一分钱的利润，但凭借让互联网实现大众化的网络浏览器Netscap（网景），上市第一天股价就从28美元攀升到75美元，纳斯达克为之疯狂。网景的创始人马克·安德森成为计算机界除比尔·盖茨外最受媒体青睐的人物。网景上市被公认为全球网络经济的转折点。托马斯·弗里德曼在《世界是平的》一书中如此评价："自从网景上市以来，世界便不再相同。"世界的确是与以前不同了。网景的上市，犹如一座灯塔瞬时照亮了美国互联网的天，也让中国的创业者们看到了一丝光亮。通过网景公司，心潮澎湃的创业者们看到了自己的未来，奋不顾身地投入这场因技术革命而掀起的创业大潮。

1995年年初，北京32岁的张树新和丈夫姜作贤，将全部家当抵押给银行，用拿到的1500万元创办了一家名叫瀛海威的公司。作为计算机专家的姜作贤负责技术，张树新负责总体策划和管理，二人斗志高昂地举起了向互联网进军的大旗。瀛海威，这个乍听有些莫名其妙的名字，对应的是英语"information highway"（信息高速公路）的汉语音译。张树新说："在世界之初，我想象过所有事情，哪里种树，哪里栽花，潮怎么涨，土在哪儿，这些我都在脑子里想好了。"

张树新从接触互联网到投身互联网大潮，中间不过间隔了几个月时间。1994年，从事寻呼行业的张树新在美国游历时第一次发现了互联网。在一位同学家里，她接触到一份印有电子邮件地址的通讯录，也对互联网服务提供商美国在线（American Online）有了初步了解。她敏锐地感觉到互联网的时代来了。这种新生事物可以改变通信产业的未来，蕴含其中的商机不言自明。犹如发现了新大陆的张树新，回到北京后才发现中国的互联网尚是一片荒芜的处女地。不要说普通百姓根本无法连接互联网，就是处在科技前沿的中关村，也不是所有的科研人员都有电子邮件账户。当她走进邮电部的大楼去申请上网线路时，邮电部的人不知道什么是互联网接入，甚至不知道应该由哪个部门来接待她。费尽各种周折,邮电部最后按照寻呼台租用线路的价格确定了线路费用,一条线一个月的费用 6000 元。事后回忆起往事,张树新已经难以描述当时的复杂性:"你除了需要申请线路,还必须获得电信增值业务许可,在当时,信息台、电子邮箱、图文信息、传真信息等在邮电部都是分开的业务,而你的互联网是这些都能做,就需要你把各种业务的接入系统连接起来。你还需要卫星线路,还需要光缆,反正很复杂。只能说,你做的是完全新的东西,这条路就要从头闯出来。"

当无数人还不知道互联网为何物的时候,张树新犹如新时代的拓荒者,肩负起前所未有的历史使命。她大胆地提出一个目标,打造第一个遍布中国的百姓网。瀛海威将市场培育、互联网接入、内容制作及服务等全部包揽,试图凭一己之力推动互联网浪潮的到来。张树新在《我们怎样建设自己的信息网络》一文中写道:"建立民族化信息产业,不可缺少的一环是能使千百万普通老百姓参与进来,只有让电脑网络的概念深入千百万普通大众的头脑中,才能引导中国人走向信息高速路,瀛海威公司始终把自己定位在建立中国第一个大众化百姓网,所创立的在线服务网络'瀛海威时空'实实在在是为广大老百姓服务的。"

"瀛海威时空"是瀛海威借鉴"美国在线"模式打造的当时国内唯一立足大众信息服务、面向普通家庭开放的网络。用户登录进去必须先登记注册,并缴纳一笔入网费。这个全中文的网络空间结合社会现实设置了与生活、娱乐、工作等相关的丰富多彩的内容。在其中,用户可以阅读电子报纸,在网络论坛中与陌生人交流,还可以随时接入国际网络。瀛海威的广告写道:"进入瀛海威时空,你可以阅读电子报纸,到网络咖啡屋同不见面的朋友交谈,到网络论坛中畅所欲言,还可以随时到国际网络上漫步。"瀛海威时空不过是个局域网,如果要连到互联网上,还需要另外缴费。即便如此，瀛海威时空还是打开了另一个空间。许多人通过这个虚拟的世界谈天说地、相识相知。他们讲述自己或别人的经历，在与人交流的过程中获得表达的愉悦。

1996年1月26日，瀛海威北京、上海、广州、深圳、福州、西安、哈尔滨和沈阳等地的8个主要节点建成开通，初步形成全国性瀛海威时空的基干。到1996年8月，瀛海威在北京已经拥有6000名用户，其中既有当时已经年近70岁的民盟副主席丁石孙，也有对未来充满憧憬的中学生。在当时网民的心目中，Internet就是瀛海威。张树新也被媒体冠上了"中国互联网第一人""中国互联网的传教士"等头衔。张树新说："瀛海威的理想是当信息革命在全球范围内进一步发展，信息高速公路覆盖地球上每一个角落之时，让中国作为一个信息巨人屹立于世界东方。"

在瀛海威时空中，诞生了中国网络上的第一个轰动全国的温情故事。1995年12月15日，一个英文名叫Rose的女孩成为瀛海威时空中《情感小屋》的主持人。她每天跟网友们倾心交谈。在1996年新年来临时，Rose给瀛海威时空的网友发出了最后的问候："我是Rose，你们的朋友。我由于自身的原因，也许见不到各位了。但我会像一枝真正的玫瑰花一样，永远陪伴着你们，在你们苦恼的时候，我会给你们带来快乐，这就是我——一枝即将凋谢的玫瑰花……"Rose真的像一枝玫瑰一样只活了十几天的时间，然后从瀛海威空间彻底消失。没有人知道是否真的存在Rose，但网友们宁愿相信她是真实的存在，并把真实的祝愿送给她。一位网友在《送Rose一枝玫瑰》中写道："我们来到这样一个网络／我们拥有这样一个家庭／你的快乐会在我脸上找到微笑／你的哭泣会在我心中留下哀伤。"另一位则写道："别哭，我最爱的人／记得你曾经骄傲地说／这世界我曾来过／不要告诉我永恒是什么／我在最灿烂的夜空中陨落……"受 Rose 事迹的感染，有网友找到张树新，希望每一个人都能送一枝玫瑰到 Rose 的病房；也有网友突然闯进张树新正在召开会议的办公室，让她为挽救 Rose 想想办法。"Rose"的故事成为当年"数字化生存"的一个典型注脚，连张树新也困惑于互联网事业的属性，属于科技、社会、文化，还是经济？结论似乎纷杂无绪。

"互联网建筑师"回国

1995 年年初，在美国的田溯宁和丁健等人，怀揣着"把 Internet 带回家"的梦想，回国开始了互联网创业历程。1992 年，环保专业出身的田溯宁在聆听美国民主党参议员戈尔演讲时，对互联网产生了浓厚的兴趣。那次演讲，戈尔介绍了 20 分钟的信息高速公路，田溯宁由此意识到互联网将改变整个世界，于是毅然放弃了原有专业，投入了信息科技的怀抱。1994 年，田溯宁和在互联网上认识的中国留学生丁健等人创建互联网公司"亚信"（AsiaInto），利用美国互联网的先发优势，试图将美国互联网引向整个亚洲。1994 年的一个深夜，几位创业者在一起猜测中国什么时候能有 Internet，有人说两年，有人说三年，也有人悲观地认为中国有 Internet 得是五六年以后的事。

1994 年，田溯宁在一篇发表在《科技导报》上的文章中写道："'信息高速公路'所有的技术问题，包括汉字化的许多问题，都正在解决，它现在迫切需要的是政府领导的魄力和深邃，及这一领域的技术和管理人才。值得一提的是，海外数万中国留学生与学者，将可以为中国'信息高速公路'建设尽力。因为目前以美国为主的中国海外学生、学者，是前面提到的 Internet 上最为活跃的用户群。"这篇文章的名字叫"美国

'信息高速公路'计划及对中国现代化的启示"，充满了"60后"一代海外留学人员用互联网技术推动中国进步的报国情怀。亚信，不仅名称中蕴含了将互联网扩展到整个亚洲的愿景，而且成立之初就植入了报国基因。在田溯宁和丁健回来之前，亚信的天使投资人、知名华侨刘耀伦说："我一辈子都在美国盖房子，中国不需要我回去盖房子，但需要高科技。高科技也正是美国强大的原因。这件事情不错，我支持你们。"

与张树新不同的是，田溯宁没有做互联网内容，而是将搭建基础网络作为亚信的最初使命。对于普通人来说，先具备连入国际互联网的条件才是首要的。在田溯宁归国之前，亚信已经于1994年在中国尝试着铺设"信息高速公路"。就在那一年，中国邮电部与美国商务部签署了中美双方关于国际互联网的协议，其中一项内容规定中国电信总局通过美国电信设备运营商Sprint公司分别在北京和上海开通64k专线。搭建的任务辗转落到了亚信头上，亚信由此担负起了中国Internet建筑师的角色。其中"辗转"的原因是这样的：由于对新兴的中国互联网市场未足够重视，Sprint将在北京、上海搭建国际互联网节点的项目委托给了一家咨询公司，结果亚信在应Sprint之邀检查工程方案时，发现咨询公司的设计完全是错误的，亚信由此获得了Sprint的信任，机缘巧合地承接了这个具有历史开创意义的项目。1995年1月，邮电部在北京、上海的64K专线开通，中国互联网由此进入了商用化阶段。虽然北京、上海两地的拨号端口加在一起最多不过支持500个用户，普通百姓依然难以一窥互联网的真容，但距离毕竟是越来越近了。

1995年，中国掀起了大规模建设互联网的热潮。作为中国唯一有互联网建设经验的公司，找亚信的各省电信部门络绎不绝。年底，中国电信与亚信签约，建设中国公用计算机互联网（ChinaNet）骨干网，将互联网络从北京、上海两个节点向各省会城市延伸，全国33个省会级城市都要连通。

日后回忆起在中国建设互联网的艰苦岁月时，丁健如此描述："北京灰色寒冷的天空，似乎可以冻结一切梦想，但顽强的亚信人却用自己的双手，在坚硬的土地上一寸寸地开凿壮观的场面——建立一条条信息高速公路。"2000年，亚信在美国纳斯达克上市，成为第一家在美国上市的中国高科技企业，田溯宁也赢得了"中国互联网主建筑师"的称谓。

寒风凛冽中的中国黄页

与张树新、田溯宁在美国发现了互联网的大门类似，马云也是在美国通过互联网嗅到了变革的气息。不同的是，当张树新筹集到1500万元在百姓中热火朝天地进行着互联网普及运动，田溯宁担负起中国互联网铺路者的使命时，马云更多地在考虑怎么让中国成千上万的中小企业通过互联网走向世界。

1995年，为了让美方一家企业在中国的投资尽快到位，还是杭州电子工业学院英语教师的马云，受杭州市政府的委派以翻译的身份到了美国。在确立市场经济体制不久的中国，这笔投资有着浓厚的时代特点：被用来修建杭州至阜阳的高速公路。让马云不曾料想的是，在遭遇了近似软禁的各种传奇经历后，分文没有拿到。一扇门紧闭，另一扇门却打开了。钢筋水泥的高速公路并没有和他发生太多的关联，信息科技的高速公路却摆在了他面前。

在西雅图一家叫VBN的互联网接入服务公司，马云第一次接触到互联网。西雅图的朋友比尔·阿霍对他说："这是Internet，你试试看，非常好的网络，不管你想找什么东西，基本上都可以找出来。"日后，包括西班牙《国家报》在内的媒体对马云的心情都有着生动的描述："我甚至害怕触摸电脑的按键。我当时想，谁知道这玩意儿多少钱呢？我要是把它弄坏了可赔不起。"他小心翼翼地在上面敲了"beer"，结果搜索出来德国啤酒、美国啤酒和日本啤酒，唯独没有中国啤酒。然后他又敲了个"Chinese"，搜索结果是"no data"（无数据），马云又敲"China history"，又只找到一个篇幅为50字的简短介绍。马云查了好多搜索关键词，都没有发现与中国有关的数据。

马云被告知，要想在互联网上被检索到，必须先做个主页。马云让对方帮他的海博翻译社做了个简陋的页面，留下了报价、联系电话和电子邮箱。网页是上午9点做好的，当天晚上就收到了5封邮件，分别来自美国、日本和德国。其中一封来自美国华裔的邮件兴奋地回复道："海博翻译社是互联网上第一家中国公司。"尽管对互联网技术一窍不通，但一个想法却由此萌发：做一个商业网站，将国内企业的资料在上面向世界发布，从中收取服务费用。于是他和VBN公司协商，让对方负责技术，他回国联系客户，一起经营中国企业上网生意。

回国后，马云立即邀集了24位经营外贸生意的朋友，听听他们对互联网的意见。由于自己也不是深度了解，马云用了两个小时对他们宣讲互联网存在的机遇和前景。马云讲完，面对朋友提出的5个问题，却一个都没有回答上来。24人中有23位朋友反对马云涉足互联网："你开酒吧、开饭店、办个夜校，都行。就是干这个不行。"但马云考虑了一个晚上后，还是决定投身互联网，即使24人都反对也要干。

4月，杭州海博电脑有限公司成立。5月9日，中国黄页上线。在中国互联网尚未向社会开通服务的时候，中国黄页的运营有着烦琐的过程：

马云先向中国的企业描绘互联网带来的生意前景，然后把索要到的资料通过 EMS 寄到西雅图 VBN 公司；对方将做好的中国企业的主页发到网上，并打印出来用快递寄回杭州；马云拿着打印件向客户收钱，并告诉他们世界各地的人都可以通过互联网看到。在互联网已经风起但仍未潮涌的时候，很多人怀疑是不是真的有那么回事。马云说："你可以给法国的朋友打电话，给德国的朋友打电话，或者给美国的朋友打电话，电话费我出，如果他说没有，那就算了；如果他说有，证明有了，你要付我们一点点钱。"彼时马云的收费标准是，一个 3000 字并配照片的主页，收费两万元，其中 1.2 万元要付给美国的 VBN 公司。8 月的一天，马云通过电话拨号连接到了互联网上，敲入中国黄页的网址，利用 3 个半小时把杭州望湖宾馆的网页下载完毕。看着从美国西雅图传回来的图片和简介，马云终于向外界证明他没有欺骗大家。1995 年适逢世界妇女大会在中国召开，由于杭州望湖宾馆是当时互联网上唯一能看到的中国宾馆，许多世界妇女代表到杭州后专程到访。

秋冬之际，马云到北京推广中国黄页，在寒风凛冽中穿梭在北京街头，上门拜会媒体和政府部门。因为政府对于互联网的态度仍未明确，媒体也不敢明目张胆地推广宣传。对于马云在北京吃闭门羹的遭遇，一部叫《书生马云》的专题片有着生动的记录。制片人樊馨蔓曾如此评说："在片子里，他就像一个坏人，虽然滔滔不绝，但表情总有一点鬼鬼祟祟。他对人讲他要干什么什么，要干中国最大的国际信息库，但再看听者的表情就知道，人家根本不知道他说的是什么。"片中的内容成为互联网在中国的真实写照。巨大的变革即将发生，未来正在孕育之中，但大多数人尚没有觉察。

网上会诊清华女生

就在这一年,北大学生为救治铊中毒的清华女生朱令向国际互联网发布求救信息,引发全球医生为朱令"网上会诊"。在当时,这成为一件轰动中国乃至世界的大事,也是互联网第一次发力中国社会。

1995年3月28日,清华大学1992级女生、21岁的朱令因病陷入重度昏迷状态。自从3月15日入住北京协和医院后,虽然做了各种各样的检查,但一直没有找到病因。而她的神智越来越恍惚,手的控制能力越来越差,说话也越来越含糊不清。

4月10日,就在家人和医生都几乎绝望的时候,转机终于发生了。就在这一天晚上,北大力学系92级本科生贝志诚和室友蔡全清连入国际互联网,用英文向虚拟世界中的几个医学论坛发出了求援信件。三小时后,他们就收到了世界各地的热情回信。在随后的十多天里,他们共收到来自18个国家的医学专家的电子邮件1635封。很多医学专家根据描述的症状提出了自己的见解,并提出诊断意见。在出具诊断意见的邮件中,近八成的专家认为朱令是铊中毒。有人在信中写道:"我不是医生,不能提出具体诊断,但我尽我所能向更多的人传达这个消息,或许能得到具体帮助。"一位叫卡拉(Cara)的美国朋友还用汉语拼音写道:"在美国,我们都希望你的朋友的身体越来越好。"加州大学洛杉矶分校一位学习远程医疗专业的博士生还专门建立了个网页帮助朱令进行网上会诊。1995年4月28日,经过北京职业病防治所化验,最终确定了朱令的病因——铊中毒。病因确诊后,对于如何解毒,医院采纳了多位外国专家通过互联网提出的建议:使用工业染料普鲁士蓝。在朱令服用普鲁士蓝后不到24小时,体内铊离子含量开始下降。一个月后,朱令体内的铊含量基本排除，中毒症状消失。然而由于误诊延误了治疗时机，朱令的神经系统遭到了永久性的破坏。

网上救助朱令，让人们真真切切感受到了互联网的神奇力量。它成为万众瞩目的社会公共事件，也以鲜活的案例对互联网进行了一次普及。人们一边为朱令这位清华才女惋惜，一边又为互联网上的丰富资源和应用价值感到惊讶。1995年6月9日，《南方周末》头版头条《神奇的网上救助》在对互联网救助朱令的事件始末进行了一番交代后，认为国家应及时向大学生普及网络知识来促进互联网的社会应用，并建议中国大医院应与Internet联网获取有价值的资料，以快速诊治疑难杂症。文章写道："国家应该提出系统的规划，让有关部门充分利用Internet上的资源。节省的资金以及获得的效益将不是几十万元，而是几百万元甚至更多。高科技社会里各部门都注意保守机密，但许多极其有价值的信息却是公开的，它们就放在那里，通过一定的技巧把它们取出来、收集起来、利用起来，就能创造财富。"

无形的桥

1995年1月12日，互联网上第一份中文电子杂志——《神州学人》（Chisa）电子版诞生了。《神州学人》是一份创办于1987年5月的刊物，旨在向处在异国他乡的游子们传递祖国的声音，是海外留学人员了解中国信息的重要渠道。杂志的封面由鲜艳的五星红旗和邓小平题写的"神州学人"四个字组成。在电子版的发刊词中，编辑动情地写道："在祖国和海外留学人员之间搭起一座电子桥，沟通信息，为留学人员服务。这是本刊电子版的唯一宗旨。海外学子，思念祖国、家乡和亲人，盼望及时得到来自国内的信息，这是人之常情。急留学人员之所急，竭诚服务，不遗余力，这是本刊编辑部全体人员的共同心愿。"

在中文信息极度匮乏的互联网世界，《神州学人》电子版刚一诞生，就给身在异国他乡的留学人员带来了特别的惊喜。作为文摘性的新闻周刊，《神州学人》从国内几十种报纸杂志中摘取每周最重要的信息，每周五通过清华大学网络中心的服务器发布到互联网。它除了大量提供国内的信息外，还随时接收电子邮件，并提供问答服务。《神州学人》电子杂志创办一年的时候，订户就达到了3000多个，不定期阅读者超过15万人。

一些漂泊海外的学子在邮件中写道："每到星期五的早上，我就像一只晨鸟，坐在电脑前静候《神州学人》。""我几乎读过网上所有的中文刊物，《神州学人》是一份真正的中文杂志，因为它来自中国。""如你们所知，这里关于中国的消息很少。对于我而言，《神州学人》就像是沙漠里的甘泉。"

《神州学人》电子版构建起了海外留学生与祖国联络的全新纽带，他们可以及时地掌握中国正在发生的变革，并把自己的反馈给北京的编辑部。《神州学人》电子版包括"经济快讯""科技动态""文体之窗"等内容。首期《神州学人》电子版只有区区两万字的内容，甚至出现了一篇名为《北京市蔬菜零售指导价格》的文章。但在信息传播不通畅的情况下，即便是如此普通的日常生活信息，也显得十足宝贵。

自此，中国的新闻机构纷纷利用互联网传播信息。1995年10月20日，《中国贸易报》电子版在人民大会堂举行了开播演示。这是国内第一家正式接入互联网的电子日报，每天上网的文字量为1万字中文、5000字英文。《中国贸易报》电子版试图将中国经济贸易的最新动态展示给世界。该报总编辑孙维佳踌躇满志地表示，电子版旨在创立一种全新的新闻媒介形式，打破纸质报纸在出版发行中受到的时间和空间的限制，为广大读者提供更简明、更迅捷的服务。《中国贸易报》的这一举动，迅速在世界范围内引发关注。英国路透社经过洽谈，成为电子版的订户。

到 1995 年年底，中国尝试上网的报刊已接近 10 家。由于技术的限制，尽管内容和形式都显得比较简单原始，而且查阅调取也并不是容易的事，但毕竟迈出了利用互联网向世界传播的第一步。中国不再是被动地接收来自世界的信息，而是开始尝试利用互联网来影响世界。

开放之国

1995 年的世界正紧密地联系在一起，而中国也更深入地介入世界范围的活动中。这是邓小平南方视察后的第三个年头，中国正以更加自信和开放的姿态来面对世界。在这年 10 月的联合国 50 周年庆典上，江泽民主席发表了《让我们共同缔造一个更美好的世界》的演讲。这是中国国家元首第一次参加联合国大会并发表讲话。他以包容的态度阐明了中国与世界的关系，并倡导各国携手创造一个更美好的世界。他说："中国是国际大家庭的一员。中国离不开世界。中国的改革开放和现代化建设，需要一个长期的国际和平环境，需要同各国发展友好合作关系。世界也需要中国。世界的和平与发展，需要中国的稳定和繁荣。"

就在这一年，世界贸易组织在瑞士日内瓦成立，之后不久中国开始就加入世界贸易组织问题举行会谈，并在同年获得世界贸易组织观察员的身份。从这一年的 5 月 1 日起，中国正式施行 5 天工作制，由此成为世界上第 145 个实行 5 天工作制的国家。自中华人民共和国成立一直到

90年代初,中国实行的都是每周6天每天8小时工作制。双休日走进普通百姓的生活,除了有助于提升生活质量,也成为中国向世界看齐的一个标志。自从1994年年底引进第一部好莱坞大片《亡命天涯》后,1995年中影公司第一次以分账形式引进的10部大片陆续在中国上映。《真实的谎言》《生死时速》《阿甘正传》《廊桥遗梦》等电影为中国观众带来新的视觉体验,也为中国观众提供了观察问题的新视角。这一年,普通百姓有了新的购物场所——超市。1994年3月26日,马来西亚零售商百盛进入中国,超市随之在中国出现。而家乐福和普尔斯马特等超市于1995年蜂拥进入中国,则将超市演变成为中国人最喜欢的购物场所。

一个愈加开放的中国,做好了准备,迎接互联网时代。

1996：
启蒙

  1996年，一切都呈现出蓬勃发展之势。这一年，中国政府将进口关税降低了30%，涉及6000种进口产品中的4000余种，还取消了174种产品的配额销售制度。"韩流"开始波及中国。新潮、时尚、前卫的韩国H.O.T组合凭借具有颠覆性的台风和绚丽的舞台效果，几乎迷倒了整个亚洲的少年。他们成为第一支被中国正式引进唱片的韩国乐队。在大洋彼岸美国的城市亚特兰大，奥运会迎来了百年诞辰，共有来自197个国家和地区的10318名选手参加，媒体直惊呼这次奥运会实现了奥运家庭的大团圆。有"东方神鹿"之称的辽宁姑娘王军霞首次参加奥运会，就获得了女子5000米金牌。她也由此成为中国第一位获奥运会长跑金牌的运动员。王军霞的脱颖而出，让世界都为中国速度惊叹。

  飞速发展的当然还有中国的信息科技。1996年，中国人购买了201万台电脑，比此前十几年购买的全部电脑还要多。其中增加最快的就是个人电脑，很多国外媒体惊呼："中国进入电脑时代。"这年中国公用计算机互联网（ChinaNet）建成开通，并开始提供服务。即便是雪域高原的城市拉萨，也有了32个端口。北京的端口已经扩张到120个，可以同时支持2000个用户上网。在南方的城市上海，高校的学生开始利用互联网接受教育。学生不需要到课堂听课，只需要一台电脑、一个拨号上网的调制解调器和一条电话线就够了。复旦大学的 20 名学生成为这种教学方式的最早受益者。

这年年初,国务院信息化工作领导小组及其办公室成立,由国务院副总理邹家华担任领导小组组长。由此,中国互联网事业的发展有了正式的管理领导团队。6 月,国务院信息化工作领导小组决定:大力发展中国互联网事业。与政府的决策相映衬,一场互联网启蒙运动迅速展开。

比尔·盖茨与未来之路

1996 年年初,乍暖还寒时节,一本名为《未来之路》的书悄然出现在北京的大小书店和街头巷尾的书摊。在书的封面上,斯文的比尔·盖茨双手插在裤兜中,微笑又自信地站在一条通往遥远天际的高速公路上。封面的寓意不言自明,比尔·盖茨将为我们描绘出通向未来社会的道路。他在书中态度认真地写道:"虽然现在看来这些预测不太可能实现,甚至有些荒谬,但是我保证这是本严肃的书,而绝非戏言。10 年后我的观点将会得到证实。"该书出版后,很快就跻身畅销书排行榜,随即旋风般地席卷北京、上海、广州等大中城市。

当时的比尔·盖茨已经成为中国人的偶像。他所拥有的财富让中国人赞叹不已,他的奋斗历程正为尚不富裕的中国人津津乐道。作为一个怀有宏图大志的人,比尔·盖茨的梦想是让所有的人都能从他的成功中受益,这样的奋斗理念没法不让人欢迎。他仿佛是上帝送给整个人类的礼物。在他的成长历程中,计算机为他打开了未来的大门。他不曾料想的是,后来的他竟然开启了一个时代。比尔·盖茨 1955 年 10 月 28 日出生于美国西海岸的西雅图。在计算机尚未普及的时候,比尔·盖茨就迷上了计算机。31岁那年，比尔·盖茨成为美国有史以来最年轻的凭自我奋斗成功的亿万富翁。1995年的3月，比尔·盖茨与另一位亿万富翁、美国最大的移动电话公司创始人克雷格·麦考宣布了新的合作项目：在全球建立移动通信网。比尔·盖茨雄心勃勃地说，他要用电脑和信息高速公路解放世界。到1996年，比尔·盖茨已经接连三年登上了世界首富的宝座。比尔·盖茨的事迹在中国几乎家喻户晓，媒体上有关他的报道铺天盖地，让渴望创业的年轻人心潮澎湃，家长在教育孩子时也常常拿他当案例。大学招录时，计算机成为热门行业。

世界各地的人们从来没有像今天这样关注自己的未来。《未来之路》于1995年10月在美国出版，接着连续7周名列《纽约时报》畅销书排行榜榜首。而它在中国的出版，与在世界其他地方几乎是同步的。为了出版《未来之路》，北京大学出版社在尚未见到英文样书的时候，就开始了和美国微软公司的洽谈，最终购得了《未来之路》简体中文版的翻译出版发行权。北大出版社专门邀请了北大英语系教授、担任过联合国教科文组织首席翻译的辜正坤教授担纲翻译。治术严谨的辜正坤对根据英文"THE ROAD AHEAD"试译了8个汉语书名以供选择：未来之路、展望未来、路在前方、前面的道路、大道在前方、宏途在望、未来通途、未来通衢。结合书中的内容和时代形势，他最终选择了一个响亮的名字：未来之路。对于中国的社会公众而言，《未来之路》是一本及时的启蒙性互联网读物。在书中，作者大胆地预言：最落后的国家或者老少边贫地区，也可以越过工业社会进入令人心驰神往的信息社会。人们争相传阅，畅想着互联网所带来的美好生活。他们仿佛感觉到，书中所预言的信息社会已经触手可及。

在《未来之路》一书中，作者比尔·盖茨犹如先知般地写道：

"电子邮件以及可以共享的屏幕将使得许多会议的必要性消失……即使一定要召开面对面的会议,其效率也会大幅提升。

"你将能够用口袋或是手袋来携带钱包式 PC(个人电脑)。这款产品将可以显示信息和日程,阅读并收发电子邮件和传真,监测天气和股市情况,支持简单和复杂的游戏,如果感觉无聊还可以浏览一些信息,或者轻而易举地浏览你为孩子拍摄的数以千计的照片。

"信息高速公路不仅可以让远隔万里的好友更容易取得联系,还能帮我们找到新的伙伴。通过网络形成的友谊将自然而然地让人们紧密联系在一起。

"由于信息高速公路可以传送视频,你将能够经常看到你所购买的商品……你不必担心通过电话为母亲订购的鲜花是否如预想中的那般美丽。你将可以看到卖家陈列的大批花束,如果愿意,随时都可以改变主意,用鲜艳的银莲花代替即将凋谢的玫瑰。"

如今看来,比尔·盖茨的上述预言都得到了印证。在书中,虽然他对互联网也未着多少笔墨,对互联网也不是那么乐观,认为"如今的互联网并非我所想象的信息高速公路,尽管你可以将其作为高速公路的一个开始"。但他很快就修订了自己的观点,在《未来之路》第二版中增加了大量强调互联网重要性的内容。

《未来之路》用乐观的文字为读者勾勒出了通往数字化世界的道路。谈论这本著作成为一个标榜身份的时髦话题。对于大洋彼岸这位蓝眼睛的技术天才、世界首富的预言,人们似乎深信不疑,他的成功之路就是他可信度的最好证明。《未来之路》中文版两个月内接连印刷多次,启蒙了中国的社会公众和政府官员,并被认为使中国的计算机网络建设和发展提前了好几年。

张树新的报国情怀

在人类历史的进程中，没有哪一种文明形态会永远处于主导地位。每当到了文明形态更迭变换的时刻，两种文明的碰撞就会带来新的启蒙运动。对于中国来说，工业文明还未繁荣的时候，互联网文明就已经敲响了大门。所以，中国公众的互联网启蒙力量，更多地来自对美国互联网有所了解的人。以张树新为代表的最早的互联网从业者、最早接触互联网的一批学者，以及政府部门思想解放的公务人员，共同推动了一场互联网启蒙运动。

就在 1996 年春天，张树新为瀛海威打出了一句响亮的口号："中国人离信息高速公路还有多远？向北 1500 米。"它被写在中关村白颐路路口一面硕大的宣传牌上，与周围尘土飞扬的环境格格不入。向北 1500 米之处，是瀛海威网络科教馆，一个对普通百姓进行互联网启蒙的地方。在这里，所有人都可以免费学习网络知识，并体验瀛海威网络。科教馆工作人员的一项重要工作就是用最通俗的语言告诉大家互联网的概念，解释互联网与英特纳雄耐尔（international）之间的区别。张树新为瀛海威打出的这句广告语，以豪迈自信的口吻，让瀛海威在中关村迅速扬名，也让更多的普通人知道了到哪里寻找信息高速公路的入口。这个广告牌成为当年国内最受关注的商业事件之一，也成为中国互联网史上经典的一幕。

张树新梦想打造出第一个遍布中国的百姓网。在她眼中，信息产业是中华民族崛起于世界的一个重要机会，而要发展起来需要各种力量的参与。但当时中国的老百姓尚不知道互联网为何物，让他们对互联网熟悉起来，任重道远。据 1996 年第 3 期《科技潮》上一篇名为《瀛海威启动世纪之门》的文章描述："有关部门的一次调查表明，目前中国家庭拥有的电脑，绝大多数时间都在充当一台高档游戏机和中文打字机，作为信息交换工具的电脑所占比例仅为5%，而家庭办公仅仅只是少数特殊职业者的'专利'。之所以出现这种情况，在很大程度上是由于电脑拥有者的网络意识尚未形成。"作为中国第一家互联网公司，瀛海威责无旁贷地承担起了对社会公众进行互联网启蒙的重任。

为了把"真正的家用电脑"概念告诉中国人民，瀛海威推出了"1+NET"服务。"1"指一台多媒体电脑，"NET"指网络服务。瀛海威立志要为中国普通民众构建一条有中国特点的、通向21世纪的大众化信息高速公路。为了让民众更好地理解电脑和网络的关系，瀛海威在各种场合介绍说，电脑之于网络，就如BP机之于寻呼服务。1996年年底，为了庆祝瀛海威网络在北京、上海、西安、福州、哈尔滨、沈阳、广州、深圳八大城市开通，张树新在报纸上买下了17个整版广告，所有广告的版面上方都是一个激情飞跃的口号："星星之火，可以燎原。"口号下是瀛海威的LOGO——一个融合了科技元素的太极图，再下端是中国蜿蜒起伏的万里长城。

在报国情怀普遍涌动的90年代中期，张树新说："瀛海威的理想是当信息革命在全球范围内进一步发展，信息高速公路覆盖地球上每一个角落时，让中国作为一个信息巨人屹立于世界东方。"所以，从一开始，作为中国互联网的拓荒者，瀛海威所担负的使命就远远超出了一个企业所该担当的。在亚特兰大奥运会期间，她又为媒体搭建起了亚特兰大到北京的新闻信息通道。在中国科技馆，张树新无偿提供了宣教网络的"中国大众化信息高速公路"展区。通过与北京图书馆的合作，在瀛海威时空为用户提供联机书目查询，社会对此一片赞誉。世界各地的读者可以在短短的几分钟内通过瀛海威时空查询到北京图书馆的藏书目录。人们在查询图书的过程中，对互联网也有了更深刻的体验。张树新还与中国物资信息中心达成协议，在瀛海威时空网络上全面提供"中国物资信息"服务，无论是企业还是个人，都可以在上面查询大量的物资供求信息。

1996年年初的寒假，瀛海威网络科教馆为北京市的中小学生免费举办了瀛海威冬令营活动。冬令营活动共持续了8期，3天为一期，每期50人，营员可免费参加专家讲座、联机游戏、Internet漫游等项目。由于高校学子是上网的潜力人群，张树新组织员工在全国8个城市的高校进行巡回演讲，教导莘莘学子如何开启互联网的大门。据瀛海威一位工作人员回忆，在西安交通大学向学生演示互联网时，当把电脑调试好从屏幕上蹦出一个对话框时，全场数百名学生"轰"的一声沸腾起来。宣讲过后，一个学会了上网的学生在电子邮件中说："那一刻，我才知道，等着连接网络时嘶哑的嗞嗞声，是世界上最好听的声音。"

张树新在全国的各种新闻媒体开设专栏，普及互联网知识，传播互联网文化。新闻媒体既有《人民日报》这样面向各级干部的报纸，也有《少年电世界》这样面向少年儿童的刊物。在《少年电世界》杂志中，专栏以生动活泼的口吻对读者进行网络知识的启蒙：

"瀛海威邮局是一个虚拟的网上邮局，但它的功能可比实际生活中的邮局强大多了。

"只要你拥有一个电子邮件——E-mail信箱，你就可以随心所欲地把信寄往世界的各个角落，中、英文方式都可以。在瀛海威邮局里不仅可以传递书信，声音、图画、照片同样可以传送给远方的朋友，即使是在地球的另一端也没关系，只要他也拥有一个E-mail信箱。

"逢年过节，我们要向遍布全国甚至世界各地的朋友表达问候和祝福。一份贺卡，也许要送给十几个甚至几十个朋友，在生活中，我们只有写几十张贺卡、寄发几十份邮件才行。可是在瀛海威时空邮局里就方便多了，你只要把所有朋友的名字编成一个'组'，再给这个'组'起个名字，将你准备好的电子贺卡用鼠标轻轻一点'发送'键发送后，眨眼间你的朋友就都收到了。贺卡再大，内容再多也没关系，而且发一次最多需要几角钱，省时、方便又经济！"

张树新虽然不是一名优秀的企业家，却是一名功勋卓著的启蒙者。她通过各种形式的"布道"，培养了中国最早的一批网民，调动了整个社会对互联网的热情。许多人是通过瀛海威走进互联网世界的。到1998年1月时，瀛海威注册用户接近6万人，每天上网查询信息的有4万人，捆绑用户则达到30万人。相较于今天的数亿网民，30万人微不足道，但这是中国互联网最早的火种。没多久，中国互联网就呈现出火光映天的燎原之势。

胡泳举起数字化生存大旗

当张树新投入巨资在中国大地上掀起互联网旋风时，《三联生活周刊》一名叫胡泳的年轻人，无意间担负起了数字时代的严复的角色。在风雨飘摇的晚清，翻译家严复通过翻译《天演论》，向中国民众传递了"物竞天择，适者生存"的理念，成为激发中国民众奋发图强的时代强音。而在互联网大潮即将到来的前夕，放眼世界的胡泳通过翻译尼葛洛庞帝的著作，向民众发出了"数字化生存"的主张。

胡泳从第一次接触互联网到成为互联网的旗手，也不过是几个月的事情。1995年秋，在清华大学力学系，胡泳用一台计算机登录了清华大学的"水木清华"BBS。一个豁然开朗的世界突然摆在了他的面前。在这个网络论坛中，汇聚了北到哈尔滨、南到汕头的人们，热闹非凡地讨论问题。新奇的信息传递方式让他惊叹不已。后来在一篇名为《生活周刊如何掀起数字化狂潮》的文章中，胡泳如此描绘了初识互联网时石破天惊般的感受："我感到醍醐灌顶、灵魂出窍，如果我的生命中曾经有过'天启'般的时分的话，那一刻就应该算是了。"

每逢社会变迁发生，都需要有人进行新思想和新理念的启蒙和普及。发现未来的胡泳，迫不及待地要把互联网传递给中国的民众。为了对互联网有更深入的了解，胡泳成了瀛海威科教馆的常客，没事就泡在里面。1996年1月，胡泳一气呵成一篇万字长文《Internet离我们有多远》，刊登在这一年1月30日出版的《三联生活周刊》上，成为最早以专题文章形式全面深入报道互联网的文章之一。文章一开头就讲了一个传奇的故事。

美国华盛顿州，西雅图——微软公司总部所在地。当公司老板比尔·盖茨走出一家餐馆时，一位无家可归者拦住他要钱。这并不奇怪：盖茨是世界上最富有的人，坐拥资产180亿美元。

接下来的事令见多识广的盖茨也目瞪口呆：流浪汉主动提供了自己的网络地址（西雅图一家社会庇护所在网上建立了地址以帮助无家可归者）。"简直难以置信，"盖茨事后说，"Internet是很大，但我没想到无家可归者也能找到那里。"

这篇万字雄文对美国互联网的迅猛发展及对政治、商业、社会、新闻所带来的冲击，进行了深入浅出的介绍。互联网正把全球变成一个空间，观念性的革命正在全球发生。未来让人心潮澎湃，可中国的现实却难免令人沮丧。文章写道:"在美国,电话走了一个世纪才进入千家万户,修建州际高速公路花了数十年,有线电视行业用了十余年才将线路铺进大多数美国家庭。信息高速公路的工作量绝不亚于他们。何况我们是发展中的中国。"

与张树新喊出"中国人离信息高速公路还有多远?向北1500米"的豪言壮语相比,胡泳在文中表现得更加理性和审慎。中美对比中的落差,更加强化了这位新闻记者的启蒙使命。后来,他在《三联生活周刊》开设专栏"数字化生存",专门向社会介绍互联网将带来的社会巨变。在胡泳眼中,互联网将是中国面临的一个巨大的发展机会,之前中国痛失过多次历史机遇,但这一次绝不能再错过。他逢人便谈"数字化",以至被人戏称为"胡数字"。

对于互联网发展趋势的洞察,为他翻译尼葛洛庞帝的 *Being Digital* 做好了充分的铺垫。当应海南出版社的邀请,在位于北四环的一家版权代理公司挑选可能的畅销书时,胡泳在琳琅满目的外国原版书中一下子就发现了 *Being Digital*。看到书中写的"社会的基本构成要素将由原子转变成比特",胡泳不由自主地被震住了。

作为一本科普性著作,作者美国麻省理工学院教授尼葛洛庞帝,为读者描绘出了数字化生存的灿烂美景,并阐述了数字化如何影响政治、经济、教育以及意识形态等问题。尼葛洛庞帝认为我们将拥有数字化的邻居,在新的交往环境中物理的空间变得无关紧要。他还认为,数字化的时代,传统的中央集权的生活观念将成为明日黄花。他预测民族国家本身也将遭受巨大冲击,并迈向全球化。对于即将到来的下一个世纪,尼葛洛庞帝乐观地写道:"下一个1000年的初期,你的左右袖扣或耳环将能通过低轨卫星互相通信,并比你现在的个人电脑拥有更强的计算能力。你的电话将不会再不分青红皂白地胡乱响铃，它会像一位训练有素的英国管家，接收、分拣，甚至回答打来的电话。大众传媒将被重新定义为发送和接收个人信息和娱乐的系统。学校将会改头换面，变得更像博物馆和游乐场，孩子们在其中集思广益，并与世界各地的同龄人相互交流。地球这个数字化的行星在人们的感觉中，会变得仿佛只有针尖般大小。"

在版权代理公司的几大排书架前，胡泳读得如痴如醉。他事后写道："比特替代原子，个人化双向沟通替代由上而下的大众传播，接收者主动地'拽取'（pull）信息替代传播者将信息'推排'（push）给我们，电视形存神亡，将被一种看起来是电视但实际上是电脑的数字设备所取代，游戏与学习的边界将因为网络的出现而逐渐模糊，在一个没有疆界的世界，人们用不着背井离乡就可以生活在别处……对于一直生活在大众传媒的信息垄断中的人们（我自己学的和干的就是大众传媒），这一切如此新奇、如此令人神往。"他向海南出版社的编辑力荐翻译出版此书。

怀着一种强烈的历史使命感，胡泳和夫人范海燕用了 20 天的时间就完成了全书的翻译。彼时，*Being Digital* 已经在台湾出版，中文名字是"数位革命"。海南出版社试图效仿选用"数字化革命"做书名，但胡泳竭力主张选用了"数字化生存"，并将"计算不再和计算机有关，它决定我们的生存"这句话打在封面上。经过这一番操作，《数字化生存》远远超出了技术层面，而上升到关乎个人和中国未来的高度，暗合了社会上普遍存在的危机意识。

《数字化生存》出版后迅速风靡中国，成为中国人迈进信息社会影响最大的启蒙性读物，中国如何应对数字化大潮，也成为社会的热点话题。有中学生给胡泳写信说，读了这本书，就下决心投身网络科技行业。江泽民主席在百忙中阅读了《数字化生存》后,将它推荐给各大部委的官员阅读。后来他在会见美国电报电话公司(AT&T)总裁时专门提到了《数字化生存》。江泽民说,他虽然没见过尼葛洛庞帝本人,但这本书他从头到尾看了。书中的一些观念对中国信息产业的发展是有助益的。

布道者:尼葛洛庞帝

张树新和胡泳,中国互联网启蒙运动两个最重要的人物,一个利用资本的力量,将互联网的火种在中国广为播撒,为无数人打开了互联网大门;一个利用手中的笔墨,引领民众从未来生存的角度审视这场即将发生的变革,让人们更清楚地了解自己所处的时代方位。但仅有他们的力量,还是远远不够的。数字化大潮的掀起,除了得益于民间力量,还有政府力量的强势推动。1997年,在国务院信息化办公室的运筹下,尼葛洛庞帝以未来学家的身份来到中国,在政治、商业、学界等多个领域刮起了一阵数字化旋风。

在一个风云际会的年代,共同的旨趣和愿景往往会很容易把不同领域的人汇聚到一起。《数字化生存》在中国面世后,海南出版社的几位驻京编辑一心想在中国发起一场数字化运动。他们找到国务院信息化办公室,向信息化的主管者传递《数字化生存》的观点,并请其出面邀请尼葛洛庞帝访华。彼时在国务院信息化办公室任职的高红冰,看过《数字化生存》后受到了深深的震撼。尽管此前在电子工业部政策研究室工作时,他就在新加坡亚太电信国际展览会上对电脑如何连通到国内有了初步接触,但尼葛洛庞帝书中的描述还是让他心潮澎湃,决定责无旁贷地促成这件对中国互联网发展具有深远意义的事情。

对于中国政府而言,邀请一名海外的思想家和未来学者到中国"布道",这还是第一次。这将对国际舆论产生怎样的影响?对中国思想界产生怎样的冲击?这些问题都是要考虑的。为慎重起见,高红冰把未来学会的会长请来了,也把电子发展研究院的院长请来了。他们一起相互激荡思想,共同完成了尼葛洛庞帝的访华策划方案。1997年1月8日,高红冰起草完成《关于尼葛洛庞帝访华有关问题的请示》。为了尽快促成此事,他又在当天晚上冒着风雪赶到京城郊外向主管领导汇报。得到认可后,一切终于水到渠成。

1997年2月28日,应国务院信息办的邀请,尼葛洛庞帝正式开始了他的互联网"布道"之旅。在中科信息广场的多功能厅内,面对中国的几百名听众,讲台上的尼葛洛庞帝言语温和却又热情洋溢地描绘着数字化的未来。对于台下的听众而言,这是他们第一次现场听取一名西方未来学者的报告。尽管尚不能贴切地理解和想象未来的数字化世界,但数字化的未来却能引发他们无尽的向往和遐思。听众中间有来自政府部门的数百名官员,有从事互联网事业的企业家,也有来自科研机构的学者。

尼葛洛庞帝的演讲充满了智慧的火花和对未来的洞见。与《数字化生存》相匹配,他为中国听众提供了更为全面的分析和认知。尼葛洛庞帝讲到目前在美国至少有50%的家庭已经拥有了个人电脑,而且主要在18岁以下的青少年中使用;在图书馆、学校、车站等公共场所,儿童可以很方便地找到互联网。他认为,让孩子从小就生活在数字化环境里,对未来社会信息化的发展无疑是至关重要的。与此形成对比的是,高度工业化的欧洲国家计算机普及率却不尽如人意,欧洲儿童使用个人电脑的比例还相当低。在他看来,造成这种差异的原因是各国政策法规对信息化的支持程度不同。当然影响互联网普及的因素还有文化传统。尼葛洛庞帝以日本为例讲道，日本是世界上发达国家里数字化程度最低的国家，学校刚刚开始拥有电脑，做生意的人也不使用电脑。在他眼中，是文化传统影响了这一切，日本大一统、各种社会级别很严格的传统文化，并不利于开放、平等地使用互联网。

在涉及中国时，尼葛洛庞帝认为，虽然现在互联网上英语占领先地位，但将来有一天也许中文会成为主流语言，因为使用中文的人很多。发展中国家虽然贫穷，但信息化会使文化、教育的触角伸向老少边贫地区。

这是一次意义非凡的访问。自从中国和世界互联网连通以来，中国的政府官员和学者还是第一次在国内当面聆听一位西方学者对于互联网的分析和判断。他们的认知和决策将直接影响中国互联网的未来走向。十几位未来学家和信息科技专家与尼葛洛庞帝进行了对话，涉及的话题包括未来的数字电视、人工智能、互联网机器人、政府如何推动信息化等。一切都显示出从政府到民间对这场报告的重视。

张树新慷慨解囊，提供了场地和所有的资金赞助，并向所有能邀请到的信息业的前沿人物发出了邀请。1996年年底，张树新在北京街头书摊上看到《数字化生存》时，就立刻被尼葛洛庞帝的思想所打动。她也想通过尼葛洛庞帝访华，在中国掀起一场声势浩大的数字化运动。当她意气风发地在很多互联网从业者和媒体人的簇拥下迎接尼葛洛庞帝时，给外界传递出一个强烈的信号：中国互联网充满了勃勃生机，未来将光芒万丈！

管理大师彼得·德鲁克曾说："在大多数以知识为基础的创新活动当中，用户接纳是一场赌博行为。"在中国互联网最需要一位思想引领者的时候，尼葛洛庞帝来了。尽管他不是西方未来学家中最出色的，而且围绕他本人也存在各种争议。但他给中国上了互联网启蒙的重要一课，《数字化生存》也成为一部教科书级别的著作。作为一个几近让中国人顶礼膜拜的未来学家，尼葛洛庞帝的讲话让人备受鼓舞，互联网在一夜之间成了企业家和大众热议的话题。更多的人知道了未来的世界是数字世界。媒体给尼葛洛庞帝冠上了中国"数字化之父"的头衔，并将他的观点广为传播。

抛却尼葛洛庞帝那些闪烁着智慧火花的观点，即便是尼葛洛庞帝访华事件本身，也带有风向标般的象征意义。他所带来的数字化旋风，迅速席卷全社会。此后，中国互联网的商业化进程大大加快，而公众的互联网意识也迅速崛起。

为数字时代立言，为信息中国立心

思想是行动的先导，越是巨变的时代越需要思想的引领。在互联网进入中国的早期，几乎所有触网的人都惊奇地发现，互联网所带来的不仅仅是新的信息传递方式，更是一种崭新的生存方式。审视这次人类生存方式的变革，需要超越技术，从文明嬗变的角度思索。1997年，最早从文化角度对民众进行互联网启蒙的群体诞生了。他们把思想的触角伸向互联网，试图用技术人员不曾有过的角度帮助普通人理解这个新奇事物。

历经20多年的改革开放，中国造就了一批具有国际视野、紧跟时代前沿、学科背景多元的人文学者。面对从海外席卷而来的互联网大潮，唤醒民众，成为他们本能的想法。也是在张树新的推动下，几位年轻人汇聚到了一起：社科院研究西方哲学的学者郭良——1996年，他就在自己的住所用三根电话线搭建起了国内第一个哲学讨论公告版,并同时在《南方周末》连载"跟我玩互联网"系列文章;《战略与管理》杂志主笔之一的王小东——虽然毕业于北京大学数学系,还是软件高手,却弃理从文投身国际关系战略研究,多年来一直宣扬民族主义,声称"我们这个星球的一个最基本的问题就是生存空间和自然资源分配的不平等";社科院研究哲学和基督教神学的吴伯凡——他在本业之余,对互联网文化研究产生了浓厚的兴趣;《农民日报》编辑姜奇平——从事农业经济研究和新闻写作,因酷爱电脑在报刊上开辟了"电脑诊室"专栏,广受读者喜爱。此外,还有上文提到的《三联生活周刊》记者胡泳、社科院研究西方观念史的学者李河、研究妇女问题的卜卫、复旦大学文学博士严锋等。

张树新以出版国内首套"网络文化丛书"的名义将这帮年轻学者聚在了一起,并定了框架和编写原则。互联网文化启蒙的使命就这样开始了。所有参与的人既惴惴不安又兴奋异常。多年以后,姜奇平仍对聚集时的场景记忆犹新:"在那个难忘的夜晚,我们一群研究宗教、哲学、法律、数学、媒体、文学……的人文学者,在小汤山一个不通电话的山沟里,吃着从山中抓来的羊,憧憬着互联网的未来,就好像在爬雪山过草地时梦想不着边际的田园一样。"

根据专业特长,每个人分别负责一个方面的网络启蒙工作。有的负责勾勒信息时代的世界地图,有的专职梳理网络创世纪的历程,有的负责研究21世纪的网络生存方式,有的展现网络时代女性的精神生活,有的探究黑客的文化内涵。他们沿着理性的轨迹从文化的视角思考互联网,并要深入浅出、趣味横生地解读互联网将如何对现实的中国产生影响。

1997年12月,由中国人民大学出版社出版的"网络文化丛书"正式面世，把互联网文化思想的重量以轻盈的文笔表达了出来。包括：郭良创作的《网络创世纪——从阿帕网到互联网》、姜奇平创作的《21世纪网络生存术》、王小东撰写的《信息时代的世界地图》、吴伯凡著的《孤独的狂欢——数字时代的交流》、李河写的《得乐园·失乐园——网络与文明的传说》、胡泳范海燕夫妇的《黑客：电脑时代的牛仔》，以及严锋、卜卫写的《生活在网络中》。内容涵盖了互联网的诸多方面。有对互联网历史的探究，有对互联网将如何改变社会政治制度的分析，也有对信息社会经济模式变化的解读，此外还有对信息时代文明观念和伦理思想的探讨，以及对电脑"黑客"的深入剖析。

"网络文化丛书"力图站在普通民众的角度，用大众化的语言探讨信息科技与社会变迁的关联。郭良在《网络创世纪——从阿帕网到互联网》中的描述颇具代表性："用互联网的技术人员从未有过的角度来探讨技术、用哲学家从未有过的角度来探讨人性、给普通人理解互联网带来启示，这些就是创作本书的目标。"

丛书的出版对中国互联网有着深远影响，从网络文化的角度开启了一条大众启蒙道路。《网络先锋——中国网络产业透视》一书评论说："'网络文化丛书'不仅使瀛海威成为信息文明时代的代言人，还促成了一个新兴的行业——IT评论，扶植了一个新的时髦族群——IT评论人。"这种评论并非虚妄之词。在其之后，中国网络文化评论蓬勃发展。越来越多的人知道了互联网是怎么回事。姜奇平、胡泳等人成为知识界观照互联网的带头式人物。姜奇平提出"直接经济"理论，成为网络经济理论的重要奠基人之一。

1998年，郭良、胡泳、姜奇平和清华大学博士方兴东、《信息产业报》主编王俊秀等人发起创办"数字论坛"，讨论IT技术将对整个社会文化带来的革命性影响——媒体由中介演变为经济和社会的中心和主要舞台，注意力将成为知识社会的主要资源，新的媒体精英拥有影响力这种知识社会的主要财富。"数字论坛"肩负起推动社会向数字化方面转变的历史使命，成为推动中国网络文化启蒙最重要的群体。为了扩大影响，1999年1月，胡泳代表数字论坛向尼葛洛庞帝递交了顾问聘书。1999年6月，"数字论坛"丛书出版，王俊秀为丛书写的总序文章标题是"为数字时代立言，为信息中国立心"。

网吧：互联网启蒙之地

1996年，年轻人接触互联网的重要场所——"网吧"出现了。

这年5月17日，正值世界电信日，在深圳蛇口工业区一家名叫卡萨布兰卡的西餐厅的二楼，诞生了深圳首家电子咖啡馆。这是深圳市邮电局欲把蛇口打造成"互联网推广试点基地和样板工程"的结果。自从1979年蛇口工业区创办以来，它一直是中国改革开放的最前沿。到1996年，蛇口已经是外国人和华人华侨比较集中的工作和生活区域。创办电子咖啡馆，正可以满足他们连接互联网的需求，同时也可实现向社会公众推广互联网的目的。基于这样的目的，由深圳市邮电局免费提供一条数据通信专线，由卡萨布兰卡西餐厅提供场地作为上网专区，由一家叫颖源的电脑软件公司提供10余台电脑，共同促成了深圳首家电子咖啡馆的诞生。

深圳首家电子咖啡馆超乎意料地受到了人们的追捧和喜爱，10多台电脑经常被上网的中国人和外国人围得水泄不通。据一篇名为《卡萨布兰卡西餐厅的故事》的文章描述，一位大学生在这里向美国一所大学发出了入学申请，后来如愿以偿地从网上得到了入学通知；许多生活在蛇口的外国人，通过电子咖啡馆与世界沟通，成为深圳最早的一批网民；蛇口工业区的袁庚，也是在这里实现了与互联网的第一次接触；此外，这里还举办了多期互联网培训班，成为推广互联网应用的学习基地。电子咖啡馆促使了深圳网民快速成长。据统计，1995年年底深圳互联网用户只有400多人，到1996年年底已经猛增到了两万人。

同样是在1996年5月，上海出现了最早的网吧——威盖特。开业时计费标准为每小时40元。尽管这种消费看似有些奢侈，但由于当时互联网属于既新鲜又高贵的时尚玩意儿，盖威特还是受到了极大的欢迎。在开业后的短短几个月内，发放了近千张会员卡。

与诞生在深圳和上海的网吧相比，北京的实华开网络咖啡屋却成为日后影响最大且最为长远的网吧。或许与它的创办者是一名海归有关，媒体在回顾中国网吧业起点的时候，更多地把目光聚焦到实华开网络咖啡屋身上。

1996年11月15日，小雪纷飞，北京首都体育场西门诞生了京城第一家网络咖啡屋（Internet Café）——实华开。它临近国家图书馆及一些高等院校，即便是距离中关村也不远。11台电脑整齐排列，旁边有专门的技术人员负责指点尚不熟悉上网流程的年轻人登录网络中的美妙世界。创办者是一名叫曾强的海归。在1995年年底回国之前，曾强就已经在互联网上建立了一个华人社区在线交易所，企图用互联网凝聚世界华人的力量。创办实华开网络咖啡屋，是曾强尝试用互联网沟通东西方世界信息的举动之一。他曾向《计算机世界报》的记者称，实华开面向的顾客群体非常广泛，它可以为望子成龙的父母提供一间开放教室，给热衷Internet的青年人提供一个聚会的高雅场所，让业界精英有一个与世界同行对话的论坛，让在华旅游的外国人与家人或公司保持频繁的联系。

在实华开网络咖啡屋开张当天，由于北京天气不好，曾强本以为不会有人前来光顾，结果却是出乎意料的爆满。即便是每分钟 5 元钱的上网价格，还是有很多好奇的年轻人在互联网上乐此不疲。按照当时的网速，1 分钟能做的事情不过是下载一个网页。

同是在开张那天，实华开网络咖啡屋完成了中国第一笔网络购物交易。商品是北京燕莎商城的一只景泰蓝"龙凤牡丹瓶"，购买者则是一名加拿大驻华大使。在很多社会公众还在为可以通过互联网获得信息而高兴时，加拿大大使的网络购物行为是甚为新奇的。互联网把一个传统的中国与外国人联系了起来。这件事经过媒体的炒作，让实华开一时名声大噪。后来，当时的国家领导人江泽民、朱镕基都曾为实华开网络咖啡屋题词。美国总统克林顿 1998 年访华时，还特意接见了实华开的创办人曾强。再后来，美国著名未来学家阿尔温-托夫勒到中国了解互联网风潮时，也是在实华开与中国的互联网创业家进行的交流。

实华开是英文"spark-ice"的意思，译为"冰与火的结合"。曾强说："冰与火融合时的那种瞬间，混浊之中的美妙，我总能感觉到的。中国的企业、中国的公司怎样走上国际市场，同时又成为西方经济、文化的融入者，这是个非常大的命题。要在冲突中优势互补，就需要冰与火的结合。"

中国一家网络咖啡屋反映了中国人对互联网时代的理解，也代表了普通公众面对信息时代的态度，那就是尽快融入这个开放、包容的虚拟世界。

网吧，这种由波兰姑娘爱娃·帕斯科（Eva Pascoe）于 1994 年 9 月创造的专门提供上网服务的场所，恰逢其时地出现在了中国。它为没有条件上网的人群提供了一个认知互联网的途径。只要愿意出钱,就可以接触到互联网,缩短与外部世界的距离。它成为互联网的启蒙场所,也可最及时地反映出中国互联网的发展水平。1998年,美国总统克林顿访华时,还曾专门到上海的一家网吧考察中国互联网的普及情况。在互联网发展的早期,网吧无疑成为观察中国改革开放程度的窗口。

对于很多追赶时髦的年轻人而言,正是在网吧里,学会了查询资料,学会了玩网络游戏,学会了面对着电脑屏幕和陌生人聊天。平日里沉默寡言的少年,甚至在网吧里会用花言巧语逗对方开心。自从1996年网吧进入中国后,迅速风靡大江南北。中国大众开始走进网吧大量接受外面世界的信息。它深受年轻人欢迎,却让家长深恶痛绝。因为这个新的休闲娱乐场所,引发了一系列社会问题,使许多学生深陷其中不能自拔。当然,这是网吧普及以后的事情。对于1996年的网吧来说,起到的更多是宣传和普及互联网的作用。网吧拉近了人们与网络的距离,也使一些没有条件上网的人群有了更好的途径去接触互联网。

1997：
浪奔浪流

人类以前所未有的速度走向未来。社会变迁日新月异，每一个国家都在密切关注着由互联网引发的这场变革，考虑着应对举措。

1997年1月，在瑞士东部小城达沃斯，"建立网络社会"成为本年度世界经济论坛的主题。世界经济论坛是每年全球政界、商界乃至文艺领域精英的聚会。他们的决策将直接影响未来经济社会的发展。世界经济论坛主席、日内瓦大学的教授克劳德·施瓦布在开幕词中以预言家的口吻说道："这一场席卷全球的信息革命势不可当。如果我们不这样聚集一堂，用我们的全部关注和智慧来认真探讨这一挑战对人类的含义，我们就可能走上歧途，甚至可能被淘汰。"施瓦布的发言得到了诸多与会者的响应，其中包括微软公司的比尔·盖茨、英特尔公司总裁葛鲁夫、写出了《大趋势》的未来学家奈斯比特等世界领导人物。年初的这场世界性的会议为互联网的发展进一步做了铺垫。它向外界传递出的信息是，面对这场来势迅猛的信息革命，我们必须用智慧和实干做好应对措施。

在1997年，还有一个让世界各国津津乐道的话题——"人机象棋大战"。5月11日，在美国纽约曼哈顿中城公平保险公司的大楼里，国际象棋大师卡斯帕罗夫败给了由IBM（国际商业机器公司）研制的电脑"深蓝"。卡斯帕罗夫是国际象棋史上最优秀的棋手。他身怀绝技，所向披靡，已经 11 年没有遇到过对手。他历来被认为是具有最高人类智慧的人。正因为卡斯帕罗夫的战绩和头衔，在媒体眼中这场"人机象棋大战"是电脑在向人类的尊严挑战，而卡斯帕罗夫也自诩他的胜利就是人类的胜利。在卡斯帕罗夫与"深蓝"决战的前夜，美国有线电视网和《今日美国》共同做了一项民意调查，82% 的人希望卡斯帕罗夫获胜，而希望"深蓝"获胜的仅为 10%。尽管卡斯帕罗夫深得民意，但人脑还是输给了电脑。"深蓝"的胜利引发了舆论的沸腾，以至有媒体打出"计算机对人类领域悍然入侵"这样耸人听闻的标题。事实上，"深蓝"并不是一台电脑，而是由 32 台电脑并行连接的一个电脑网络。IBM 的目的之一就是通过人机对弈来探索解决复杂问题的方法。今天看来，尽管人们的担忧和恐慌或许有些多余，但技术在加速介入人类生活却是无法回避的事实，人类对技术的依赖正在增强。在这一历史大趋势中，没有国家能够例外。这其中当然包括中国。

国家的意志

1997 年的中国，政府对于先进信息技术的关注和利用也有了实质性的进展。4 月 18 日至 21 日，国务院在深圳召开了第一次全国信息化工作会议。在中国互联网的发展历史上，这是一次具有里程碑意义的会议。新华社以《全国信息化工作会议召开，我国信息化建设进入崭新阶段》为题对外播发了新闻。事实上，姑且不谈这次会议的内容和达成的意见，单是参会的人员也可显示出这次会议非同凡响的一面。依照媒体的报道，来自 34 个省市自治区和 48 个国家委、部、办的相关官员以及媒体记者共 175 人参加了会议，其中单是省部级官员就有 48 位。正是在这次会议上，国务院副总理邹家华提出了中国信息化建设的 24 字指导方针——统筹规划、国家主导、统一标准、联合建设、互联互通、资源共享。由于互联网上中文信息仍旧匮乏，这次会议决定尽快形成中国自己的国家计算机互联网络，开发中国历史文化和经济建设方面的信息资源，向世界传播中国，以扩大中文信息资源的利用和中国文化在世界的影响。

这是中国首次把信息化的建设和网络内容的丰富上升到国家意志的高度。《计算机世界报》的记者写道："会议提出的国家信息化建设的指导方针、奋斗目标、主要任务和政策措施，对全国信息化建设具有重要的指导作用，必将对我国信息化建设产生深远影响。"在这次会议之后，中国互联网进入日新月异的快速发展阶段。中国公用计算机互联网（ChinaNet）、中国科技网（CSTNet）、中国教育和科研计算机网（CERNET）和中国金桥信息网（ChinaGBN）这四大骨干网均在这一年加快了网络基础建设的步伐。到这一年的 10 月，四大骨干网实现了互连互通。

上网人数飞速增加。介绍互联网的书籍突然间挤满了大大小小的书店。上网收发电子邮件、浏览信息正日趋成为一种都市的时尚。1997 年 11 月，成立不久的中国互联网络信息中心（CNNIC）对外发布了第一次《中国互联网络发展状况调查统计报告》。报告显示，截至 1997 年 10 月 31 日，我国共有上网计算机 29.9 万台，上网用户 62 万人，其中接近八成的上网用户为 35 岁以下的年轻人。而就在 1996 年年底，我国上网的计算机还不到 1 万台，而上网人数也仅为 10 万人。

与之相伴的是，互联网上的中文信息以排山倒海般的气势迅速丰富起来。《人民日报》和新华社均在这一年开始利用互联网谋求更大的影响力。在中国，它们几乎是行政级别最高的新闻机构。前者是中共中央的直属机构，后者则隶属于国务院。它们传递的是权威的声音，引导着舆论的走向。国外的驻华机构还会经常对它们的报道进行深度解读，以图获得中国未来变革的蛛丝马迹。

1997年1月1日，《人民日报》网络版正式进入互联网。它是中国开通的第一家中央重点新闻网站。事实上，《人民日报》编委会在前一年就已经开始酝酿创办《人民日报》网络版，并在1996年9月成立了《人民日报》网络版领导小组。经过国务院信息办和邮电部等机构的帮助，《人民日报》网络版终于在新年的第一天呱呱坠地。1月上旬，在香港举办的亚洲报业博览会上，它成为与会者津津乐道的话题。在《人民日报》网络版上，读者不仅可以检索到1995年以来每天的新闻，还可以看到《人民日报》下属的刊物，以及《邓小平文选》1~3卷的全部内容。在当时，门户网站尚未诞生，互联网上中文信息仍然匮乏，《人民日报》网络版依靠人民日报社的信息资源优势迅速获得了青睐。由于《人民日报》网络版信息量大，权威性高，内容更新及时，到1997年年底月访问量就达到了1500万。这是一个很多网站无法企及的数字。时任《人民日报》网络版副主任蒋亚平向上级汇报工作时，总是很自豪地称，《人民日报》网络版是全球最大的中文网站。

11月7日，新华社的网站也正式开通。这一天正好是新华社成立66年纪念日。新华社发布新闻的方式也由此实现了新的跨越。为这一天的到来，新华社的"新闻上互联网"项目组在一间小屋子里忙碌了几个月。一本清华大学出版社出版的网站启蒙教材，成了他们手头唯一的参考资料。

在中国互联网发展史上，《人民日报》网络版和新华社网站的创办是具有标志性意义的事件。就在西方还在怀疑中国政府能否应对互联网的挑战时，中国最权威的两大新闻机构以斗志昂扬的姿态投身到了互联网大潮中。它们试图用互联网更好地向世界传播和阐释中国。尽管中西方存在社会制度和意识形态的差异，但面对互联网这一可以跨地域传播信息的媒介时，中国的政府层面却采取了融入世界、和世界坦诚相对的开放态度。在互联网这个袤无边际的崭新版图上，信息高速公路不断蔓延，中国互联网发展的大幕终于彻底拉开。

敢吃螃蟹的人

在更迭的年代，没有什么是一成不变的，也没有什么是天经地义的。无论抵制与接受，变化的大潮都正在袭来。没有人知道何种方式会一败涂地，何种方式会在未来屹立不倒。先行者们全凭着既有的经验小心翼翼地摸索着前进。这是一个激荡的年代，一切都有待检验。

1997年1月15日，中国第一家商业网站www.ChinaByte.com正式开通。这个有着奇怪名字的网站，肩负起推动中国信息化的时代重任，既传播与电脑和互联网有关的信息，又为网友提供软件下载等服务，设有"新闻总线""软件仓库""网络学院""游戏天堂""科技股讯"等9个频道。在中文信息犹如珠穆朗玛峰上的空气般稀薄的年代，ChinaByte上线第二天，点击量就达到了8万。在当时，对于以高校学生和IT爱好者为主体的中国网民来说，这是一片崭新的大陆。在英文网站占据世界网站数量的95%，德文、法文、西班牙文网站占据3%的互联网早期，ChinaByte的宗旨也颇具凝聚人心的民族主义力量："在中国，用中文，为中国人。"

ChinaByte的主办者是人民日报社和澳大利亚默多克新闻集团联合创办的PDN——"笔电新人"信息技术有限公司。PD意指人民日

（People's Daily），N 指新闻集团（News Corporation）。1985 年，新闻集团执行董事长默多克首次访问中国，并免费向中央电视台提供了 50 多部好莱坞电影后，此后新闻集团就拉开了和中国合作的序幕。默多克打着"让世界了解中国和让中国了解世界"的名义，用雄厚的资本和中国媒体开展广泛的合作。1995 年，默多克接受 BBC（英国广播公司）记者专访时说："我们眼前有太多开放的机会，我们最好事先预做打算，所以我们不能只把我们的角色限制在报纸发行或是电视上面，我们要稳稳地掌握新出现的各种发行系统。""笔电新人"正是在 1995 年的这种背景下出现的。在决定做互联网内容服务之初，ChinaByte 设想过把《人民日报》的内容放到网上，也设想过专做财经内容，但考虑到政策风险，最终还是选择了 IT 信息。在最初的探索者看来，做 IT 不涉及政治等敏感话题，是最安全的，当时接触互联网最多的 10 万人大都是 IT 人，他们最关心的是 IT 信息。

中国第一家专注于互联网内容生产的网站诞生了，掌舵者是一位面庞圆润、喜乐和善的年轻人——宫玉国。1988 年，宫玉国从北京大学中文系古典文献专业毕业，然后到中国轻工报社当了一名记者。工作之余，因为爱玩电子游戏而对计算机产生了浓厚的兴趣，常常拆了装、装了拆，成了业余电脑专家。在工作 7 年之后，厌倦了一成不变的工作状态的宫玉国辞职下海，经朋友介绍加入了"笔电新人"。经受过多年传统文化熏陶的宫玉国，就这样机缘巧合地推开了互联网的大门，成了由传统媒体转型到网络媒体的第一人。宫玉国对媒体说："刚开始时，我连 Internet 这个词都拼不准，就跟着专家们学习，慢慢搞懂互联网是怎么回事。"

宫玉国将 ChinaByte 定位为中国最好的信息服务商，并不惜一切代价要把它打造成一家专业的经典网站。《中国 .com》一书对风华正茂的

ChinaByte 有过这样的描写："ChinaByte 当时没将任何中文网站放在眼里，值得一提的中文网站，宫玉国认为有深圳万维网和中国大黄页，中国大黄页，宫玉国从来也不去访问。"这并非孤芳自赏或目中无人，作为中国第一个正规的网上信息服务综合网站，ChinaByte 有足够的资本炫耀。

出身传统媒体的宫玉国，一开始就参照传统媒体的方式确立了运营思路：走内容原创路线，建立网站稿酬标准，以付费的形式吸引各种作者的稿件，以确保网站内容的丰富和独特。宫玉国矢志不渝地追求网站的原创内容，一心追求信息的独家性和权威性。ChinaByte 有自己的编辑方针，校对要把关到标点符号。每次发稿之前，内容主编都要把稿件送给宫玉国审阅签字后才能上网。在宫玉国眼中，之所以要这么做，原因有二：一是关乎生存，网站需要高质量的稿件，更要留住一批有实力的作者；二是关乎道德，创造性的东西是有价值的，支付稿费是对作者最起码的尊重。

ChinaByte 开通后一两年的时间，就发展了一大批特约撰稿人，包括颇负盛名的 IT 评论员闵大洪、方兴东、姜丰年等，每个月光稿费就要支出十几万元。其严谨成熟的新闻风格，受到了众多网民的青睐。宫玉国说："互联网是个国际化的产业，互联网企业面临的是国际化的竞争，所以从一开始就应当是一种规范经营，而不应当'暗箱'操作，我们要做的是一家'透明'的网站。"在这个严格约束自我的网站上，诞生了中国第一支网络广告。1997 年 3 月，IBM 为推广 AS400 商业计算机系统付给 ChinaByte 3000 美元的广告费，由此掀开了在网上做广告的序幕。2000 年，ChinaByte 被《电脑报》评为 1999 年"运作最规范的网站"。

在拷贝盛行、充满浮躁气息的草莽时期，一直秉持原创精神的宫玉国，很快成了偶像级的人物，理所当然地被很多人视为"互联网的开路人"。一件为媒体津津乐道的轶事是，1998年，宫玉国造访张朝阳。搜狐的人得知眼前站的人就是ChinaByte的宫玉国时，"啊"的一声冲上前来和宫玉国握手，崇敬之情溢于言表。

对于中国互联网来说，宫玉国坚持内容原创的做法是颇具价值的探索。他强调网站经营的规范化，强调稳扎稳打。但随着各类网站纷纷崛起，ChinaByte等来了同行者，也等来了竞争者。它很快就陷入了拷贝和抄袭的汪洋大海之中。许多内容未经ChinaByte授权就被传播得遍地都是。稍微讲究点的，对于拷贝来的内容会加上"ChinaByte综合消息"以示尊重，不讲究的则干脆什么都不加。在资本的推波助澜下，人们考虑得更多的是跑马圈地，用免费获取来的内容吸引网民的注意力，无论价值几何，能上市圈钱就是最大的荣耀。美国斯坦福大学法学院教授劳伦斯·莱斯格在《免费文化——创意产业的未来》一书中写道："互联网诞生之初，它确实是朝着'不保护任何权利'的方向发展的：内容复制没有任何限制，并且十分低廉；权利也十分难以控制。因此，不管大家的意愿如何，根据互联网起初的设计模式，著作权保护机制不能发挥任何作用，内容的'获取'不受任何约束。"互联网的共享特质似乎天生与版权的专属属性相冲突。日后，网络版权的保护问题将一直伴随中国互联网的发展。

丁磊与免费邮箱

在中国互联网发展史上，电子邮件有着特殊的历史意义。早在20多年前，中国就是以电子邮件的形式抵达互联网世界的。1987年9月20日20时55分，在北京中国兵器工业计算机应用技术研究所内，一群中国科学家向德国发出了中国第一封电子邮件。邮件用简单却充满梦想和寄托的话语写道："Across the Great Wall we can reach every corner in the world."（越过长城，走向世界。）这封电子邮件从北京途经意大利最后到达德国的卡尔斯鲁厄大学。随后由德国卡尔斯鲁厄大学的服务器发送到世界各地的近万个大学、研究所和计算机厂家。信发出后不久就收到了世界的回信。帮助中国跨入互联网门槛的维纳·措恩教授日后回忆说："第一个回信的是一名美国计算机教授，后来，回信的人渐渐多了起来。"互联网世界第一次听到了来自中国的声音！中国互联网也由此向互联网迈出了重要一步。尽管还有些步履蹒跚，但终究是迈出了。电子邮件，开启了中国的互联网时代。

到互联网逐渐发展起来时，电子邮件成为风靡世界的信息传送方式。它因为快捷、安全和廉价被人们广为接受并使用。倘若追问电子邮件有多火爆的话，通过一个小小案例就可见一斑。1997年9月，美国之音（VOA）通过多种渠道发布消息："号外！号外！号外！我们宣布一个好消息。美国之音中文部从10月1号开始提供一项新的服务。我们将通过邮件方式，把每天的重大新闻、突发事件、趣味消息传递到您的电子邮箱……"根据当时使用者的体验，每天可以接到美国之音的三至四封电子邮件。而在中国，1997年春节，北京、上海、广州等地的年轻人用电子邮件拜年成为新时尚。人们出于对电子邮件的青睐，将它的英文E-mail翻译成一个让人浮想联翩的名字——伊妹儿。

在推动电子邮件普及方面，有着中国互联网"免费服务第一人"之称的丁磊功不可没。正是在他的推动下，电子邮件实现了平民化，并迎来了一波普及浪潮。

1995年，24岁的丁磊从宁波电信局办理了离职手续，乘飞机向更南方也更开放的城市广州飞去。丁磊赶上了广州热火朝天的时代。当时的广州聚集了资金、信息和机遇。它的开放和务实,流行的粤语歌和红色的出租车,都让丁磊感受到一种扑面而来的新鲜感。城市永远鲜活的植物,也让丁磊认为这个城市永远生机勃勃。那真是一个广州热火朝天的时代,每天都有各式各样的最新的资讯,每天都有各式各样的机会。人们充满乐观情绪,相信只要肯奋斗就一定能够成功。

丁磊一到广州就用所有的积蓄买了台电脑,用来看文档,学习电脑软件。他先是在一家叫 Sybase 的外资软件企业中担任技术支持工程师,后来在 1996 年跳槽去了刚成立的名为"飞捷"的民营 ISP(互联网服务提供商)公司。正是在这段时间,丁磊在 ChinaNet 上开设了一个名为"火鸟"的 BBS。"火鸟"聚集了广州很多互联网爱好者和开拓者。一群志同道合的人谈天说地,也让丁磊结识了最早的创业伙伴。

在广州的两家公司工作过后,1997 年 5 月,出于对互联网未来的信任,丁磊决定创业。要经营互联网服务,就要在互联网上架设服务器。想来想去,他将合作的目标锁在了广州电信局。1997 年 5 月,丁磊敲开了广州电信局数据分局局长张静君的办公室。彼时,张静君正为互联网上中文信息的匮乏而苦恼。网民登录互联网就朝着国外的网站直奔而去。丁磊提供了一份名为《丰富与发展 ChinaNet 建议书》的报告。建议书指出:由于 ChinaNet 上缺少服务,无法吸引用户上网,更不要说留住用户;为了使互联网在中国实现本土化,自己免费提供的 BBS 服务可以吸引大批用户上网,而且可以让网民在网上一待就是几个小时。这对于丁磊的 BBS 和广州电信局都有好处,丁磊可以通过免费服务聚拢用户,电信局也会因为用户上网时间增多而增加收入。在张静君看建议书时,丁磊滔滔不绝地讲他所拥有的搜索引擎、信息推送(push)、BBS 等技术,依靠它们正可以解决 ChinaNet 上中文信息贫乏、无法留住用户的问题。丁磊的方案得到了广州电信局数据分局工作人员的一致认可，他们决定给这个陌生的年轻人一个机会。广州电信局数据分局给他提供了网络带宽、电话以及办公室。

1997 年 6 月，丁磊的网易公司正式注册成立，网址 www.netease.com。他把平日里积攒下来的 50 万元全部拿出来当作启动资金，开始了公司化运作。在上网地点稀缺、速度缓慢、费用昂贵的年代，"网易"蕴含了一个朴素的理想：让中国人上网更容易。就这样，丁磊以创业者的身份进入了互联网领域。

由于彼时互联网赢利模式尚不明晰，丁磊想得更多的是如何聚拢人气。网易 BBS 上线 3 个月就人气爆棚，以至当时有了"北有清华，南有网易"的说法。后来又推出免费个人主页，引来两万多网民申请注册，占到国内网民数量的 20%，成为当时中国内地最大的个人主页基地，一些外国网民也来到网易开设了个人主页。对于丁磊来说，这些都是只有投入却看不到产出的事情。为了维持公司的正常运转，他和员工们没日没夜地开发互联网软件，通过销售软件补贴互联网运营。免费服务让网易名声大噪，也让丁磊无意中叩开了互联网的未来之门。对于自己的举动，丁磊日后说："如果我当初就考虑到做站点如何赚钱，我可能就把路走错了。我受 Linux 影响很深，我觉得服务就应该是免费的……"

1997 年下半年，丁磊从美国的免费电子邮箱 Hotmail 身上仿佛看到了互联网的未来曙光。在他看来，便捷、安全而且实惠的电子邮箱着实太有诱惑力了，它在国内也会有巨大的市场。丁磊想以 10 万美元的价格向美国购买一套 Hotmail 系统，以建立中国的免费邮箱站点，但被 Hotmail 拒绝了。后来 Hotmail 又狮子大开口，开出 280 万美元的价格，还要加收每小时 2000 美元的安装费。

购买不了，丁磊决定自己研发。他和创业伙伴华南理工大学的陈磊华一边研究 Hotmail 的结构，一边研发中文电子邮件系统。整整 7 个月后，一套类似 Hotmail 的免费邮件系统终于研发成功。丁磊本打算由网易独立经营免费电子邮箱业务，但在向广州电信局申请增加免费邮箱服务时却没有得到批准。事实上，即便批准了，也要在硬件方面投资上百万元。对于当时的网易来说，无异于一个不可企及的目标。丁磊想靠出售这套邮件系统增加收入，但看好的没有几个。在他们看来，靠这个免费的东西无法赢利，永久的用户对互联网企业来说有多大价值还是个未知数。

经过一番碰壁之后，丁磊只好把开发出的中文电子邮件系统出售给了广州电信局。谈判的过程也是漫长的。后来任 163.net 总经理的张静君和丁磊足足谈了两个月，从 1997 年年底一直谈到 1998 年年初。最后整个邮件系统以 20 万人民币的价格成交，还送了广州电信局一个域名：www.163.net。

1998 年 3 月 16 日，国内第一个全中文免费电子邮箱 www.163.net 开通。163，当时与拨号上网相关的三个重要的阿拉伯数字，网民再熟悉不过，而且简单易记，寓意十足。www.163.net 一面世就在互联网上刮起了一阵旋风。注册用户以每天 2000 人的速度增加。半年多的时间，用户数量就达到了 30 万。www.163.net 成为当时最著名的免费"电子邮局"。

www.163.net 的成功，让许多互联网服务商看到了免费邮箱系统的巨大价值。首都在线找到网易，以 10 万美元的价格购买了一套。后来使用网易电子邮件系统的金陵在线、香港国中网等网站陆续开通，并相继取得不同程度的成功。免费邮件系统给网易公司带来了 500 万元的利润，以至"网易是最会赚钱的软件公司"的说法不胫而走。

免费邮箱系统的开发，成就了网易这一诞生在广州的互联网公司，也加快了电子邮件的普及。从此以后，电子邮件用户急剧增加。许多互联网公司开始涉足免费电子邮箱业务。在门户网站时代来临时，免费电子邮箱大大增加了互联网对于用户的黏性。

大连金州没有眼泪

在20世纪90年代，与电子邮箱呈现并驾齐驱的发展态势的是电子论坛（BBS）服务。瀛海威开通时，就以电子论坛吸引了无数网民。经过两年的发展，论坛成为网站吸引网民驻足的重要组成部分。在传统话语空间之外，网络论坛成为又一个公共话语地带。人们在论坛里发帖、跟帖，相互激荡思想。1997年秋天，一篇名为《大连金州没有眼泪》的帖子引爆了数万人的情绪，也预示着网络论坛进入了快速崛起阶段。

1997年，中国国家足球队第六次冲击"世界杯"。中国组成了号称历史上最强的队伍。冲击世界杯，也是对中国足球职业化改革4年来的一次检验。中国队将主场选在大连金州体育场，试图重现大连万达队在这里几十轮不败的好运。诸多利好因素让中国球迷满怀期待，当然也包括痴迷足球的福州人老榕和他9岁的儿子。10月31日，中国队在大连金州体育场迎来了最关键的一场比赛。老榕带着儿子专门飞到大连为中国队加油助威。但遗憾的是，在占据天时地利人和的情况下，中国队却以2∶3败给了卡塔尔队。中国队再次无缘"世界杯"。

带着遗憾回到福州的老榕，于11月2日凌晨2点多在四通利方论坛发出了一个具有历史意义的帖子——《大连金州没有眼泪》。文章详细记录了"9岁的儿子"去大连看球之初的兴奋，看球时的热情，对中国足球队的恋恋不舍以及平静中的失落。它从一个小视角生动地记述了中国民众对于中国足球的希冀，而失落的中国足球又给球迷带来了怎样的伤痛。

文章的部分段落写道：

"这个餐厅我永远不会忘记。里面的侍者竟然全是慈祥的50多岁的老头。我要特别感谢的是其中一位侍候我们桌子的老人。当时他对我儿子说了句：'明天比今天再冷点就好了，那卡塔尔队哪见过这天气。'我儿子竟然记住了这句话，回房立即找来大连晚报，一看直叫不好：'明天比今天高5度！'

"全场的'中国队，加油！'变成了整齐的雷鸣般的'戚务生，下课！'这时，全场人，包括隔壁的'半官方球迷'，都在为卡塔尔的每一次进攻欢呼，为中国队乱七八糟的'进攻'而'冷静'！只有我可怜的儿子还不懂为什么这么多人突然不叫加油而改叫什么人下课，继续挥舞他手里的国旗嘶哑地叫着'中国队，加油'。

"回到酒店，来到那个餐厅。全部侍者都热情地围上来，每个人都笑容满面，不过都小心翼翼不提足球二字。我们都无心吃饭，那个老侍者不知怎么哄得儿子吃了几个饺子。儿子还对他说了句：'今天就是太热了点。不然我们准赢！'说得旁边的人摘眼镜。

"现在，我们回到了福州。在金州买的一切，包括球票、国旗，儿子都细心地包好放在他的箱子里。睡觉前懂事地对我说，12号就不去大连了吧，早点放学回来看电视。还保证以后好好做作业，乖乖吃饭，2001年时，再去大连。都睡下了，又说了句：'谢谢爸爸！'"

帖子的内容几近代表了中国球迷的情绪失望、愤怒却又难以割舍。在发帖之前，有人建议老榕把文章投给报纸发表，但老榕认为报纸编辑审查麻烦，不如发在论坛里干净利落。彼时的"四通利方"论坛的"体育沙龙",日访问量不到 1 万,只能保存 300 个帖子。大多数网友留下的都是只言片语。《大连金州没有眼泪》的张贴,让那些无法发泄感情的球迷找到了宣泄感情的突破口。在短短 48 小时之内,这篇两千多字的帖子,被阅读了两万多次。无数网友留言说这篇帖子让他们热泪盈眶。为了不让《大连金州没有眼泪》和许多过时的帖子一起被删掉,体育沙龙的编辑为帖子加了编者按,置顶保留。

在接下来的时间里,《大连金州没有眼泪》在网上被反复转载。热情的读者给《南方周末》的编辑发了 60 多封读者来信,要求他们转载。但为了不给尚在比赛的中国足球队造成影响,《南方周末》的编辑一直克制着。11 月 12 日,中国足球队进行完了所有的冲线比赛。11 月 14 日,《大连金州没有眼泪》全文登上了《南方周末》的体育版版面。这成为传统纸质媒体刊登网络作品的第一个案例。在《10 月 31 日:大连金州的网上泪》一文中,《南方周末》的编辑写道:"在今天的 Internet 上,可以贴帖子的地方多如牛毛。借助电脑网络这一廉价而高效的传播平台,人们可以把自身对生活的种种感受和理解张贴上网,让更多的人去分享、共叹或共鸣。熟悉 Internet 的人们都知道,网上讨论区充斥的绝大多数内容都是琐碎、无聊而且浅薄的感叹和议论,而如老榕这样即便从文学角度来看也堪称佳作的帖子实在是难能可贵。"

1997 年年底,《南方周末》推出的年末盘点特刊《你们现在还好吗》再次提到了轰动一时的老榕和他的《大连金州没有眼泪》。主编寄信如此写道:"就在几天前,一位读者给编辑部写来了他亲历的一件事:在湛江开往海口的轮船上,百无聊赖的他买下一份《南方周末》,尚未读完,就已经泪流满面。他把报纸递给了正在甲板上追逐嬉闹的一群素不相识的少年,少年们看完报纸,也如塑像一般陷入了沉思。深深地打动了这一群人的，正是老榕的文章，那篇取自网络、感动过无数人的《大连金州没有眼泪》。

"当轮船靠岸，各自东西，少年们也许很快就淡忘了这不期而至的邂逅，但是，在甲板上触动他们沉思的东西不会湮没。中国足球梦碎金州的夜晚，也许是老榕儿子10岁的生命历程中最寒冷的一夜，但就在那寒冷之夜的第二天早晨，孩子幼小的心灵已经开始照耀着一种特殊的阳光，那就是理想和希望。"

《大连金州没有眼泪》的出现真正意味着中国互联网文化的丰富。1998年1月16日，《福州晚报》的一篇评论文章写道："电脑网络作为传播媒体较之其他任何公共传媒的优越性（速度、范围、信息保真度与形成双向交流等）充分表现了出来。这种文化的未来大趋势，被老榕预演了一次。不敢说是全世界的第一例，在中国肯定是第一例。"此后越来越多的网友开始利用互联网这一平台表达感情和思想。而互联网的魅力，正在于普通公众有了自由发言的渠道。每个人都是信息的制造者和传播者，这才会促使互联网的信息海洋波涛汹涌。在之后的4年时间中，《大连金州没有眼泪》被翻译成6种语言。2005年，在中国足球队再次冲击世界杯失利后，《大连金州没有眼泪》又被翻出来贴了一遍，仍然被点击了3000多万次。

在《大连金州没有眼泪》火爆之后，网络社区开始如雨后春笋般出现。1998年3月，大型个人社区网站西祠胡同成立，聚集了大批知识精英群体。1999年3月，定位为全球华人网上家园的天涯社区开通，以开放、包容和富有人文气息受到网民青睐。日后天涯社区逐渐发展成为以论坛、博客、部落为基础的交流方式。1999年6月，有着"全球华人虚拟社区"之称的ChinaRen登录互联网，提供聊天室、校友录、主页、日志等一系列服务。网络社区成为网民意见的集中交流地。

福州兄弟案

蓬勃生长的互联网以摧枯拉朽之势冲击着旧有的社会秩序。它代表着新生活、新潮流、新势力，它简直就是一个全新的世界。它成长的速度太快了。普通社会公众还未缓过神来的时候，它就已经赫然来到了面前。1997年，新旧两种力量发生了第一次正面冲撞。这就是轰动一时的"福州IP电话案"。由于它与互联网有关，又被媒体冠以"网上第一告"的称谓。起诉者是福州市的两位网民——陈彦和陈锥两兄弟，律师、专家证人均是他们通过互联网找来的，而事件的起因也与互联网有关。

1997年9月，为了帮助陈彦经营的诚信家用电器商场促销商品，哥哥陈锥突发奇想打起了借助互联网吸引顾客的主意：凡购买诚信家用电器商场家电的顾客，可免费利用他组装的互联网电话与在国外的亲友通话5分钟。后来为了满足一些顾客长时间通话的需求，陈彦索性申请了一部公用电话，并把它设置成互联网电话，对外经营起了长途电话业务。陈氏兄弟的这一举动，让经常打国际长途电话的市民欣喜若狂，曾经打国际长途电话需要支付昂贵的费用，如今竟然只需要花少许市话费就可以打越洋电话。互联网电话的设置，让市民获得了实惠，也让陈氏兄弟找到了新的赢利途径。

但他们没有想到的是，一场官司正在慢慢向他们逼近。12月22日，福州马尾电信局在检查公用电话时发现了陈氏兄弟的"杰作"。第二天，福州市电信局就向福州市公安局马尾分局报了案，称陈彦利用互联网通话软件对外开办长途电话业务，违反了长途通信业务和国际通信业务由邮电部门统一经营的规定，严重损害了国家和邮电企业的利益，应立案侦查，并追究刑事责任。1998年1月，福州市公安局马尾分局即以涉嫌非法经营罪把陈彦关进了派出所，并扣押了他们的电脑。后来在陈氏兄弟缴纳了5万元保证金后，公安局才将陈彦释放，同时出具了一张"非法经营电信"的暂扣单据。

5月20日，陈氏兄弟委托他们在网上认识的杨新华律师起诉福州市公安局马尾分局，认为《刑法》中没有规定"非法经营电信"的罪名，自己的做法也没有违反《刑法》的规定，请求法院确认马尾公安分局的行为是滥用职权，暂扣钱物的行政强制措施违法并予以撤销，赔偿利息损失及律师代理费和诉讼费用。而马尾分局则称，私设互联网电话属于新类型犯罪，由于案情复杂，需要有较长时间做有关技术鉴定及损失估计，侦查还在进行之中，请求依法裁定驳回原告起诉。1998年7月，福州市马尾区法院驳回陈氏兄弟的诉讼。陈氏兄弟遂将案件上诉到福州市中级人民法院。

这注定是一场非同寻常的较量。由于判决结果将会深度影响我国互联网的未来发展，所以从一开始它就在网民中间引发了强烈反响。陈氏兄弟为此案件专门在互联网上建了一个名为"网事第一告"的网页。诸多网民通过该网页以及其他网站的论坛纷纷发表自己的观点和见解。从互联网电话的技术原理，到电信部门的垄断经营，再到国家的法制建设，以及案件背后的社会形态，一时间网络沸腾，舆论喧嚣。它显然已经不是陈氏兄弟两个人的事情，而是与上百万的网民息息相关。有互联网专业人士发表观点认为："这个案件是一个引子，是一个起点，是Internet公开挑战传统，影响传统，改变传统，从而改变社会发展状况的第一声号角。"正因为此案件在互联网历史上的独特意义，有关它的讨论从年初一直延续到年末。而为慎重起见，福州市中级人民法院也做出了一个颇有创意的决定，让陈氏兄弟、马尾区公安局和法庭分别邀请专家证人出庭做证，当庭说明网络电话的原理和传统电信业务的区别以及对科技和社会进步的意义，以便给法院判案提供有效的参考。

12月2日，由于5名专家证人的到场，福州市中级人民法院的审理变得更像是一堂网络电话的普及课。为陈氏兄弟担任专家证人的是叫老榕的网友。此前，陈氏兄弟通过电子邮件联系上了他，并希望他能为网络电话的原理和相关技术问题作证。尽管和陈氏兄弟素昧平生，但老榕认为自己在法庭上为现代科技作证是应尽的义务，而且这无论是对于我国互联网的发展还是对于我国的法制建设都不无益处，所以他爽快地答应下来。为马尾区公安局担任专家证人的是福建省数据局一名总工程师和两名邮电部门的工作人员。法庭邀请的专家证人则是瀛海威福州公司的总经理张成。代表不同利益群体的专家证人，在法庭上进行了两个半小时的唇枪舌剑式的论证。

在法庭上，老榕怀着一种神圣的使命感对网络电话进行了介绍。他说，在互联网上打电话与发电子邮件并无本质区别，都是传输了互联网本身就该传输的数字信息。网络电话的原理和传统电话的使用原理截然不同，如果管理者在网络电话与传统电话之间画上等号，就犹如在电子邮件与普通信函之间画等号一样可笑。他还认为，网络电话的费用是由市话费、上网费和国外网关服务费三项费用组成，这三项费用全部由使用者承担，并没有给国家或电信部门造成任何损失。而在国际社会上，对网络电话的政策已经由禁止、限制变为了倡导和保护，如美国联邦通信委员会在1998年4月裁定，使用计算机和特殊软件打网络电话不算是长途电话，从而使美国网络电话的市场规模不断扩展。

除了介绍网络电话相关技术外，他还就我国电信管理体制进行了不留情面的分析。他说，长期以来形成的电信垄断以及由此垄断所带来的保守心态，已经成为我国信息产业发展的一大障碍。电信部门在本行业中既是裁判员，又是运动员，还是规则的制定者，应该说这一现象是很不合理的。网络电话不过是先进信息技术和电信产业管理体制发生重大冲突的一个例子。老榕最后呼吁，法庭的判定应该是促进而不是阻碍科技的发展，法律应当保护网络电话。

马尾区公安局的专家证人精通电话资费、技术和法规。他们论证说，目前邮电部门规定的互联网业务有电子邮件、文件传递、远程登录、网页浏览等，并不包括国际长途电话，国家规定长途通信和国际通信业务必须由国家统一经营，任何单位和个人都不能以任何形式经营国际电信业务。此外，他们还列举了国际长途的资费标准，打到美国是每分钟18元，打到日本是每分钟11元，以此证明陈氏兄弟的行为已经给国家造成了严重损失。

而法院证人瀛海威福州公司的总经理张成，则论证了网络电话业务和其他互联网业务并无区别，它本身不会对国家的安全构成威胁。

不同立场的专家从各自权力和利益角度出发众说纷纭，让法院一时无法定论。直到1999年1月20日，在经过两个多月的调查分析和听取专家意见后，福州市中级人民法院才做出裁定。裁定认为，网络电话不属于邮电部门统一经营的长途通信和国际通信业务，而是属于向社会放开经营的电信业务。陈氏兄弟属于未经审核批准擅自从事"计算机信息服务业务"和"公众多媒体通信业务"，但并不构成非法经营罪。

从案发到二审裁定结果出台，陈氏兄弟案引发了国内外媒体的广泛关注。从《人民日报》《光明日报》《法制日报》等中央级媒体到《福建日报》《南方日报》等地方媒体，从《中国青年报》《南方周末》等综合性媒体到《电脑报》《中国计算机报》等专业媒体，均对此事进行了广泛的、多角度的报道。《光明日报》在《IP电话案："网上第一告"》一文中写道："面对世纪之交出现的新鲜事物，究竟应该想方设法进行有益的疏导，还是'一棒子打死'的好呢？我们相信，时间会做出最恰当的回答。"《人民日报》呼吁："我们期待国家对网络电话以及基于互联网的其他技术的经营管理，尽早做出较高层次的规范。"1月24日，法新社对此事的报道题目则为《国内互联网电话服务垄断权遭推翻》。更有媒体认为，技术进步使每个接近它的人都有权利以更低的代价获得更多东西。到2000年3月的时候，信息产业部终于有了一个明确的说法。在其发布的《关于开放我国IP电话业务的通知》中，信息产业部决定对网络电话实行经营许可制度，未经信息产业部批准，任何单位和个人均不得擅自经营网络电话。

在福州陈氏兄弟经营网络电话案发之前，网络电话的经营在中国早已存在。只是陈氏兄弟的起诉，把关于网络电话的经营推到了风口浪尖。它因为拥有诸多我国"第一"的头衔而声名远播：第一个因互联网的基本服务功能引发的官司，第一个被公安局以"非法经营电信罪"立案侦查的案件；第一个在行政诉讼过程中，法院要求原告、被告各自邀请专家证人出庭作证的案件；第一个在网上不断公布案情进展情况的案件。一个普通的网络电话案件，折射出的却是中国社会在面对新技术变革时所经历的冲突、不同利益群体之间的博弈，以及法律规范的捉襟见肘。显然，它对于中国互联网的价值和意义已经超越了法律层面。随着中国互联网的发展，中国社会也必然会经历更多的冲突和蜕变。

1998：
门户元年

1998年，中国互联网突然进入了充满勃勃生机的春天，一片欣欣向荣景象。旧有的秩序正在被打破，新的壁垒尚未形成，互联网为创业者们呈现出一个"万类霜天竞自由"的崭新天地。

顺应中国经济社会发展趋势，中国政府对自身的管理体制进行了大刀阔斧的改革。原来的40个部委被精简为29个，其中15个专业经济部门成为被裁撤的主要目标。它们或者转型为总公司，或者转型为行业的委员会。但为了促进信息产业的快速、健康发展，中国政府专门成立了唯一的一个产业部委——信息产业部。与信息时代的快速节奏相匹配，信息产业部的筹备工作也在短短一个月内完成。3月6日上午，国务院秘书长罗干向全国人大会议做了国务院机构改革的方案说明；3月10日，第九届全国人大一次会议通过国务院机构改革方案，决定成立信息产业部；到3月31日下午，西长安街13号就举行了揭牌仪式，"中华人民共和国信息产业部"正式亮相。原来的邮电部部长吴基传担任部长。这位老人是中国互联网的强力推动者。互联网一出现时，邮电部就成立了数据局，专门负责互联网络的建设。也是在他的支持下，1994年9月，邮电部电信总局与美国商务部签署协议，规定电信总局可通过美国Sprint公司开通两条64K专线。它日后成为中国公用计算机网的国际出口。

信息产业部在春天的成立，让互联网从业者感受到了自然温度以外的另一种暖意。新成立的信息产业部由原来的电子工业部和邮电部重组而来，原来的国务院信息化工作领导小组的职责也并入其中。国务院要求新成立的信息产业部按照"政企分开、转变职能、破除垄断、保护竞争与权责一致的原则"推进体制改革。对于互联网的从业者而言，这显然是一个让人振奋的消息。新部门的成立，意味着信息产业中让人困扰的条块分割、政出多门的状况将被改变，垄断的格局将被打破，互联网的有序发展也有了组织上的保障。媒体上一片赞扬之声，认为打破垄断必然会使高昂的上网费用有所下降，互联网将会迎来繁荣时期。无论是对互联网企业还是对普通网友而言，这都是让人向往的事情。

在这年春天，另一个好消息是一个题为"关于尽快发展我国风险投资事业的提案"因被列为全国政协会议的"一号提案"，引起社会广泛关注。提案是由时任全国政协副主席的成思危提交的。20世纪80年代初在美国学习时，成思危就对火热发展的美国风险投资行业进行了深入的研究，并认识到了风险投资对于高科技产业发展的催化力量。多年来，推动发展风险投资事业，助推科技勃兴，一直是他念念不忘的心愿。

"一号提案"披露出科研领域面临的无可奈何的现实：全国一年有3万多项科研成果，仅有20%转化成了产品，建厂生产真正转化为生产力的不足5%，而海外风险投资正准备大举进入中国寻找投资机会。提案指出，当代国际社会的竞争是综合国力的竞争，归根到底是科学技术的竞争，为了加快社会主义现代化建设，并在国际竞争中处于有利位置，必须借鉴国外风险投资的成功经验，大力发展风险投资事业，推动科技进步。

巨石落水，千浪叠起。"一号提案"反映出了各领域的心声。国家发展计划委员会在答复中说："我们十分赞同提案关于风险投资作用的观点。"各地政府也纷纷响应，风险投资急剧升温。据统计，仅 1998 年下半年，我国成立的风险投资公司就达到 43 家，平均一个省 1.3 个。截至 1999 年 8 月，全国各个层次的政府创业基金达到了 100 多家。对于只有新奇想法或者科研成果却苦苦找不到资本的创业者来说，风险投资的火热发展，打开了广阔空间，让他们感受到了只有在春天里才有的生长力量。

虽然风险投资在 20 世纪 80 年代就出现了，但引起人们广泛认知却是"一号提案"出现后的事情。"一号提案"的问世，被视为中国风险投资进入实际探索阶段的标志性事件。僵化的金融体制开始显现出越来越强的韧性。在这之后，仅靠一本商业计划书就换来成百上千万投资的事，不再是天方夜谭。风险投资既如甘霖又如乳汁，使许多互联网企业壮大。出于尊敬，人们给成思危这位老人起了一个可亲的名字——"中国风险投资之父"。

美国人用 Yahoo！，中国人用搜狐

这一年，"门户网站"的概念从美国跨越重洋来到了中国。将这一概念传到中国的是一名叫姜丰年的人，彼时其身份是海外最大的华人网站"华渊资讯网"的首席执行官。他在《门户大战》一文中提到，美国在线和雅虎围绕网络门户的争夺战正在火热上演，网景、微软及一些搜索引擎公司纷纷加入，"群雄全力争夺的是被称为'心灵市场占有率'的网民忠诚度。抢占的实体空间是网友打开浏览器时看到的第一个屏幕。美国主流媒体近来已经把这个虚拟市场取名为'网络门户'。被网友选为上网

通路的网站,就有机会在迅速成长的网络广告市场分得一杯羹。"门户"一来,真正把互联网的未来照亮了,诸多商业网站闻风而动,纷纷向门户网站转型,一场巨大而深刻的变化由此开始。

9月15日,在互联网领域摸索了好几年的张朝阳,对2月25日推出的中国第一家中文网上搜索引擎——搜狐进行了改版,明确宣布要做中国第一网站。至此,这位毕业于清华大学物理系、留美7年、拥有美国麻省理工学院博士学位的年轻人,终于在中国本土找到了互联网的发展方向。

1995年,怀揣着对中国互联网的梦想,张朝阳回到了国内。在美国时,张朝阳就拟好了平生第一份商业计划书,成立"中国在线"。在封面上,印着一个澎湃着时代气息的口号:"Riding the waves of our times, one is the coming of age of the information superhighway, another is the emergence of China as a global power."(顺应我们时代的两大潮流,一是信息时代的到来,另一个是中国作为全球大国的崛起。)时势潮流是看清楚了,但由于中国商业互联网尚在黎明之前,朝雾茫茫,如何迈出第一步却不知道,这份计划书只好被束之高阁。

1996年,互联网日渐火热。在以欧洲在线ISI公司中国首席代表的身份工作了一年后,张朝阳正式踏上了创业之途。这年8月,爱特信电子技术公司注册成立。注册之前,张朝阳给公司起了一个洋气的名字——ITC互联网技术(中国)公司。"I"代表Internet,"T"代表技术,"C"代表中国。但由于工商局要求三个英文须写成地地道道的中文,最后取了三个字母的音译"爱特信"。不只是名字,这个新公司在创业资金方面也天生带有国际化的气息。张朝阳的老师尼葛洛庞帝和麻省理工学院的教授爱德华·罗伯特为爱特信注入了第一笔风险投资。爱特信由此成为中国第一家以风险投资建立的互联网公司，也是第一个西方风险资本与中国本土企业家的创造精神相结合的产物。对于为什么投资给张朝阳，日后爱德华·罗伯特在接受中国记者采访时，曾谈了三个方面的原因：首先是张朝阳的智慧和试图开创新兴行业的激情和决心打动了他，其次是因为他一直坚信中国互联网行业巨大的市场潜力能够创造行业制胜和个人制胜的机会，第三则是源于他对中国文化持续多年的兴趣和热爱。

班子搭起来了，采用什么样的发展模式成为迫在眉睫的事情。借助于和麻省理工学院的亲密联系，张朝阳频频往返于中国和美国之间。1997年5月张朝阳在接连拜访了在美国乃至世界都声名赫赫的美国在线（AOL）和热连线（Hotwired）公司。两家公司分别代表了两种不同的发展模式：美国在线既负责提供互联网接入服务又为网络用户提供内容；热连线则重在为互联网用户提供内容，而且内容多是原创。由于瀛海威所采用的正是美国在线的模式，所以甫一发现热连线的运作模式，张朝阳顿时感到耳目一新。热连线崇尚"内容为王"，也是网络广告商业模式的最初发明者。彼时热连线的发展日新月异，它雇用了80多名编辑记者，基本上是把互联网当作媒体来运营。与《纽约时报》《华尔街日报》等传统媒体的网站不同，热连线文章短小精悍，图片生动新颖，让网络用户们流连忘返，浏览量在美国网站中名列前茅。

从美国回来后，张朝阳立马开始鼓吹互联网"内容为王"的概念。他对他的员工说，互联网是一条高速公路，而他们要做的是在路边修一座庙宇。但是对于爱特信这个规模甚小的公司而言，要雇用大量的记者去采写内容，显然是不可能的。为了扩展爱特信网站的内容，张朝阳曾从新华社那里摘编新闻，也曾联系过当时正火的刊物《小说月报》和《精品购物指南》，把杂志上的内容在网上进行更新。但经过了短暂合作后，张朝阳失望地发现网站的访问量依旧在原地徘徊——每天的访问量也就 500 多人次。

彼时中国很多网站已经开始崛起，在北京颇具影响力的东方网景、瑞德在线等网站已经有了一些服务性介绍。张朝阳尝试着将这些网站的内容以链接的方式列在自己网站的栏目里，没想到收到了意外的惊喜：很多到爱特信网站来的用户点击了链接地址。"很多人都去看，这样我就不用做内容了！"张朝阳毅然决定全力投入，进军网上信息分类搜索。1998 年 2 月 25 日，在北京中国大饭店的地下室内，张朝阳的搜狐在诸多媒体记者面前正式亮相。《计算机世界报》以《出门靠地图，上网找"搜狐"》为题进行的报道称，搜狐的诞生正是为了解决上网用户所面临的"浩瀚网海，无所适从"的困惑，"搜狐采用先进的人工分类技术和友好的全中文界面，运用符合中国语言文化习惯的科学分类方法，将 18 部类、近 5 万条链接做成层层相连的树权型结构网页直观地提供给上网用户，使人一目了然。用户只需进入相关的分类目录或键入一两个关键词便可方便、快捷地找到自己所需的内容。此外，由于搜狐遵循 Internet 开放、信息共享的原则，上网用户可以获得免费查询和相关的咨询服务"。

张朝阳提出了"美国人用 Yahoo!（雅虎），中国人用搜狐"的口号。它甫一推出，就受到了热烈欢迎。在张朝阳举行新闻发布会的当天，网站访问量超过两万多人次。当很多网络用户蜂拥而至时，服务器很快崩溃。日后张朝阳回顾搜狐的诞生时说："搜狐的推出实际是 1997 年一年关于商业模式探索的成果，把握住了互联网发展最本质的脉搏，互联网是共享的，从一个地方点击可以到任何一个地方，全球共享一个平台。搜狐的推出意味着，你到搜狐不是为了看内容，而是从搜狐去各地，去享受网上所有各种各样的东西。"

这是中国第一家中文网上搜索引擎。为了便于社会公众理解，搜索引擎被形象地称为"中文网络神探"。从此以后，"出门靠地图，上网找'搜狐'"成为一个广泛流传的广告语。搜狐的标志——灵动的红色狐也跃入越来越多网络用户的视野。

在 1998 年，搜狐广告实现了 60 万美元的收入。这对初创不久的搜狐来说是个不小的成绩。彼时，对于那些习惯了在电视和报纸上投放广告的企业来说，在互联网上投放广告被视为是个不着边际的玩意儿，而整个中国也没多少人知道网络广告。他时常抱着试探的态度询问对方是否愿意尝试投放一支网络广告，然后解释网络广告的内容。经过耐心的解释，北京牛栏山酒厂（也是最早请张朝阳设计制作网页的企业）在张朝阳的网站上为"北京醇"投放了第一支广告，费用 9000 美元。

在一次公开演讲时，张朝阳解释了能说服牛栏山酒厂的原因：虽然当时每天访问量只有几百人次，可能做了也没什么用，但是作为一家在北京郊区的传统企业却敢于尝试网络广告，这个行为本身就会引起媒体关注。

10 月 5 日，美国《时代》周刊评选出了影响全球数字经济发展的 50 位数字英雄。年仅 33 岁的张朝阳赫然在列。排在首位的是微软公司董事长兼首席执行官比尔·盖茨，张朝阳排在第 45 位。张朝阳不仅成了中国新一代年轻人的偶像，也成为美国媒体关注的话题。美国的《读者文摘》《商业周刊》和《财富》都对张朝阳和他的搜狐进行了报道。这是中国互联网的新势力，也是变革中国的新力量。

王志东打造新浪

1998年10月27日,新浪网横空出世。这个由四通利方在线和华渊资讯网合并而来的网站,甫一亮相就气度不凡。相较于搜狐和网易,其覆盖北美及中国大陆、香港、台北的布局更带有全球气派。而雄厚的资金实力也远远超出了搜狐和网易几个档次。四通利方掀起新浪,成为轰动一时的大事件。海内外媒体都对其进行了笔墨详尽的长篇报道。"全球最大中文网站",单是这几个字就足够有沉甸甸的分量。

在新浪网的诞生过程中,中关村的一位程序员王志东是一个灵魂般的人物。对于中国互联网来说,程序员是一个特殊的群体,掀起数字风浪的互联网大佬绝大多数都是从程序员成长起来的。在20世纪90年代,程序员王志东身上凝聚了最耀眼的光环。毕业于北京大学无线电电子学系的他才华横溢,不拘一格,曾师从于中科院院士、著名的汉字排版系统专家王选,是中国程序员的领军人物,总是给外界带来惊喜,有着"中关村第一程序员"的美誉。他是第一个写出Windows中文平台的程序员;主持开发的RichWin中文平台在全球中文用户中装机量达到500万以上,成为国产软件之最。喊出的口号"让中国软件与世界同步",代表了一代程序员的魄力和情怀。

1994年年底,为了打造一个国内一流的软件企业,中关村民营高科技企业四通集团投资创办四通利方信息技术有限公司。年仅27岁的王志东出任总经理。当时的王志东虽然年纪轻轻,却历经世事沧桑,在两家企业遭受了挫折,两次都是把研发成果的源代码交出去,黯然离开。王志东担任四通利方总经理,可以说是应邀出山的。他向四通总裁段永基提出了几近苛刻的条件:投资不能少于500万港币,公司只做中文软件,独立经营管理,产权上安排技术股和管理股。虽然当时身无分文的王志东正是落难之时,但英雄惜英雄,四通答应了王志东的全部要求,投资650万港币。

肩负起当家人的重任,就要为公司的未来谋划。650万港币并不经花,软件行业在打市场时也很难立竿见影。在当时,各类公司的发展已经显现出两种路径:一种是像滚雪球一样,通过自身积累逐步壮大;一种是引入外部资金,实现跳跃式发展。对于飞速发展的IT行业来说,时间比金钱还要宝贵。王志东无法坐等自己的公司一步一步成长起来。但要从国内获得资金投入,又比登天还难。一个案例是,政府给了四通利方2000万元的贷款额度,各种手续都办完了,到银行却死活贷不出款来。原因何在?政策要求贷款必须得有抵押,软件价值在中国无法评估,没法用来抵押。

受大学时所读著作《硅谷热》的启发,王志东将目光投向了美国的风险资本。从1995年7月到1997年9月,王志东数次赴美游说风险投资商。在投资顾问、硅谷投资银行家罗伯森·斯蒂芬的勾连下,四通利方最终获得了美国风险资本的认可。1997年9月,650万美元打入了四通利方在中关村的账户。其中领投的华登集团投资300万美元,艾芬豪公司投资200万美元,罗伯森·斯蒂芬投资150万美元,三家公司占有四通利方40%的股份。谈判的过程是艰辛的,因为不仅要全盘接受华尔街的程序,还要接受硅谷的文化。利益的分配,观念的冲突,文化的碰撞,时常导致谈判无法进行。《数字英雄》一书对王志东和投资顾问发生的碰撞和冲突有过这样的描述:"王志东经常在吵得面红耳赤后,一人独自面壁喘粗气,然后咬牙接受。"接受的原因,除了急需资本,王志东还期待着用国际化的运作方式改造四通利方。在和风险资本接触的过程中,罗伯森·斯蒂芬的助手、大陆留美学生冯波有一句话给王志东留下深刻印象：四通利方不是一个中国软件公司，它是一个国际性软件公司，只不过它的总部在北京罢了。如果按照这种定位，原有的家族式经营管理模式（自己大权在握，妻子管理财务，弟弟掌握软件源代码）自然无法与国际接轨。资本进入后，王志东索性聘请了罗伯森·斯蒂芬公司的谈判代表马克担任财务总监，四通利方因此成为第一家聘请美国人执掌财务的中关村公司。

美国风险资本对于四通利方的影响是深远的。而更深远的是王志东在美国感受到了互联网的洪流，这直接促进了四通利方从一家软件公司向互联网公司的转型。1995年10月，王志东第二次去美国时，整个硅谷都在为互联网而处于一种狂热的状态。对技术天生敏感的他，在美国花了三天三夜时间泡在网上，找到IBM的网站下载软件，使得笔记本电脑性能一下子有了大幅提升。这个东西真是太好玩了！回来后不久，王志东就决定向互联网进军。1996年年初，王志东开始向公司员工灌输互联网思想，互联网代表着未来，不仅是产业的发展方向，也是公司的发展方向。

就在王志东尝试着做互联网时，他和姜丰年相遇了。1998年9月26日，在北京皇冠假日酒店，王志东第一次见到了姜丰年。许多相同的特质让两个人相见恨晚，惺惺相惜。王志东是大陆做软件的翘楚，姜丰年在台湾做软件也是首屈一指；王志东的四通利方网站已经极具影响而且已经赢利，姜丰年在美国加利福尼亚创办的华渊资讯网站则是国外最大的中文网站，注册会员19万人，日最高访问量突破了100万人次。最为关键的是两个人都雄心勃勃。王志东已经把"全球华人Internet应用"作为公司未来的主要发展方向，而姜丰年则把华渊资讯网定位成一家为全球华人用户服务的门户网站。经过深入交流，两个人产生了共同的想法——创办全球最大的中文网站。两个人就这个问题进行了初步协商。日后王志东谈起这次会见总是说："绝对属于一见钟情的那种。"

同年10月，王志东只身奔赴美国再次和姜丰年见面，两人就四通利方和华渊的合作进行了流畅的谈判。在9天的谈判时间里，几十道并购程序一气呵成。10月27日，双方签字画押，中国大陆四通利方公司和北美华渊资讯公司成功合并，联合推出全球最大的中文网站——新浪网（Sina）。英文名字取自华渊资讯网中的"Sino"和China中的字母"A"。"Sino"在拉丁语系中是"中国"之意，与英语中代表中国的单词China合拼，意为"中国"。12月1日，在王志东31岁生日那天，一场名为"利方掀起新浪"的新闻发布会在北京凯宾斯基饭店内举行。四通利方公司宣布：业已成功并购了海外最大的华人互联网站公司——华渊资讯，并开始在互联网上建立全球最大的华人网站——新浪网。

自此，全球最大的中文网站诞生了。合并后的新浪网覆盖中国大陆、台湾以及北美等地区，每天访问人次超过40万。《互联网周刊》在报道中说："在互联网作用不断扩大的今天，占全球人口五分之一的华人拥有了一个如此跨国度、跨地区、用户众多的中文网站，这一事件对全球华人来讲是意义重大的。据介绍，政府有关部门对新浪网也寄予厚望。"

内容为王

1998年9月，网易的首页改成了网络门户，启用www.netease.com（后来又改为www.163.com）。改革后的网易网站上内容十分丰富，包括新闻、虚拟社区、电子杂志等内容。很快网易的访问量节节攀高，达到每天有 10 万人左右的访问量。网络广告也来了。到 1998 年年底，网站的广告销售额度达到了 10 余万美元。1999 年 1 月，网易夺魁由中国互联网信息中心评选出的十佳中文网站。在颁奖大会上发言时，丁磊已经对运作网络门户颇有心得："如果以房地产作比拟，那么，网络门户是互联网络中最昂贵的地段。网络门户是集合了多样化内容和服务的站点，主要目的是希望成为网民浏览 WWW 的起始页面，成为网友通往互联网络大门的通道，同时也能满足网友在互联网络上对信息和服务的大部分需求。"

三大门户网站在 1998 年的集中亮相，把中国互联网真正带进了"内容为王"的年代。三家网站各有千秋：搜狐以搜索引擎著称，网易擅长制作经营个人主页和虚拟社区，而新浪因为有了陈彤一直在新闻制作方面遥遥领先。日后张朝阳曾遗憾地对《北京晨报》的记者说道："1998 年我忙于协调股东之间的关系不能脱身，将新闻的优势拱手让给了新浪。"王志东、张朝阳以及丁磊的创业故事被媒体炒得滚烫，成为人们茶余饭后的主要谈资。30 岁左右的他们有激情，有想法，有几近传奇的创业经历，似乎代表了中国互联网的未来。"网络三剑客"，成为可以同时概括三人的最佳称谓。他们真的像武侠小说中的高手一样，执掌着互联网中文世界的三大门户，一举一动都会引发媒体的关注。对于那些互联网用户而言，尽管开始对"门户网站"这个词感觉生疏，但很快就从自己的上网实践中体会到了它的含义。依照财经作家凌志军在《中国的新革命》中的形象描述："一个计算机的使用者通过'门户'进入网络世界，如同一个旅行者通过飞机场进入一座巨大的城市。'门户网站'就是网络世界遨游者的入境口。"

除了门户网站以外，野蛮成长的还有许多名不见经传的网络爱好者创办的网站。当时的中国,每天都会有新的网站诞生。为了制造噱头以引发风险投资商的留意,互联网公司似乎总有开不完的新闻发布会。诸多网站的出现,为当时尚显荒芜的互联网带来了大量实用的内容和信息。而早期互联网用户对信息如饥似渴的追求,也使那些网站快速发展壮大。

就在1998年年初,43集的电视连续剧《水浒传》登录互联网,成为第一部上网的电视剧。到11月的时候,网上大学也出现了。11月6日,湖南大学多媒体信息教育学院开学,通过互联网为分布在全省不同地方的1000多名学生进行了授课。有专家认为,网上大学的开设可以有效缓解中国高中毕业生上大学难的问题,这无疑是中国教育史上开天辟地的大事。12月17日,为了普及互联网知识,首届中国青少年网络知识大赛举行。它通过传统媒体和互联网,吸引了30万人次的关注,来自26个地方的队伍参加了比赛。最后北京队以总分230分的成绩夺得大赛第一名。一时间,中国互联网真是生机盎然,风光无限!

1998年,中国互联网用户呈现出爆炸式增长。这一年7月10日,中国互联网络信息中心再次发布了《中国互联网络发展状况调查统计报告》。报告显示,截至1998年6月底,我国互联网用户数已达117.5万,比1997年10月时的62万增长近一倍。仅看这些还不能说明问题。到12月31日时,中国网民的人数又赫然上升到了210万,再次增长了将近一倍。在同一年中,中国互联网用户人数就接连突破了100万和200万两道大关。

这么庞大的独特群体也拥有了一个属于自己的名字。1998年7月,全国科技名词审定委员会公布了56个科技新名词,其中包括一个新鲜的名词叫"网民"。它被确定为"互联网用户"的中文名字,以显示和公民相近却又和互联网相关的内涵。在这个名字出现之前,还有一个词叫

"网虫",但它专指极少数与计算机相关的专业人员,代表着高科技、高收入。随着上网门槛的降低和互联网用户的日益庞大,"网虫"这个非正式的词终于被"网民"取代。事实上,网民不过是那些接触了互联网的公民而已。互联网把公民划分为网民和非网民两个群体。但只要你学会上网,就会成为互联网这个虚拟王国中的一员,被冠以"网民"的称谓。

瀛海威变局

1998年是中国互联网的一道分水岭。新兴的门户网站如日中天,吸引了无数人的眼球。旧有的模式却突然间就告别了光辉岁月,进入萧瑟寒冬。1998年6月22日,由于大股东中国兴发集团与张树新产生冲突,在毫无征兆的情况下,张树新被迫辞去瀛海威公司总裁职务。中国最早的互联网旗手和互联网的启蒙者被迫离开了她一手创办的公司。

1997年2月,瀛海威全国大网开通,并于3个月内在北京、上海、广州等8个中心城市建立了结点。瀛海威由此成为中国最早也是最大的民营互联网接入服务商和互联网内容提供商。事实上,瀛海威的野心并不满足于仅有的8个结点。在瀛海威的近景计划中,要在1997年建起20个结点,1998年达到40个,让这些城市的用户实现自由漫游。这个计划起始于1996年9月。那时,国家经贸委下属的中国兴发集团决定投资瀛海威,使瀛海威的总股本扩充到了8000万股,张树新的身份也由创业者变成了经理人。

获得巨额投资的瀛海威有了更大的野心:在全国组建瀛海威自己的网络。瀛海威用重金租用了两条通信线路,一条是卫星线路(VIST),一条是国家数据专线(DDN)。公司员工上下齐心协力,心潮澎湃地投入网络的建设。瀛海威采用的正是美国在线的模式，既做网络接入服务，也为用户提供内容。这个宏大的理想被媒体夸赞为"书写着中国 ISP 传奇"。但是，瀛海威毕竟起步太早了。

1997 年，意识到互联网接入服务重要性的中国电信突然开始涉足这一领域。这一年 6 月，为加快中国各地信息化建设的步伐，中国邮电电信总局投资 70 个亿启动了"169 全国多媒体通信网"，开始为社会提供互联网标准的接入服务，到当年就实现了上海、江苏、广东等 8 个省市的联网漫游，全国范围内的入网价格一下子大幅下降。中国电信的这一举措让瀛海威措手不及，处境很快就岌岌可危。中国电信介入后，瀛海威不仅要租用中国电信的线路，还要从价格上和它直接竞争。瀛海威不过是一家势单力薄的民营企业，中国电信却是拥有雄厚资金实力的基础网络运营商，入网价格也由它制定。这着实是一场实力悬殊的竞争，结果将会怎样，似乎不言而明。中国电信并不提供任何内容，也没有培育市场的打算，仅凭低廉的互联网访问价格就对瀛海威的计划造成致命冲击。1997 年瀛海威发生巨额亏损，全年收入 963 万元，而仅广告宣传费就超过了 3000 万元。到这一年秋天，瀛海威除了北京站点有 2 万多用户外，其他 7 个站点的用户加起来不到 4 万。到年底，瀛海威已经入不敷出。

一度叱咤风云的瀛海威突然迷茫不知所措。12 月 26 日午夜，在给瀛海威员工的新年寄语中，张树新想到了 1994 年冬天她在美国初识电子邮件时的情景，想起了 1995 年年末瀛海威时空中发生的"Rose 的故事"，想起了 1996 年冬天 17 个整版"星星之火，可以燎原"的瀛海威广告同时在全国 8 个城市亮相。那是一段充满了希望与梦想的岁月。而眼下的冬季，张树新更多的却是感慨："此时此刻，1997 年 12 月 26 日，同样是深夜，我们刚刚从郊外回到家中，窗外大雾弥漫。在我们开车回家的路上，由于雾太大，所有的车子都在减速慢行。前车的尾灯以微弱的穿透力映照着后车的方向，偶遇岔路，前车拐弯，我们的车走在了最前面。视野里一片迷茫，我们全神贯注小心翼翼地摸索前行，后面是一列随行的车队。我不禁在想，这种情景不正是今天的瀛海威吗？"

张树新认为，"总有一天，瀛海威人会因为瀛海威而骄傲"。但她没有等到那一天的到来。张树新试图用瀛海威时空探寻中国未来之路的愿望没能实现，却为后来者留下了足够多的经验和教训。张树新在《我们是这个行业中犯错误最多的人》一文中写道："我国的信息服务业几乎与国外同步，然而缺乏必要的生态环境，使网络服务供应商更多的精力不是放在内部经营上，而是去呼吁电信政策、呼吁法制建设、呼吁资本市场等。中国的企业家很累，不单要管企业内部的事情，还要不断地去影响环境。"作为互联网的先行者，张树新过多地承担了本应由政府部门承担的社会责任，她以一己之力对中国普通公众进行了互联网知识的普及。

在1998年，瀛海威陷入了迷茫，同样陷入迷茫的还有诸多像瀛海威一样的网络接入服务商。《人民日报》在1998年9月12日的一篇名为《中国互联网通向何方》的文章中指出，1997年前后，全国100多家ISP无一赢利。据有关业内人士介绍，与美国同行相比，我国的ISP用于租买线路的费用占全部经营成本的80%之多，美国同行仅为5.6%。

1998年11月，除了总经理以外的全体瀛海威中高级管理人员集体辞职，此后瀛海威再也没能接续旧日的辉煌。这是时势使然。在电信还没意识到互联网接入服务的重要性时，瀛海威弥补了市场需要的空白。一旦巨头介入，只有躲避或合作，欲与其竞争注定只能失败。和瀛海威几乎同时期发展起来的第一波互联网接入服务公司，除了倒下的，也基本上都成了电信公司的附属。2004年11月，瀛海威宣布倒闭，只在互联网上留下了一个让人叹息的纪念性网站：www.oihw.com。

联众呱呱坠地

在 1998 年，对于中国互联网未来的发展热点，业内已经达成共识，除了网络门户、网络搜索，再一个就是网上娱乐。

6 月 4 日，一家名叫"联众"的游戏网站开通了。它包括中国象棋、围棋、跳棋等 5 款具有悠久传统的棋牌游戏。将中国的传统文化与来自西方的互联网嫁接，联众的诞生让人充满无限遐想。因为棋牌游戏在中国拥有丰厚的文化底蕴和巨大的群众基础，谁也无法预测未来会有多少人在互联网这个虚拟世界中娱乐。

联众的创办者是一个脸庞清癯的名叫鲍岳桥的年轻人。毕业于杭州大学数学系的鲍岳桥在大学时代除了迷恋围棋，就是迷恋计算机，在整个大四时期，他几乎每天都泡在学校的机房里。大学毕业后，鲍岳桥进入杭州橡胶厂担任计算中心程序员。就是在那里，鲍岳桥开发出了基于 DOS 系统的中文平台。在橡胶厂工作了 4 年后，鲍岳桥北上进京。以后事情的发展显得水到渠成。鲍岳桥在自己供职的希望电脑公司，结识了另一个天才的程序员简晶。他们一个是希望电脑公司的总工程师，一个是副总工程师。两人志趣相投，很快决定离职合伙创业；加上曾经开过公司而且掌握前卫技术的王建华，三人遂组成了一个创业的"梦幻组合"。鲍岳桥喜欢下围棋，简晶喜欢打游戏，而王建华擅长服务端开发。三个大男人聚在一起，各取所长，决定从事游戏开发。日后鲍岳桥在接受《成都日报》采访时说："那时候互联网并没有走入家庭，只是一些知识分子在用，我们认为，互联网真正要走入家庭的话，必须从娱乐开始。"

万事开头难。联众的推出犹如泥牛入海,没有在互联网世界中激起任何波澜。由于没钱打广告,一个来玩的人都没有,精心设计的"游戏大厅"空荡而又落寞。擅长程序开发的三个人意识到,经营好网络游戏远没有开发游戏软件那么简单。由于缺乏资金,草创时期的联众不敢招募员工,鲍岳桥、简晶和王建华迫不得已充当了推销员的角色。他们充分发挥个体的能量,到其他的游戏网站上跟别人下棋,并拉拢网友来联众网站帮忙测试、评价。三个人轮流在网站上守着,等待着网友前来。为了不让前来访问的网友失落而归,鲍岳桥甚至同时开启三个ID,一个人同时扮演三个角色来陪伴网友。但即便如此,联众还是没有出现他们三人所期待的热闹非凡的场景。每天不过有几个人注册,而且注册后还不确定什么时候来。为了让游戏进行起来,联众不得不在首页贴出通告:"希望大家集中在中午过来,这时人比较多,我们自己也在。"6月18日,因为东方网景在首页为联众的开通发布了一条信息,当天联众的点击次数终于超过了1000。三人意识到发布信息做推广的价值,遂去各大网站的论坛里发布了很多广告帖子。为了抓住一切机会宣传联众,鲍岳桥在接受媒体采访时,总会叮嘱记者一定要在报道中把联众的网址写上。

经过三人的苦心经营,联众的早期成长过程尽管显得步履蹒跚,却在持续茁壮成长。1998年9月,联众公司迎来了一位声名赫赫的嘉宾——马晓春。他是中国第一个职业围棋世界冠军,而且在"中国围棋名人战"中连续10余次获得冠军。在整个90年代,马晓春几乎是个家喻户晓的人物——很多人并不了解围棋的规则,但这并不妨碍他们知道马晓春。头顶诸多光环的马晓春来了,他抱着建立网上围棋俱乐部的目的而来。他试图依托联众游戏网站在网络上教人下棋赚钱。鲍岳桥趁机邀请马晓春在联众世界中下了一盘指导棋。后来马晓春和联众正式签订合约，联众为马晓春开辟专门的授棋场所，以会员的方式收取费用，让马晓春定期组织专业棋手和网友下棋。尽管这个计划最后不了了之，但鲍岳桥借助名人效应来提升联众知名度的努力却从未停止过。

除了马晓春外，方天丰、余平、聂卫平等围棋高手也曾在联众世界中和陌生人对弈。对于那些普通网友而言，联众为他们提供了不曾设想的契机。而对于那些现实世界中的专业棋手而言，在网上对弈又是另一种体验。特别是具有"棋圣"之称的聂卫平，网上对弈的新奇和时髦让他几乎对联众达到了痴迷的程度。

1998年年底的时候，聂卫平通过其弟子发现了联众的存在，自此一发不可收拾。依照媒体的公开报道，聂卫平每天至少在联众世界中泡六七个小时，他亦曾非常认真地表示："我属于热衷联众的玩家中最热情的一个……"关于聂卫平的这种"热情"，一个流传甚广的桥段是：由于聂卫平的电脑水平仅限于简单的鼠标点击，一次联众因系统调整无法登录，聂卫平就按住鼠标对着"联众小屋"反复点击，但结果依旧无济于事。聂卫平索性让保姆帮忙点击，自己先去睡觉，并叮嘱保姆一旦点击进去就把自己叫起来。凌晨3点，联众终于可以点击进去了，聂卫平兴奋难耐地从床上爬起来开始网上鏖战。2002年，有细心的媒体统计了聂卫平最近三年在联众玩游戏的记录，发现截至2002年11月底，聂卫平在联众玩游戏的总时长是5490小时，这意味着聂卫平至少有228个整日子泡在联众网上。

诸多高水平的职业棋手到联众下棋，使联众的影响力持续扩大，同时在网友中间也树立了良好的口碑。随着时间的推移，联众的人气日渐兴旺。1998年7月27日，《电脑报》在《鲍岳桥&简晶寻求改变》的文章中写道:"Internet 为程序开发人员提供了无穷无尽的机会,就'联众网络游戏世界'而言,鲍岳桥、简晶的目标就是——建设一个全世界最大的中国人自己的娱乐和游戏站点。"后来联众的发展轨迹果然是朝着这个预设的目标。1998 年 12 月 31 日,联众网络游戏世界的注册用户超过 3 万。在联众创办一年零四个月时,它已占据了国内网络游戏市场 85% 以上的份额。到 2001 年 5 月的时候,联众注册用户约 1800 万、同时在线 17 万人,成为当时世界最大的在线游戏网站。

在中国的互联网发展史上,联众是国内首家专业网络娱乐休闲站点,也是第一家提出"网络游戏"概念的中国公司,同时也是"网络游戏"的布道者——因为它,更多的网民进入互联网这个虚拟世界中体验一种全新的娱乐。

第一次的亲密接触

在互联网发展早期,除了信息和娱乐,互联网为普通网民提供的更多是表达的快感。它的互动性和匿名性,让诸多网民暂时抛弃了现实世界的制约,可以在互联网的这个美丽新世界中,肆无忌惮地表达。1998 年,中文网络世界中诞生了一部具有里程碑意义的作品——《第一次的亲密接触》。

1998 年 3 月 22 日,台湾成功大学水利系一名叫蔡智恒的学生,开始在校园的 BBS 上写作《第一次的亲密接触》。刚开始并没有多少人关注,写到第 16 回的时候,网络上突然热烈地讨论起了这个故事,一时间成功大学的 BBS 网站陷入《第一次的亲密接触》所引发的风潮中。此后经过网民的反复转贴,《第一次的亲密接触》迅速风靡台湾各大中文 BBS 网站。

结合现实生活和想象，蔡智恒以风趣的笔触构造出细腻、温情的男主角"痞子蔡"和温柔善良的女主角"轻舞飞扬"。痞子蔡偶然在网上发布了一个类似低级绕口令的留言："如果我有一千万，我就能买一栋房子。我有一千万吗？没有。所以我仍然没有房子。如果我有翅膀，我就能飞。我有翅膀吗？没有。所以我也没办法飞。如果把整个太平洋的水倒出，也浇不熄我对你爱情的火。整个太平洋的水全部倒得出吗？不行。所以我并不爱你。"尽管在他自己看来都甚为无聊和枯燥，但还是有一个叫轻舞飞扬的女孩给他发了封邮件，并认为他是个有趣的人。此后两个人在网上交流成为一种默契。现实中腼腆保守的痞子蔡在网上表现得能言善道。在现实中，他们在麦当劳中初会，到南台戏院内看《泰坦尼克号》，并一起体验浪漫的香水雨。正当痞子蔡憧憬未来时，轻舞飞扬却消失在网络世界中。痞子蔡历尽艰辛终于在医院找到了已经病危的轻舞飞扬，短暂地相聚后又怅惘地离开。故事终结于痞子蔡收到轻舞飞扬的信笺："如果我还有一天寿命，那天我要做你女友。我还有一天的命吗？没有。所以，很可惜。我今生仍然不是你女友。如果我有翅膀，我要从天堂飞下来看你。我有翅膀吗？没有。所以，很遗憾。我从此无法再看到你。如果把整个浴缸的水倒出，也浇不熄我对你爱情的火焰。整个浴缸的水全部倒得出吗？可以。所以，是的。我爱你。"

蔡智恒以两天一回的速度保持更新，到5月29日，他在网上完成了长达34集的连载。理工科背景出身的蔡智恒并无多少写作经验，但是互联网自由开放和匿名的特性却为他写出《第一次的亲密接触》提供了便利。对于自己的创作，他曾回忆说："创作的本质就是要自由，限制束缚越少越好，而网络就提供了这样的自由，加上匿名的性质，写的时候会少一点顾虑。"在创作的过程中，尽管有网友提出"不要把女主角写死啦""不要让她服药变丑啦"等要求,但痞子蔡还是按自己的想法坚持写完了小说。

在文学评论家的眼中,这不过是一篇文笔略显稚嫩、情节也俗套的普通言情小说,但是由于此文最初发表在互联网上,内容涉及年轻人利用互联网进行情感交流,加上行文风格有典型的网络语言特征,《第一次的亲密接触》迅速风靡互联网。有美国、加拿大的读者给蔡智恒写邮件说"看了很感动",甚至有南非的读者问"女主角轻舞飞扬葬在哪里"。1998 年 9 月,台湾红色文化出版社出版了纸质版本的《第一次的亲密接触》,热销近 60 万册。而在大陆,也有 30 多家出版社竞相争夺版权。1999 年 11 月知识出版社被授权在大陆出版《第一次的亲密接触》中文简体字版,出版后的 15 个月内连续印刷 22 次,销量达到 40 多万册,连续 22 个月跻身畅销书排行榜,盗版书也跟风而上。此外,它还被改编成电影、话剧、漫画等多种艺术形式。并无写作天赋的蔡智恒一时之间成为明星般的人物,被媒体冠以"首席网络作家""中国网络小说旗手"等称谓。对于《第一次的亲密接触》的火爆,《中国消费者报》于 2000 年 10 月 19 日在《痞子蔡在内地为网络文学推波助澜》一文中指出:"一般传统的文学创作在语言、叙事技巧上,可能与我们现实生活有一些隔膜,但网络小说由于起初每个上网写作的年轻人都只是有心情、有一个故事要与读者们分享,用一种朴素、诚恳、贴近生活的语言表述,它自然会被许多读者接受。文学是有时代性的,它随着时代的改变而改变。我们从网络上可以看到,网络时代的新新人类不负载传统的文学态度、文学价值,以一种比较随意,比较与生活接近的方式去进行他的文学创作……"

受《第一次的亲密接触》的影响,许多网络论坛里出现了"痞子蔡"或者"轻舞飞扬"的 ID。诸多网民用这两个名字在网络中等待或者制造属于自己的故事，网恋日渐成为一种时髦。在《第一次的亲密接触》走红之前，很多网民并不相信在互联网世界中会发生什么轰轰烈烈的事情；但在看了痞子蔡和轻舞飞扬浪漫邂逅的故事后，却义无反顾地投身到互联网世界寻觅自己的爱情。很多不曾上网的年轻人正是在看了《第一次的亲密接触》后才决定上网的。他们在和陌生人的聊天过程中，练就了飞快的打字速度。

《第一次的亲密接触》为喜爱文字却又没有发表途径的年轻人提供了一个成功的范本。人们也由此看到了网络文学的经济价值，精明的书商把目光投向网络中那些名不见经传的写作者。蔡智恒曾公开说道："我是29岁才开始创作的……在未成名之前，我只是糊里糊涂地走近网络这块大饼，如今因为我的成功，似乎告诉了别人，这里有一块大饼，大家可以一起进来，从事网络的文学创作。"

在《第一次的亲密接触》诞生后的几年时间里，网络文学创作的第一次狂潮来临了。安妮宝贝、李寻欢、猛小蛇、慕容雪村等人也迅速在网上有了自己的拥趸，他们一时成为被网民津津乐道的传奇人物。1999年，一家叫"榕树下"的个人主页演化成上海榕树下计算机有限公司，其创始人朱威廉开始野心勃勃地向"全球最大的中文网络文学原创平台"进军。有评论认为："《第一次的亲密接触》从文学价值、思想内涵，从我们所可凭借界定的依据来看时，它好像什么都不怎么样。但它赢得了注意力，赢得了读者的追捧，创造了经典效应，带动了网络文学的突进……"

第二部
跌　宕

人类面临一个量子式的跃进,面对的是有史以来最强烈的社会变动和创造性的重组。

——［美］阿尔文·托夫勒《第三次浪潮》

1999：
热浪滚滚

当时间进入 1999 年，整个世界几乎都弥漫着一种恐慌的情绪。这种恐慌与人类所处的年份有关，旧的千年即将过去，新的千年即将来临。这种千年之间的更替，人类并不曾历经几次。它的稀缺性注定会在一些人心中掀起不大不小的波澜。

新千年危机

依照西方的某种学说，每到千年结束，就会引起世界末日的来临。公元 999 年来临时，有人就预言，世界将于公元 1000 年的子夜时分毁灭。如今随着 2000 年的靠近，这种"世界末日"论的说法再次甚嚣尘上。除了基督教的学说外，一些预言家的虚妄预测也在为世纪末的恐慌推波助澜。稍有常识的人当然不会相信这种假设。事实也证明，那些毫无根据的预言完全可以不去理会。

但是在计算机领域，一个与千年相联系的问题却让人类不得不重视。它所引发的忧虑和恐慌甚至远远超过形形色色的"世界末日"论。这就是"千年虫"。与那些捕风捉影的预言不同，"千年虫"问题真真切切地摆在了人类面前。人类从没有像今天这样依赖计算机，也从没有像今天这样因为"千年虫"问题而胆战心惊。依照专家的解释，在计算机产生之初，由于内部存储部件造价很高，存储空间有限，为了节省空间资源，计算机专家们干脆将日期当中的年份用两位数字表示，如用"07/20/99"表示 1999 年 7 月 20 日，计算机会自动将 99 认为是 1999 年。由于只给年份保留了两位数，2000 年以后的年份将无法正确表示，例如 2001 年依旧会被计算机识别为 1901 年。对于年份无法正确识别，将会引起一系列的错误。这一问题像虫子一样隐藏在浩如烟海的信息控制系统中，所以它又被形象地称为"千年虫"。

人们对于"千年虫"问题的密切关注，几乎从年初一直延续到年末。早在 1998 年前后，就有计算机专家预言，到 1999 年 12 月，与日常生活相关的计算机将会因"千年虫"的影响而陷于瘫痪，世界各地的消费者会把食品店和提款机扫掠一空，无辜的人们将会受到通信和医疗服务中断的困扰，供电也会中断，新年晚会将不得不在黑暗中度过。有媒体指出："随着 2000 年的到来，计算机系统日期上的错误很可能引起银行业务出错、电厂控制系统失灵、供水系统中断、电梯停开等一系列的社会混乱。越是信息技术应用广泛的地区、行业，遭受的损失会越严重。虽然有的地方还没有采用计算机技术进行管理，很多人没有接触计算机，但是在目前整个世界联系密切、各个行业相互依存的形势下，每个人都离不开社会的大环境，很难说这一可能出现的灾难不会给哪个人的生活带来影响。"所以，"千年虫"问题必须在 1999 年解决。否则一旦新世纪的钟声响起，谁也无法预料会产生怎样的损失。

计算机专家的预言让人相信，"千年虫"或许真的会引发生活世界的混乱——因为计算机已经深入地介入了人类日常生活的方方面面。在计算机应用比较普遍的国家，人们已经行动了起来。美国流行着"千年虫"问题就是"世界末日"的说法,有媒体在报道中写道:"出于对'千年虫'可能引起的社会混乱的恐慌,着手存粮、存汽油、存金币以逃过'千年劫难',在美国人中已成普遍现象。食物批发公司和发电机供货公司,极力扩大规模也难以应付人们疯狂的需求。"路透社也在报道中指出,为避免"千年虫"所引发的不便,日本政府敦促公民储备食品和水。

在中国,虽然计算机对大众日常生活的介入不如发达国家深入,但同样也无可避免地弥漫着一种紧张情绪。美国中央情报局把中国和俄罗斯、乌克兰等国一并列入将出现广泛故障的国家之列。媒体上充斥着关于"千年虫"问题的报道,各行各业都不敢掉以轻心。单是从那些报道的标题中,我们就可以感受到当时社会各界对"千年虫"的恐慌和忧虑:《专家提醒应警惕"千年虫"》《小心,"千年虫"爬近了!》《解决计算机2000年问题进入攻坚阶段》《"千年虫"真会影响医疗仪器吗》《谨防"千年虫"啃咬保险业》《台北股市受千年虫骚扰,两起事件使券商遭受重大损失》《上海向"千年虫"说"不"》《财务"千年虫"危害重大》《机械工业防范"千年虫"》《中小型企业应重视"千年虫"》……

一切都在显示,这是一场不容忽视的挑战。为全力解决"千年虫"问题,中国政府从1998年下半年就开始了紧锣密鼓的行动。1998年8月和1999年3月,国务院办公厅先后两次向全国发出代表国家意志的文件《关于解决计算机2000年问题的通知》,国务院要求中国各地区、各部门要力争在1998年年底以前,最迟在1999年3月底以前,完成本地区、本部门计算机系统的修改工作,并在1999年9月底前完成计算机系统修改后的测试与调试工作。作为解决"千年虫"问题的管理和监督部门,信息产业部于1998年8月、1999年4月和11月先后三次召开全国电视电话会议,商讨根除"千年虫"大计,对如何解决"千年虫"问题进行部署。由于政府组织和动员了全国的力量，追击"千年虫"几近成为一场轰轰烈烈的行动。当1999年即将结束的时候，中国政府终于可以长舒一口气。

信息产业部调研显示，银行、财税、民航、电力等重点行业应对"千年虫"的工作已基本就绪，不会造成大的损失，更不会引发社会问题；中国各行业会顺利地跨入21世纪的门槛。事实也是如此。当2000年的钟声响起时，中国安然无恙地投入了新世纪的怀抱。

一只企鹅的诞生

1999年，一个万木逢春、生机盎然的创业年。在这样一个恣意生长、不受约束的年份，需要的是大胆的尝试，保守或者裹足不前注定是不合时宜的。这一年2月，一款名为腾讯OICQ的聊天软件出现了。它的标志是一只憨态可掬、惹人喜爱的企鹅。在自然界中，企鹅虽然更多给人一种行动笨拙的印象，却是充满关爱和冒险精神的动物。互联网世界中的这只企鹅同样具有冒险品质，它试图利用互联网即时通信的特点，实现人与人之间快速直接的交流。

作为一款供网民们免费下载的聊天软件，腾讯OICQ，任何人都可以通过用户名单随意选择感兴趣的聊天对象。彼时，年轻人中间正流行阅读《第一次的亲密接触》。这本描述一对青年通过网上聊天而恋爱的网络小说，使网络聊天弥漫着一股浪漫的气息。腾讯OICQ亮相不久就获得了年轻人的青睐，它被视为一种时尚，在大学校园和都市白领阶层中快速传播。在手机尚未普及的年代里，腾讯OICQ成为年轻人相互联系的有效渠道。趣味相投的年轻人在第一次见面时，除了要留下通信地址、电话号码外，还要留下腾讯OICQ号码。1999年11月，腾讯OICQ就拥有了100万名用户。再以后，它的用户数量接连不断地创造奇迹。而它的创造者马化腾也有了"企鹅帝王"的称谓。

OICQ，一个改变中国人交流方式的软件，在当初却是马化腾无心插柳的产物。以至有人评论马化腾是歪打正着创造了一个奇迹。说歪打正着夸张了点，不过要说最初OICQ并非腾讯的核心业务却是真的。

1998年10月，学计算机出身的马化腾与他的大学同学张志东一起创办了主营网络寻呼业务的腾讯公司。他们最初的想法是将互联网与寻呼联系起来，开发无线网络寻呼系统——这套系统的主要功能是让用户不必打电话，可以直接通过互联网把信息发送到寻呼机上。1999年，中国的寻呼机用户数量达到了7500万。从京沪穗这样的大都市，到内陆的小县城，挂在腰间的寻呼机成了一道风景。刚开始，公司只有两名全职员工，马化腾和张志东。公司创办一个月后，腾讯的第三个创始人曾李青加入了进来。到1998年年底时，几个二十七八岁的年轻人因为共同的创业梦想聚到了一起。他们主要做寻呼业务。而为了能够赚钱，他们什么也都敢接，做网页，做程序设计，做系统集成……然而谁也没有料到的是，后来改变他们命运的却是一款聊天软件。

在成立公司之前，马化腾就接触到了即时通信软件ICQ。1996年，三个以色列人聚在一起，开发出了一种可以让人在网上直接快速交流的软件，新软件的名字叫ICQ，即"I Seek You"（我寻觅你）的意思。它除了支持网上聊天外，还具有发送消息、传递文件等功能。ICQ的诞生如石破天惊，很快受到无数互联网用户的热情拥护。6个月后，它就以不容置疑的口气宣布自己是世界上用户量最大的即时通信软件。1998年，ICQ在用户数量超过1000万的时候，ICQ以2.87亿美元的身价成功"转会"

到了美国在线的门下。1997年，马化腾第一次接触到了ICQ，立刻被它独特的气质吸引，毫不犹豫地注册了一个账号。然而使用了一段时间后，马化腾却发现纯英文界面的ICQ与现实中的中文环境格格不入。如果不是互联网的资深使用者，很难对ICQ产生兴趣。

1999年2月，马化腾和张志东一起开发出了腾讯OICQ，意为"开放的ICQ"（Opening I Seek You）。腾讯OICQ集合了ICQ的所有优点，而且对ICQ进行了诸多改进。ICQ的全部信息存储于用户终端，一旦用户换一台电脑登录，以往添加的好友就会消失；它不具备离线消息的功能，用户只能与在线的好友聊天；用户不能任意选择聊天对象，只能在事先知道对方信息的情况下，输入后让ICQ帮助寻找。腾讯OICQ完全摒弃了这些弊端，它让任何人都可以通过在线用户的名录随意选择陌生人聊天，即便好友不在线用户也可以给其发送信息。

自从腾讯OICQ诞生后，它就以让人难以置信的速度壮大着，也让马化腾对它的投入越来越多。但是由于没有赢利模式，腾讯公司的账户很快就变得捉襟见肘。马化腾希望通过银行融资，但对方的回答是从没听说过凭注册用户数量可以办理抵押贷款。马化腾去找联想投资，结果对方以看不懂他的报告为由就把他打发走了。马化腾也曾忍痛割爱试图把OICQ卖掉，结果一连谈了4家，对方出的价格都没有达到预计的100万元的底线，最高的也不过出到了60万元。

OICQ在现实中遭到了冷遇，但是在互联网上却如冬日草原上的野火，疯狂蔓延。马化腾决定留下OICQ自己养大。好在天无绝人之路，就在马化腾感到山穷水尽的时候，两家名为IDG和香港盈科的风险投资机构出现了，它们联手向腾讯投了220万美元。利用这笔钱，马化腾改善了服务器等硬件设施，同时对OICQ加以完善和改进。在同类型的网络聊天软件中，OICQ 越发显得鹤立鸡群。

本土的即时通信软件就这么壮大了。它受到网民的热烈追捧。对于初次尝试互联网的年轻人来说，OICQ 几乎成了必备的软件。在都市的网吧里，OICQ 也几乎成为标配。有媒体写道："当互联网通过网吧的形式在中国全面铺开，把信息存储于服务器而不是用户电脑的特色，让 OICQ 成为每台电脑桌面上的必备软件，也几乎是每个来网吧的人第一时间要激活的工具。这让腾讯在不到一年间拥有了 500 万名用户——一个 ICQ 在中国从来没有获得过的成绩。"

1999 年 8 月，一份措辞严厉的律师函摆到了马化腾的案头。函件称，腾讯公司于 1999 年 1 月 26 日注册的 OICQ.COM 域名和在 1998 年 11 月 7 日注册的 OICQ.NET 域名均含有 ICQ 字样，侵犯了美国在线的知识产权，强烈要求腾讯公司将这两个域名免费转让给他们。律师函来自财大气粗的美国在线公司。对这个来自大洋彼岸的要求，马化腾起初并没有太放在心上。但没隔多久，又收到一封。美国在线盛气凌人地写道："现在已经有一个案例了，就是 SMSICQ，是美国在线赢了，这是法律可以作为案例比较的。按道理你们也是肯定输的，劝你们早点撤换域名，不要争了。"

依照美国的法律规定，名字有超过 2/3 的相似之处，就构成侵权。2000 年 3 月 21 日，美国最高仲裁论坛（NAF）的仲裁员詹姆士·卡莫迪签署仲裁判决书，判定腾讯公司将 OICQ.COM 和 OICQ.NET 两个域名归还美国在线。为避免在知识产权方面和外国公司发生冲突，马化腾把公司域名改为 tencent.com，OICQ 更名为 QQ。腾讯 OICQ 由此成为一个真正本土化的聊天软件。

电子商务热

这年 1 月,尼葛洛庞帝应中国信息产业部和搜狐的邀请第二次来到中国,并于 8 日下午在中国大饭店内发表了题为"数字世界与数字中国"的演讲。在演讲中,尼葛洛庞帝不失时机地指出电子商务浪潮即将席卷全球。他说:"数字化的大幅度增长,不仅体现在娱乐、教育方面,还体现在电子商务上。我预计到 2000 年,电子商务市场是个价值 1 万亿美元的市场,这个数目比人们估计的数目多 5 倍。"为了阐述未来的电子商务模式,尼葛洛庞帝做了形象的说明:"在未来的数字化社会里,我们目前所说的零售分销业将变成一种室内的广告推销业,你到商店购物,只需记下产品的型号、价格和厂家,而购买过程完全通过互联网来进行,电子商务的盛行将会使处于产品供应商和顾客之间的中间商不复存在,顾客通过网络进行直接购买。比如在物质世界里,要购买西红柿,在顾客和农夫之间有 5 个环节,种植、包装、贩运、超市分销、冷藏等,而在比特世界,顾客和农夫可以直接交涉购买,这样的情景很快就会实现。"

与 1997 年的演讲不同,尼葛洛庞帝的这次演讲并没有给中国人带来太大的震撼。因为他所谈到的互联网将给人类带来的变革和冲击,已被中国媒体和信息技术产业人士广泛谈及。而且,他所谓的电子商务模式在中国已经发轫。1998 年 3 月,在北京就实现了第一例"网上下单、银行支付、送货上门"的完全意义上的"网上购物"。1998 年 11 月,亚太经合组织第六次领导人非正式会议在吉隆坡召开,电子商务因其当时在世界上汹涌澎湃的发展势头成为会议的议题之一。在这次会议上,时任国家主席江泽民第一次在国际场合阐明了中国的电子商务政策。他说:"在发展电子商务方面,我们不仅要重视私营、工商部门的推动作用,同时也应该加强政府部门对发展电子商务的宏观规划和指导,并为电子商务的发展提供良好的法律法规环境。"江泽民的讲话表明了中国政府对电子商务的支持态度。在中国,没有什么比这种表态更能让那些创业者坚定对电子商务的未来的信念。到1999年,电子商务网站开始如雨后春笋般大量出现。

这一年初春,在杭州湖畔家园的寓所内,马云对他的创业伙伴们发表了一通激情澎湃的演讲。他站在桌子后面,面对在场的14名听众和3名电话连线的听众,镇定自若,滔滔不绝。他讲当下的互联网形势,讲自己的创业计划,讲自己的未来愿景,一讲就是3个小时。听众是马云的妻子、同事、学生和朋友,他们因对中国互联网的梦想而聚在一起。

在演讲中,马云胸有成竹地说:"从现在起,我们要做一件伟大的事情。我们B2B(business to business,企业对企业)将为互联网服务模式带来一次革命!""黑暗之中一起摸索,一起喊,我喊叫着往前冲的时候,你们都不要慌。你们拿着大刀,一直往前冲,十几个人往前冲,有什么好慌的?"讲到兴起之时,马云掏出身上的钱重重地往桌子上一放,"启动资金必须是pocket money(闲钱),不许向家人、朋友借钱,因为失败可能性极大。我们必须准备好接受'最倒霉的事情'。但是,即使是泰森把我打倒,只要我不死,我就会跳起来继续战斗!"此后,大家凑齐了50万元,作为创业的启动资金。

对于即将诞生的阿里巴巴而言,这是一个激动人心的历史时刻。马云给大家描绘了一幅未来的宏伟蓝图。马云称他们要创办的是一家电子商务公司,未来有三个目标:第一,要创建一家持续存活80年的公司(这是临时拍脑袋说出来的数字,后来马云表示希望诞生在世纪末的公司能够跨越3个世纪,又把目标改为102年);第二,要建立一家为中国中小企业服务的电子商务公司；第三，要建成世界上最大的电子商务公司，进入全球网站排名前十位。虽然马云慷慨激昂的演讲显得信心十足，但是现场听众迷茫空洞的眼神却反映出他们对未来并不确定。对于他们而言，公司要生存 80 年的目标过于遥远，与他们好像没有什么关系，而全球十大网站，更是没谱的事情。

在当时，最受市场宠爱的网络公司是新浪、搜狐等门户网站，游戏、社区类网站也都发展得如鱼得水。可马云偏偏选择了电子商务的一种——B2B，即企业间电子商务。此电子商务模式首创于美国，不过最初国外的 B2B 网站都是以大企业为服务对象，服务中小企业的 B2B 模式当时在全球都没有先例。业界对 B2B 电子商务的定位是，商业模式过于简单，市场门槛过低，看不清未来的赢利方向。日后，有媒体转述在场的程序员王建勋的话说："就觉得疯了，因为这个模式国外也没有。国内有一个'怪胎'B2B，那就是我们。"

不过，独特的经历让马云坚信 B2B 有着光明的未来。1997 年 12 月，马云离开他所创办的中国黄页，加盟外经贸部所属的中国国际电子商务中心，出任该中心信息部总经理。在那里，他和他的团队成功建设了国富通、中国商品交易市场等网站。该网站的模式将中小企业的信息及商品交易市场搬到了网上。诸多中小企业趋之若鹜，网站创建当年纯利润达 287 万元，创造了"当年创建，当年赢利"的互联网奇迹。中国商品交易市场被当时的外经贸部部长石广生称为"永不落幕的交易会"。国富通和中国商品交易市场的成功，从实践上初次证明了在中国做 B2B 的可能性。

另一方面，中国经济的国际化进程正在加速，中小企业却苦于没有能耐将触角伸向世界的各个角落，这也增加了马云对未来的信心。当时，中国对外贸易通道主要依赖中国进出口商品交易会、国外展会或者依托既有的外贸关系进行，并且在很大程度上受控于香港的贸易中转。中国入世在即，很多中小企业迫切需要自主控制的外贸渠道。在马云眼中，阿里巴巴能够而且应该肩负起这个使命。马云说："我们是要让中小企业真正赚钱，我们让中小企业有更多的后继者，我们国家有十几亿人口，20年以后可能很多人因各种各样的原因失业，我希望电子商务让更多的人有就业机会，有就业机会社会就稳定，家庭就稳定，事业就发展。"

1999年4月15日，阿里巴巴正式上线，马云希望自己的网站可以为中小企业家们敲开通向财富的大门。网站的定位是"面向中小企业，做数不清的中小企业的解救者"，使命则是"让天下没有难做的生意"。上线第一天就有了几十个客户，随着时间的推移，每天的客户数量有100多个。半年的时间过去，阿里巴巴的会员就积累到了两万多个。尤其让人欣喜的是，阿里巴巴吸引的是全世界商人的兴趣。根据在线监测显示，这家名不见经传的网站是当时全球最活跃的网站之一。

阿里巴巴在互联网领域的标新立异和出色表现，很快吊起了好奇者的胃口。1999年5月，杭州一家媒体发表了一篇题为"想做全球贸易，阿里巴巴拒访"的短篇报道。8月，美国《商业周刊》杂志的记者费尽周折来到阿里巴巴的办公地点。打开房门一看，《商业周刊》杂志的记者直惊呼不可思议。彼时阿里巴巴已在海外小有名气，但它的办公场所简陋不堪，20多个员工拥挤在面积不大的住宅里，地上到处是铺开的床单，空气中弥漫着鞋子的味道。显然，美国记者不会料到，就是在这样的环境下，诞生了一家卓越的互联网公司。而马云没有料到的是，世界对他是如此关注。2000年7月，马云甚至出现在全球权威财经杂志《福布斯》的封面上。他成为中华人民共和国成立以来第一个获此殊荣的中国企业家。身材瘦削的马云身穿一件格子衬衫,紧握着两个拳头,面带笑容,透露着雄心勃勃的气质。《福布斯》在报道中说:"阿里巴巴自1999年3月10日成立以来,已汇聚了全球25万商人会员。每天新增会员数达到1400人,新增供求信息超过2000条,是全球领先的网上交易市场和商人社区。"阿里巴巴被《福布斯》杂志评为全球最佳B2B网站。而在不久的以后,阿里巴巴又一跃成为全球规模最大的B2B电子商务网站。

5月18日,中国第一家B2C(business to consumer,商家对客户)电子商务网站8848在北京呱呱坠地。8848,世界第三极珠穆朗玛峰的高度。像当时的许多互联网公司一样,这个新生的网站名字折射出创建者创世纪般的使命感和自豪感。而真运作起来,8848也着实不同凡响。6月,《数字化经济》一书在8848首发,成为中国网上首发图书第一例。到年底时,网站上的商品数量达到14万种,注册会员数量也达到了10万人,后来被美国《时代》周刊称为"中国最热门的电子商务站点"。

在8848的创业故事中,本书前面的章节提到的"老榕"再次成为一个举足轻重的人物。只不过在网上他是名噪一时的"老榕",在现实中有另一个响亮的名字:王峻涛。这一年的王峻涛37岁。他1991年辞去航天工业部的工作,成为一名自由职业者。辗转一年后,老榕回到福州老家办起了贸易公司,图书、电器、计算机等三四种商品,什么流行就卖什么,没想到越做越火,很快就在福建发展了80多家连锁店。90年代中期,IT浪潮汹涌激荡,销售正版软件的全国连锁企业北京连邦公司扩张迅猛。王峻涛干脆将旗下的软件业务挂上了连邦的牌子。这种人生经历的铺垫,让王峻涛离电子商务的距离越来越近。

1997年夏,王峻涛建立了网上销售软件的试验站点"软件港",编辑网页、做软件推广,全凭一己之力。擅长炒作的他,将网上购物渲染成一种新的生活方式,引得许多人到"软件港"体验数字化生活,1998年就实现了每月几万元的收入。"软件港"犹如一块试验田,硕果累累的场景让王峻涛带着收获的兴奋奔赴北京。他找到连邦董事长苏启强说:"我在福州已经试验成功了,福州连邦能行,全国连邦应该也能行得通。"彼时,连邦公司已在全国300多个城市开设了连锁专卖店,采购、配送、收款都不是问题,做电子商务有着先天优势。

于是二人说干就干。连邦特地成立了电子商务部,由王峻涛担任总经理,专门负责网上销售。8848就挂在电子商务部下面。8848这个独一无二的名字是受亚马逊启发而来的。亚马孙河,南美洲流域最广的河流,时而激流澎湃,时而沉静舒缓,泽被了数不清的生物种类。以亚马逊命名的美国电子商务网站,到1998年时已成长为电子商务零售巨头,年销售额已经突破10亿美元大关。既然世界流域最广的河流已在电子商务领域形成了声势,那就选用世界最高峰的名字来命名。8848就这样诞生了。页面和王峻涛在福州做的"软件港"几乎完全一样,只不过网站名字和网页下面的地址、电话改了改。

8848的发展速度一日千里。刘韧、李戎所著的《中国.com》有着这样的记录:"8848由4个人发展到16个人花了两个礼拜;从16个人发展到180个人花了4个月;从只卖软件和图书到卖15个种类的商品花了6个月;股东从两个变成美林、高盛等十几个花了不到6个月。"不到10个月的时间,其价值就从30多万人民币变成了4亿美元。

8848成立后的三个月,一个名为易趣的交易网站于8月18日在上海应运而生。网站在简介中写道:"易趣网是中国第一家综合性网上个人物品竞标站。广大网友可以借助它来出卖或购入任何物品。大到计算机、彩电、电冰箱,小至邮票和电话卡。你也可以通过它来结交新的朋友,比如有着相同兴趣的收藏爱好者。"易趣，顾名思义即交易的乐趣。与马云的阿里巴巴不同的是，这是中国第一个C2C（consumer to consumer，消费者对消费者）电子商务网站。

易趣提出了"以个人电子商务为中国人创造崭新生活"的主张。创办人是一位名叫邵亦波的20多岁的年轻人。这位年轻人有着光彩照人的履历。少年时参加首届全国"华罗庚金杯"少年数学竞赛就获得了金牌；高二时直接进入美国哈佛大学深造，是1949年以来拿全额奖学金赴哈佛读本科的第一人；大学毕业时获得了物理和电子工程双学位，并以优异的成绩成为人数寥寥的最高荣誉生。在回国之前，邵亦波在波士顿咨询集团工作，但优厚的待遇并不能遏制其回国创业的心。他认为中国的变化日新月异，但商业领域仍有大量的空白需要弥补。1999年4月14日，国务院总理朱镕基在美国麻省理工学院的一次演讲，更坚定了邵亦波回国的决心。朱镕基在讲话中说，中美保持友好合作关系符合两国人民利益，也符合世界人民利益，并在回答与会人士提问时鼓励在美的学生积极回到祖国的怀抱建功立业。语言质朴，言辞恳切。在场的邵亦波内心也受到了深深的触动，于是说走就走，把在美国的东西全部卖掉后回到了国内。

同是在4月，邵小波在为新加坡政府做关于亚洲电子商务的研究项目时，就开始琢磨美国哪些成功的电子商务模式可移植到中国。但研究来研究去，发现由于两国的网络经济发展的差距，大多数模式放到中国都行不通。唯有eBay还靠点谱。作为一家创立于1995年9月的个人物品拍卖网站，每天都有数不清的家具、电脑、车辆以及个人收藏品等在eBay上售出。它被视为建立在相互信任基础上的电子商务的一次成功实践。1998年9月24日eBay上市时，几乎制造了一个令人发狂的时刻：

每股 18 美元的发行价，收盘时涨到了 47.18 美元。在纳斯达克股票市场的显示牌上，eBay 排在所有上市公司的最前面。

由于中国的网络支付、信用体系等尚不成熟，eBay 的模式还不能生搬硬套。看得见、摸不着，是网络交易的一大特点，更何况交易的对方是个什么样的人都还不知道。种种顾虑让许多对网上购物感兴趣的人不敢放手一试。鉴于现实条件的限制，"线上成交，线下交易"成为易趣的主要模式。两个达成交易意向的网友，必须到线下才能完成交易。

易趣诞生后，其受欢迎程度让人始料不及。按照预估，到年底能有 5000 个注册用户就不错了，没想到，不到一个月就超额完成了这个预订计划，到年底时，用户数量直接飙升至 30 万，登录物品超过 6.5 万件，火爆的势头超乎想象。在诸多的拍卖物中，有一套房产以 30 万元的价格顺利成交。到 2000 年 7 月，注册用户突破 100 万大关，成为当时中国最大的个人电子商务网站。（注：2003 年，易趣与 eBay 合并，改叫"eBay 易趣"。）

在电子商务的发轫期，阿里巴巴、8848 和易趣均取得了不菲的成就。三家公司代表了电子商务的三种模式，在各自的道路上狂飙突进。除它们之外，携程旅行网也诞生在 1999 年。创办者是 4 个来自不同行业，具有不同个性的人：毕业于美国哥伦比亚大学的沈南鹏是德意志银行亚太区的总裁，擅长资本运作；梁建章是甲骨文中国区的咨询总监，同样具有留洋背景，通晓世界通行的商业逻辑和法则；季琦敢于冒险创新，创办过上海协成科技公司；范敏则是上海旅行社的总经理和一家酒店管理公司的副总经理，对于旅游行业颇为熟悉。在创办旅游类的网站之前，他们曾就创业方向讨论过网上书店、在线招聘、网上宜家、网上酒店和机票服务。权衡利弊后，他们最终选择了旅游类网站。11 月 9 日，做过多年图书生意的李国庆和他的海归伴侣俞渝联手创办了从事网上图书销售的当当网。李国庆毕业于北京大学，曾在国务院发展研究中心工作，1989年辞职下海后即从事图书出版生意。而毕业于纽约大学工商管理学院的俞渝，有丰富的金融管理和企业融资经验。两个人夫唱妇随，齐心协力投身于网上图书销售。

诸多电子商务网站的竞相成立，使中国电子商务的发展掀起了第一次浪潮。地方政府热情洋溢，开始将电子商务作为重要的产业发展方向，并给予这个新兴业态前所未有的关注和支持。也是在这一年，招商银行"一网通"网上支付系统实现全国联网，解决了制约电子商务发展的关键环节：支付。银行支付手段的变革，让网民通过招商银行网上银行进行消费购物不再受地理位置的制约，电子商务向前跨出了大大的一步。

作为一种新型的商业形式，电子商务丰富了中国互联网的内涵，也塑造出了新的商业文明。特别是对于那些没有销售渠道的中小企业主和希望自己创业的个人来说，电子商务网站为他们提供了一条充满诱惑的发展路径，他们可以把商品放到网上，让那些不知道分布在世界哪个角落的消费者去选购。而对于消费者来说，电子商务网站将改变他们的生活方式。消费者可以不用亲自去商场挑选商品，而是坐在家中从电子商务网站上选购商品和服务。消费者和商品之间发生了新的关联，不再像过去那样"一手交钱一手交货"。

72小时生存测试

1999年9月3日，一场"72小时网络生存测试"正式上演。这场活动看似是对测试者网络生存能力的一次测试，实则更是对中国电子商务发展水平的一场检验。

活动选在北京、上海、广州这三个互联网最发达的城市。参与活动的 12 名测试者被分别关进三座城市完全封闭的房间中，没有饮用水，没有食物，也没有电话。一张光板床、一台电脑、一套桌椅、一卷卫生纸就是他们的全部装备。在一个完全陌生的环境中，他们要靠主办机构提供的 1500 元现金和 1500 元电子货币，并依靠互联网上所提供的一切生存 72 小时。

《人民日报》网络版、北京电视台、上海东方电视台、广东电视台等10 家主流媒体的参与，让这场测试沸沸扬扬。自从互联网进入中国以来，还没有人尝试过只依靠互联网生存。虽然尼葛洛庞帝"数字化生存"的理念在 1996 年就传入了中国，但是对于普通网民而言，要脱离现实的生活环境，完全依靠互联网生存，不仅新鲜刺激而且富有挑战性。

从 8 月 18 日媒体发布招募志愿者的信息到 8 月 27 日招募活动停止，共有 5068 人在网上报名参加。经过抽签、投票等环节，最终挑选出了 12 名实验参与者，年龄最大的 35 岁，最小的也有 18 岁。虽然 12 名参与者都已成人，但主办方却丝毫不敢掉以轻心。为了防止不可预测的风险，所有的参与者在活动正式开始前都接受了健康检查和心理测试，并与主办单位、保险公司签订了合同。在测试开始前，一名参与者曾对《北京晨报》说："我认为生存的关键是找到食物。头天下午我会去找吃的和喝的；第二天我会建个网站；第三天我想写篇文章，写写如何高效、健康地在网上生活。"但事实证明，网络化生存并没有想象的那么轻松。

测试从 9 月 3 日的下午两点开始。在北京参加测试的 4 名参与者整个下午都在电脑前为解决温饱问题紧张地忙碌着。好在努力没有白费，4 名参与者清一色地从网上订购了永和豆浆。下午 4 点，永和豆浆的工作人员就把参与者的订餐送到了测试地点保利大厦。4人之所以选择永和豆浆，并非因为对它情有独钟，而是因为永和豆浆在测试前就把自己的广告放到了主办方网站的页面上，它为了配合网络生存测试活动，全力为测试者提供送餐服务，所以参与者轻而易举地发现了它。不过要在其他网站购物就难了。参加测试的《北京晚报》记者王学锋经过尝试发现，北京的饭店虽然上网的不少，但全是虚的，没有一家能给他送食物。好不容易发现一个网上饼屋，想着订二斤蛋糕也凑合，但在最后一道程序上他不得不放弃：网页信息显示，要在送货前进行电话确认，否则恕不能制作蛋糕。后来王学锋用遍了国内外几大搜索引擎，发现凡是可以网上订饭的，不是在台湾就是在香港。

而在上海和广州的8名参与者中，有7名到晚上都吃上了第一顿饭。只有一名在广州参加挑战的参与者，由于没有任何上网经验，在忍饥挨饿中坚持了25小时，饮水只能靠自来水解决，最后不得不中途放弃测试。依照《中国青年报》的报道，在测试的头一天晚上，参与者基本上都有睡眠，但是时间均不长，在饥渴中坚持的那名参与者仅睡了不到两个小时，"由于每间参与用房都设有摄像头，因此参与者的一举一动外界都可观察。测试人员发现在测试期间，参与者们都有不同的焦虑情绪，不时地到窗户边眺望一下"。当时间进入第二天时，参与者们才渐渐摸出了网络购物的门道，他们从网上买到了洗发水、牙膏、VCD、剃须刀、打印机甚至成人用品。

9月6日下午两点，"72小时网络生存测试"活动结束。参与者身心疲惫步履蹒跚地走出了测试房间。中科院心理所的心理专家检查完参与者后表示："各项检测显示，参与者们太疲惫了！"事实上，他们没法不疲惫。依照主办单位的统计，大多数参与者都花了60%以上的时间在网上寻觅购置食物和水,而在完成事前拟订的工作计划方面,大多数参与者都没能做到。12 名参与者共消费了人民币 6919.05 元,其中电子货币 1854.34 元。如果没有事前媒体的大肆宣传和一些网站、网民专门为这次活动提供支持,所有的参与者都将面临忍饥挨饿的困境。在北京参加测试的志愿者中,除了一人委托永和豆浆送餐人员买了条毛毯外,其余三人由于在网上找不到被子卖,不得已只好睡光板床,或摘下窗帘当被子盖。

"72 小时网络生存测试"在一定程度上反映了中国互联网特别是电子商务的诸多问题。首先是购物网站极端稀缺,而且购物程序烦琐,还时常面临由于服务器故障无法提供服务的尴尬。一名参与者在统计自己的购物经历后写道:"在我访问的网上购物站点中,大约只有 1/30 接纳我进入购物,而在这可怜的 1/30 里,又有一半收到订单后说'NO'。"其次是信用消费体系尚未建立,金融服务落后导致支付手段匮乏。一名广州的参与者发现,各个电子商务网站所能接受的信用卡种类非常单一,而且网站关于电子交易的具体操作流程的说明不够清楚。对此,一位网民评论道:"如果金融信用服务发达,消费者当然愿意坐在家里消费,相应的商家也不会放弃如此可观的市场,当然信用消费单靠金融机构的努力是远远不够的,这需要很多相关领域的配合。需要有一个健全的社会制度,一种科学严谨的社会体制来加以配合,这需要一大批社会系统学家去为之奋斗。"再次,网上商品价格高昂,送货时间缓慢,也都阻碍了网民网上购物的热情。

政府上网

尽管1999年是20世纪的最后一年,但是对于中国互联网来说,1999年是一个具有转折意义的年份。政府上网工程的启动,也使1999年有了另一个称谓——"政府上网年"。

1月22日,"政府上网工程启动大会"在北京举行,由此拉开了中国各级政府网络冲浪的序幕。"政府上网工程"由中国电信和国家经贸委信息中心联合40多家国家部委信息主管部门共同倡议发起,旨在推动各级政府建立正式网站,提供信息共享和便民服务。诸多国家部委的高调参与,使"政府上网工程"成为一场轰轰烈烈的运动,也成为当时公众议论的一个热门话题。在以往,政府总给人一种严肃、神秘、不可接近的感觉。如果不是有实际需要,普通公众很少会直接和政府打交道。如今政府竟然也放下身架进入充满平等精神的互联网世界了,显然这是一个让人期待的举动。

从一开始,政府上网这一举动就受到了公众和媒体的广泛赞誉。有人从国家复兴的角度出发,认为"中国要想强盛必须成为网上的中国"。有人把政府上网放在中国即将入世的背景下分析,认为"政府上网工程"可使中国政府特别是基层政府能够在短时间内较快与世界建立沟通渠道。有人从政治的角度出发,认为政府上网可以改善政府形象,提高办公效率,加强政府的决策能力。由于在世界各国看好的互联网应用领域中,"电子政府"被列为第一位,排在电子商务、远程教育、远程医疗和电子娱乐前面,所以有人认为,政府上网可为实现整个社会的信息化奠定基础。而具有市场眼光的人则认为,由于政府的巨大影响力,政府上网将会对整个IT市场的发展起到极大的推动作用。

在这场别开生面的政府行动中，中国电信扮演了发起者、推动者和组织者的角色。政府上网的网络基础是中国电信公用数据和多媒体信息网，在当时，该信息网络已经覆盖了全国 200 多个城市和发达乡镇。如此规模的互联网络，为政府上网工程的有序推进准备了初步条件。为了推动"政府上网工程"的顺利实施，中国电信专门推出了"三免"的优惠政策，即在规定期限内减免中央及省市级政府部门的网络通信费，组织 ISP 和 ICP 免费为政府机构制作主页信息，并对各级官员和相关人员进行上网基本知识和技能的培训。

中国数据通信局的官员在接受《科技日报》记者采访时描绘出了中国政府上网的美好蓝图：到 2000 年，将确保 80% 的部委机关和地方政府在互联网上建立各自的站点，这是第一步；接下来政府站点要与办公自动化网连通，与政府各部门的职能紧密结合，将政府站点演变为便民服务的窗口，实现人们足不出户即能够完成政府部门办事的程序，构建"电子政府"；第三步，利用政府职能启动行业用户上网工程，如"企业上网工程""家庭上网工程"等，实现各行各业、千家万户入网络，通过网络既实现信息共享，又实现多种社会功能，形成"网络社会"。

随着"政府上网工程"的启动，以往深藏在大院里的政府机关，终于开始撩开神秘的面纱在网上竞相亮相。就在启动大会召开的当天，信息产业部、农业部、铁道部、国家计划发展委员会、国家旅游局和国家轻工局等 7 个部委同时在互联网上闪亮登场，并在其网站上分别介绍了部门机构设置情况、主要领导人简历和职能部门的主要职责，甚至包括刚刚签署不久的政府文件。半年的时间过去，设在中国电信数据通信局的"政府上网工程服务中心"，对政府上网状况进行了一次全面调查。调查结果显示，我国各级政府域名下的站点已经达到 1564 个，其中 720 多个政府部门拥有网络主页。国家部委上网63家，省级政府开通站点174个，地市级以下建立政府站点467个，电信部门为此花费高额代价专门开通了198条专线。

诸多政府网站建立起来了，但是普通公众发现，距离政府"全新全e为人民服务"的目标还甚为遥远。出现在互联网世界中的中国政府网站，远远没有达到公众的心理预期。

"政府上网"的本意是要把政府机构与企业、高校、商业网点乃至千家万户的计算机连接起来，组建网上施政的"电子政府"，构建政府与公众有效沟通的渠道。美国、法国、德国和日本等发达国家在互联网上构建"电子政府"的实践，已经为中国政府上网提供了参照。到1999年时，美国联邦政府的部门机构、各州政府已经全部上网，法国也有了60多个政府站点。在美国政府网站上，公众不仅可以浏览刚谢幕不久的国会辩论记录，还可以看到参众两院的报告和议员的讲演，甚至可以查看当地从事各种职业的人口。《科技日报》在报道中指出，法国总统府爱丽舍宫站点和总理站点，与美国白宫的站点一样，都接受公众的电子邮件，任何一个人都可以发送电子邮件直接与总统、总理或者部长联系，而后者也乐于回复公众提出的各种问题。

反观中国的政府网站，与欧美国家的政府网站不可同日而语。2000年3月，《互联网周刊》的记者随机访问了国家部委和一些省市的政府网站，发现大都不同程度地存在内容空洞、缺少特色信息、动态信息更新不及时等情况。此外，许多政府网站还存在域名注册、主页制作、栏目设计不规范的问题，一些地方政府网站甚至像庸俗小报一样充斥着美女图片、两性知识和明星趣闻。《南风窗》经过调研分析，发现相当一部分政府网站不能经常更新信息，以及不能全面地覆盖政府机构日常工作，使这些网站丧失使用价值；尤其是一些地市级以下的基层政府机构，在政府上网工程中所暴露出的对政府信息化建设的懵然无知和消极思想，令人惊讶。该刊物在《政府上网缘何流产》一文中写道："基层政府机构的上网工程之所以流产较多，和基层政府中长期形成的僵化了的落后思想以及严重的形式主义作风十分有关。"有观察者指出，"政府上网"作为一个庞大的系统工程，不仅仅是技术和投资问题，更是政府工作体制和工作方式的改革问题，"政府上网工程彻底改变了我们沿袭多少年的政府机关运行模式和处事方式。从某种角度讲，对所有人的思想观念和文化素质都提出了更高的要求。这是一场艰难的革命，也是本世纪末下世纪初发生在中国大地上一场最壮观的革命"。

新势力新规则

1999年，中国互联网史上躁动的一年。2月，信息产业部宣布电信资费下调，与1995年相比，固定电话初装费和移动电话入网费分别下降了81%和75%；互联网资费也下降了70%以上。不论对于普通公众还是对于互联网开拓者而言，这都是振奋人心的消息。在激情和梦想的推动下，中国互联网在1999年开始突进。大批的留学美国的青年收拾铺盖回到中国，思路很明确：创办一家互联网公司，做大后到美国上市。在北京，每天都有新的互联网公司成立。互联网给每个人带来了机遇，不甘平凡的年轻人认为总要折腾出来点东西才能不辜负生在这个伟大的时代。他们夜以继日地待在写字楼里，开会讨论，期待一个绝佳创意的降临。

1月13日，《中华工商时报》公布了当时国内的十大商业网站，分别是新浪、163电子邮局、搜狐、网易、国中网、人民日报网站、上海热线、ChinaByte、首都在线和雅虎中国。当选的网站几乎都是新闻和资讯类的门户网站，评选的标准主要看重访问量，其次是内容，然后是美观。在当时，最为活跃的当然是新浪、搜狐和网易。年初，新浪获得包括美国高盛公司投资的风险资金2500万美元，到年底又融资6000万美元。新浪网的融资，让普通公众见识到了风险投资商的力量，它的英文缩写"VC"成为各媒体上出现得最多的一个新词。

不过要说最激动人心的，则非名不见经传的中华网登录纳斯达克莫属。1997年6月，新华社全资子公司中国国际网络传讯有限公司在开曼群岛注册了中华网公司，开始从事门户网站业务。虽然系出名门，也有一个响亮的名字，但一直不温不火。彼时，在有影响力的网站中几乎找不到中华网的影子。但就是这样一家网站却受到了资本的热烈追捧。1999年7月12日，中华网中国的第一支网络概念股作为成功登上美国纳斯达克。中华网最初的计划是发售420万新股，每股定价14—16美元，结果最终以每股20美元的定价发行，总融资额达到9600万美元。中华网的突然火爆，把年轻的创业者们撩得激情万丈。他们普遍相信在这个奇迹涌现、英雄辈出的时代，一切出乎意料的事情都会发生。规模大点的互联网公司，纷纷列出了上市时间表，实力小点的赶紧给自己贴个引人瞩目的标签，希望能得到财大气粗的金主的垂青。

互联网已经开始触动固有的社会秩序。作为一个崭新的虚拟却又真实的生存空间，互联网有着一套属于自己的价值观念和行为准则。这是一个充满平等精神的开放空间，它几乎没有什么门槛。社会公众获取信息也几乎不需要什么成本。而身处世界不同角落的人也可以在网上相遇。它的诸多特性，注定会使中国经济社会发生一系列变化。

4月28日，北京海淀区人民法院审理了第一起互联网著作权案。案件的一方为普通网民陈卫华，另一方则为《电脑商情报》。由于《电脑商情报》未经陈卫华同意，于 1998 年 10 月转载了他发表在个人网页上的作品《戏说 maya》，所以陈卫华一纸诉状将《电脑商情报》告上了法庭。法院根据《著作权法》判令《电脑商情报》停止侵权，刊登声明向陈卫华道歉，并向陈卫华支付稿酬和经济损失 924 元。显然，这是一桩普通的民事官司。虽然案件的情节比较简单，而且并未涉及多大金额，但是由于它关系到如何认定互联网上作品的著作权、作者享有哪些权利，此案件还是引发了社会公众的广泛关注。由于互联网不同于传统的出版物，有人认为将《著作权法》中有关报刊转载的规定适用于网络环境，不失为一种可行的应急措施；有人则认为简单地将《著作权法》关于报刊转载的规定扩大于网络环境有失妥当。

就在这一案件尘埃落定之际，著名作家王蒙、毕淑敏、张承志、张洁、张抗抗、刘震云又于 5 月 28 日将"北京在线"的开办者——世纪互联公司告上了法庭。6 位作家在起诉状中称，该公司未经许可，将他们享有完全著作权的《坚硬的稀粥》《预约死亡》《黑骏马》《北方的河》《漫长的路》《白罂粟》《一地鸡毛》7 部作品擅自上传到该公司的网站上。他们认为对方事先未经他们的授权和同意就登载他们的作品，侵犯了他们对作品享有的使用权和获酬权。他们请求法院判决对方：停止使用作品，向原告公开赔礼道歉，承担本案的诉讼费及调查取证费，赔偿经济损失和精神损失。而世纪互联公司则针锋相对地指出，互联网服务是一门新兴的产业，在网上传输包括文学作品在内的信息具有便捷、低价的优点，是未来的发展趋势；7 部作品要么是网友通过电子邮箱发过来的，要么是从互联网上下载到网站的，法律对于互联网上如何使用他人作品并无规定，他们也不知道在网上转载作品还会侵权，所以他们并不认同 6 位作家的起诉。这是我国发生的首起因将他人作品上传到互联网而引发的著作权纠纷案。加上6位作家的名人效应，它引发了社会持续的关注。由于存在争议，喧嚣一时的6位作家维权案直到12月才画上句号。法院除了要求世纪互联公开致歉外，还判决世纪互联分别赔偿王蒙、毕淑敏、张承志、张洁、张抗抗、刘震云经济损失1680元、5760元、13080元、720元、1140元、4200元。官司虽然赢了，但是舆论并未全站在6位作家的一边。支持6位作家的观点认为，法院的判决维护了作者的权益和尊严；非议的声音则认为，6位作家的观念过于落伍，他们不支持中国互联网的发展。关于此案件的标志性意义，有论者认为："司法判决并不意味着成王败寇，世纪末的法槌敲响了新世纪信息时代的法律警钟。面对日新月异、汹涌如潮般的网络经济发展，人们不得不开始审慎地调整自己的法律思维，探索新经济发展的法治环境。"

8月，一个叫胡润的英国人制作出了一个十分粗糙的排行榜——"1999年中国50富豪榜"，并传真给《金融时报》《泰晤士报》《商业周刊》《福布斯》等财经媒体。胡润在传真中写道："10月1日，中华人民共和国成立就50周年了，如果把成功以拥有财富的多寡来定义的话，那么这50人就是中国大陆最成功的人，他们的故事能让我们了解中国共产党50年的历史。"11月，《福布斯》以封面文章的形式发表了"1999年中国50富豪榜"。35岁的张朝阳成为榜上唯一的互联网富豪和博士富豪。尽管张朝阳位列榜单的第40位，与荣毅仁家族和刘永好家族还不能相提并论，但是公众却可以从张朝阳身上看到中国互联网的强劲发展势头。

在这一年12月举办的中国首届网络小姐大赛决赛中，乘坐轮椅参加比赛的浙江选手"菜青虫"力压群芳获得冠军。种种迹象显示，这是一场别开生面的比赛。它经由国家信息化办公室批准进行，由中国青基会、中央电视台、中国银行、中国电信、中国企业联合会联合主办。在衡量标准中，互联网知识、技能和网上应变能力占 70%，内在修养占 15%，外形条件占 15%。比赛自从 9 月 1 日启动后，立即因其别具一格的特点引起了中国网民和新闻媒体的关注。5000 名参选者涉及计算机、通信、银行和教育等诸多行业。而在参加决赛的 25 名选手中，拥有本科以上学历的占 70%，拥有硕士以上学历的则占 12%。她们几乎都是互联网上的活跃分子。在参加决赛前，"菜青虫"曾因身体原因一度遭到组委会的拒绝。组委会的解释是"菜青虫"不能跳韵律操，身体不健康。组委会的决定甫一公开就引起了轩然大波。它除了招致网民的强烈反对外，还引发了新闻舆论的尖锐批评。《中国青年报》发表评论称："选网络小姐不是选模特，不是选运动员，不是选美，身高、体重、相貌和是否跳得好韵律操，即使作为评比的次要因素，也毫无意义。网络小姐应该以网络知识、网络技能和网络业绩取胜而不是其他。"为了让身有残疾的"菜青虫"顺利参加决赛，组委会在社会舆论的压力下不得不修改了原先制定的比赛规则。对于"菜青虫"的胜出，有网民欢欣雀跃地宣称："规则变了，互联网在让小人物实现梦想，这给所有的人以企望。这是即将到来的 21 世纪的本质特征。"

2000：
火与冰

2000年的魅力，在它还未到来的时候就已经散发了出来。它是那么独特，在人类历史上绝无仅有，而且也不会再有。处在世纪之交的时间节点上，人们没法不充满乐观和期待。依照中国的旧历，这一年又是龙年。自古以来，人们就把龙当作图腾崇拜。它已经被民众赋予了太多的内涵，它代表着中国，也代表着中国人这个群体。新世纪来临，人们很自然地想起"世纪龙腾"这样的美好憧憬。

就在1999年12月，武汉几家媒体邀请市民设计自己在21世纪的幸福生活，获选最佳方案者将获得21万元的大奖。成都两名时尚、前卫的年轻人决定用接吻的方式迎接2000年的来临。国家民航总局副局长沈元康打算搭乘新千年的我国第一架航班从海口飞抵北京，以此证明我国民航业已彻底解决"千年虫"问题。作家余秋雨跟随凤凰卫视奔波在异国他乡开始了他的"千禧之旅"。全国妇联准备以一场"世纪大婚礼"来辞旧迎新，2000名全国各地的新人成为它的邀请对象。为了迎接世纪交替，南京邮政则宣布通宵服务，于12月31日24点对用户投放在专用信箱内的信件加盖"1999.12.31.24"的销票戳……一切都在显示，即将到来的2000年激发了民众的想象力，人们抓住种种机会试图在这个独特的时间点做出点独特的事情。

在诸多的庆祝活动中,最让人心潮澎湃的无疑是在北京玉渊潭南面举办的"首都各界迎接新世纪和新千年庆祝活动"。为了迎接新世纪的来临,那里早早就建好了一座钢筋水泥建筑"中华世纪坛"。它坐北朝南,由主体结构、青铜甬道、生活广场等组成,整体上给人一种"升腾之感"。晚上,聚光灯打在世纪坛上,显得金碧辉煌。在庆祝活动开始之前,2.5万余名在北京工作生活的市民就聚集在世纪坛周边。国家主席江泽民和他的同事也来了。在距离新世纪还有几分钟的时候,江泽民站在中华世纪坛上面向几万名市民乃至世界发表了2000年新年贺词。他充满诗意地说道:"……2000年到来的钟声,就要鸣响在我们这个星球的寥廓上空。人类文明的发展,即将进入一个新世纪,开启一个新千年。今夜,在世界的东方与西方、南方与北方,各国人民无分民族、无分信仰,都在为这一历史时刻的来临而欢欣鼓舞。"倒计时牌走到1999年12月31日23时59分50秒时,数万名市民随着数字的变化齐声高呼:"10、9、8、7、6、5、4、3、2、1!"接着江泽民点燃了中华圣火,市民代表敲响了重达50吨的中华世纪钟。21声响亮悠远的钟声寄托了对新世纪的祝愿。

1月1日早晨6点46分,浙江省温岭市一个叫石塘的古镇迎来了中国2000年的第一缕阳光。两位新华社记者用优美的笔触写道:"渔灯点点,在海港洒下粼粼波光,渔民敲响大鼓,鼓声震撼黎明前的黑暗。海天之间,由浅黄而橘黄,转眼腾起万道光芒,映红长空,彩霞满天。"新华社记者为外界展示了中国新世纪的第一抹风景。这的确是一个"美丽新世纪"。在这一天出版的《北京青年报》《广州日报》《南方都市报》等报纸,均用了大幅的版面来感怀过去,展望未来。尽管未来或许依旧会面临重重阻碍和曲折,但整个社会情绪是乐观的,人们相信新世纪属于中国。

新世纪到底会是一番怎样的情景？复旦大学市场调研中心和神州调查公司用随机抽样的方式对北京、上海、广州、成都等城市进行了一番调查。调查显示，有七成以上的中国居民将21世纪描述为"数字化生存的网络时代"。在这个时代中，人们的整个生存状态将发生根本性的变革。关于获取信息的途径，有71.5%的人认为新世纪中电脑将成为人们获取信息的主要来源，报纸、杂志、广播、电视等传统媒体将退居其后。54%的人深信电子邮件将成为新世纪最具潜力的通信工具。接近60%的人表示，如果条件许可会选择部分时间在家办公，部分时间去办公室办公。超过40%的人认为网络教育是未来最好的教育方式。人们也普遍相信新世纪的主导产业将是高科技信息产业和服务业，有41%的人希望从事高科技信息产业，34%的人希望从事服务性行业。

几大城市居民的这种认知，折射出互联网已经深度触动了中国。自从进入中国以来，互联网以不可阻挡的气势把中国普通民众裹挟进数字化的浪潮中。从1995年至今，中国的上网人数基本上以每年翻两番的速度递增。到1999年12月31日的时候，中国的上网人数已经达到了890万。网络医院、网络商店、网上银行、聊天社区、电子邮件，人们不仅耳熟能详，意识超前的人已经率先体验到了数字化生存的乐趣。而就在5年前，绝大多数城市居民尚不知道数字化为何物！

时代的确是发生了巨变。数字化技术虽然只有短短几十年的时间，但对于社会产生的巨大推动力，却超过了历史上任何一次产业革命所爆发出的力量，它深刻地影响着人们的工作和生活，把人类社会从工业化时代推向了信息化时代。这注定了新世纪与以往的每个世纪都截然不同。值得庆幸的是，在世界数字化革命的浪潮中，中国保持了与世界一致的节拍。在新世纪到来之前，无论是美国总统克林顿还是中国国家主席江泽民，都表达了对新技术的重视。克林顿在新年贺词中说，在未来世纪里，美国必须确保所有美国人生活在一个没有偏见和经济待遇不平等等因素分割的国家里，必须使用新技术，提高教育水平，激发年轻一代的创造力，确保每一所学校及每一位儿童都能够使用"电子资源的宝库"。江泽民在2000年新年贺词中则强调了技术变革带来的自由。他说，人类的经济活动进到了工业经济时代，并正在转入高新技术产业迅猛发展的时期。人类创造了以往数千年无法比拟的巨大物质与精神财富。人类对世界的认识和改造，突破一个又一个必然王国而不断地向着自由王国飞跃。

新世纪的大幕已经拉开，中国将如何书写属于自己的数字化传奇故事？谁也无法准确预知未来到底将会发生什么，因为数字化时代充满了超出我们想象的种种可能性。

众里寻他千百度

这一年的年初，当中关村还沉浸在迎接新世纪的喜悦情绪中时，一个叫李彦宏的年轻人悄无声息地进入了互联网的江湖世界。在北大资源宾馆的一间套房中，李彦宏对着刚招募来不久的几名员工说，我们这就开始了，办公室有两条纪律，一是不准吸烟，二是不准带宠物。由于房间太小，大家只能盘着腿坐在床上谋划未来。等李彦宏用平静舒缓的语调介绍完即将开始的任务后，大家对这家名为"百度"的公司有了大致的认识。没有鲜花和掌声，百度在平淡无奇中开始了它的伟大历程。

这是一家依照美国硅谷模式创办的搜索引擎公司，它致力于向人们提供"简单、可信赖"的信息获取方式。但它的名字却极传统，充满了古典文学的意境。"百度"取自宋代辛弃疾《青玉案·元夕》的最后一句："众里寻她千百度，蓦然回首，那人却在，灯火阑珊处。"热爱中国文学的李彦宏采用"百度"这个名字，象征着这家公司对中文信息检索技术的执着追求。为了向投资人解释这首情感丰富、意境悠远的宋词，李彦宏还用英文做了一番生动的解释："在凄美中寻找幽微的美感，比喻人在面临人生许多阻碍的同时，追寻自己的梦想。"百度的这种执着追求的气质，似乎与李彦宏的个人气质一脉相承。

1999年12月24日，已经辞掉美国工作的李彦宏，和他的创业合伙人徐勇一起登上了回国的班机。在这之前，这个帅气、儒雅又睿智的年轻人按既定目标，一步一步实现了自己的愿望。19岁那年，他以山西阳泉高考第一名的成绩如愿以偿地考上了北京大学，进入图书情报专业。由于专业枯燥，他逐步把学习的重心放在了计算机上，并把计算机专业锁定为出国留学的目标。到1991年的时候，23岁的李彦宏果真顺利收到美国布法罗纽约州立大学计算机系的录取通知书。硕士毕业后的他，成了在美国金融中心华尔街工作的一员。他衣着光鲜地穿梭在高档写字楼中间，那里聚集了有着卓越分析能力又怀有极大工作热情的金融专业人员。在华尔街工作的三年半时间里，李彦宏每天都要跟实时更新的金融新闻打交道。他先后担任了道·琼斯一家子公司的资深顾问和《华尔街日报》网络版的金融信息系统设计人员。也就是在这期间，痴迷于网络信息排序的李彦宏发明了名为"超链分析"搜索技术。该技术的实质是，"通过别人引用你的网站内容的次数，来确定你在搜索引擎里的排序，被引用的次数越多，排名就越靠前"。在信息搜索技术方面的突破，让李彦宏的世界彻底发生了变化。1997年夏，李彦宏离开华尔街进入了硅谷著名的搜索引擎公司——Infoseek 公司。崇尚白手起家和冒险精神的硅谷文化深深地影响了这个黑眼睛黄皮肤的年轻人。彼时,搜索引擎技术正在改变美国社会。这让创业的愿望在李彦宏的内心不断膨胀着。而他也一直有一个梦想,那就是用自己开发的技术改变人们的生活,甚至改变世界。

1999 年有诸多大事发生。9 月,《财富》全球论坛年会在上海举行,年会的主题是"中国:未来 50 年"。在为期 3 天的会议期间,各国政要和商界名流共同就中国未来的发展进行了探讨。10 月,中国迎来了建国 50 周年庆典。12 月,曾在鸦片战争中被葡萄牙占据的澳门也回到了祖国的怀抱。这些大事激荡着诸多中国人的内心。在观察敏锐的人的眼中,中国无疑充满了生气和机遇。李彦宏正是其中之一。9 月,在旧金山中国领事馆的邀请下,李彦宏随硅谷博士企业家代表团回国参加国庆观礼。处处弥漫的浓郁的互联网气息让他似乎看到一片任由自己驰骋的天地。他发现国内的互联网业已经形成气候,但背后的技术很薄弱,尤其是中文信息搜索,相较于美国的技术落后了将近 4 年的时间。他遂决定把自己掌握的搜索引擎技术带回中国,来促进中国社会的转变。12 月,李彦宏和徐勇带着 120 万美元的风险投资,告别硅谷,开始了属于他们自己的时间进程。

创业伊始,李彦宏在海淀区颐和园路的北大资源宾馆安营扎寨,招兵买马。他租了两间套房作为办公室。北大资源宾馆矗立在北京大学西南角,和中关村隔街相望,四周集中了北京大学、清华大学等中国的知名高校。李彦宏把大本营安在这里,而不是 CBD 的豪华写字楼,除了这里人才资源储备丰富外,也是出于节约成本的考虑。依照规划,120 万美元的风险投资本来是作半年使用的,李彦宏却做了一年的预算。日后李彦宏毫不回避地对媒体说:"拿回钱后,我向公司的人说这钱要用一年,为的是防止市场发生大的变化。当时有人提议要把办公地址租在国贸、嘉里中心等,但是我选择了北大资源楼,就是要把钱省着花。"

精打细算的百度在草创时期一共有7个人。李彦宏和徐勇主要负责管理、运营和销售事务。技术研发由百度在国内招聘的第一位员工刘建国负责。此前,身为北京大学计算机系副教授的他,已是国内著名的引擎专家。所谓英雄惺惺相惜。在李彦宏向他发出邀请后,两名搜索领域的专家便走到一起来了。除了这三个人外,其他几个人则是以实习生的身份到来的。他们来自中科院、北京交通大学等院校。李彦宏回国后的第二天就在各高校的BBS上发布了招聘软件工程师的帖子。他们正是经过面试后留下来的几个。由于还没完全脱离学校,他们白天在实验室上课,到了晚上再到百度加班加点地工作。大家齐心协力地努力着,北大资源宾馆的1414房间的灯光时常彻夜不灭。功夫不负有心人。2000年5月,中关村鲜花盛开,呈现出一片生机勃勃的景象,百度开发出了自己的第一个中文搜索引擎。虽然它的搜索能力只可以达到500万个网页,但万里长征的第一步毕竟迈了出去。犹让人兴奋的是,这个搜索引擎的开发周期只有四个月,较之风险投资商要求的限期提前了两个月的时间。

在当时,百度只是一家为门户网站提供搜索引擎技术的公司。它是那么的不起眼,以至很多媒体都不知道百度和李彦宏到底是做什么的。6月,成立半年的百度终于鼓足勇气在香格里拉大酒店举办了一场新闻发布会。它试图以此引发外界的垂青和关注。为了这场新闻发布会,百度的工作人员悉心准备了一些日常生活中常会遇到的问题,以便让记者亲自上网搜索,来体验百度搜索的神奇效果。李彦宏也认真准备了演讲稿,并且事先就一字不落地记在了心里。然而事实并未如想象中顺利——在发布会开场前一分钟的时候网络突然中断，什么也演示不了，李彦宏只好照本宣科地讲下去。等到答问环节时，对新事物感觉敏锐的记者们却没有人能提出问题来，因为他们着实没有搞清楚李彦宏到底讲了些什么。百度的第一场新闻发布会就这样在尴尬的气氛中草草收场。

虽然新闻发布会以谁也没有料到的方式结束了，但这并没有影响百度技术在搜索领域中的口碑。一家媒体就新浪、搜狐、网易、雅虎中国和 ChinaRen 的搜索引擎进行的测评显示，在响应速度上，ChinaRen 是 1 秒钟，其他四家是 5 秒钟；在搜索的数量上，ChinaRen 是几千几万，其他 4 家却只有几十几百。在这 5 家网站中，ChinaRen 用的正是百度的搜索技术。受百度技术的吸引和打动，搜狐在这一年 8 月成了百度的客户。随后新浪、网易、263 等当时国内的大中型门户网站也都采用了百度的搜索技术。到 2001 年夏天时，百度的搜索技术已经拿下了国内 80% 的门户网站。

然而随着覆盖面的扩大，百度渐渐入不敷出。彼时，位于美国加利福尼亚的搜索引擎公司 Overture 已经靠竞价排名的商业模式取得了巨大成功。受此启发，李彦宏做了一个大胆的决定：从后台走向前台，做一个直接面向网民的搜索网站。2001 年 9 月 22 日，对于百度来说，是一个具有里程碑意义的日子。这一天，属于百度自己的网站正式在互联网上亮相，简洁的首页页面和谷歌（Google）相差无几；百度竞价排名系统也在这天正式上线，它大受中小企业的欢迎，因为它为中小企业提供了一个经济适用、方便快捷的推广平台。在此之后，百度以超人预料的速度茁壮成长，很快成为世界上最大的中文搜索引擎。

繁荣与危机

就在李彦宏以低调的态度拓展他的搜索版图的时候，中国的互联网业却进入了无比疯狂的阶段。这种疯狂是从大洋彼岸的美国传导过来的。

主要以互联网公司股票构成的纳斯达克指数，从1991年4月的500点一路飙涨，继1998年7月跨越了2000点大关后，又在1999年12月逼到了5000点。1999年，美国新上市的互联网公司高达309家。在这之前，美国所有上市的互联网公司加起来也不过100家。1999年秋，得克萨斯大学经研究得出结论，美国互联网经济增长68%，年产值将达到5070亿美元，由此成为名副其实的第一大产业。美国单凭互联网经济的总价值就可以跻身世界经济的前20位。互联网所创造的经济奇迹，美国的任何其他产业都无法比拟。市场的繁荣把人们对互联网的热情推到了癫狂的程度。美国人相信互联网所带来的经济繁荣是长久的。他们自以为迎来了一个前所未有的新时代，以往的规则都可以抛弃一旁，有人甚至认为它导致了传统商业周期的终结。无数投资者争相将美元投向还未实现赢利的互联网公司。2000年年初，参加瑞士达沃斯世界经济论坛的公司总裁们大肆渲染"新经济"（new economy）这个时髦的词，无以复加地肯定信息技术带来的繁荣。自从美国《商业周刊》于1996年提出"新经济"这个词以来，它引发了持续的关注和讨论。虽然它到底是指什么还含糊不清，但人们管不了那么多，只相信新经济意味着新未来，它犹如初升的太阳，照到哪里就会给哪里带来希望。

美国互联网经济的繁荣也让在美国上市的中华网大受裨益。2000年1月，在纳斯达克上市不久的中华网再次发行新股，募得3亿美元。中华网在美国的出色表现，深深地感染着国内的互联网创业者们。建材、教育、娱乐、医药、进出口等行业都在不遗余力地进军互联网，唯恐被信息时代落下。形形色色的网站不断制造噱头和概念，宣称自己是"国内首家某某网站""国内最大某某网站"。为了增加网站的点击率，各家网站争相不惜代价推广自己。大都市的公共汽车车体、地铁站和路牌等地，均成了网站广告的天下。关于互联网站的新闻发布会也是接连不断，而且位置多选在气派的五星级饭店或者人民大会堂等地。究其目的，除了争夺网民和媒体的注意力外，更在于获取投资人的青睐。那些无比精明的境外风险投资商，也疯狂涌入中国的互联网产业，对于互联网的疯狂进行推波助澜。

出于提升实力扩大影响的目的，诸多网络公司公开四处挖人，如果想跳槽的是中层人员的话，那么他会面临十多个选择。为了和国际接轨，互联网领域冒出了 CEO（首席执行官，chief executive officer）、CFO（chief financial officer，首席财务官）、CIO（chief information officer，首席信息官）、COO（chief operation officer，首席运营官）等等许多新鲜的头衔。较之厂长、经理、老板等这些传统行业中的称呼，那些新鲜的头衔无疑显得光彩照人。带有那些头衔的企业家们频频在电视和报纸上抛头露面，谈笑风生。而那些从事传统产业的上市公司也在急不可耐地与互联网扯上关系。甭管公司业绩如何，只要和互联网扯上了关系，就可以凭炒作概念大肆圈钱。

受中国互联网疯狂情绪的感染，社会公众中间也在谈论着有关互联网的种种传闻。一则最新流行的笑话是这样说的："三个乞丐在街上乞讨，第一个人告诉路人'我是一个乞丐'，但他的碗中空空如也；第二个人告诉路人'我是一个乞丐.com'，他的碗中开始有了金钱；第三个人则干脆说'我是一个 e- 乞丐.com'，他获得了路人最丰厚的馈赠。"日后电影《大腕》中的一段台词也反映出了2000年的非理性狂躁："网站就得拿钱砸啊，舍不得孩子套不着狼啊……网站靠什么？靠的是点击率啊！点击率上去了，下家跟着就来了。你砸进去多少钱，加一个'0'直接就能卖给下家了……"

众声喧哗。人们相信经济衰退将成为既往历史，互联网将带来一个史无前例的长期繁荣。如果有人提出互联网经济的发展只是一场"虚假的繁荣"，那显然是不合时宜的。他会被批评为保守、落伍，甚至不怀好意。在纷乱表象的掩饰下，一个基本的事实被忽略了，那就是这时中国的大多数网站还没有找到合理可行的赢利模式。

3月4日，正在北京参加两会的政协委员吴敬琏终于发出了与众不同的理性声音。吴敬琏在接受记者采访时说，"目前香港和内地都在炒作网络股，它对高新技术产业利少弊多，传媒最好不要推波助澜"，"在中国，现在上市的网络股没有几个是真正意义上的网络股"。在吴敬琏眼中，把股市泡沫与新经济等同起来也是一种牵强附会。他以最近股价暴涨的上海梅林为例说，这家公司其实是做食品的，只不过有一个网址可以在网上买卖，就把它与新经济联系起来，这未免太过勉强。吴敬琏强调说："中国的新经济八字还没有一撇呢，与其临渊羡鱼，不如退而结网。"这个当时已经70岁的老人有思想有良知，一直是公众和媒体眼中的学术明星。他因捍卫市场经济而被媒体誉为"市场经济第一人"，也因主张维护公平公正的交易秩序、保护底层群体的利益而被社会视为"中国经济学界的良心"。虽然他只不过是利用经济学的基本常识在思考问题，但是这种稀缺的声音却显得清脆而又犀利。

一切出乎吴敬琏的意料。他针对股市上炒作网络概念的发言，很快在社会上掀起了轩然大波。第二天，多家媒体和门户网站对吴敬琏的言论进行了报道，并断章取义地判定，吴敬琏是在给网络股泼冷水。吴敬琏的声音经过媒体的歪曲放大，顿时成了众矢之的。特别是在那些证券行业和互联网行业人士的眼中，吴敬琏这个时候的发言即便不是大逆不道，也是在大放厥词。中国的互联网业正呈现出一片大好形势，怎么可能连八字都还没有一撇？激进的年轻人用嘲讽的口吻揶揄道："未来属于你们，也属于我们，但归根到底属于我们……知会并要求您上一上互联网，来与我们共同感受大时代涛声的澎湃！" 3月9日，纳斯达克指数一举跃上了5000点的巅峰。人们额手称庆，并以此证明吴敬琏言论的另类和荒谬。

　　事实上，吴敬琏虽然已进古稀之年，但他对于互联网技术的认知却一点也不落后。他一向关注互联网产业的发展，并尽力加以推动。他曾在硅谷中心的斯坦福大学做过一学期的客座教授，也曾在麻省理工学院做过一学期的访问研究员。自90年代初以来，他一直跟踪观察印度软件业的发展，并且两次访问台湾的高科技企业聚集区新竹。他本人也是互联网技术的受益者，他时常利用互联网获取信息、搜集资料甚至购买图书。在他眼中，"正在兴起的网络技术将会极大地推动全球化的进程，使人类生活发生根本的改变"。他所反对的，不过是一些企业在股市上"沾网就升天"的现象。他认为，利用人们对新技术、新产业的热情尘封扬土，借以圈钱的把戏，会对高新技术产业和资本市场形成严重干扰。

　　由于自己的声音被严重曲解，吴敬琏决定亲笔撰文进一步阐述自己的观点。他结合历史上美国、亚洲一些国家包括中国的泡沫破裂事件，很快写出了一篇3000字的文章《互联网：要发展还是要泡沫》。他在文章中有些执拗地写道："股市里的所谓'泡沫'，指的是股票的价格脱离了公司基本面，超出了它的实际价值的市值虚升部分。经济里的气泡膨胀得太大就成了气泡经济，天下没有不断膨胀、永不破灭的气泡。"在结合历史上的事例论证了自己的观点后，吴敬琏又对美国的网络热进行了一番分析，"最近九年来，在信息产业、基因工程等高技术产业的带动下，美国经济持续高涨，股价也一直在上升。这引起了一些经济学家的担心，因为按照过去的规律，长时期的高速增长预示着通货膨胀的爆发和金融市场的崩溃。但是也有一些经济学家认为，由于80年代以来美国将技术创新和取消管制、开放市场以及稳健的财政货币政策结合起来，由于高技术产业的强劲发展，已经使美国经济发生了质的变化，在'新经济'的条件下，持续的高增长并不必然引起通货膨胀和金融危机……事实上，美国宏观当局对宏观经济的把握是非常谨慎的。格林斯潘不断提醒公众要理性地处理自己的投资行为，美联储连续采取措施，力求抑制泡沫生成，以保持美国经济的稳定发展，美国的多数投资人也在做理性思考，从去年以来网络股的股价已经有了大幅度的调整"。他在文中警告说，"对于不强调真抓实干，而是爆炒'高科技''网络股'等概念以吸引大众跟风入市，促成股价飙升，就不能不怀疑醉翁另有他意了"。

3月17日，《南方周末》在《新经济：泡沫还是革命》的醒目标题下刊登了两篇针锋相对的文章。其中一篇正是吴敬琏所写的《互联网：要发展还是要泡沫》，不过标题被改成了更抓人眼球的《要制度还是要泡沫》。另一篇是年轻的互联网观察家姜奇平、方兴东的反驳文章《致吴先生：别给网络泼冷水》。姜、方二人针对吴敬琏在不同场合发表的有关互联网的言论一一进行了反驳。他们在文中写道："如果说，新经济在中国真的八字还没一撇，那正需要网络股背后的资本力量去推动。我们认为，新经济'八'字的第一撇，就是通过网络股，率先完成资本调整，使萌芽中的新经济获得初期发展所需的资源。""不能割裂经济整体与风险资本市场的内在联系，把部分网络股公司的淘汰，直接等同于泡沫。而且现在给美国的'大多数公司'判处死刑，更是过于轻率。"

这是吴敬琏第一次与政界和经济理论界之外的人士展开论战。由于它涉及传统经济理论和网络时代新的经济观念，高校学者、互联网企业家、媒体从业者等不同领域的人士纷纷加入进来。支持吴敬琏的舆论和支持姜、方二人的舆论，各执一词，互不相让。双方争论的深度和广度也在不断增强和延伸，从网络股、互联网、新经济，一直到知本制度创新、生产力革命。虽然争论的话题不断深入，但吴敬琏还是坚定地认为"网络经济的发展"和"网络泡沫的膨胀"不能等同。

谁也没有料到吴敬琏的担忧来得那么快。这一年4月10日正好是星期一，正在一路上扬的纳斯达克股市突然调头飞流直下。被吹到极限的互联网泡沫终于破灭。在一周的时间内，纳斯达克股市指数总共下跌了1000点以上，这在纳斯达克的历史上是绝无仅有的事情。人们把4月的第二周称为"黑色的第二周"，把4月14日那天称为"黑色星期五"。当半年的时间过去后，纳斯达克指数已经跌去四成，8.5万亿美元的公司市值凭空蒸发。在当时，这个数值可超过了除美国以外的任何国家的年收入。那些风险投资商也不再像以前那般慷慨，这使得那些依靠风险投资生存、尚未找到赢利渠道的网站顿时变得如热锅上的蚂蚁。11月，一直对新经济持乐观态度的《商业周刊》专门推出了"高科技萧条"的封面报道。它悲观地写道，纳斯达克指数狂跌引发的究竟是暂时的市场调整还是整个高科技领域的周期萧条，已是严峻问题。不论未来怎样，互联网风光的日子毕竟是结束了，美国持续繁荣了10年的经济将开始陷入衰退期。

美国经济学家约瑟夫·斯蒂格利茨在《喧嚣的90年代》中以一种充

满无力感的语言对此做出评论："泡沫破灭了。经济陷入了衰退。这种结果的发生是无法避免的——建立在虚假根基之上的喧嚣的 90 年代，最终走向终结……"

与他隔洋相望的中国年轻作家许知远，站在旁观者的角度以不屑的口吻写道："厚颜无耻地追逐财富、浮夸作风、轻松致富，这样典型的硅谷作风，在披上了'勇于冒险、标榜创意、坚信自我'这样的美丽外衣后风行世界。我们当然相信，在硅谷的确有着我们时代最伟大的技术天才与创意，但我们也必须承认在刚刚过去的淘金热潮中，99% 的求财若渴的青年是平庸人物。在标榜商业冒险精神的背后，是乌合之众式的盲从。"

事实无情地证明了吴敬琏的先知先觉。人们这时候才意识到，以互联网为代表的新经济虽然有一套自己的规则，但由于互联网企业还是经济实体，依旧需要服从经济学原理。5 月 12 日，吴敬琏在接受记者采访时说："有人说，新经济和旧经济完全不一样了，你们经济学家那些经济学没有用了，现在叫注意力经济、眼球经济，只要吸引眼球就一定能成功，这个我不相信。我并没有给网络泼冷水，我是给热炒网络股泼冷水。"

受美国股市的影响，中国的互联网也进入了漫漫严冬。风险投资资金从以前的疯狂涌入变得屈指可数。无力支撑的网站不是关门大吉就是大肆裁员，那些资金雄厚的网络公司则开始趁机并购陷入困境的网站。此前曾大肆追捧互联网的媒体开始转变态度对一些网站大加鞭挞，有关网站倒闭的言论也开始甚嚣尘上。有调查机构说，年内将有一半以上网站倒闭，有人则预测倒闭的网站数量会达到 80%。由于实现赢利依旧是个难题，风头正劲的电子商务也受到了普遍质疑，一家财经媒体以一锤定音的气势大胆地预测道:"中国电子商务想成规模 10 年没戏。"正当中国互联网身陷"四面楚歌"之时,又从美国传来了一个雪上加霜的坏消息:一家赫赫有名的市场研究公司 Gartner 的分析家经研究得出结论,尽管中国的互联网用户数量增长迅猛,到 2002 年极有可能超越美国,但中国网民的商业价值几乎等于零。这对于那些以网民数量为指标评估网络价值的网站来说,无疑又是当头一棒。这些并不靠谱的言论,当然也引起了强烈质疑。但要说中国互联网何时走出低谷,没有人能做出准确的判断。

互联网在 2000 年下半年所遭到的冷遇,与 1999 年时的风光热闹相比,真是一个天上一个地下。日后方兴东对 2000 年的中国互联网总结道:"短短一年时间,中国互联网就从高潮到低潮,从狂热到骤冷,从热捧到抨击,从掌声到唾骂,从得意到失意,从欢呼到压力,走完了两个极端之间的全部历程。网络股一路狂跌,深不见底;投资者绝意而去,资源枯竭;媒体全面倒戈,放大所有不利的一面……作为互联网的积极推动者,我们从来没有如此迷惘,如此失落。"

纳斯达克的诱惑

在 2000 年,人们谈论最多的话题除了互联网泡沫的破裂外,另一个就是中国三大门户网站登陆美国纳斯达克。这两件事又相互纠结在一起,频频成为媒体关注的焦点。

3 月 15 日,全国两会的最后一天。按照既往的惯例,朱镕基总理面向诸多海内外媒体举行了记者招待会。英国路透社记者专门就中国互联网上市提出了一个问题:"中国现在有很多互联网公司想在海外上市,但是有关规定还没有出来,能不能透露这些规定什么时候出来?它们的内容是什么?"在记者会现场,其他记者关注的焦点问题集中在中国西部大开发、两岸关系、腐败治理、金融体系建设等方面,路透社记者这么提问稍微有点出人意料。但朱镕基并没有回避,他坦诚地答道:"中国的互联网发展速度我想是全世界第一,现在上网的可能已经超过了1000万户,而且将以更高的速度向前发展。因此,互联网的立法的问题是一个非常重要的问题,你讲得很对,我们正在加强这方面的立法工作。"

对于那些企图从两会上琢磨出点信息的互联网企业家来说,朱镕基的这番话并不让人兴奋:一方面,纳斯达克股市指数屡屡攀高;另一方面,中国政府却还没有有关中国互联网企业海外上市的明确规定。他们显然没有足够的耐心再继续等下去了。在当时,除了新浪、搜狐、网易这三大门户网站外,其他诸如8848、实华开、阿里巴巴、ChinaRen等将近20家稍微有点名气的网站,都在谋划着冲刺到美国或者香港的股市中去。

虽然还没有明晰的法律规定,但中国政府官员在多种场合表达了对于网站海外上市的态度。2000年年初,中央就反复强调外资不得进入国内ICP(网络内容服务商)市场。3月5日,信息产业部部长吴基传公开表示,商业网站可以海外上市,但必须经过主管业务部门的批准。3月31日,吴基传又在"中国发展高层论坛"上强调,在我国加入世界贸易组织之前,国内网络公司要到海外上市,涉及网络内容服务的相关业务和资产都应当剥离出来。

为了规避国内的政策风险,那些互联网企业家挖空心思殚精竭虑地寻觅着上市的途径。张朝阳找到信息产业部,说搜狐是一家全外资的海外公司,所以搜狐上市不需要中国政府的审批。丁磊跑到位于北大西洋中的百慕大群岛注册了一家公司，也号称自己是一家外资公司，不用理会国内的政策。然而这些"别出心裁"的做法并没有得到信息产业部的最终许可。信息产业部官员强调说，你们可以到海外上市，也可以不受中国政府机构的审批限制，但前提是你把服务器搬到美国去，只要服务器在中国，就得接受我们的管理。张朝阳和丁磊们当然不能把服务器搬到别处，因为对于专门为中国网民提供服务的网站来说，服务器搬到美国无异于自寻死路。上市无门，他们所能做的只能是在煎熬中继续思索和等待。这时，反倒是踏踏实实和信息产业部耐心沟通的新浪，抢得了登陆纳斯达克的先机。

2000年年初，为了拿出让信息产业部满意的上市报告方案，王志东不知疲倦地在新浪办公地点和信息产业部之间奔波。他每天的工作就是，"进信息产业部会议室，站在小黑板前开始画上市结构图，哪儿是资金流，哪儿是法人结构，哪儿是业务流程"。他一次又一次递交报告，一次又一次被打回。功夫不负有心人。到春天的时候，王志东终于拿出了让信息产业部满意的方案。他将四通利方公司一拆为三：北京新浪互联信息服务有限公司专做网络内容，是一家全内资的互联网公司；新浪互动公司是一家合资的广告公司，专为新浪网提供广告代理服务；原来的四通利方则重新明确了职责，为新浪互联信息服务有限公司提供技术支持和服务，并收取高额的相关费用。三家公司中，前者规规矩矩地按照中国政府的规定不和外资扯上关系，后二者可以名正言顺地奔赴纳斯达克。虽然是三家公司，但它们唇齿相依的关系，却又可以让美国人明白，这三家公司本来就是一回事。新浪网在其招股说明书中写道："因为中国政府限制外资进入互联网相关行业，我们不得不把我们在中国的业务拆分为两部分，建立两个独立的公司，以便获得中国政府的经营许可。中国政府通过限制商业许可，规范互联网接入和新闻等信息的传播。"

3月中旬，新浪拿到了中国政府颁发的上市通行证。接着新浪向美国证券管理委员会提出申请，然后又从3月底开始进行了马不停蹄的路演。王志东和姜丰年等人一站又一站地向各地投资人说明这个全球第一门户网站的架构和生意模式，讲完了立刻又上飞机奔赴下一站。香港、伦敦、纽约、洛杉矶……在不到两周的时间里，王志东跑遍了10个城市，行程超过4万公里，正好可绕地球一周。在这段紧张的时间内，王志东和他的搭档们参加了100多场大大小小的介绍会。虽然各地的投资人对新浪的基本面、管理层以及中国的市场潜力保持信心，但是王志东还是有点忧虑。日后王志东在接受记者采访时说："我们上市（路演）出门的时候，纳斯达克指数是4900点。等一周以后，我从新加坡到纽约的时候，纳斯达克指数变成3400点，一下子缩水了四分之一。当时最恐慌的是，泡沫破灭了。"虽然纳斯达克指数已经开始走下坡路，但王志东还是认为机会难得。而且他也希望通过上市来引入投资人和媒体的监督，为新浪引入更加规范的管理。

4月13日，对于新浪和中国互联网来说是一个永远值得纪念的日子。这一天，新浪网终于在纳斯达克闪亮登场。在纽约时代广场纳斯达克总部的顶楼，巨大的电视屏幕上打出了几个显眼的大字："Nasdaq Welcome Sina.com"（纳斯达克欢迎新浪网）。新浪网以每股超过17美元的价格开盘，接着操盘手不断报出订单，"某某券商5万股17.5美元""某某券商2万股18美元"……电子屏幕上的新浪股价由17.5美元、18美元、20美元不断跳动。姜丰年和王志东的手机频频响起。新浪网在北京、台北、香港等地的员工抑制不住地呼喊："我们终于上市了！"兴奋的当然不只是新浪员工。出于对新浪网上市的关心，中国常驻联合国代表沈国放也赶到了交易大厅，与新浪网一起分享上市的喜悦。承销商摩根士丹利的工作人员也击掌庆贺，他们说在这样不景气的市场下，新浪能开红盘上扬，真是厉害极了！在经过一番跌宕之后，新浪当日以超过20美元的价格收盘，上涨了22%。虽然不尽如人意，但在此时的纳斯达克却是一个难能可贵的表现。

新浪在突破重重障碍历经几番风雨后，如今总算一块石头落了地。王志东既庆幸又不乏失落。他对《北京青年报》的记者说，新浪上市赶的时候并不好，"如果再早10天的话，情况就完全不一样了"；但值得庆幸的是，"新浪总算是赶上了末班车，是从门缝中钻出来的"。的确，为了使上市方案既符合纳斯达克的规章和中国的法律，王志东不知道费了多少心血。这可是国内第一家经信息产业部和中国证监会批准而在海外上市的互联网公司。

对于新浪上市，国内外的媒体迅速做出反应。当晚22点，中央电视台在《晚间新闻》栏目中将其作为第二条新闻播出。英国路透社认为，"这是全球资本者对中国网络概念的一块试金石"。也有媒体认为，批准新浪上市后监管部门将继续对网络公司大开绿灯，新浪起了一个好头，也对国家信息产业的发展，尤其是电信增值服务业和新闻网站的经营管理具有示范意义。

纳斯达克是企业家们梦寐以求的淘金圣地，一旦成功，便可在顷刻之间坐拥亿万财富；但它也充满了不可预测的风险，一旦遭到市场抛弃，原有的财富就如烈日烘烤下的冰山，与日消融。如果说新浪在纳斯达克的表现还算可以的话，网易和搜狐的上市就没有那么幸运了。

北京时间7月1日晚11时，网易股票正式在纳斯达克挂牌上市。开市后一个小时内，网易股票最高上触到17.25美元，然后就如同一只断了线的风筝直接坠落下去，收市时该股票的价格已经变成了 12.125 美元，由此成为第一只在纳斯达克上市当天就跌破发行价的中国概念网络股。面对如此惨淡的结局，媒体用了"遭受冷遇""深度重挫""血流如注"等词来形容。事实上，网易上市当天的纳斯达克股市并非风云激荡。这一天共有 5 只新股上市，其他 4 只均有较大升幅。即便是几家已经上市的中文网站也表现不俗，新浪网、中华网、雅虎网的上升幅度均超过了 3%。对于网易的出师不利，乐观一点的人认为，一次性融资当然是股价越高越好，但可持续的融资不是这样，也许现在股价低一点，投资者都理性化了，发行者也比较理性，反倒可以为以后可持续的融资奠定一个比较坚实的基础。而持悲观态度的人则认为，互联网行业与其他传统行业不同，投资者的信心和投资力度是产业发展的关键；网易这些前行者是投资者对中国市场信心的风向标，网易的表现会打击投资者的信心。更多的人是站在中性的立场上分析网易失利的原因。有人认为，丁磊只是一个平民领袖，他虽然在国内深受大学生拥戴，但并不能获得华尔街投资商的青睐；有人认为，丁磊个人持股超过了半数，这在上市公司中是不可思议的，有经验的股票买家为了回避风险不会去买这家陌生公司的股票；还有人认为，中国目前的互联网市场已经不被看好，其商业运作模式，就像店家一边数着马路上的行人，一边主观地声称会有多少人进入商店购买商品……众说纷纭，不一而足，但谁也说不清楚。

正当分析家们还在为网易的失利而困惑之际，搜狐也于北京时间 7 月 12 日一举挺进了纳斯达克。在三大门户网站中，搜狐是最早向中国政府提出上市申请的，却最后一个通过。张朝阳只能用"生不逢时"来形容搜狐的境遇。虽然搜狐较之网易有自己的优势，比如搜狐的注册地是美国，美国大众更易于接受一家本国公司，比如张朝阳多年留学美国，有个人身份效应。不过搜狐的上市时间毕竟排在了网易后面。在分析家的眼中，网易在纳斯达克的表现让投资商们对中国概念网络股的后市并不看好，搜狐的前景自然很难乐观。在上市之前，搜狐曾把发行价格定在 16~19 美元。但为慎重起见，最终还是定在了 13 美元。较之新浪和网易，搜狐在纳斯达克的表现可谓"平静出场"。从开盘到收盘，搜狐股价一直在 13 美元没有上下浮动，首日表现"比网易略好"。

至此，中国的三大门户网站都敲开了纳斯达克的大门，开始接受国际资本市场的考验。此前，它们为上市所经历的种种挫折与坎坷，虽然一言难尽，但毕竟都已成为过去。现在要做的是，面对更广阔的竞争空间审视自己的位置与即将面临的挑战。在王志东眼中，上市是进入美国资本市场的机会，虽然面临的环境将更加残酷，但能上市本身就是成功。丁磊表示，上市与否是两种境界，上市后私人公司从此变成了大众公司，与世界顶级的公司在同一个舞台上竞争，本身就是一种光荣。张朝阳则认为，上市不是成功的标志，而是新一轮竞争的开始。这之后，纳斯达克的风霜雨雪将和他们的喜怒哀乐直接联系在一起。

三家稚嫩的互联网公司在经过纳斯达克的初次锤炼后，都变得理性和成熟了。而那些曾跃跃欲试的网络公司，由于看不到纳斯达克的曙光到底还有多远，都放慢了上市的脚步。纳斯达克的大门向中国再度开启，将是三年半以后的事情。

西湖论剑

这一年 9 月，正是杭州蟹肥桂香的时节。杭州西子湖畔举办了一场别开生面的网络峰会。参加者有新浪 CEO 王志东、搜狐 CEO 张朝阳、网易董事长丁磊、8848董事长王峻涛和阿里巴巴总裁马云。除了这5位互联网企业家外,加拿大驻华外使、英国驻沪总领事以及50多家跨国公司的驻华代表也都来了。在互联网的严冬时节举办一场这样的会议,自然也吸引了好奇的中外媒体记者们。他们从北京、上海、纽约等地赶来,希图挖掘出中国互联网未来的走势图。事实上,即便这5个人谈论不出什么所以然来,单是他们坐在一起就可以让媒体大做文章。特别是王志东、张朝阳和丁磊这三个人,他们所经营的都是门户网站,本身就存在竞争;在他们的公司都登陆纳斯达克后,角力的场合更是无处不在。

与其他多如牛毛的互联网会议不同,此次会议邀请了闻名中外的作家金庸担纲主持人。以武侠小说誉满天下的金庸本来与互联网并无关联。但在马云的精心策划下,金庸和5位互联网企业家的聚会却被赋予了全新的内涵。将互联网这个时髦的玩意儿与传统的武侠结合在一起,显示出新兴的网络经济正在试图寻找和传统经济的契合点。峰会的主题被命名为"新千年新经济新网侠"。"网侠"这个新概念是马云率先提出的。在他眼中,这一年中国互联网风云激荡俨然是一个江湖,而参加峰会的几乎都是互联网界响当当的人物,用"网侠"这个词来形容他们似乎恰到好处。

由于这场互联网界的会议与金庸扯上了瓜葛,它被媒体形象地称为"西湖论剑"。日后谈起缘何举办这场别出心裁的活动时,马云说:"2000年,中国互联网喜忧参半。新浪、搜狐、网易在纳斯达克上市了。但由于市场的波动,也有人对互联网的作用产生了怀疑。在这个时候,我们有责任说说我们对网络现状和前景的看法。"出于尽快驱走网络阴霾的目的,5位互联网企业家在金庸的穿针引线下,对中国互联网的发展进行了深入浅出的探讨。

王志东结合中国互联网的发展和金庸小说中的故事说，最高深的武功有几个特点，必须要有很年轻、很活跃的心态，而且能够得到各路高手的指点，即便是在得到高手指点的时候，也不会遵循一种固定的套路或模式，而是把各家的思想吸收后，融会贯通。对金庸小说了解不多的张朝阳更多地强调了互联网对中国的影响。他说，中国互联网对中国最大的、最深刻的是它对社会的影响，把每一个人变成更加现代的人，这样，一个更加民主、更加开放的社会，就有了它的基础；而如果把互联网放在中国市场经济的发展过程中来看的话，互联网公司所使用的融资手段、法律结构、管理理念和利用现代技术等这些方面的探索都是中国前所未有的，"我们的探索不止在于互联网，而是整个中国的企业发展，中国的整个经济走向市场经济的一个前所未有的最伟大的探索"。丁磊认为，真正导致互联网突飞猛进的"武林秘技"是技术，它对整个全球经济起到了决定性的推动作用，"1990年开始的互联网技术，包括'www'技术的发现，电脑CPU（中央处理器）的高速运行，基于图形运行的浏览器，内存条价格的降低"，使全球的电子商务、金融业务和广告技术都发生了突飞猛进的变化。略带书生气的王峻涛呼吁互联网从业者团结起来，争取尽量多的机会向全世界尽量真实地、尽量全面地一起来说明我们国家整个互联网真实的现状。马云从自己的创业经历谈起，更多地带有为互联网打气的味道。他说网络现在的变化真是非常之快，半年以前B2C刚刚热起来，过了三个月突然说B2C不行了；做B2B，还没弄清楚B2B怎么回事，就又开始做基础设施（ASP）；现在还没搞清楚ASP，ASP又不流行了——这就是网络不断地在变化，如果变化过程当中太在乎别人怎么说，可能真的什么也做不好。

虽然5家网站在不同层面上正悄然进行着一场没有硝烟的战争，但坐在一起的5个人并没有表现出明显的分歧。他们都看好中国未来的互联网市场，因为中国的网民数量在不断增加；也都认为中国加入WTO后，中国的互联网企业由于熟悉本土文化通晓世界规则，具有竞争优势。不过在谈论互联网如何赢利这个话题时，王志东认为有网络广告、有偿服务、收取佣金等几种方式，但马云认为看得清的模式不一定是最好的模式，用传统的思路去考虑网络经济并不一定对。

这场"西湖论剑"活动并未取得什么实质性的结果，它不过是一场互联网界的务虚会议。尖锐一点的评论员甚至认为这不过是一场"金庸作品研讨会"。5个人坐在一起谈笑风生，共同向外界传递出一个信息，那就是中国的互联网并未如媒体所渲染的那般悲观，虽然眼下一片萧条，但是前景依然值得期待。正如马云后来所说："我们5个人能坐在一起，开诚布公地与公众交流我们这几个月来的思考，给网络产业增加信心，就是最大的成功。"除此之外，马云和他的阿里巴巴声名鹊起。此前，马云主要活动在欧洲和美国，国内的公众很少听到"阿里巴巴"这个名字，三大门户网站的知名度远远高于阿里巴巴。但在"西湖论剑"之后，"五大网站"和"五大掌门人"的称谓开始被越来越多的公众接受。

2001—2002：
突围

对于中国而言，2001年是一个突围之年。种种迹象显示，中国这个古老的东方文明古国正在摆脱贫困、孱弱和落后的状态，以一种全新的面貌来面对新世纪。

4月初，中国篮球运动员王治郅成功地完成了他在美国NBA（美国篮球职业联赛）的首次亮相。这不仅是中国人的历史性突破，也同样是亚洲人的历史性突破。美国一位篮球队员说，哪怕王治郅在NBA中打1分钟，甚至零分钟，他都是小牛队的球员，他都是历史的创造者。

7月13日晚，在莫斯科举行的国际奥委会第112次会议上，奥委会主席萨马兰奇用雄浑而又富有磁性的声音宣布了2008年奥运会的举办城市：北京。会场欢呼雀跃，神州一片沸腾。曾是六朝古都的北京终于圆了一个跨世纪的梦想，成为现代奥运会诞生以来举办这项伟大运动的第18个国家的第22个城市。第二天出版的《人民日报》用感慨的笔触写道："世界选择了北京、选择了中国。为了这个梦想，我们从北京走到蒙特卡洛，从蒙特卡洛走到莫斯科，走了整整8年！走了整整一个世纪！"为了顺应全球进入信息社会的潮流，北京特地提出了"数字奥运"的口号，决定在信息化建设方面投入1000亿元，开发各种与奥运相关的信息资源，营造良好的信息化环境，提供优质的信息服务。

10月7日，又一件让中国彻夜不眠的喜讯接踵而至：中国男子足球队在沈阳五里河球场以1∶0的成绩战胜阿曼队，历史性地冲进了"世界杯"决赛日程。经过44年的艰难跋涉和连续7次冲击"世界杯"决赛圈的不懈历练，中国足球队终于实现了"冲出亚洲，走向世界"的夙愿。

10月21日，亚太经合组织（APEC）第9次领导人非正式会议在中国最国际化的大都市——上海举行。这是中华人民共和国成立以来我国承办的规模最大、层次最高、影响深远的一次外交活动。20位肩负历史责任的亚太地区领导人齐聚秋意盎然的上海，共同谋划在新世纪的发展方略。围绕"新世纪、新挑战：参与、合作、促进共同繁荣"这个主题，与会的各国领导人就经济形势、人力资源和APEC未来发展方向等问题进行了深入探讨并达成了广泛共识。尤为让人期待的是，这次会议通过了里程碑式的《数字化APEC》战略，决定齐心协力利用最新的数字技术，大力提高互联网的普及利用率，让APEC地区内的所有民众、企业和政府都能够参与到数字化的浩荡进程中。通过这次会议，世界见证了中国改革开放的成就，更感受到了中国参与国际化大潮和数字化大潮的决心和信心。

到这一年冬天，在走向世界的征途上，中国又大大地向前迈进了一步。11月10日，在卡塔尔多哈喜来登饭店的萨勒瓦会议大厅，随着世界贸易组织第四届部长级会议主席卡迈勒手中的一声槌响，《关于中国加入世界贸易组织的决定》终于获得了与会国家的一致通过。一个月后，中国正式加入世界贸易组织，成为其第143个成员。从1986年中国正式向世界贸易组织的前身——关贸总协定递交复关申请算起，中国入世整整经历了15个春秋。这是一个与不同体制、不同理念、不同文化进行碰撞和磨合的过程，是一个不断深化对世界的认知和融入的过程。关于入世的意义，国家主席江泽民生动地描述道："从21世纪国际竞争日趋激烈的大环境看，我们搞现代化建设，必须对外开放。必须到国际市场的大海中去游泳，并且要奋力地去游，力争上游，不断提高我们搏击风浪的本领。"入世的梦想已经实现，下一步就该考虑如何适应世界贸易组织的游戏规则。细心的观察者发现，有关中国加入世界贸易组织的协议中，有两条将会影响和促进中国互联网业的发展，一是中国加入世贸后，允许外国电信供应商占有电信服务公司49%的股权，两年后这一比例可以增至50%；二是外国公司可以在中国投资互联网公司，包括目前禁止的内容供应服务。这无疑意味着，中国将在更广的领域和更高的层次参与互联网领域的国际竞争。

一连串的大事在这一年相继涌现，让国人不可避免地产生中国正在崛起的感觉。中国在世界舞台上的地位从来没有像2001年这样凸显。有社会观察者乐观地指出，环顾世界，一片低迷中，中国一枝独秀，21世纪将成为中华民族伟大振兴的时代。稍微谨慎一点的观点则认为，国足出线、申奥成功、加入WTO，标志着中国在2001年全面融入世界主流文明。海外华人也引以为豪，法国最大的华文报纸《欧洲时报》认为2001年是名副其实的"中国年"。

这一年发生的诸多大事表明，中国与世界的联系更紧密了。新世纪之初的世界秩序正在发生变化。不过要说影响最深远的大事，以上都还算不上，而是发生在美国的"9·11"事件。

日后在评价2001年9月11日这一天时，历史学家往往会把它当作21世纪的起点，并冠以"文明冲突的序幕""21世纪的开端"这样具有历史纵深感的字眼。这一天，4架美国飞机被阿富汗"基地组织"的恐怖分子劫持，其中两架撞向纽约曼哈顿的地标性建筑世贸中心，一架撞向美国国防部大楼，还有一架在袭击途中坠毁。曾是美国骄傲的"世界第一高楼"——世贸中心双子塔在浓烟翻滚中化为一片废墟，3000多人因此丧失了生命。弥漫的恐惧感还影响了人们对未来的信心。事发后的半个月内，美国股市跌幅超过了20%，面临崩盘的危险。"9·11"事件让本就风雨飘摇疲软不振的美国经济雪上加霜，复苏时间被大大推迟。一个月后，美国以消灭制造"9·11"事件的恐怖组织为由发动了对阿富汗的战争。英国、德国、波兰等多个国家参与其中，世界范围内的反恐战争正式开始。

"9·11"事件在重创美国的同时也改变了美国对世界尤其是对中国的态度。以前，这个奉行"扩张主义"政策的国家一度将中国当作自己的"战略竞争者"来加以防范和遏制。美国总统小布什更是在公开场合宣称美国有义务"保卫"台湾。"9·11"袭击事件犹如醍醐灌顶让美国赫然发现了自己的新对手——无所不在的恐怖主义。自此，美国的关切点从对外扩张转向维护本土安全，并试图寻求与中国的合作。中美两国由此成为全球化背景下真正的"利益攸关者"。在此后的十多年里，相对宽松的国际环境让中国获得了难得的发展机遇期，GDP连续多年高速增长，牢牢树立了世界大国的地位。2009年11月，美国《新闻周刊》在《恐怖时代已经过去》一文中评论道："这个10年行将结束之际，一个不那么危险、不那么耸人听闻，却在长远看来重要得多的事件，就是中国的崛起……中国已经从第三世界国家崛起为地球上第二大重要国家。"

多事之秋

但中国崛起的时代背景并未给互联网带来立竿见影的效果。随着网络泡沫的破裂，大笔的风险投资已经从中国撤走，风雨飘摇的大环境让中国互联网企业举步维艰。来自纳斯达克的坏消息更是让中国互联网经济雪上加霜。3月12日，在经历了整整一年的下跌后，纳斯达克指数失守2000点大关。新浪、搜狐、网易等中国网络概念股跌到2美元上下，一时间风声鹤唳、草木皆兵。

经济学家许小年对中央电视台《经济半小时》的记者说："纳斯达克从去年3月，到现在几乎正好是一年。从去年3月高峰的5000点，一直跌到今天的2000点以下，一直在1800~1900点左右徘徊，在这当中，百分之六七十的市价都跌掉了，所以在纳斯达克调整的过程当中，中国的网络公司也跟着受到牵连。"互联网的纯真年代结束了，网络寒冬让人们变得畏缩而多疑。减薪裁员、公司倒闭、企业并购、高层变动在2001年频频发生。

3月，中华网宣布大规模裁员，裁员人数不低于400人，比例预计至少为17%。4月，国内两家著名的专业网站ChinaByte和天极网宣布合并其在互联网方面的业务，5月17日晚，ChinaByte和天极网又召开联合发布会，宣布两家网站已正式合并，且进展顺利。随着两家网站的合并，宫玉国也离开了ChinaByte总经理的位置。在离职前，宫玉国于一次员工大会上说："如果在这种情况下我还执意按照原来计划去新公司，去实现1+1>2的梦想，肯定不能很好地开展新的工作，那样不仅是对公司不负责任，对员工不负责任，也是对我自己个人不负责任。"对于有着"好人"之称的宫玉国，媒体表现出依依不舍的态度，为这位"悲剧英雄"慨叹惋惜。《北京青年报》甚至特地刊登了李宗盛的《爱的代价》表达此时宫玉国的心境："还记得年少时的梦吗，像朵永远不凋零的花，陪我经过那风吹雨打，看世事无常，看沧桑变化⋯⋯走吧，走吧，人总要学着自己长大，走吧，走吧，人生难免经历苦痛挣扎……"8月8日下午4时8分，王峻涛签署了辞职报告，从此和8848形如陌路。王峻涛辞职后，8848仿佛是在一夜之间轰然坍塌。几乎所有的舆论都对王峻涛的离职表示了惋惜，对国内的B2C事业充满焦虑，并对投资方进行了质疑。9月8日，有媒体传出，中国最大的网络文学网站"榕树下"将被以低廉的价格卖给德国传媒巨头贝塔斯曼，谈判要在一个月内完成，价码很有可能是1800万美元。不过最终在2002年，这个"影响了一代人"的文学网站被以1000万美元的价格出售……

爆炸性的新闻可谓一桩接着一桩。走马灯似的人事更迭，让人们更加深刻地见识到了资本力量的无情。"命运坎坷""大起大落""大喜大悲""强烈地震"被媒体用来形容中国互联网所经历的这种变化。一些互联网公司巴不得和互联网脱离关系。携程旅行网下令将员工名片上的单位改成"携程旅行服务公司"。对于这种改头换面，携程高层季琦直言："没办法。你和人家谈合作，人家就会说你是网站呀，快不行了吧？接下来还有什么好谈的呢？"进入6月后，人事动荡上演的频次不断加快，《北京晨报》干脆写道：2001年6月——中国互联网的时代分水岭！

在这个多事之秋，没人能独善其身。最引人关注的还是王志东、张朝阳、丁磊及马云在这一年的遭遇。一个被董事会扫地出门，一个因账务问题被纳斯达克停牌，一个回到原点重新开始。几家有代表性的公司所发生的遭遇，让人们赫然发现，此前传说的新经济将会改变一切经济规律，但事实上已有的经济认知仍在发挥关键作用。

6月4日，新浪网在其显著位置发布了一条消息，首席执行官王志东已经因个人原因辞职，同时，他还辞去了新浪网总裁与董事会董事的职务。新浪网董事会指派现任首席运营官茅道临接任首席执行官。一石激起千层浪。这个事前毫无征兆而且官方色彩极浓的消息顿时吊足了媒体及社会大众的胃口，中国头号商业门户网站很快就被推到了舆论的风口浪尖上。在事实原委还未清晰的情况下，媒体记者、IT从业人员、评论家以及普通网民一片感慨和感伤，纷纷做出各种猜测和解读——《风险资本家革了王志东的职》《新浪逼宫王志东？》《"洋枪队"给中国IT产业带来了什么？》……舆论几乎一边倒地站在了王志东这边。人们显然还无法接受王志东这位偶像级的人物就这样被扫地出门，一个互联网界的传奇就这样黯然离场。

在各种言论甚嚣尘上之时，王志东终于打破沉默公开露面了。6月25日上午9时，王志东身着新浪蓝色工作服回到了自己的办公室。他象征性地在办公室待了几个小时，随后在一家宾馆召开新闻发布会。王志东面对上百名记者发布了他辞职以来的正式声明："我从来没有提出辞去新浪网的执行长、总裁或董事会董事的职务，也没有签署过任何与此相关的文件。事实是，新浪网的其他董事会成员向我宣布他们决定更换公司的执行长，我事先没有得到他们要采取这一行动的任何通知。而且，当时他们没有对这一行动向我做出任何书面或口头的解释，也没有给我进行对这一行动或相关问题进行讨论与解释的机会……"王志东的这番发言让新浪董事会的矛盾彻底暴露无遗。新浪董事会方面也很快公开做出表态，新浪网的股价不理想，公司希望对股东和投资人有一个交代；董事会做出将王志东免职的决定的确有些仓促，但这是符合法律程序的，而且是董事会一致的决定；王志东的确并未签署任何辞职文件，也非自愿辞职，不过宣称王志东以个人因素辞职是对公司最好的方式。不论双方如何解释和辩白，新浪网的王志东时代已然落幕。在事后的采访中，新浪董事长姜丰年称"没有一个人是不可替代的"。

王志东离职事件给中国互联网业留下了一个生动的案例。它被视为"资本意志"和"数字英雄"的一场对垒，更被视为中国互联网狂飙突进时代的终结。许多人为王志东打抱不平，王峻涛说，创始人去职很正常，但这次发生在王志东身上的事情不那么正常，连个过渡都没有，实在不可思议。王志东事件让人们更生动地认识到，风险投资的目的是为了套现获利，在股市既然不能全身而退，就要考虑其他方式，在过程中当然要获得更大控制权。新华社"新华视点"评论说："从大环境看，全球经济放缓，风险投资者迫不及待地要套现抽身；从企业自身去观察，网络挤干水分，CEO疲于奔命，穷于应付。风险资本对经营者行为的限制，比产业资本的限制更多、更严。创业者靠资本起家，但资本也有相应的权利。如果充分了解了这套游戏规则，大家就会平常看待王志东事件的发生。"

面对互联网寒冬，网易几乎也到了山穷水尽的地步。尽管上市之前网易就融到了1.15亿美元，但为了建设互联网门户，丁磁须源源不断地投入。随着互联网的萧条，网易的收入来源——广告费也大幅下滑。事实上即便不下滑，收入相较于投入也是杯水车薪。丁磁转瞬就从巅峰跌到了低谷。2000年11月，网易聘请了高盛公司做顾问，并希望能找到海外的买家。然而在和多家公司接触后，没有一家愿意接手。面对媒体的质疑，丁磁在2001年的新年媒体答谢会上说："我为什么不这么做？你给我理由，当一家网络公司被比它大10倍、大100倍的跨国公司看上时，这是该公司的荣幸和骄傲。"2001年3月，网易终于找到了有购买意向的公司——香港有线宽频，出价8500万美元。不过在即将签署正式并购协议的时候，对方因网易的财务问题断然放弃了收购。生存还是毁灭，成为舆论关于网易的一个焦点问题。

网易财务误报事件，更是几乎给网易带来致命的一击。2001年5月8日，网易对外宣布，原定5月10日召开的业绩公布会将因故推迟。由于合约报告出现失误，公司第一季度营收将远低于市场预期。网易还在声明中表示，公司雇员"可能未向公司财务部门正确呈报公司与第三方广告商之间的广告条款"。网易将对这一事件进行内部调查，调查重点将涉及100万美元的营收，网易的两位资深经理人将主持调查工作。公司声明特别强调，错误报告将不会影响此前几个季度的业绩报告。假账查处工作随即展开。曾经在2001年第一季度与网易有交易往来的企业无一例外地接到了负责调查的会计事务所的调查单，要求他们在上面签字以证明与网易发生的交易是真实的，而不是只签订了一个没有实际交易的合同。《中国经营报》记者采访业内人士发现，互联网领域虚报合同已是公开的秘密，国内的互联网公司为了业绩好看，谎报合同数额、虚增收入和利润的情况并不罕见。6月11日，网易宣布收入高估将影响其整个2000年的收入，高估金额达300万美元。"假账风波"让丁磊与他一年前请来的职业经理人黎景辉、陈素贞之间的矛盾暴露无遗。6月12日，网易宣布了两项重大决定：黎景辉和陈素贞已经分别辞去首席执行官和首席运营官的职位，辞职自当天起生效；网易董事长丁磊将代理首席执行官和首席运营官的职责。8月31日，网易正式宣布对2000年的财务报告进行修正，净收入从原来的790万美元下调到370万美元，误报收入420万美元，实际净亏损2040万美元，比原来的1730万美元上升18%。

9月4日，让丁磊更加黯然神伤的一天来了。美国纳斯达克以网易财务报告有假为由宣布暂停网易股票的交易。纳斯达克还向网易发了一份关乎网易能否恢复交易命运的问卷。问卷主要内容是核实网易财务报告误报的情况，并且询问其今后将采取何种措施来避免类似情况的发生。

就这样，网易中止了在纳斯达克的命运，在停牌时股价已降为64美分左右，从上市到停牌，网易股价跌幅高达96%。网易也随即宣布丁磊辞去董事长和CEO职位，改任公司首席架构师。

在纳斯达克市场，虽然停牌是司空见惯的事情，但对于网易和中国互联网来说却不啻为一次沉重的打击，以致有媒体惊呼：中国海外上市公司首次遭遇了最严峻、最真实的危机！有业内人士不那么悲观地指出，网易停牌完全是"搬起石头砸自己的脚"，可以说是纳斯达克用停牌教训了不守规矩的网易；承受压力的是网易，受教育的却是所有的中国互联网企业。

2001年，一向壮志满怀、信心十足的马云也小心翼翼起来。此前，阿里巴巴在风险投资的推波助澜下已经开始了全球化布局。马云把总部迁到了上海，办事机构在国内的不同省份遍地开花，还在美国、英国、日本等地设立了办事处。不过由于赢利遥遥无期，投资者在2000年年底就快失去耐心了，威胁说"再不赢利，就把网站拆了"。公司内外各种质疑和谣言也在悄悄流传。有人直接否定阿里巴巴，说"如果不能在网上实现资金电子划转的话就不叫电子商务"；有人说如果阿里巴巴能够成功，无异于"把一艘万吨巨轮放到珠穆朗玛峰上"；还有人说"阿里巴巴的模式就是'假大空'"。当然，仅有这些批评和质疑倒是次要的，网络寒冬的确让阿里巴巴遇到了资金瓶颈。到2001年1月，阿里巴巴的账户上仅剩下700万美元。现实难题让马云及时改变了此前的全球化布局方针，开始全面收缩。2001年1月，马云做出重要的三个"B to C"决定：Back to China（回到中国），Back to Coast（回到沿海），Back to Center（回到中心）。阿里巴巴相继关闭境外公司，遣散外籍员工，把业务中心放在沿海六省，并把总部又迁回了杭州。

在几家有代表性的网站中,只有并不被看好的搜狐受到的冲击小些。不过也差点被纳斯达克摘牌。2001年年初,搜狐股价一度跌至1.03美元。到3月,继续下跌,最低到了0.5美元。按照规定,如果一只股票的价格如果连续3个月低于1美元,纳斯达克就会发出警告;如果再有3个月仍未能回升至1美元以上,纳斯达克就会将其摘牌。就在即将接到摘牌警告的前两天,搜狐股价终于反弹至1美元以上。搜狐逃过一劫。

这注定是一段中国互联网备受煎熬和历练的岁月,也是中国互联网走向务实和成熟的岁月。烟花散尽,尘埃落定,冷清和孤寂让互联网从业者们不再大话连篇炒作概念,而是真正把注意力放在技术和产品开发上。曾经,人们以为"鼠标+网络"模式的新经济是对"砖块+水泥"为代表的传统产业的完全超越,如今才意识到互联网毕竟只是一种工具,真正的魅力还在于对传统产业的改造。到纳斯达克上市也不显得那么重要了。曾几何时,许多网络公司为了获得纳斯达克的认可,可谓费尽心机;如今随着纳斯达克股价的暴跌,人们才意识到资本是无情的,当下的任务是脚踏实地地寻找赢利渠道。

收费风波

这一年,《人民日报》在《互联网:早晨八九点钟的太阳》一文中指出:"互联网要在创收上走出一条路,摆脱'泡沫'形象,除了继续办好网站,打造品牌,增加访问量,扩大广告收入外,还应该在如下三个方面下功夫:一是降低自身成本,使本企业、本行业的成本尽可能早日回归到社会平均成本上去;二是在搞好服务、保证质量、适应需求的基础上,大胆、坚决、理直气壮地推出相关互联网业务有偿收费服务,包括

E-mail 收费、信息产品服务、咨询服务和电子商务服务；三是应该考虑将电信服务接入商的一部分收入，适度转移给互联网内容服务商。"

在这种创收观念的引导下，中国互联网掀起了一场轰轰烈烈的收费运动。这是一次被视为"救亡图存"的冒险尝试。自从互联网进入中国以来，诸多网站经营者秉承的是互联网是一种"注意力经济"的原则。为了获得浏览量、点击率等支持网站生存的核心数据的提升，他们在风险投资的支撑下拼命提供免费服务，浏览信息免费、发送邮件免费、在线游戏免费、拍卖交易免费……一时间，免费成了信息时代的特征，收费则是传统经济落伍的体现。但当资本的狂潮退去、一切进入萧条之后，经营者们才发现，网站仅靠吸引网民注意力来赚钱的模式已经难以为继，让网民们花钱买服务再天经地义不过了。

自此，不同的互联网企业开始根据自身的特点，竞相推出收费服务。网易在3月推出收费的个人主页服务，其负责人充满自信地表示："对能够为客户创造价值的网络服务进行收费会得到客户的认可。网络服务收费将为网络公司创造新的收入来源。"联众的2000多万注册用户，也在5月感受到了些许变化，该网站新推出的收费制度让付费会员可以优先进入游戏室，而一些新推出的游戏只有付费会员才能享受。6月，搜狐在其网页上发布通告称，搜狐"分类与搜索"针对商业网站推出"商业网站登录"的收费业务，费用为每年1500元；付费网站将会享受到排序靠前、网站描述、随时修改网站信息等服务。搜索引擎也开始收费了！业界一片惊叹和担忧。

由于当时网民上网最经常的行为就是收发邮件，所以收费邮箱的推出引起了网民最大的情绪震荡。2月21日，华南第一门户网站——21CN电子邮箱打响了2001年邮箱收费的第一枪。这天，21CN宣布以每月20

元的价格对电子邮箱中的"个人商务邮箱"部分正式计费。对于收费理由，网站负责人理直气壮地宣布，网站既然作为一个经济实体，就应该实行有偿服务，21CN将利用推出收费邮箱服务挑战免费互联网的观念。21CN还精打细算地公布了一笔账，截至2001年1月底，网站的个人注册用户数为610万，如果其中的5%加入个人商务邮箱的用户行列中，21CN一年增加的收入将达到7320万，数目惊人！这可以大大改变网站收入过分依赖广告的现状。此后，邮箱收费就像互联网冬天里的一把火，逐渐形成燎原之势。263、163邮局、中华网、新浪、网易等网站相继推出收费邮箱服务。为了让习惯了"免费午餐"的网民心安理得地接受，各网站千方百计地在收费邮箱的增值服务上下功夫——增大邮箱容量，确保邮件准时到达，提供邮件转手机、BP机服务，邮件杀毒，不一而足。缴费方式也已经设计好了，有以下几种方式可以选择：网上缴费，邮局汇款，银行转账和上门缴费。

收费邮箱顿时在网民中间引起了轩然大波。虽然多数网站在提供收费邮箱服务的同时并没有取消原来的免费邮箱，但是网民们纷纷对互联网收费趋势表示担忧和愤然，"网站现在收费很有可能会得不偿失。现在有很多网站正从免费的误区跌入另一个收费的误区，其实这都是一种急功近利的极端行为"；"邮箱收费所能带来的收益，对于整个网站的运营成本来说简直是微不足道，推出收费邮箱不仅不能给处在'寒冬'中的网站带来'春天'，甚至是饮鸩止渴"；"你现在说收费的信箱稳定，会不会过了一年半载，又说用户多了，不稳定了，想要稳定的，你就掏更多的银子？这就是陷阱，只要信箱收费开始，它就会成为无底洞"……

面对网民的质疑和反对，邮箱收费的支持者也纷纷站出来解释和辩解，"邮箱收费服务的诞生是网络服务适应市场经济规律的要求而迈出的重要一步，对网络而言是利大于弊"；"只有网络公司的收入增加，它才能有足够的资金支持邮箱和整个网站的维护与升级；当网民支付一定费用后，他们成了真正意义上的消费者，与网络公司间的契约关系明朗化，有利于监督网络，稳定服务质量"；"商业从产生第一天开始，就是交易，交易就是产品和货币的一种交换，收费或者是免费，无非是先免费后收费的问题，或者是直接收费和间接收费的问题"……

双方的立场和出发点不同，谁也说服不了谁。围绕邮箱收费，网民和网站之间的冲突在一起诉讼案中集中爆发了出来。9月15日，新浪宣布在推广收费邮箱的同时，将以前免费邮箱的容量从50M缩减到5M，以便"开源节流"。第二天，新浪此举就被天津一名叫来云鹏的律师告上了法庭。来云鹏要求新浪恢复其容量为50M的免费邮箱。在来云鹏眼中，用户在使用新浪免费邮箱时，为新浪网提升了点击率，这有助于新浪提高自己的广告价格，"免费服务"实际是以用户的无形资源为"对价"获得的；此外，用户得到免费邮箱需要经过申请注册等一系列手续，这实际是一种电子合同，任何一方不得擅自更改合同内容。来云鹏的立场和观点道出了多数网民的声音。不过新浪也有自己的主张和理由，新浪所提供的电子邮箱服务是免费的，用户在实际使用中无须支付给新浪网任何"对价"；新浪网的服务条款已经明确，新浪网有权在必要时调整服务合同条款，并随时更改和中断服务，而不需要对第三方负责。这场网民和网站之间的较量虽然最终以新浪网胜诉告终，却很突出地体现了网民对互联网收费的抵触情绪。

显然，当网民从一开始就习惯了互联网上的"免费午餐"，当网民的"注意力"成为一种资源，任何一点变革都是艰难的。在经历了一系列的挣扎和冲突后，多数邮箱服务者采取了一条折中的方式：通过部分收费邮箱来培养网民的付费概念,保留部分免费邮箱来笼络网民的民意并获得点击率。

新希望:移动梦网

与邮箱收费引起网民的强烈抵制相比,互联网公司和"移动梦网"合作推出的短信业务则被网民们心甘情愿地接受了。"移动梦网"因此成为中国互联网的拯救者。

"移动梦网"是中国移动于 2000 年 11 月推出的,先是在广东试点,而后在四川、浙江等省推开。它奉行的是开放、合作、共赢的理念。中国移动在其《移动梦网创业计划》中写道:"纵观互联网的起步、发展,将这种巨大的商机转化成市场的繁荣还需更进一步的探索。我国现已拥有 1690 万(CNNIC 2000 年 7 月统计数据)互联网用户,然而网络社会所带来的商机还基本上停留在实验、预期甚至猜疑阶段⋯⋯其中一个主要原因是:互联网市场缺少一种有效的赢利机制,服务提供商难以寻求真正的赢利点,从而限制了其潜力的充分发挥。只有当市场参与者都能从中受益,整个市场才能进入良性循环,获取繁荣的基础。这就是中国移动通信集团本次'加入移动梦网计划,携手共建移动网络新家园'的出发点和根本目标。"

为了把互联网服务提供商们吸引进来,共同打造中国的移动互联网,中国移动向众多的服务提供商提供了极具吸引力的政策,"移动梦网"收入的 85% 归服务提供商所有,剩下的 15% 归中国移动所有,并且由中国移动承担坏账风险。对于互联网寒冬中的服务提供商而言,这种风险小、收益大的模式犹如馅饼从天而降。而未来的前景同样是诱人的。因为中国拥有庞大的手机用户量。中国手机用户在2001年7月底达到了1.206亿户,超过美国居世界第一。再过5年,中国手机用户总数将突破3亿大关。这些数字中间无疑蕴含着巨大的财富。

中国移动和各大网站的结合,可谓珠联璧合。拥有庞大手机用户的中国移动缺少的是信息,而拥有海量信息的网站却缺少能为网民接受的收费模式。"移动梦网"打破了以往封闭经营的方式,是对中国传统通信机制的一次彻头彻尾的创新。在电信运营商、信息内容提供商、用户之间建起了一个完整的价值链。

2001年1月,网易宣布推出短信业务,成为国内第一家大力推动短信业务的门户网站。毫不起眼的短信,却打开了网易过于依赖广告的瓶颈,帮助网易走过了最艰难的一段时光。2002年第二季度,短信为网易带来了1500万元的收入,这是网易遭遇互联网泡沫破裂以后的首次赢利。同样是在1月,搜狐也宣布全面推出搜狐手机短信服务。用户只要有支持中文短信息功能的手机,就可订阅搜狐网站提供的新闻、天气等短信服务。5月,新浪也推出了短信服务。而腾讯早在2000年8月就和广东移动进行了合作,移动QQ和手机短信之间可以随时随地实现信息互通。到2001年,借助于自身对于用户的黏性优势,腾讯已经占领了一大片市场。2001年6月,马化腾对着公司的10多名员工说,"移动梦网"业务开展顺利,腾讯的财务报表第一次实现了单月盈亏平衡。2001年7月,据中国移动统计:移动QQ的用户数已经达到160万,业务量稳居移动梦网第一位。

随着越来越多的网站加入"移动梦网","移动梦网"渐渐变得像一个大超市,摆满了由各网站提供的形形色色的"商品",新闻定制、邮件提醒、短信点歌、短信传情、铃声与图片下载、笑话与游戏等。网民们乐在其中，只要定制了短信业务，就可以在手机这个传输终端享受到快捷的信息服务。对于中国互联网而言，中国移动的"移动梦网"架起了一条向网民收费的桥梁。从"移动梦网"的短信平台上，无数互联网企业看到了未来的曙光。

"移动梦网"为服务提供商们开辟出了一片崭新的天地，从此中国互联网找到了一个极好的商业模式。寒冬中的中国互联网由此感到了阵阵温暖。处于萧条中的中国互联网就这样拨开重重迷雾，意外地找到了一条赢利途径。互联网与移动通信实现嫁接，居然引发了手机爱好者和网民们的强烈反响。那些一直不敢逆免费潮流而动的互联网服务提供商，现在终于可以名正言顺地向用户收取费用了。到2002年第四季度，网易、搜狐、新浪相继对外宣布实现赢利。中国互联网业终于熬过了最艰难的时刻，告别炒作概念的时期，进入快速发展的阶段。对此，《大跨越——中国电信业三十春秋》一书评价道："仔细分析当时三大门户网站的财务报表可以发现，互联网企业对在线广告的依赖性迅速降低，以短信业务为核心的数据业务成为企业收益的大头。可以说，合作共赢的'移动梦网'商业模式，中国移动提供的强大、安全、快捷的支付平台拯救了互联网企业，也从根本上挽救了当时中国的整个互联网市场。"

柳暗花明

2002年，摸索之中的中国互联网开始走出低谷，重新显现出生机和活力。这种回升的势头在年初就显现了出来。一个颇具代表性的事件是1月2日，网易在纳斯达克成功复牌，一扫2001年因财务问题笼罩其身的阴霾。这成为中国互联网业在度过2001年网络寒冬后最大的喜事。

纳斯达克中国市场总裁黄国华接受记者采访时说,中国的网络股并不是"垃圾股",尽管中国在纳斯达克的四家网络公司的股值都在1美元左右徘徊,但它们的跌幅只是美国同类公司的一半。另一个有代表性的事例是,电子商务网站易趣网接受了美国eBay3000万美元的投资。谈及易趣网的未来目标,易趣CEO邵亦波镇定自若地说:"第一,做中国的eBay;第二,做适应中国情况的eBay;第三,建立一个非常适合中国情况的独特的电子商务的模式。"中国互联网络信息中心大胆预测,中国互联网逐步回升的趋势有可能预示着第二个春天即将来临,互联网在许多方面将显露出极大的发展潜力。

到下半年,关于中国互联网的喜讯便接二连三地传递出来。7月17日,搜狐公布第二财季财务报告,声称运营现金流成功转正,实现了公司历史上的首个季度税前赢利。张朝阳欣喜若狂地对中外媒体记者说,"从此以后,我们不再烧钱了!我们赢利了","搜狐的赢利表明整个互联网的冬天已经过去,春天已经到来"。8月5日,网易也信心十足地公布了2002年第二季度的业绩,宣布首度实现小幅赢利。财务报告显示,第二季度收入总额达到了465万美元,较之2001年同期的66万美元增加了601.8%,较之2002年第一季度的289万美元也增加了60.7%。而网易的注册用户数、日均页面浏览量也都有了大幅提升。相较于前两家门户网站,新浪宣布赢利的时间要相对晚些。2003年1月27日,新浪才正式宣布实现历史上的首次赢利。其公布的信息显示,截至2002年12月31日,新浪的净营收额为1290万美元,较上年同期增长了90%。在接受记者采访时,新浪网董事长姜丰年如释重负地说:"几年前过的那种不敢见人的日子终于熬到头了。"至此,有"中国网络经济晴雨表"之称的三大门户网站全面实现了赢利。

2002 年,专注于电子商务的马云也终于守得云开,看到了未来的曙光。年初,马云给阿里巴巴定了一个看起来极易实现的目标,"赚 1 块钱"。他对全体员工说:"要赚 100 万元钱,谁都不知道该怎么去做;但要赚 1 元钱,谁都知道怎么去做。每个人都多做一个客户,对客户做好一点,让成本减少一点就可以了。2002 年,赚 1 元钱就实现目标,赚 2 元就超过了目标的 100%,赚 3 元就超过目标 200%……"所有的员工工作起来既劲头十足又兢兢业业。3 月,为了构建互联网时代的信用体系,阿里巴巴开始全面推行"诚信通"服务,即与信用管理公司合作,对客户进行信用认证。马云提出一个响亮的口号是"让有诚信的商人先富起来"。此举措的推出,让阿里巴巴在客户中的受欢迎程度不断跃上新的台阶。等到年底梳理总结时,阿里巴巴的现金赢利冲破了 600 万元。这样的结果说明,时代的确是不同了!在 2002 年的年终会议上,马云又制定了阿里巴巴 2003 年的发展目标赢利 1 亿元。从 1 元的目标到 1 亿元的目标,前后相隔不过一年。但阿里巴巴还是轻轻松松如期做到了。

与马云相比,李彦宏在 2002 年年初显得更信心十足一些。在一次公司内部会议上,李彦宏问员工今年的竞价排名的收入目标应该定多少。有人说 50 万,有人说 100 万,口气大一些的说是 200 万。但这些都被李彦宏否定了。他告诉大家,2002 年竞价排名的销售目标是 600 万。对于员工来说,这几近是一个天方夜谭的数字!可知道,百度于 2001 年 9 月才正式推出面向终端用户的搜索引擎网站 www.baidu.com。百度竞价排名系统也是于这个月正式上线。到当年 12 月,百度在竞价排名上的收入一共才 12 万元左右,平均每天 1000 多元钱。而现在要实现 600 万的目标,平均每天的收入需达到 18000 元。不过,到 2002 年年底时,百度的竞价排名销售达到了 580 万元,基本实现了预定目标。联想、康佳、可口可乐等国际知名企业都成了百度竞价排名的客户。

在中国互联网经济逐渐回暖的 2002 年,一家叫盛大的互联网公司突然名声大噪。这不过是一家运营网络游戏才一年多时间的公司,在许多声名显赫的互联网公司面前还略显单薄和青涩。但就是这样一家公司,在 2002 年却进账超过 6 亿元,纯利润超过 1 亿元,每天的收入超过 100 万元。如此的发展速度让盛大自己的员工也难以置信。很多人一觉醒来都会恍如隔世般地自问:"这一切都是真的吗?"

作为一家主营网络游戏的互联网公司,盛大所从事的行业虽然在许多人眼中显得多少有点不务正业,但它对中国互联网业的发展产生了巨大的推动作用。一份调查报告显示,到 2002 年年底,我国网络游戏用户的数量已经达到 807.4 万,其中付费用户达到 401.3 万,约占总数的半壁江山。中国网络游戏的强劲发展势头引来一片艳羡和赞叹之声,"要赢利,就得做网络游戏"的说法成为许多互联网公司的共识。

美国纳斯达克股市对强劲回暖的中国互联网予以积极的回应。在 2001 年的互联网寒冬中,中国的网络概念股犹如无人理睬的弃儿,最惨的时候每天零交易;而今年中国互联网公司的股价却表现得越来越引人瞩目,不断冲向新的高点。到 2002 年 12 月的时候,全世界的投资者都在关注中国互联网公司的股票,每天交易 5000 万股以上。而他们的关注点也与以前不同了。张朝阳对《中国青年报》的记者说:"以前,人家以现金价算你公司的股票。因为当时中国的公司都在烧钱,大家都看,如果这么烧下去的话,能烧多久?哪个公司现金多,投资者就买哪个公司的股票。但是,赢利后,人们对你的估计,已经可以脱离现金价了。你的银行里有 4000 万美元,还是 8000 万美元,每股现金价是多少,都没太大关系。"

互联网的春天真的又回来了。其他不同类型、不同规模的互联网公司也纷纷报出利好消息。大家似乎又找到了感觉，知道互联网的光明道路将通向何方。网络广告、网络游戏、电子商务、搜索引擎等多管齐下，让互联网公司的赢利手段日趋多元化。那些互联网企业家不再局限于概念或者模式。大家在历经风雨之后都变得成熟稳重起来。在他们眼中，外国有外国的国情，中国有中国的国情，只有赢利才是王道；门户网站也可以做网游，也可以经营电子商务。在找到了未来之路后，那些互联网企业家又开始踌躇满志地在不同场合抛头露面，既自信又乐观。中国互联网协会理事长胡启恒说，中国互联网正经历回归于应用的变革，应用问题是中国互联网遇到的最大挑战，也是最大的机遇。将互联网应用于传统行业，最终提高传统行业核心竞争力，是互联网核心价值的体现。信息产业部部长吴基传则表示，党的十六大提出了"以信息化带动工业化，以工业化促进信息化"的发展战略，并强调要"优先发展信息产业，在经济和社会领域广泛应用信息技术"；这些重大决策的提出，必将加快中国国民经济和社会信息化进程，为中国互联网发展带来难得的机遇。

统计数据显示，截至 2002 年 12 月 31 日，我国网民数量已经达到 5910 万，已经超过日本的网民数量 5400 万，成为仅次于美国的世界第二网民大国。这些网民平均每周上网时间增加到 9.8 小时，家庭仍然是网民上网的主要地点。报告还显示，互联网的渗透面更加宽泛，网民对互联网的使用率更高，对其依赖性也更强。人们有理由相信，一个互联网深入影响现实中国的时代马上就要到来。

2003：
声音的力量

2003年春，展现在人们面前的不是万物复苏的勃勃生机，而是死亡带来的威胁和恐惧。在今年年初，一种陌生的疾病突然打乱了人们平静的生活——"SARS"。它确切的名字叫"严重急性呼吸系统综合征"，中国大陆也称它为"非典型性肺炎"。它在毫无征兆的情况下突然到来，攻城略地，无孔不入。它侵扰人们的生活，损害人们的健康，甚至粗暴地夺走人们的生命。

危机与信息公开

SARS这种疾病最初发现于广东。2003年1月2日，广州一家医院接收了一名奇怪的肺炎病人。该病人持续高热、干咳，X光透视呈现阴影占据整个肺部，使用各种抗生素均无效果。而此前曾救治过该病人的另一家医院的8名医护人员也全部感染，症状与病人相同。由于病毒无法确认，专家们给这名患者诊断为"非典型性肺炎"。此后短短的几个月内，在人们茫然无知的情况下，这种疾病随着人群流动迅速蔓延至广西、湖南、山西、香港、北京、宁夏等诸多地方，几乎轻而易举地肆虐了大半个中国。

虽然 SARS 以让人无法想象的速度大范围传播，但在疾病发生的早期，作风谨慎的政府却迟迟没有如实公布 SARS 的相关信息。在最早发生 SARS 的广东，政府要求媒体严格遵守新闻纪律，不得擅自对其进行报道。2 月 11 日，广东省卫生厅召开新闻发布会时，也强调的是广东疫情已经得到控制，声称对于一个 7000 万的大省，仅发现 305 例病例，比任何一种需要上报的传染病如痢疾、流感等都要少，SARS 不是烈性传染病，全省居民的生活、工作、生产不受影响，球照踢、学照开、班要上。后来当 SARS 蔓延到北京时，政府对于形势的表达也与人们所感受到的大相径庭。4 月 3 日，在国务院新闻办记者会上，中国卫生部第一次就 SARS 发表了看法。卫生部长张文康面对中外记者镇定自若，谈笑风生。他说，在中国工作、生活、旅游都是安全的，戴不戴口罩也都是安全的。北京由于汲取了广东的教训，有效地控制了输入病例以及由这些病例引起的少数病例，所以没有向社会扩散。4 月中旬，北京市长孟学农也几次在会见外宾时表示，SARS 在北京已经得到有效控制，可疑病例正在减少，完全没有担心的必要。

当政府的公开表态正处于乐观状态时，各种小道消息已经借助电话、手机短信、电子邮件、聊天软件等传播手段迅速蔓延了。如果说在互联网时代之前，"小道消息"的传播还局限于口耳相传，局限于某个狭小的地域的话；那么在传播手段极其丰富的互联网时代，"小道消息"以谁也无法料及的速度广泛传播，它的负面效应也犹如气球般迅速膨胀。在 2 月的广州，有人说此病是鼠疫流行，有人说是遭受生物性武器攻击，还有人说此病致死速度极快，与患者打个照面就会死亡……耸人听闻的信息一时间传得沸沸扬扬，当地百姓人心惶惶。借助手机和网络，传言和恐慌也迅速向海南、福建、江西、香港等临近地区传播。据广东移动的短信流量数据统计，2月8日到10日，每天关于"广州发生致命流感"的短信都在4000万条以上。在气氛紧张的城市环境中，稍微有一点风吹草动就会引起人们的猜测和无意识的群体行为。当听闻板蓝根和白醋可以防治SARS时，抢购风潮便迅速涌现；后来听说大米、食盐等存货不足，人们又迅速在米店、杂货店门前排起了长队。口罩也持续热销，在广州街头随处可以见到戴口罩的行人。而在北京，3月中旬互联网上就陆续出现了北京发生SARS的帖子，有的言之凿凿地列出了北京感染情况、收治非典型肺炎患者的医院以及死亡人数，有的交流防治办法。而随着世界卫生组织将北京定为疫区，各种传闻也逐渐开始漫天飞舞，301医院、302医院、地坛医院、积水潭医院等均传出了已收治SARS患者的消息。关于患者死亡的数字每天都在增加。很多人通过自己认为可靠的渠道打探疫情，然后又将其发给亲朋好友或者直接贴在网上。在各个网站的BBS中，不乏批评和质疑政府的声音。鱼龙混杂、支离破碎、难辨真假的信息大大加重了人们心底的焦虑和紧张，也让人们越发期望政府及时、如实地发布有关SARS的相关信息。

4月20日，在国务院新闻办举行的新闻发布会上，卫生部常务副部长高强公布了北京感染SARS的最新数据，确诊339例，疑似病例为402人。而5天前，政府公布的确诊病例还只有37例。面对中外记者，高强坦率地承认："由于有关部门信息统计、监测报告、追踪调查等方面的工作机制不健全，疫情统计存在较大疏漏，没有做到准确地上报疫情数字。"他还表示，北京的疫情已经"很严重"。

正是从这一天开始，中国SARS疫情的信息披露日益透明化。4月21日，卫生部决定，每日公布各省市SARS疫情，包括确诊病例和疑似病例。政府也开始公开采取一系列应对SARS的紧急措施。4月23日，北京市中小学宣布放假；4月24日，北大附属人民医院开始封闭隔离，这是北京第一个整体隔离的重点疫区；4月25日，北京各高校开始实行"教师不停课、学生不停学、师生不离京"的政策；4月30日，北京代理市长王岐山对媒体说，他可以掌握真实的信息，因为他有许多插队时的老哥们在社会的基层，他可以打电话问他们，他还可以通过网络了解情况……整个北京城呈现出万众一心、全民动员、全社会防灾减灾的紧张局面。5月下旬，当2003年春天即将过去时，笼罩在北京上空的阴云终于开始渐渐散去，街道、商场、餐馆、电影院重新热闹起来。北京重新焕发出昔日的风采。而其他那些出现SARS疫情的省份和地区，也逐渐开始恢复了正常的秩序。

得益于应对SARS过程中的经验和教训，政府加快了出台信息公开条例的步伐。2008年5月，《中华人民共和国政府信息公开条例》正式实施。这部分为5章38条的信息公开条例在总则中明确，其使命旨在"保障公民、法人和其他组织依法获取政府信息，提高政府工作的透明度，促进依法行政，充分发挥政府信息对人民群众生产、生活和经济社会活动的服务作用"。条例确定了"公开为原则、不公开为例外"的基本方略，民众关注的财政预算决算、行政收费、政府采购、教育、医疗、社会保障、突发公共事件预警信息、食品安全、环境卫生等等种种热点事项，条例都明确规定政府必须主动公开。条例还明确行政机关应当将主动公开的政府信息，通过政府公报、政府网站、新闻发布会以及报刊、广播、电视等便于公众知晓的方式公开。除了要求主动公开信息外，条例还规定公民、法人或者其他组织还可以根据自身生产、生活、科研等特殊需要，向国务院部门、地方各级人民政府及县级以上地方人民政府部门申请获取相关政府信息。作为中国立法史上第一部保障公民知情权的专门法规，它为民众的知情权、参与权和监督权提供了法律保障，自此，民众可以理直气壮地要求政府公开信息。各级政府越来越走向公开透明，再也不能以沉默或者冷漠的方式应对民众。这是现代民主政治的需要，也是互联网时代的大势所趋！

发挥网络优势，共渡难关

在 SARS 泛滥期间，由于人们正常的交流沟通受到阻碍，人们对于互联网的依赖性得到了前所未有的加强。面对 SARS 给人类带来的孤独、无助和恐慌，互联网因其得天独厚的条件成为许多人的"避风港"。

正是在 SARS 期间，社会公众第一次知道了国家领导人也通过互联网了解信息。胡锦涛总书记在广州街头视察时，对一位参与防治 SARS 的医生说："你的建议非常好，我在网上已经看到了。"国务院总理温家宝在北京大学慰问时也对在场的大学生说："我在网上看到同学们在留言中表达了同全国人民一起抗击 SARS 的决心，令人感动。"一时间，网民无比振奋。网民评论说，胡锦涛、温家宝的表态充分说明"中国互联网已经成为党中央听取百姓意见的最明亮的窗口和最快的通道"。一向嗅觉灵敏的西方媒体也捕捉到了这两个看似细微的信息。海外有观点认为："胡温的表白几乎是对中国大陆互联网最大的嘉奖，或者是一个动员令。"在 SARS 疫情最为泛滥的 5 月，全国网络文明工程组委会发出了"发挥网络优势，共抗非典"的倡议书。倡议书认为，"在非典疫情期间，人们减少了外出进行公共活动的时间，互联网成为人们联络外界最安全、便捷的工具"。为此提议，"全体网络内容服务商、接入服务商全面开放网络资源，采取免费或者降低收费标准的方式，为社会提供更多的信息服务"。国家领导人、政府组织有关互联网的公开表态，凸显出了互联网之于现代社会的巨大价值。

面对 SARS 疫情，由于传统媒体 4 月 20 日以前"集体失语"，网络媒体责无旁贷地承担起了传播 SARS 信息的重任。网络新闻的浏览量呈现出前所未有的上升趋势。在一家新闻网站所做的"非典时期的网络生活"调查中，对于"你愿意不用出门，通过网络了解有效而实用的学习信息吗"这个问题，75% 的调查对象选择了"当然愿意，省时又省力"。顺应社会公众这种如饥似渴的信息需求，各大网站早早地就行动起来了。几乎所有的新闻网站都开设了抗击 SARS 专题，全方位地向社会公众报道最新疫情，传播预防 SARS 知识，介绍境外有关经验。由于地域的原因，华南门户网站 21CN 在 2 月 10 日率先推出抗击 SARS 专题，大量搜集有关 SARS 的新闻报道。网络的快捷性、互动性很快显现出来。每一条新闻的访问量都在数十万以上，网民的跟帖、论坛里的讨论也变得无比热烈。另有数据显示，自 3 月以后，新浪网新闻的订阅用户新增 25%，短信的注册用户和日发送量共增长 30% 以上，游戏用户也增长三成左右。新浪 CEO 茅道临称，他看到了 SARS 给互联网带来的商机，"很明显，人们不得不在家待着，并通过互联网获得更多的信息并进行娱乐"。

人们一方面在恐慌和不安中通过互联网获取信息，另一方面开始尝试着通过互联网进行关怀和慰问，网络化生存一时间成为人类社会最安全、最有效的生存方式——"月色浓浓如酒，春风轻轻吹柳；桃花开了很久，不知见到没有；病毒世间少有，切忌四处游走；没事消毒洗手，非典莫能长久；闲来想想旧友，祝愿幸福永久。""如果我们不得不一天洗 30 遍手，也不能从此恐惧了拥抱和亲吻；如果我们不得不戴上 18 层口罩，也不应该从此忘了怎样对别人微笑。"……诸如此类的祝福短信、帖子借助于信息科技汇聚成了萧条岁月中的一股暖流，在中国土地上恣意流淌。它与天地肃杀、市井萧条的现实紧张氛围形成了鲜明对比。正是互联网让人们感受到，虽然无法与熟悉的或者陌生的人面对面交流，但没有人是一座"孤岛"。"亲爱的冯老师、秦老师你们好：因为非典的原因，我们不能正常上课了……我一定在这段时间里按规定学习，请老师们放心……老师们，我真是非常非常想念您们。三（3）班赵冰玉，2003年4月19日。"一名新华社记者注意到，首批停课的北大附小的网站上，写满了学生和老师之间交流的字句。简单质朴的语言却沉潜着打动人心的力量。深受感动的网友四处相告，以至这个原本用于内部交流的网站访问量大大超过了承受能力，不得不紧急更换服务器。北京交通大学在被隔离期间，天之骄子的大学生们除了看书、锻炼，很大一部分用来回复电子邮件。在隔离的日子里，他们是在平静、安逸、充实中度过的。"每天都会收到十几封邮件，有个快10年没有联系的老同学不知从哪里打听到了我的邮件地址，真的很奇妙。"一个学生说。居家办公（SOHO）在这个特殊时期成了现实，尤其是信息科技行业，成了"第一个吃螃蟹"的行业。4月16日，搜狐发布通知："鉴于SARS形势的发展，为避免交叉感染，允许员工在家办公，只要工作不是必须在办公室完成的，原则上都允许在家办公，同一个工作团队的员工可以采取轮岗制。"此后不久，新浪、思科、摩托罗拉等也都纷纷采用居家办公的工作模式。

中国电子商务行业也是在这个时候得到了长足进步。由于正常的交易和商务活动被打断，网络交易成为最受人们青睐的手段。仿佛在一夜之间，此前迟迟没有发展起来的"电子商务"成为社会大众耳熟能详的概念。SARS病毒具有的近距离接触传染的特点，毫不费力地让消费者接受了超越时空、不用面对面接触即可进行的电子商务。对于传统的销售行业来说，2003年的春天是惨淡寂寥的，但电子商务行业却是春光明媚，风景这边独好。虽然一些人认为电子商务的崛起是乘人之危，发的是"国难财"，但是站在经济全局的角度审视的话，电子商务的价值却是不容抹杀的。上海电子商务行业协会统计显示，"非典"时期，上海生产资料网上交易量平均上升50%，生活资料网上交易上升100%，个人之间的网上交易平均上升30%。另据统计，"东方钢铁在线"2月网上交易额为700吨，3月增加到6000吨，4月21日至25日，5天就达到了5000吨。在广州，有"中国第一展"之称的广交会第一次推出了网上交易会，专门为参展客商提供信息发布、贸易撮合、网上洽谈、辅助成交等服务。网上交易会甫一推出，就受到了海内外客商的热捧。事后统计发现，广交会网站接受全球点击共计5900万次，比上届增长48.1%，网上达成交易意向3亿多美元。在杭州，阿里巴巴的网上贸易数字也远远超出了最初的预期。在2003年的第一季度，网站的注册用户数比去年第四季度提高了50%，达到了190万，网上日交易信息也从去年的3000条上升到10000条。4月30日，杭州市长茅临生专程来到了阿里巴巴公司。他期望在SARS泛滥的特殊时期，电子商务能够助贸易一臂之力，协助企业摆脱困境。日后茅临生在一封发给马云的电子邮件中写道："看到全球的外贸企业通过网络运作，订单像雪片似的飞来。加上其他电子商务企业的调研，这也进一步印证了我的想法：在非典时期，人可以不见面，但生意可以照做，这个媒介就是网络，就是信息化的手段。"对于阿里巴巴来说，SARS成为其难得的天赐良机。也正是在这个时候，雄心万丈的阿里巴巴又做出了两个重大决定，投资1亿元推出个人网上交易平台——淘宝网，创建独立的第三方支付平台——支付宝。用不了多长时间，淘宝网就成长为全球最大的个人交易网站，支付宝则壮大为全国最大的独立第三方电子支付平台。

7月21日，中国互联网络信息中心发布第12次《中国互联网络发展状况统计报告》。这是SARS过后我国发布的第一个全面反映我国互联网发展状态的报告。最新数据显示，截至2003年6月30日，我国网民数量已经达到6800万，半年内增长了890万。中国互联网络信息中心还以"特别关注"的形式加入了对SARS时期的调查。结果表明，自发现SARS病例以来，互联网用户获得相关信息的主要来源就是国内中文网站，占到了55.6%，远远高于从传统的方式如电视（27.4%）、报纸杂志（9.9%）和广播（1.5%）上获取的比例。调查还显示，自发现SARS病例以来，有44.5%的网民平均每周上网时间也有所增加。

一篇网文触动深圳

作为改革开放的试验田，中国南部边陲城市——深圳——向来是一个引领风气之先的地方。它是新中国最早对外开放的城市，也是新中国第一个经济特区。可以说，深圳的一举一动都具有风向标的意义。当时间进入2002年，深圳再一次引起了举国的关注。不过这次让深圳引发热议的却是一位年轻网民的网络文章——《深圳，你被谁抛弃》。

2002年11月16日，人民网的"强国论坛"社区和新华网的"发展论坛"社区赫然出现了一篇名为《深圳，你被谁抛弃》的网络文章。这篇长达1.8万字的文章写得汪洋恣肆，洋洋洒洒。字里行间忧时伤世，举证分析鞭辟入里，切中肯綮。文章从深圳的五大企业——中兴、华为、平安保险、招商银行以及沃尔玛准备"迁都"上海的传闻说起，回顾了深圳的地理区位特点和艰难却光荣的发展历程，以深圳资本市场的兴衰为缩影分析了深圳经济的尴尬,进而从国有经济改革迟缓、政府部门效率低下、治安环境日趋低劣、城市环境捉襟见肘等几个方面试图回答深圳被抛弃的原因。文章既透露出作者对深圳的浓厚的感情,也显示出了作者对于深圳未来的忧患意识。文章发人深省地指出:

"随着改革开放的深入,中国的经济发展从局部试验性的阶段开始向普遍改革推进。搞市场经济、对外开放、与国际市场接轨,已经成为全中国的要求,不能再把优惠局限于几个特殊的区域。而这也意味着,在中国加入WTO的背景下,经济特区正在越来越失去其特殊性。

"谁抛弃了深圳?从地缘条件和时代背景来看,深圳近年来竞争力下降是因为处在时间和空间的不利地位,但这是深圳被'抛弃'的表面原因所在,因为时空因素的限制,是一个经济系统在发展到一定规模后无法回避的问题,而深圳特区在这个转型过程中表现出的茫然和不知所措却是有更深层次原因的,那就是深圳过去22年的发展更多是得益于政策倾斜和优惠,而没有建立起一个完善的市场经济体系,也没有确定一个可持续发展的城市发展战略,而是形成了一个高度发达的'寻租'社会。特区所特有的权力和资源,为设租提供了条件;而特区发展中出现的巨大经济利益,则提供了强大的寻租动机,而制度上的缺陷导致寻租成本特别低,结果导致寻租无所不在。本来经济领域的寻租也很正常,但深圳无所不在的寻租行为却不正常,而且这个寻租体系是如此的发达和根深蒂固,导致今日深圳改革维艰,难以实现新的转型。

"在这个社会里,孤独与落寞随时会向你袭来,轻则如浮萍流水,不知何所踪,深则如孤魂梦游,游荡在一个欲望的空间……这就是深圳人对深圳的距离感,从上到下几乎都存在。"

由于正值深圳特区优势丧失殆尽、面临如何抉择的关键时刻,所以这篇振聋发聩的文章甫一发表，就被海内外的各大中文网站广泛转载，迅速受到网民的狂热关注。在网上，据说有上百万的网民参与到这场大讨论中来。而在现实中，文章也引起了朝野震动。有人赞叹，"文章写得大气、扎实，如醒世恒言，发人深省"；还有人表示，"读后感慨万千，一夜未眠"。2003年1月，在深圳市委三届六次全体（扩大）会议闭幕会上，深圳市长于幼军说："文章上网第二天我就看见了，下载下来看了两三遍，很有感触！""我想作者完全是出于一种好意，如果他不是出于对深圳的爱护和关心，他是不会花这么多时间去认真分析，来写这篇文章的。"他还公布了一个内部调查结果，在深圳1500余名科级以上官员中，已有九成看过那篇文章。对于深圳被谁抛弃这个问题，于幼军掷地有声地回应说："只要深圳人不自己抛弃深圳，谁也抛弃不了深圳！"

在这之前，虽然已经有《新周刊》《经济观察报》《21世纪经济报道》等多家媒体关注深圳特区的命运，但都没有像《深圳，你被谁抛弃》那样引起网上网下的强烈反响。因为它写出了深圳特区在新世纪来临之时所承受的痛苦和迷惘，也引导着读者就深圳的现状和问题展开有意识的自我批判和反省。正如《深圳，你被谁抛弃》的作者"我为伊狂"后来所说的："在21世纪到来的时候，在人们还沉浸在世纪交替的兴奋与对未来的憧憬之中的时候，一种失落与迷惘甚至焦虑的情绪从深圳人的心底钻出，像蠕虫一样从网上BBS爬到餐馆酒吧，从写字楼爬到生活区，在深圳社会各界悄然地蔓延……我只不过是把这股情绪引爆了而已。"

一篇网络文章就这样触动了深圳和中国。2003年1月7日，《南方都市报》以8个版的规模专门推出了《深圳，你被抛弃了吗》的专题报道，就《深圳，你被谁抛弃》所涉及的五巨头欲迁址上海、人才吸引力今非昔比、政府部门效率低下等10个问题进行了探索求证。10个问题层层递进,"原文摘录""记者调查""政府回应"三段式的解读方式环环相扣。报道推出后,报社不断接到全国各地热心人献计献策的电话和稿件。经过传统媒体的推波助澜,关于深圳未来的大讨论进一步走向高潮。在这场讨论中,曾经一度沉默的民间喷涌出巨大的能量。他们为政府提供了大量具有真知灼见的改革创新之言,所谈话题涉及社会管理、经济建设、行政体制改革等多方面内容,甚至连选举制度的变革也没有回避。一时间盛况空前,蔚为大观。而这场讨论的价值也远远超越了讨论本身。有评论如此写道:"在深圳特区成立以来,这是第一次民众力主的讨论,更深刻的意义还不在于此,中华民族争取民主的历程跌宕起伏,漫长修远,坎坷不平,上百年时间由战争、政治运动一次次压倒民主建设。历来沉默的一群,发出了自己的声音,更耐人寻味的是其表现出来的精神变化,已经不再是期待别人的垂怜和关怀,他们毫不自卑,果决而自强,正在亲自动手改变自己命运,提出自己民主权利的要求,深圳的希望在于此,中国的希望在于此。"

就在《深圳,你被谁抛弃》受到狂热关注的同时,文章的作者"我为伊狂"却越发感到坐卧不安。虽然《南方都市报》、深圳市政府以及广大网友都在试图寻找,但"我为伊狂"依旧迟迟不肯露面。2003年1月8日,《南方都市报》终于等来了一个神秘电话:"我是'我为伊狂'的朋友,想知道贵报为什么要找作者。""找作者的目的是想请他(她)来领稿费。"《南方都市报》记者王跃春说。"作者站出来会不会有什么不好的影响?例如会不会被抓进监狱?"对方显得小心翼翼。"你以为这是什么年代?"随后,王跃春把自己的手机号码告诉了对方,并在获得对方的邮箱后给对方发了一篇热情洋溢的邮件。王跃春事后发现,打那个神秘电话的正是"我为伊狂"本人。通过邮件联络,"我为伊狂"表示愿意与市长见面。当《南方都市报》记者将这一消息反馈给于幼军时，于幼军欣然答应了与"我为伊狂"直接对话。

2003年1月19日上午9点，在广州东风路的广东大厦，一场足以载入史册的对话开始了。"市长您好，我叫呙中校。""我为伊狂"操着浓厚的湖北口音向于幼军公开了自己的真实身份，在深圳从事证券研究工作。"你真是一文惊人啊！"于幼军笑着对"我为伊狂"说。一位是中国的普通网民，一位是中国的省部级领导，二人因为一篇网络文章平等地坐到了一起。对话一直持续了两个半小时。双方就深圳的区位优势、发展后劲、干部素质、人才流动等问题进行了深入坦诚的讨论。对话结束时，"我为伊狂"对在场的记者说，市长讲话很到位，消除了他的许多疑惑，他对深圳未来充满信心。而于幼军则表示这是一次平等、坦诚、民主的对话，今后深圳将拓宽对话渠道，政府将对民间的批评声音采取宽容对待的态度。他说，深圳离不开舆论监督，实事求是、善意的批评对深圳是一种巨大的促进。

这场对话引起了海内外的广泛关注。因为对话双方身份的特殊性，它被媒体视为一场"世纪对话"。《南方都市报》在对话次日的社论中指出："于幼军市长和呙中校先生的双手握在一起，我们可以说这是一个有负责精神的政府和有负责精神的公民，他们的双手握在了一起。于幼军市长和呙中校先生进行对话，我们可以说这是一个敢于倾听的政府和一个敢于呼喊的公民，他们在进行对话。"《南方周末》评论说："这次网上讨论再次显示，在上访等民众表达意见的传统渠道之外，网络论坛也是表达民意的一种渠道。这一民意渠道是新兴的，伴随着科技发展而来，随着公民素质的提高，随着网民的日益增加，其重要性会越来越引人注目。"凤凰卫视称："这个事情在中国内地应该算是破天荒。"香港《明报》则用赞许的语调写道："于幼军此举开创了中共省市长级高官与网上批评者当面交流的先河。"

今天当我们回顾那场对话时，将会发现无论媒体怎样褒扬于幼军和"我为伊狂"的这场对话都不为过。正是以此对话为肇始，中国进入了一个网民参与中国政治的新纪元。网民基于独立判断和自主诉求所发表的声音和意见，在中国前进的征程中将发挥越来越重要的作用。

网络舆论与政府的互动

2003年，虚拟世界中的舆论变成了一股可以被现实世界感知的强大力量。从年初到年末，网络舆论以排山倒海般的气势不断到来，一浪高过一浪。它推进了事实真相的呈现，推进了政府规章制度的改革，也让网民们开始意识到自己的公民身份。正如中国人民大学教授毛寿龙在接受《南风窗》专访时所说的："社会力量，或者说集体力量，在2003年的成长与表现，是值得人们高度关注的，因为，它首度在一个历史上威权长期当道的国家，以民间社会的力量，与往往由一把手主导的行政力量形成一定的对峙。"正是因为网络舆论在2003年爆发出了前所未有的力量，这一年又被称为"网络舆论年"。而肇始案件，便是"孙志刚事件"。

2003年3月20日，孙志刚死了。在死亡的时候，他在广州的生活不过刚持续了20多天的时间。这名27岁的湖北籍年轻人于2001年毕业于武汉科技学院，然后去了深圳一家公司工作。2003年2月，他又应聘到了广州一家服装公司。3月17日晚上10点，在去网吧的路上，他因为还没来得及办理暂住证，便被治安人员拘留了起来。在一份《城市收容"三无"人员询问登记表》中，孙志刚如此写道："我在东圃黄村街上逛街,被治安人员盘问后发现没有办理暂住证,后被带到黄村街派出所。"之后,他又被送到了广州市收容遣送中转站和广州收容人员救治站。正是在救治站,孙志刚走完了他27年的人生历程。4月18日,中山大学中山医学院法医鉴定中心所做的检验鉴定书出炉。鉴定书明确指出:"综合分析,孙志刚符合大面积软组织损伤致创伤性休克死亡。"这样的鉴定结果意味着孙志刚死因无他,而是活生生被打死的。

在很长一段时间里,孙志刚的死并不为外界所知。虽然有网友把孙志刚死在广州的消息发在了"西祠胡同"的传媒人论坛里,但并没有多少人去关注。直到《南方都市报》的记者陈峰看到这则消息时,记者的使命感让他决定尝试着关注此事。经过采访孙志刚的家人、朋友,孙志刚从被收容到被打死的脉络逐渐清晰起来。4月25日,一篇名为《一大学毕业生因无暂住证被收容并遭毒打致死》的新闻报道在《南方都市报》正式亮相。这篇6000字的报道冷静克制地详细讲述了孙志刚之死的经过及死亡的原因。谁也不曾料想的是,报道甫一推出,便犹如向互联网投放了一枚深水炸弹,顿时引起轩然大波。这篇报道迅速在互联网上传播开来,一名普通公民的非正常死亡突然之间震撼了整个国家。

对于这篇新闻报道,各大新闻网站纷纷进行了转载。在不到一天的时间里,新浪网上的跟帖就达到了上万条。在人民网《谁为一个公民的非正常死亡负责》为题所做的转载报道后面,网民的跟帖也持续不断。纪念孙志刚的网站也建立了起来,几天之内浏览人数就达到了25万人次。《天堂里没有暂住证——纪念孙志刚君》等文章更是广泛传播。这场声势浩大的互联网舆论狂潮是以前从不曾有过的,普通网民、媒体从业者、专家学者纷纷发表观点,要求彻查真相,严惩凶手,为无辜者申冤。一时间抨击收容遣送制度、主张维护公民权益的声音风起云涌,山呼海啸。

有网友写道:"一个风华正茂的年轻人就这样被剥夺了生命,令人扼腕叹息。孙志刚不仅是一个大学毕业生,一个风华正茂的年轻人,一个拥有美好前途的年轻人,还是一名普通公民。我们不能因为孙的特殊身份的过分强调,而淹没了对普通'小人物'的关怀。"

还有网友直指收容遣送制度:"我带着梦想到北京创业,办一个暂住证才29元,我非常想办,但是房东没给租房证明,所以一直办不了。于是在一天上午,就被抓去了。为什么会这样,我大学毕业,遵纪守法,热爱国家,热心助人,真诚善良,依法纳税。为什么呀?!"

中山大学教授艾晓明专门撰文呼吁:"作为女人、母亲、教师,我向我们广东省人大主席、政协主席、广东省两会代表呼吁,呼吁你们维护弱势群体权利、保障外来民工安全,严惩杀害孙志刚的凶手。"

……

通过互联网,无数愤怒的声音和理性的评论清晰真实地表达了出来。网上的呼声很快引起了中央高度重视。日后公安部副部长白景富在一次记者会上说:"孙志刚事件的处理是迅速、坚决而严肃的;农民工同样是城市的建设者和城市财富的贡献者,以前对他们进行收容、遣送,甚至罚款的做法是错误的。"对于孙志刚一案,中央的态度和网民的态度取得了不谋而合的一致。案件真相很快水落石出。6月9日,广州市中级人民法院做出了一审判决,12名与孙志刚案件直接相关的罪犯分别被判刑。与此同时,20名公安系统、卫生系统、民政系统的相关人员也受到了相应的惩处。

6月18日,国务院总理温家宝在中南海主持召开国务院常务会议,专门就收容制度进行了讨论。会议认为,20多年来,我国经济社会发展和人口流动状况发生了很大变化,1982年5月国务院发布施行的《城市流浪乞讨人员收容遣送办法》，已经不适应新形势的需要。为从根本上解决城市生活无着的流浪乞讨人员的问题，完善社会救助制度和相关法规，会议审议并原则通过了《城市生活无着的流浪乞讨人员救助管理办法（草案）》。会议决定，该办法草案经进一步修改后，由国务院公布施行，届时实施了21年的《城市流浪乞讨人员收容遣送办法》将宣告废止。

一个27岁公民的非正常死亡直接导致了一个实施了21年的不合理制度的终止。在这个过程中间，互联网发挥了不可估量的作用。网络舆论的价值从来不像现在这样独特和显赫。在以往，报纸、广播、电视等传统媒体所传达的往往是社会精英群体的言论。而如今，互联网却给普通民众提供了一条发表言论的便捷渠道，这使普通民众第一次真正拥有了话语权。拥有了话语权也就拥有了与政府博弈的舆论力量。有学者认为："孙志刚事件成为中国的一种改革模式，权力和公民力量良性互动推动社会进步。从某种意义上说，中国社会的进步取决于这几种力量的合作——体制内改革力量、公民社会的专业人士和追求具体正义的公民。"《凤凰周刊》刊文指出："网络使人们意识到言论自由的重要性和可贵，而言论自由又是一个民主社会的基石。人们通过自由地表达，特别是负责任地发表自己的意见和观点，开始意识到自己的公民身份，并由此感受到做人的尊严。"

互联网舆论对我国现有的政治制度形成了一个有益补充。它可以让政府及时清晰地了解到民情民意并与之进行互动，最终推动事情向着符合社会正义的方向发展。在以后的时间中，随着中国网民数量的增加，网络舆论的权威地位和社会影响力也与日俱增。

博客：表达的新渠道

从 2003 年开始，中国互联网正式开启了 Web 2.0 时代。Web 2.0 这个极具网络特色的概念不过是美国一家媒体公司副总裁的突发奇想，但在提出后却以不可思议的速度在世界风靡开来。像许多舶来的概念一样，Web 2.0 的相关解释也同样是五花八门。不过有一点，各种说法大体一致。Web 2.0 是相对于 Web 1.0 而言的，Web 1.0 的主要特点在于个人通过浏览器获取信息，个人更多地充当着被动接受者的角色，自我个性难以表达；而 Web 2.0 则侧重于博客（blog）、RSS（简易信息聚合）、百科全书（Wiki）、社会化网络（SNS）等技术的运用，个人不是作为被动的客体，而是作为一种主体参与到互联网中，既是网站内容的消费者，又是网站内容的制造者、传播者。在 2003 年，有关 Web 2.0 最具代表性的现象就是博客的奇峰崛起。

这一年，"博客"仿佛在一夜之间就成了一个炙手可热的词。在 2003 年年底由《新周刊》发布的"2003 年度新锐榜"候选名单上，"博客中国"与中央电视台新闻频道、南方报业、《财经》杂志等一起名列其中。在新锐榜的候选理由中，《新周刊》是这样描述博客的："'博客'模式是继 E-mail、BBS、ICQ（IM）之后出现的第四种网络交流方式，一种媒体形式——'个人媒体'，是一个中立、开放和人性化的精选信息资源平台。博客的出现，标志着以追求'思想共享'为特征的第二代门户正在浮现。如果说，黑客代表了互联网技术野蛮的张力，那么博客则代表了（人们对）重建互联网秩序的向往。"《新周刊》的推荐语虽然不乏溢美之词，但也基本上描述出了博客所蕴藏的变革力量，它将赋予每个人更多的表达自由和可能性。这种力量也得到了《南方周末》的青睐。同年 12 月，博客获得《南方周末》2003 中国传媒年度奖之"年度网络表现"奖。对于博客在中国的未来，《南方周末》从对博客发展历程的审视中给予了满腔热情的期待："从其在国外由出现到流行的 5 年历程来看，博客从'网络日记'到'人人都是记者'的转变，只是时间问题。美国著名的传播学杂志《哥伦比亚新闻学研究》在今年的第 9/10 月号，还特别拿出大量篇幅对这一'另类媒体'的现状和前景进行了分析。其原因是，在克林顿性丑闻、'9·11'事件、伊拉克战争、《纽约时报》造假丑闻等一系列重大新闻事件中，博客反应及时、态度客观，恰恰弥补了传统媒体在这些事件上态度暧昧所造成的信息缺陷。"

博客时代到来了！它所具有的颠覆性力量正在蓄势待发。很多具有里程碑意义的称誉也如"黄袍加身"般被加在了它身上，如"媒体的开放源代码""新的知识生产方式""网络精神的复活"等。而开启这个时代的，是清华大学一位叫方兴东的年轻人。

2002 年 7 月 6 日，一个原本普通的周末却成了方兴东一生中非同寻常的一天。这一天，方兴东将批评微软的两篇文章《向微软投降》《微软为什么》分别发给了 8 家有着长期联系的网站和媒体。两篇文章很快登上了几家门户网站的头条。但是好景不长。几个小时后方兴东就发现，那些文章又令人惊讶地陆续消失了。多方打听后，方兴东才知道，他的文章正遭到微软千方百计的抵制和扼杀，自己瞬间丧失了可以自由发表意见的言论阵地！在《遭遇博客：首先要感谢微软的封杀》这篇回忆文章中，方兴东略显无奈地写道："许多传统媒体已经基本很难自由发表批评文章，甚至连一些网络媒体，也越来越间接地受控于市场的强势力量（少数拥有巨大广告的产业巨头），而开始远离弱势群体（中小企业、消费者和其他普通公众）。媒体应有的社会义务和公正越来越无从体现。尤其是微软这样的一个外国公司,居然可以如此蛮横地干涉中国公民的言论自由,实在令人震惊。"受到此事触动的方兴东,越发地渴求一个可以自由发表言论的空间:"我要求得不多:这个世界能给我自由写作、自由表达自己观点的权利,就足够了。如果能够拥有一个自己可以主导和把握的发表空间,就可以坚持'不求标准答案,只供启发思考'的原则,挑战虚伪的共识,撕裂商业的包装,揭破编造的谎言,努力还原IT业的诚实和真实,那将是多么美好的事情!"

正是在这样的背景下,方兴东开始了和博客的第一次亲密接触。在新媒体评论家孙坚华的介绍下,方兴东登陆了国外一家博客网站,并尝试着注册了一个账号。全新的操作方式犹如打开了一扇窗子,让方兴东感觉十分奇特。在博客网站上,不仅可以每天更新信息内容,还可以通过链接来发挥网络资源无穷的优势。当他在阅读了国外大量有关博客的文章和报道后,博客的理念让这个勇于尝试新鲜事物的年轻人一下子豁然开朗。一个全新的天地摆在了他的面前。他仿佛觉得,致力于中国的博客事业将成为他主要的职责和使命。犹如发现了新大陆一般,方兴东开始规划一个全新模式的网站。他和毕业于中国政法大学的王俊秀一起通宵达旦地收集资料、讨论方案,不到一个月的时间,就推出了"博客中国"(blogchina)的雏形。

"博客"这个词也是方兴东和王俊秀一起商讨碰撞出来的。在征询他人意见时,大家也都认为"博客"这个词妙趣横生,既有谐音,又有品位,还有内涵,与"黑客""闪客"等新兴网络文化一脉相承,已经达到命名的最高境界,没有比这更好的名称了。在确定了名称后,两人很快又发布了"中国博客宣言",作为博客中国网站的宗旨。"宣言"站在人类信息传播和分享的角度,对博客进行了评价和推介,他们将博客比喻成信息时代的麦哲伦。他们在宣言中认为，在解构中建设，在离散中合作，在学习中开放，已成为博客对世界的关怀方式；博客将重新定义互联网的界限，改变人们的生存背景。在"宣言"的最后，他们振臂高呼："博客文化能引领中国向知识社会转型，博客关怀能开启一个负责的时代。"

对于博客理念能否在中国落地生根，博客文化能否成为一种强大的文化潮流这个问题，方兴东是乐观的。他坚信，互联网的未来不在技术，而在于每个网民角色的转变，从被动的接受者变成主动的参与者，这将是一场革命性的变革。但在一个大家尚不知博客为何物的年代，方兴东所发挥的博客布道者的角色，倒是既有几分义不容辞，又有几分悲壮。

为了让人们成为"博客"，方兴东一个一个地给认识或不认识的IT界的专家和学者们打电话发邮件，邀请他们到博客中国网站上来安营扎寨。在他的拉拢下，汪丁丁、王小东、胡泳、王峻涛等一批专业人士成了博客中国的首批博主。

为了推动博客的普及，方兴东和王俊秀共同撰写了一本名为《博客——e时代的盗火者》的书。该书对博客的技术特点、国外如火如荼的发展情况、博客的中国之路以及博客修炼方法进行了全面介绍。为了引起公众对博客足够的关注，书中激情洋溢又有些耸人听闻地写道："互联网之于博客，不亚于印刷术之于马丁·路德的宗教改革。当年，正是印刷术的革命解构了教会对《圣经》解释的权威地位，开放了'上帝'的'源代码'，引发了欧洲历史上大规模的宗教改革运动。按照这一逻辑推演，前几年掀起的自由软件运动，就是互联网时代软件业内部的一次集体兵变，是软件的开放源代码运动。博客的兴起，可谓互联网时代知识、内容和媒体的开放源代码运动。"

虽然方兴东不遗余力地为博客摇旗呐喊，不过在当时，即使是学术界知道博客的人也并不多，更不用说普罗大众。2003年，一名叫木子美的专栏作家以私人化的表达，突然让博客在普通网民中名声大噪。

2003年6月19日起，木子美开始在杭州的一家博客网站——博客中文站（blogcn）上毫无顾忌地公开了私人日记——遗情书。木子美日后接受媒体采访时说："因为当时一群同事、朋友都在上博客，就像以前一窝蜂上 OICQ 或上 MSN 聊天那样，我也赶个潮流，没有具体目的。我理解的博客很简单，就是私人日记（后来才知道日志不等同于日记，可以有不同的主题，不同的形式），所以把每天的生活写下来，包括工作、泡吧、做爱等内容，绝大多数人的日记都不上锁，熟人之间看来看去，挺八卦也挺娱乐的。可能与我在杂志开性专栏，日记内容又比较'露骨'有关，慢慢地看客就多了起来……"

方兴东的博客中国用专题的形式对木子美的文章给予充分的关注。无数网民闻风而动，他们顺藤摸瓜很快找到了木子美在博客中文站的个人博客，以及发布了大量评论"木子美现象"文章的博客中国。无数网民的蜂拥而至，顿时让与木子美有关的两家博客网站不堪重负。日后方兴东在一篇文章中特地提到了"木子美冲击波"所导致的网络瘫痪，"2003年11月11日一早，打开博客中国的页面突然变得非常缓慢。首页还可以打开，但是想打开文章就奇慢无比。尤其是进入后台上传文章，根本无法成功，致使所有博客都无法登录上传文章"。方兴东开始以为是系统出了问题，后来才发现，博客中国11日的访问量达到了11万之多，几乎是此前的10倍！而博客中文站的情况也是如此，网民们已经无法登录。

无数网民通过木子美感性的笔触，开始对博客有了感性的认识，并尝试着开设自己的博客。2003年成为博客在中国发展的第一个飞跃期，博客用户从最初的1万激增到20万。《中国青年报》引述方兴东的话说："'博客'在中国就是以这种方式走向了大众，出乎意料，却也在情理之中。我们可以不认同木子美的写作方式和价值取向，她对博客的正反面影响和未来走向的影响也无法简单评价。但是，她的行为的确在博客的理念之内，中国博客界也不得不承受下来。"

因为方兴东这位柔弱的书生，中国的精英群体知道了博客；而普通大众知道并使用博客，却是因为木子美这名柔弱的女子。而这正符合互联网Web 2.0时代的特质，普通人也可以通过互联网释放出巨大的能量。

第三部

沸　腾

一切固定的古老的关系以及与之相适应的素被尊崇的观念和见解都被消除了,一切新形成的关系等不到固定下来就陈旧了。一切等级的和固定的东西都烟消云散了……

——［德］马克思《共产党宣言》

2004：
第二次浪潮

2004年2月7日，在黑龙江一个叫亚布力的地方，携程网董事长沈南鹏面对着一众企业家说："中国很多的企业能够展现出一种强劲的营业额和利润的增长，这种增长确实是海外投资者关注的，海外的投资者，尤其是美国的投资者，在他们本国找不到一个新型的有高增长的企业，而中国的企业让他们找到了一个好的亮点。"

尽管外面冰天雪地，但这样的表述依旧让人热血沸腾。因为事实已经说明了一切。就在2003年年底，创办于上海的携程网一骑绝尘般地成功登陆了美国纳斯达克。携程上市首日开盘价24美元，最后收盘为33.94美元，涨幅88.6%，惊艳表现顿时引来美国的一片欢呼。美国一家财务公司的数据显示，这是三年来纳斯达克市场上开盘当日涨幅最高的一只股票。路透社和美国有线财经网评论说，携程旅行网闪亮登场，显示出美国市场对中国上市公司的强烈兴趣。

携程网的出色表现更是激起了国内人们无限的憧憬和想象。因为相对于百度、盛大等互联网公司而言，以酒店预订为主业的携程给外界的形象一直不温不火，从不曾声名显赫、如雷贯耳。从1999年创立之日起，它就那么低调务实地存在着。谁也不会想到的是，就这么一家互联网公司，却可以在纳斯达克股市上一飞冲天，引来媒体一片赞叹之声。在中国互联网的发展史上,携程网在纳斯达克的成功上市也被赋予了划时代的意义,被定义成"中国互联网公司第二轮海外上市"的起点。

新资本热

对于中国的互联网企业而言,又一波资本浪潮袭来了。随着互联网行业步入理性的发展轨道,中国互联网企业再次成为资本的宠儿。前几年就赴美上市的新浪、网易、搜狐等中国网络股已经成为纳斯达克表现最抢眼的一族。在刚刚结束的2003年,三大门户网站均实现了完美收场。网易2003年的净利润实现大幅增长,达到3900万美元;搜狐2003年收入达到8040万美元,同比增长180%,净利润达到2640万美元;新浪也彻底扭转了2002年净亏损490万美元的局面,在2003年实现了年度净利润3140万美元。出色的业绩让三大门户的股价狂飙突进。人们的心理预期也不断被突破。至于制高点到底在哪里,谁也说不清楚。

随着新浪、搜狐、网易三大门户网站在纳斯达克一路飘红,中国概念股再次引起投资者的关注。一向嗅觉敏感的投资者再次把目光投向了充满种种可能性的中国。在纳斯达克网站上,一名分析师评述说,中国三大门户给投资者带来了足够的惊喜,也让人们开始认真打量中国互联网业,看看是否有另外的黑马。境内许多专业人士也不由自主地高呼:网络概念股上市的"黄金时代"回来了!

在携程登陆纳斯达克之后,专注于不同领域的互联网公司相继在美国、中国香港等股市上亮相。这一波浪潮,从2003年年底开始,历经整个2004年,一直延续到2005年。仅仅在2004年,中国就有7家内地互联网公司成功上市。它们中间有以无线业务上市的掌上灵通、空中网,有人才招聘网站"前程无忧"网,有财经门户网站"金融界",有标榜中国第四门户网站的"TOM在线",还有网络游戏公司"盛大""第九城市"。其中盛大上市之后,一举成为全球最大的网络游戏股。而腾讯和百度两家互联网公司的上市,更是让中国互联网增加了许多传奇佳话。

6月7日,腾讯控股以中国内地最大的即时通信产品QQ供应商的身份,在香港创业板正式公开招股,招股总数4.2亿股,其中约4200万股公开发售。腾讯《招股说明书》显示,目前腾讯的主要盈利被划分成三部分:互联网增值服务(包括会员服务、社区服务、游戏娱乐服务)、移动及通信增值服务(包括移动聊天、语音聊天、短信铃声等)和网络广告。其中前两部分占据了绝对比例。对于未来,腾讯提到其核心业务将包括拓展QQ游戏的门户网站、建立在线交友社区和建立垂直资讯网站,甚至还会参与到"商业广告排名技术"中去。由于掌握了巨量的用户资源,这只颇具亲和力和野心的企鹅甫一亮相香江,就受到了个人投资者的追捧,最终发行价定在了招股价范围的上限:每股3.7港元,共筹集资金14.38亿港元。

6月16日,腾讯正式挂牌上市。开市即升至4.375港元,当天最高曾见4.625港元,收盘4.15港元,升幅12.16%。而同日与它同台竞技的中海集运却跌破招股价,收盘价较招股价下跌11.8%。腾讯一时风光无限。这次上市,腾讯造就了5个亿万富翁、7个千万富翁,网络造富的神话再次显现。中国互联网资深从业者王峻涛评论说,毫无争辩的压倒性市场份额,拥有活跃用户最多的中文网上社区,做到这一切,只用了6年。这是腾讯的光荣,也是中国网络用户的光荣。事实的确如此,腾讯一直以来的发展路径正是通过免费注册获得大量用户,通过手机收费实现利润,再裹挟着无人匹敌的用户数量进入其他网络领域。腾讯的价值,体现的也正是中国网络用户的价值。而其他互联网公司，也莫不如此。区别在于，用什么样的方式把中国网络用户的价值彻底挖掘并发挥出来。

2005年8月，中国互联网再次给世界带来了强烈震撼。纽约时间8月5日上午，百度在美正式挂牌。发行价为27美元，首笔交易为72美元一股，当天股价更是一度高达151.211美元天价，收盘于122.54美元，上涨了354%。百度市值接近40亿美元，一举超过了盛大和新浪的总和。百度由此创造了中国互联网公司在美上市的最辉煌纪录：第一个股价突破100美元的中国概念股，纳斯达克股市自谷歌以来第一个首日股价收盘突破100美元的股票，美国历史上上市当天收益最多的十大股票之一，在美国上市的外国企业中首日表现最佳的企业。"这是一个奇迹！"几乎所有的业内人士都对这个结果感到吃惊，他们完全没有料到一家中国互联网公司会引发美国投资人如此巨大的热情。

在分析人士的眼里，中国互联网的高速发展和2004年8月谷歌上市所引发的示范效应是百度在纳斯达克大幅上涨的两个重要原因。从内部原因来看，中国高达1亿的用户数量为互联网公司创造利润提供了巨大可能，同时网络搜索将是在下一阶段互联网应用的巨大价值所在。中国概念加上搜索，本身就是商业价值的最好代名词。从外部因素看，谷歌此前的示范效应也是百度股价大幅度攀升的重要原因。谷歌在2004年8月上市后首次公开招股发行价为85美元，其后则突破300美元大关。而百度无论是在思路上还是风格上都和谷歌具有诸多相似之处。是谷歌帮助百度向投资人讲述了最令人向往的故事。位居全球第二的中国互联网市场和高达300多美元的谷歌股价，为华尔街提供了可供充分想象的空间。

随着百度股价的高企，质疑之声也随之而来。显然，人们对几年前的互联网泡沫依然心有余悸。佛罗里达大学教授、IPO（首次公开募股）

专家杰·里特尔表示："预测未来是危险的，但是任何一家曾在 IPO 上市首日上涨 300% 以上的公司对投资者都是噩梦，在上市三年后，他们的收盘价都低于了招股价。"境内网民也对百度上市表达了各自的立场。一项调查表明，48.91% 的网民对百度上市前景并不看好。但有 36.71% 的网民认为百度能成为中国的谷歌。

面对质疑，百度首席执行官李彦宏却不以为然。他胸有成竹地对媒体记者说："我相信中国互联网搜索的未来，我们将继续专注于建立出色的业务，而不是密切关注股票。"日后的百度业绩证明了李彦宏的自信。自上市后，百度股价一直表现卓越。在上市 5 周年的时候，百度受邀成为首个为纳斯达克远程敲响开市钟的中国企业，李彦宏本人也获得时任纳斯达克副董事长桑迪·弗鲁切尔（Sandy Frucher）亲自授予的"纳斯达克全球杰出企业家"荣誉称号。

历史的繁荣重新展现在了人们面前。不过，这一波热潮演绎的并非历史的循环。两年前，三大门户网站吸引投资者的仅仅是"中国互联网"的概念，凭借这一概念，它们就可以获得投资者的追捧。而这次无论是大环境还是小环境都发生了天翻地覆的变化。首先，历经数年的发展，中国互联网的发展已经达到了相当规模。到 2000 年 7 月的时候，中国网民数量不过 1690 万人，上网计算机也只是仅仅的 650 万台；而到 2004 年 1 月，网民数量就突破了 7950 万，突破了全国总人口的 6%，上网计算机也达到了 3089 万。中国互联网拥有了可观并足以创造规模效益的用户市场。与此不相对应的是，中国只不过有十多家互联网公司上市，而美国已经有 400 多家互联网上市公司，中国互联网市场存在着巨大的增长空间。其次，中国互联网公司拥有了清晰的赢利模式和实实在在的收入。三大门户网站在上市之初依靠的只是单一的广告收入，而现在上市的互联网公司则一改过去依赖在线广告收入的赢利模式，积极在创建虚拟市场和提供增值服务等方面开拓业务，充分利用网络平台给用户提供专门化的信息服务。正如有媒体评论的："经过泡沫和严冬之后，国内的互联网行业已步入了理性的发展轨道，与当初新浪等门户网站情况相比，目前筹备上市的企业具备一些独特的优势。其中之一是，经过多年的摸爬滚打，不少网站已具有了一定的行之有'利'的商业模式。"再者，由于认识到互联网自身无法有效增值，互联网企业开始更多地向传统产业寻找比较优势资源。与2000年许多互联网企业争相标榜自己是"新经济"不同，现在的互联网创业者们更愿意让人们把自己看作传统企业。陈天桥在多个场合说："我们的本质是媒体。"携程网负责人也表示："携程并非传统意义上的'.com'公司，而是一家以互联网为手段的旅行服务企业。携程最主要的收入来自订房业务，这项业务不涉及配送，也不需要网上直接支付。这既不同于需要在线支付手段保障货物发运的B2C、C2C模式，也不同于提供一个可信赖的交易平台的B2B模式。"当虚幻的故事不能再打动美国的投资人时，互联网与中国传统产业的结合，不可避免地获得了华尔街的青睐。

中外联姻

就在中国互联网企业赶赴美国资本市场跑马圈地之时，美国互联网的奠基者和互联网巨头则纷沓而至。尼葛洛庞帝、"互联网之父"温顿·瑟夫、"信息高速公路"概念创立人罗伯特·卡恩均在2004年来到了中国。虽然并非结伴而来，但所秉持的看法几乎都是一致的：中国互联网进入了繁荣发展的阶段。4月14日，eBay总裁梅格·惠特曼在北京表示,eBay 将继续投资培育中国电子商务的未来。与此同时,易趣也发布了新标识"eBay 易趣"。在美国之外,中国是 eBay 投入最多资金的地方。面对竞争急剧升温的 C2C 市场,惠特曼乐观地预测:2007 年中国电子商务的发展速度将是全球平均速度的四倍,这使她坚信随着本地贸易以及海外贸易的不断增长,未来的 10~15 年间,中国将成为 eBay 全球最大的市场。

这一年,全球 B2C 大鳄亚马逊也来了。这家创立于 1995 年的网上购物公司,到 2004 年已成为全球商品品种最多的网上零售商,其国际销售网站遍布加拿大、澳大利亚、英国和日本等国家,但迟迟没有打入中国这个世界上消费潜力最大的市场。2004 年 1 月,亚马逊派出了以副总裁达克为首的访华代表团。他们先是与当当网进行了亲密接触。当当网因为拷贝亚马逊模式的成功,让外界对其普遍看好。就在 2003 年 8 月 24 日,全球知名财经媒体《经济学家》评论说,当当正在创造一个华文世界的电子商务奇迹。亚马逊提出了以 1.5 亿美元的价格收购当当 70%~90% 的股份,并承诺收购之后当当网的品牌和管理团队保持不变。伸出橄榄枝的亚马逊却以吃闭门羹的方式告终。当当网在亚马逊并购失败后对外解释说,当当不愿意被国际大资本掌控,只欢迎亚马逊作为策略投资人进入,做当当网的股东。当当的官方表态,折射出本土互联网公司对未来的坚定信心。后来当当网创始人李国庆的说法倒是更加直接。他是这么说的:国内网上购物方兴未艾,短期利益对当当来说并不是最重要的,1.5 亿美元实际上低估了当当的市场价值。

当当拒绝亚马逊之后,另一家 B2C 互联网公司卓越欣然接受了亚马逊的并购。亚马逊访华代表团几乎在与当当接触的同时,也与卓越进行了接触。这家互联网公司迫不及待地进入中国一施拳脚。8 月 19 日,亚马逊公司宣布签署最终协议收购中国网上书籍与音像零售商卓越网。这次交易的总价值为7500万美元,涉及约7200万美元现金以及300万美元的员工期权。卓越网由此将成为亚马逊的第七个全球网站。亚马逊创始人贝佐斯表态说:"我们非常高兴能够通过卓越网进入中国市场。卓越网在相当短的时间内已发展成为中国图书音像制品网上零售的领先者。我们非常高兴能参与中国这一全球最具活力的市场。"

亚马逊通过联姻的方式一举进入了觊觎已久的中国市场。不过对于卓越嫁入豪门,舆论并非一致看好。在这之前,卓越和当当一直为谁是中国B2C市场的老大而争论不休。相较于当当,成立于2000年的卓越网其背后靠着知名的IT企业金山公司及联想投资公司,身世更加显赫。就在2003年,其董事长雷军还声称要把卓越打造成中国的亚马逊。但令外界不解的是,这话说完没多久,卓越网就拜倒在了亚马逊的"石榴裙下"。支持的声音认为,在出售之前,卓越网虽看似风光,但到2004年上半年仍整体亏损,投入巨大,赢利却遥遥无期,与其在不确定性中摸爬滚打,不如趁着互联网热潮卖个好价钱。质疑的声音认为,卓越网的售价还不到亚马逊2004年第二季度的利润(7600万美元),相较于其在国内的地位,"卖身费"也着实寒酸了些。各方围绕着卓越被并购的讨论争争不息。年底,《IT时代周刊》评选2004年十大争议人物,毫无疑问地将雷军纳入了进去。

eBay和亚马逊的到来,是其推进全球化战略的一部分。其手段也完全一致,将中国领先的同类网站纳入其全球版图中,试图在中国占据主导地位。对于中国来说,国际巨头的到来,使本土的电子商务更加符合国际产业的惯例,也犹如鲶鱼刺激了其他电子商务公司的成长。卓越网董事长雷军说:"这次并购是对卓越网4年多来取得的成绩的认可。我相信亚马逊在全世界的电子商务经验和卓越网创业团队的结合将使中国电子商务和在线客户体验更上一层楼。"

不过在短暂的蜜月期过后，eBay 和亚马逊都陷入了水土不服的困境之中。中国的互联网浪潮，成就的终是阿里、京东等本土的互联网企业。日后，两家公司在中国的网站都日渐没落，亚马逊在中国电商市场的份额还不到 1%，eBay 的中国站点甚至没有人去打开它。

前度刘郎今又来

在这个资本激荡的年份，已过不惑之年的史玉柱再度燃起了对 IT 的热情。对于这位历经过跌宕起伏的企业家来说，重返 IT 领域颇有点"前度刘郎今又来"的味道。作为后来者的史玉柱已经不算年轻，但他凭借无所畏惧的草莽精神，硬生生地在诸雄割据的互联网领域闯出了一片天地。日后，史玉柱在接受记者采访时说："我是程序员出身，对于现在回到 IT 行业，有一种回娘家的感觉，这是求之不得的……至于退休后，我也会干 IT，我终于找到自己归宿了……"一种历经过大起大落之后的气定神闲跃然纸上。

在 20 世纪的 80 年代末 90 年代初，20 多岁的史玉柱正是在 IT 领域书写了他极富传奇色彩的创业故事。这位相继毕业于浙江大学和深圳大学的安徽青年，1989 年从销售印刷系统软件和文字处理软件起家，短短几年就达到了前所未有的事业巅峰。他成功登上了《福布斯》大陆富豪榜，被评为"中国十大改革风云人物"，并和比尔·盖茨一起成为中国青年心目中的偶像。江泽民、李鹏等中央领导人也对这位改革开放的典范人物眷顾有加，频频到史玉柱创办的巨人集团考察。然而就在史玉柱春风得意之时，毫无节制的盲目扩张和巨人大厦的烂尾却让他的财富顷刻间灰飞烟灭。1995年之后，史玉柱成为负债2.5亿的"中国首穷""最著名的失败者"。从谷峰到谷底似乎是一眨眼的工夫。巨人倒下了，史玉柱也销声匿迹了。关于他的传说也被人们渐渐地淡忘，只存在于关于企业失败的案例教材中。

不过世事殊难预料。在倒腾了几年保健品"脑白金"后，史玉柱终于又卷土重来。2004年11月，上海征途网络科技有限公司正式成立。大幕重新开启，史玉柱和他的团队雄赳赳、气昂昂地朝IT的灿烂未来迈去。从1989年开始创业，到历经人生的酸甜苦辣，史玉柱玩游戏的习惯从不曾丢掉过。两年后在一次公司的新闻发布会上，史玉柱冲着台下的媒体记者说："我是一个老玩家，20多年前，就在玩游戏。我懂游戏。"

2005年4月18日，史玉柱在上海金茂大厦正式宣布他所投资的新项目——网络游戏《征途》。史玉柱如法炮制了保健品"农村包围城市"的营销方式，目标首先是铺遍1800个市、县、乡镇。他组建了游戏行业内规模最大的营销队伍，全国范围内有2000人，浩浩荡荡地向着全国各地的网吧进军。有"免费网游"之称的《征途》游戏只进驻免费的网吧，收钱的则一概不进。为了扩大影响力，史玉柱还定期将全国5万个网吧的所有机器包下来，只允许玩《征途》游戏。对于很多上座率不到一半的城镇网吧来说，包场的吸引力是可想而知的。在《征途》推广的高峰期，边陲地区的县城网吧甚至都挂着"冲新区，奖5000元"的宣传条幅。借助于虽然传统但是威力甚强的营销方式，史玉柱让《征途》的火苗在全国渐渐蔓延开来。

2006年12月，史玉柱花费巨资打造的《征途》形象广告在中央电视台黄金时段播出：一位长发披肩的红衣少女，面对电脑屏幕笑得前仰后合,京剧念白"征途"两字随背景音响起。内容简单直白的广告在5秒钟内重复三次,连续播放了一个月的时间。尽管国家广电总局在2004年4月就下发了《关于禁止播出电脑网络游戏类节目的通知》,要求网络游戏相关广告一律不准在电视上播出。但史玉柱还是利用企业形象广告的形式对《征途》网络游戏进行了一次炒作推广。

在史玉柱不遗余力的"狂轰滥炸"之下,《征途》很快风靡大江南北。到2007年5月,《征途》同时在线人数突破100万,成为全球第三款同时在线超过100万人的网络游戏(前两款是网易自主研发的《梦幻西游》和第九城市代理的《魔兽世界》)。美国东部时间11月1日9点45分,史玉柱在纽交所敲响了巨人网络(在上市前一年,征途网络更名为"巨人网络")上市的钟声。强大的研发能力、庞大高效而又无孔不入的营销网络以及对中国用户的准确把握,让巨人网络吸引了众多投资者。上市当天,巨人网络开盘价每股18.25美元,高出原定发行价18%,市值超过49亿美元,成为中国最大的网络游戏公司。与他向来不走寻常路的风格有关,巨人网络上市当天,史玉柱也以一身白色运动服成了纽交所最引人注目的风景。据称,史玉柱是第一个穿运动服进入纽交所的人。史玉柱本人也公开表示,这可能是纽交所第一次让不穿西服的人进来,所以还办了一个特批。

短短三年时间,史玉柱就给整个网络游戏行业带来了巨大冲击。史玉柱曾这样阐释他的游戏精神:"在另外一个社会里,别人不知道你是谁,大家混在一起,都是平等的,大家一起去打架,一起去打怪,一起去欺负别人,一起去被别人欺负,这种平等的感觉很好。"不过在《征途》的游戏世界里,金钱成为行走世界的最关键因素。2007年12月,《南方周末》的《系统》一文通过一个玩家的经历详细披露了《征途》游戏中存在的种种不平等，并揭示出看似平等的游戏世界，却是一条金钱铺就的通往奴役之路。文章写道："在当下中国最火的一款网络游戏中，玩家们遭遇到一个'系统'，它正在施行一种充满诱惑力的统治。这个'系统'隐匿无踪，却无处不在。它是一位虚拟却真实的垄断者。'如果没有我的允许，这个国家的一片叶子也不能动。'这是智利前独裁者皮诺切特的声音，悄然回响在这个虚拟世界之中。"

下一个马云

在这一年的中国互联网领域，刘强东成为另一位颠覆者。虽然他在这一年依旧默默无闻，但激扬澎湃的互联网浪潮很快就会让他声名大噪。

相对于中国互联网的发展历史来说，刘强东是个后知后觉者。在2003年之前，他正一心朝着做IT数码全国连锁店的目标迈进。电子商务对于他来说显得既陌生又遥远。这个毕业于中国人民大学社会学系的苏北年轻人，1998年怀揣着12000元钱在热闹无序的中关村开始了他的追梦之旅。之所以到这里来，是因为这里没有任何身份歧视。日后刘强东回忆创业之初的历史时说："IT行业是中国第一个完全市场化的行业。草根阶层为什么都喜欢到中关村来，因为这里很公平，虽然100个人进来，有99个失败回去的。对每个人成功失败的概率是一样的。"2001年，刘强东的第一家零售店在中关村的苏州街开张。店名定为"京东多媒体"，主要销售高端声卡、键盘、鼠标等电脑外设产品。彼时，刘强东一直奉行两条经营原则：一是明码标价，薄利多销；二是做好服务。2011年，刘强东在接受《东方企业家》采访时曾说："中关村很多商家最大问题是什么？老有暴利的概念，老想在哪儿拿一个五千万的单子，挣两千万。

我们创业至今，从来没有暴利的概念，就是细水长流、薄利多销、规模为首，这是老祖宗教的，我一直坚持这个原则。"

到 2003 年，奉行诚信、低价经营的刘强东已经拥有了 13 个店铺。它们分布在北京、沈阳、深圳等城市。刘强东曾经野心勃勃地设想，到 2010 年的时候拥有 300~400 家的连锁店，让中关村电脑城彻底消失。不过设想归设想，就在这一年，SARS 来袭，刘强东的店铺全部关闭。更让人焦灼的是，中关村所有 IT 产品的价格也直线下降，降幅高达 30%~40%。刘强东在短短的 21 天里就亏损了 800 多万元，占其资金总额的三分之一。如果 SARS 迟迟不结束，京东最多只能坚持半年，互联网似乎是唯一可能的救赎渠道了。

万般无奈中，刘强东就这样进入了电子商务领域。他和他的工作人员开始在 IT 技术论坛里疯狂发帖，向网友们推销自己的产品。一位论坛版主以自身信誉为刘强东担保，公开声称："在中关村，刘强东是我认识的唯一不卖水货的商人。"依靠平时积累的口碑，来自网上的订单虽然不似雪花般地飞来，却也是持续不断地增加。2003 年 6 月到年底，来自网上的订单一共超过了 1000 单，最多一天有 35 个订单，甚至比一个连锁店都要多。

2003 年年底，刘强东毅然决然地踏上了电子商务的漫漫征途。2004 年 1 月 1 日，刘强东创立的"京东多媒体网"正式上线。在诞生之初，这家网站显得孤独而又渺小。因为它只是一家经营电子产品的网站，而且产品也寥寥可数——只有 98 个在互联网上很畅销的产品。和已经生长了 10 年的 B2C 公司亚马逊相比，简直是天壤之别；即便和中国模仿亚马逊的卓越网、当当网相比，也不可同日而语。由于刘强东没做任何市场推广工作，在网站刚开张的一星期内，只有 36 个网友知道互联网上有这么一个去处。不过，就是这样一个在夹缝中生存的小网站，却依靠网友们的口碑传播，呈现出不可抑制的生长态势。

刘强东的到来，如大象冲进了瓷器店一般，固有的规则、秩序频频受到冲击。"搅局者""坏孩子""价格屠夫"，诸如此类的头衔也被加诸在了他身上。这些倒还是次要的，由于京东商城的出现威胁到了很多品牌厂商和代理商的生存，京东商城在成长的过程中不断遇到它们的抗议、打压甚至封杀。一起被媒体多次引用的事例是京东商城与IT企业明基的正面冲突。2008年11月14日，明基对外发布声明，反对"个别企业以3099元的非正常低价销售BenQ投影机产品"，明基"决不允许不法分子以任何方式损害品牌声誉"。尽管明基没有明确指出"不法分子"是谁，但明白人一眼就可看出明基的矛头所向正是京东商城。明基之所以如此措辞激烈，是因为京东商城的低廉价格已经对许多既得利益者构成了致命威胁。在当时，一款市场报价3999元的BenQ MP512投影仪，京东的价格则仅为3099元。不过面对明基的咄咄逼人，京东也不甘示弱。它立即将价格降至2999元，最低甚至跌到了2873元。刘强东说："京东公司不是为了去扰乱这个行业而低价销售，这种价格是基于我们的管理模式，结合超低成本技术而得到的。"2008年以后，与京东商城合作的IT企业逐渐越来越多，到2009年，近80%的主流IT品牌厂商都成了京东商城的供货方。

如果说质优低价是京东商城的一只撒手锏的话，那么高效的物流渠道就是另外一只。通过研究美国最大的在线零售网站——亚马逊的资料和年报，刘强东意识到单纯的低价竞争是无法保持长期的竞争优势的，只有在物流方面进行重金投入才能保持企业的核心竞争力。创建于1994年的亚马逊用了超过10年的时间建仓储、物流，丰富产品线，完善数据库。巨额的投资让亚马逊长期处于亏损状态，其创始人杰夫·贝佐斯也一度在华尔街遭受冷眼。不过到 2003 年一切布局完成时，亚马逊却实现了爆炸性的增长，贝佐斯成了对电子商务最具战略远见的人。为了提升商品配送方面的客户满意度，京东将大部分融资都投入了物流建设当中。到 2011 年上半年时，京东的自营配送已覆盖 110 个城市（其中包括大部分一二线城市），72% 订单实现自主配送。

把用户体验放在首位的京东商城，短短几年时间内便用零售商的思维方式缔造了一个野蛮生长的 B2C 王国。在中国的电子商务领域，京东已经成长为最像美国亚马逊的公司。刘强东说："从 1998 年创业到现在，我都没离开这个行业。我们从来没有想过要做 Web 2.0，没有想过做 SNS，我们集中了公司的所有资源、所有精力来做这一件事情。如果这条路走不下去，真的就无路可走了。"2011 年，《福布斯》中文版以封面文章的形式对刘强东进行了报道，文章的标题是《刘强东：下一个马云》。

蚂蚁战大象

在互联网的第二次浪潮中，马云又大大地向前跨出了一步。2003 年，马云相继推出淘宝网和支付宝。彼时，世界最大的电子商务公司 eBay 正对中国虎视眈眈。而其投资的易趣已经在中国在线拍卖市场占据了 90% 的市场份额。马云进军 C2C 领域，颇有点"围魏救赵"的意味。eBay 的经营思想和网站架构几乎和阿里巴巴一模一样。虽然二者从事的领域有所不同，但一旦 eBay 进入中国 B2B 市场，凭其雄厚的实力将会让阿里巴巴面临一场巨大的灾难。在马云眼中，拖住 eBay 的方法就是启动一个网站，和其中文网站直接竞争。

这是一场实力过于悬殊的对抗，虽不能说是以卵击石，二者实力却可说是判若云泥。一向喜欢高调的马云这时表现得出奇的低调。他把淘宝和 eBay 的竞争视为"蚂蚁对大象的战斗"。他还把"蚂蚁"作为淘宝公司的吉祥物，称自己的团队是"蚂蚁雄兵"。他甚至在 2003 年 5 月初宣布淘宝上线之前，一直对淘宝的事讳莫如深。他让参与建设淘宝的十多名员工签署了保密协议，只告诉大家正在筹建一个项目，而具体做什么则无法告知。淘宝推出后，一度让阿里巴巴的员工担忧不已。有人迫不及待地给马云写信，提醒说有个叫"淘宝"的网站虽然很小，但很可怕；有的在公司内网发布文章，让大家对淘宝密切关注，这可是个来者不善的竞争者。直到 2003 年 7 月马云宣布投资淘宝 1 个亿时，所有的人才恍然大悟，原来阿里巴巴和淘宝是一家人。

悄然亮相的淘宝与易趣采取了截然不同的策略。2001 年，易趣网站对卖家登录物品收取登录费；2002 年 9 月，易趣又对卖家成交的商品收取商品交易服务费。而淘宝则反其道而行之，对交易服务费、登录费、位置推荐费采取全部免费的策略。马云似乎对免费情有独钟。他对媒体说："淘宝一旦收费就必须赢利，就像阿里巴巴收费的第二年就赚到了钱。如果收费了还是亏损，收费也没什么意义。现在我宁肯先把网站的平台和服务做好。"免费的淘宝，犹如一个不收费的网上集贸市场，极大地惠及了在互联网上做买卖的生意人。与易趣相比，它显然更符合中国人的习惯。到 2003 年年底，才上线半年多，淘宝就占到了 C2C 市场 8% 的份额。

2004 年 2 月 17 日，阿里巴巴在北京召开了一场隆重的新闻发布会，对外宣布已获得 8200 万美元的战略投资。在当时，这是中国互联网业最大的一笔私募基金。投资人除了之前一直投资阿里巴巴的软银、富达和TDF风险投资有限公司,这次又增加了硅谷一家以创新技术投资为导向的Granite。资本的加持,不仅可以巩固阿里巴巴在中国企业进出口和国内贸易中的领先地位,也让该公司有更雄厚的实力加大对淘宝的投入。这些毫无疑问让马云的底气大为增加,一切已经无须再遮遮掩掩。马云胸有成竹地说,投资将为阿里巴巴公司进一步发展提供强大的资金支持,进一步强化其在电子商务领域内的领先地位,并在即将开始的电子商务格局变化中占据主动地位。他还从互联网走势的角度告诉在场的记者,中国互联网将由"网民"和"网友"时代转入"网商"时代。中国互联网的发展,一直是非商务强,电子商务弱,这种局面在2004年将会发生根本改变。媒体似乎对淘宝和eBay的战争更感兴趣。赛迪网记者在《阿里巴巴再获8200万融资,电子商务酝酿变局》一文中写道:"未来几年的时间里,淘宝网将全力挑战个人交易网站eBay的全球霸主地位。"

让人不曾料想的是,短短几年时间,中国电子商务的格局就发生了翻天覆地的变化。2006年6月,马云对美国商业杂志 *Business 2.0* 记者说:"阿里巴巴与eBay的战斗已经结束,接下来的时间就是打扫战场了。在未来的十年内,阿里巴巴的目标是跻身全球互联网公司三甲之列。"根据中国互联网络信息中心2006年5月发布的报告,2005年度北上广C2C购物网站的用户市场份额中,淘宝占了67.3%,eBay易趣为29.1%。再往后,eBay彻底退出中国市场,而淘宝则成长为中国C2C市场的绝对领导者。

在和eBay的竞争中,除了免费策略,马云另一个重大创举是推出了对中国互联网影响深远的"支付宝"。2003年10月诞生的支付宝,堪称中国电子商务的一个革命性创新。通过这个平台,买卖双方谈好价格以后,买方把钱汇给支付宝,待买方收到货并确认无误后,支付宝再将货款支付给卖家。马云在一次演讲中说:"支付宝的模式其实也谈不上创新,甚至很愚蠢,就是'中介担保'。你买一个包,我不相信你,钱不敢汇过去,就把钱放在支付宝里面。收到包后,满意了中介就把钱汇过去,不满意就通知中介把钱退回来。"但就是这样"谈不上创新"的第三方担保交易模式,却化解了网上买卖双方对财产安全的顾虑,让他们的正当权益得到保障。

在缺乏信用基础的中国社会,支付宝率先建起了可操作的个人信用征信系统,从实质上破解了长期困扰中国电子商务的诚信、支付等瓶颈。在这之前,类似易趣、淘宝的网上交易平台,对买卖双方缺乏约束力,客户承担了过重的交易风险。2004年12月,支付宝网站上线并独立运营。它开始走出淘宝平台,并逐渐成为网络游戏、航空机票等许多电子商务网站非常基础的服务。到2006年年底,使用支付宝作为支付工具的非淘宝网商家超过30万家。2009年5月,支付宝累积了超过1.85亿的用户。再到后来,支付宝也介入了人们的日常生活,水电煤缴费、信用卡还款、行政缴费等都可以通过支付宝轻松实现。它让一个"无现金社会"在中国的版图上越来越普及。

长尾理论

互联网带来的变化是翻天覆地的。自从它诞生以来,一直强烈地震撼着人们的经济和生活。它的这种颠覆性的力量很早就为互联网先锋们所觉察。在20世纪末的美国,互联网界曾流传这样一句话:"在互联网领域,你确实很难看得清。这个领域新到连价值规律、商业规律都是全新的,甚至是反传统的。"但是,关于互联网到底给世界带来了怎样的运作方式，却一直没有清晰和明确的表述。2004年10月，一种可以概述互联网时代的潜在秩序的理论终于被形象而又响亮地表达了出来——"长尾理论"。

作为美国《连线》杂志的总编辑，克里斯·安德森向来喜欢从数字中发现趋势。在这之前，日常生活的经验让他对界定生活和商业的"二八定律"一直深信不疑。这个由意大利经济学家帕累托提出的数字比例，虽然并不十分准确，却表现出了社会结构中普遍存在的一种不平衡关系。如果放在商品销售领域的话，那就是20%的产品创造了80%的利润，所以很多商家会更关注这20%的热门产品，而80%的非热门产品往往被忽略了。不过一家在线音乐公司的某个月的顾客消费曲线图，却让克里斯·安德森有了新的发现。曲线图是根据流行度排序的。最前端的几首热门曲目被下载了无数次，接下来曲线随着曲目流行度的降低陡然下坠。但奇怪的是，它一直没有坠至零点。克里斯·安德森找到排名第10万首的曲目，发现它的月下载量仍然是数以千计的。在曲线的末端，曲目的月下载量虽然只有四五次，但仍然没有降至零点。克里斯·安德森把注意力放在了需求曲线的尾巴上，并把它转化成了一个专有名词——"长尾理论"。这种理论背后的含义是，只要渠道足够大，非主流的、需求量小的商品销量也能够和主流的、需求量大的商品销量相匹敌。2004年10月，克里斯·安德森将这一发现提炼后以"长尾"为题发表在了《连线》杂志上，它迅速成为这家杂志历史上被引用次数最多的一篇文章。"长尾理论"这一说法也很快风靡世界。

"长尾理论"彻底"背叛"了传统的"二八定律"，构成了互联网时代商业模式的理论支点。依照克里斯·安德森的说法，"长尾理论"阐释的实际上是丰饶经济学，每个人的品位都与主流文化有些许不同之处，当我们文化中的供需瓶颈开始消失，所有产品都能被人取得的时候，长尾故事便会自然发生。而在供给不足的时代，由于商场没有足够的空间为每一个人提供他所需要的个性化的东西，热门产品的统治地位自然就凸显了出来。

"长尾理论"显然是令人振奋的，它以全新的方式重新思考人们看似熟悉的消费领域。而发生"长尾"效应的根本原因就在于消除了有形壁垒，提供了便捷搜索功能的互联网为人们的多样性选择提供了可能。后来克里斯·安德森在《长尾理论》一书中说："从纯粹性的网络零售商，如易趣网，到传统零售业的在线销售业务，无限的货架空间优势、大量的信息以及找到人们想要东西的灵活方式——杰夫·贝佐斯早期的愿景——已经被证实和他当初想象的一样具有不可思议的吸引力。现如今，长尾市场几乎是随处可见。"

"长尾理论"影响的不只是企业的战略决策，它同样左右着大众的品位选择和价值判断。在互联网时代，大一统文化结束了，人们的文化选择越来越多元化。与这个进程相伴随的，是社会分化和重新整合的加剧。

2005—2006：
众神狂欢

在 2005 年 10 月 3 日出版的《时代》周刊（亚洲版）封面上，身着灰色上衣的李宇春淡淡地笑着。这个从《超级女声》选秀活动中脱颖而出的 21 岁中国女孩，虽然不乏青涩，却笃定自信。她被《时代》杂志冠上了一个响亮的头衔——"亚洲年度英雄人物"。

这份向来关注时事热点的严肃性刊物，这次不遗余力地去关注一个草根偶像，看中的正是李宇春及其背后的力量给中国所带来的巨大变化。《时代》周刊（亚洲版）对此解释说，《超级女声》这个节目代表着一种民主运作的模式，由观众自己选出心中的偶像，挑战了中国传统的规范。这种说法虽然不乏值得商榷之处，但李宇春和《超级女声》给中国所带来的震撼却是前所未有的。李宇春从一个普普通通的四川女孩到一个万众瞩目的超级平民偶像，不过是几个月的事情。而在这个过程中，观众不再是旁观者，而是以参与者的身份见证并支配了一个偶像的诞生。在李宇春获得冠军的那一晚，大约 4 亿人收看了电视直播，包括大中小学生、学院教师、软件工程师、房地产开发商、政府公务员、酒吧老板、私营业主等各色群体。分布在中国的各个角落的他们，满怀兴奋和期待地利用手机向主办方——湖南电视台发送短信以支持自己喜欢的选手。对此，《21 世纪经济报道》评价说："他们不仅是手机的一代,同时也是中国网络的主体力量。"

平民制造偶像

一个波澜壮阔的平民化时代已然到来。权威正在动摇,草根正在登场。历史从未像今天这样让人心潮澎湃。每个人都仿佛感觉到在获得知情权和参与权的同时,也拥有了一个可以自由展现自我的平台。而这一切,与互联网息息相关。因为互联网不仅为人们提供了参与的工具,更重要的是这十多年来它不断塑造着人们的观念意识,那就是颠覆权威,崇尚平等。只不过这一次是通过电视这个平台进行了一次生动的演练。可以说,《超级女声》的节目气质机缘巧合地顺应了浩浩荡荡的互联网时代的平等化大潮。

在2005年的上半年,"超级女声"的海选就在广州、杭州、郑州、成都、长沙5个赛区大张旗鼓地开展起来。湖南卫视给《超级女声》的定位是,一档具有独特品质、以音乐选秀为外壳的大众娱乐性节目。整个节目自动剥离了电视艺术暧昧的包装,紧贴大众性和亲民性两大主题理念,倡导"想唱就唱"和"以唱为本",选拔的是女性歌手的声音魅力。只要喜爱唱歌的女性,不分唱法、不计年龄、不论外形、不问地域,均可免费报名参加。这种几乎没有门槛的大众参与方式,顿时如闸门大开一般,让蕴藏在民众中间的热情和力量得到了释放。对于他们而言,在厌倦了传统说教式的精英娱乐之后,在一个尊重个性的平台上追寻自我价值的实现成为一种本能需求。一时间,各地的海选现场,盛况空前,蔚为大观!报名参赛的选手中,既有年过花甲的老太太,也有未谙世事的儿童,甚至有中学生成群结队地逃课去报名。5月17日,《华西都市报》

的记者在成都的熊猫城报名现场发现，《超级女声》的受欢迎程度简直让人不可思议，大约近万人来到了报名现场，由于人太多以致秩序混乱，连周围的交通都受到了影响。

这是一场规模罕见的"平民运动"，电视屏幕中的娱乐主角第一次从明星变成了平民。由于电视台对海选的直播也是不加丝毫修饰的，海选过程中的屈辱和荣耀、得意和悲伤、光鲜和寒酸等世事百态全都展现在了观众面前。这种原生态般的真实，让观众乐此不疲。《新京报》在《〈超级女声〉让"审丑"成时尚》一文中写道："简陋的背景、空荡的场地、没有伴奏的清唱、怯生生的回答、出丑的、紧张的……在以前，这些内容怎能上得了荧屏呢，但现在变了，这一切都成了观众对《超级女声》追捧的理由。"至于这背后的原因，一种普遍的看法是，大众开始对明星娱乐大众的精英文化感到审美疲劳，而大众娱乐大众的平民文化正在崛起。

到了正式比赛阶段，一场规模宏大的"大众狂欢"正式拉开帷幕。有媒体评价说："一个电视娱乐节目在电视与手机、互联网的合谋下蓬勃展开，演变成一场全民运动，像一场飓风横扫过中国大陆。"这的确是一场互联网时代的飓风。在过去，由于技术的限制观众没法和电视进行及时互动，但现在信息技术可以帮助他们实现了。互联网和手机为他们及时地"在场"提供了可能。他们不再是被动地充当看客，而是利用各种形式组织起来，积极地参与到偶像的制造过程中去。

新浪、搜狐、网易、百度等大型网站，几乎都开设了"超级女声"的相关专题或论坛。一家博客网站还倾力打造了一个包含超女博客、网络下载和影音播客的新型社区。清华大学的水木清华论坛也开设了"超级女声"板块。从开设之时起，它就成了人气最旺的板块，同时在线的人数时常占到整个论坛的三分之一。在互联网提供的这些空间中，网友们及时地进行着沟通和互动。有的实时报道比赛的进程，有的倾诉自己内心的真实想法，有的专门爆出比赛的内幕，有的大胆预测比赛结果，有的调动想象力调侃评委或者比赛中的出丑者。《南方都市报》的记者利用百度搜索发现，截至8月18日22点，"超级女声"共有301万个搜索结果。而仅在"百度贴吧"里，"周笔畅吧"的发帖量达到了338313个，"李宇春吧"的发帖量则达到了417178个。有的帖子点击率高达440476个，回帖23069个，点击率数万、数十万的帖子比比皆是。据说"百度贴吧"每天有超过350万的用户访问，每天有200多万的留言。

互联网为《超级女声》的粉丝聚集、交流以及发展新的爱好者提供了一个有效的空间，也为他们成为一个个有组织的团体提供了可能。他们立场坚定而且阵营分明：李宇春的粉丝叫"玉米"，张靓颖的粉丝叫"凉粉"，周笔畅粉丝的叫"笔迷"……可以说，互联网让各地有着相同偶像信仰的人走到了一起。那些分散在全国各地几天前还互不相识的网友，瞬间就可以组织成立场鲜明的后援团队，并在同一时间在不同的城市开展活动，为自己喜欢的选手营造声势，并号召路人投票。一位《超级女声》的粉丝说："随便发个帖子就动辄几百个多则上千个人回应，活动开展起来特别方便。"有的粉丝甚至大声宣布："我们不是旁观者，我们是参与者，甚至我们才是真正的主角。"

由于普通大众也可以通过短信支持来决定选手的去留，他们的主体意识被无意间激活了。《超级女声》为他们提供了一次自由选择、自主发言、自主决定的机会。由电视观众通过手机短信的形式对选手进行直接选举，成为《超级女声》最突出也最具有诱惑力的特点。有网友评论说："这一代的年轻人是幸运的一代，他们懂得用怎样的方式表达他们在一种公共事件中的权利诉求,他们懂得借助网络的力量向各方施压,而且,他们成功了,他们用手机短信和网络的签名成功地'做'了一回骄傲的评委——一个在"超级女声"这一公共娱乐事件中掌握公共权力的人。"这一切在 8 月 26 日晚"超级女声"的总决赛上得到了呈现。李宇春以 350 多万票的绝对优势成功夺冠,周笔畅、张靓颖则分别以 320 多万票、130 多万票获得亚军、季军。据说在决赛的当晚,每分钟都有上万条短信发出。作为一档娱乐节目的《超级女声》展现出了出人意料的社会动员力量。之所以如此,是因为《超级女声》成功集结了电视媒体、互联网以及通信这三张网。在这三张网构成的平台上,观众第一次拥有了话语权。这让电视和观众之间的游戏规则发生了变化,也让它们之间的权力结构发生了改变。《新经济导刊》分析指出:"真正推动这场风潮的显然并不全是传统媒体的力量,而更多借助的是新媒体力量。因为无论现场多么火爆,收视率多么高,仅凭借每周一次的电视直播很难维持一种持续的热度,而恰恰是网络以及短信提供的互动参与平台为这场娱乐盛事注入了持续的能量。"

由《超级女声》所引出的话题远远超越了文化娱乐的范畴。来自文化、传媒、政治、新媒体等各领域的专家学者纷纷加入关于《超级女声》现象的讨论。他们根据各自的专业知识对《超级女声》进行阐释,并赋予其深刻的意义。一档娱乐节目,就这样不断朝着社会和政治话题的方向演化。"庶民的狂欢""一场大众文化对精英文化的反动""民主选举的沙盘预演""娱乐着的中国民主——超级女声""中国民主化进程的历史见证"等话题,充斥着各类报纸的版面。不过,质疑的声音同样强烈。上海学者许纪霖在《戳穿超女民主的神话》一文中笔锋犀利地指出:"以投票为核心的'超女民主',不是一种好的民主,而是一种具有内在颠覆、自我否定的民粹式民主。其背后隐藏着一只看不见的手，通过短信投票的方式，制造一种民意至上的虚幻感，以此实现主办方隐秘的权力意志和商业欲望。"

《超级女声》利用互联网和手机所进行的"民主选择"的尝试，显示出了普通大众宗教般的选举热情、有序且成熟的组织能力，也让他们在参与的过程中接受了一次公民意识的洗礼；它让我们看到在一个开放的分化的社会中，倾听截然不同的民意显得多么重要；它预示着精英文化一统天下的时代已经一去不复返了，兼容并蓄的平民文化开始逐步崛起。可以说，"超级女声"已经深深地触动了固有的社会秩序。四川省委组织部部长在今年8月召开的"推进内部基层民主建设"会议上，特地提到从《超级女声》中获得的启示："为什么几十万、几百万人发疯一样投票？我们可以从多方面去分析，但有一个原因不能疏忽，那就是这个娱乐活动调动和激发了公众民主参与和公开选举的激情。他们有规则地民主参与、按规则得到信息公开，最后按规则实行票决，很有成效，也给人想象！"

2005年年底，《新周刊》在评选"年度新锐人物"时，李宇春成功击败了李敖和李彦宏，凭借"从15万名对手中PK而出，成为万众推举的超级平民偶像"的显赫成绩而成为2005年度新锐人物。《新周刊》不无联想地指出，李宇春的获奖，意味着一个"新锐中国"的到来。她"既是主流的，也是先锋的，既是观念的，又是生活方式的"。

博客大众化运动

这一年，博客越发显得炙手可热。在欧美，一些IT巨头纷纷抢滩博客市场。4月,美国微软公司正式推出MSN"博客"服务,允许网民发布自己的网络日志。就在此前不久,微软的竞争对手雅虎也推出了博客服务。到年中的时候,新闻集团正式宣布以5.8亿美元收购Intermix公司47%的股份,进军新闻博客和社区网络市场。而在韩国,据说三分之一的国民都在博客网站"赛我网"的引导和劝说下建起了自己的博客站点。经过这些互联网企业的推波助澜,博客热潮可谓一浪高过一浪。网民纷纷在博客网站上开门立户,书写自己周边的生活,表达个人某个时间的情绪,或者评价各种社会乱象。当每个人都成为自己的语言的主宰的时候,对社会的冲击力是可想而知的。《商业周刊》显然注意到了这种趋势。这年4月,它以封面报道的形式对博客进行评价说:"博客是互联网出现之后、信息时代最具爆炸性的事件,将会影响到各行各业。"

在中国,博客成了这一年最流行的网络现象和网络行为。博客的异军突起,颠覆了人们对传统互联网的理解,为网民提供了极具个性的私人空间。它以一种不可逆转的方式改变着中国社会以及各个群体的表达方式。"草根传播的崛起""自下而上的群众运动""草根阶层表达观点的阵地""博客就是那个虚拟的自己"等说法被越来越多的人接受;"今天你'博'了没有?"成为2005年最流行的网络用语;各大网站针对网民纷纷展开"圈地运动",挖空心思地推出措施来吸引他们注册……种种迹象显示,博客的成长呈现出遍地开花、锐不可当之势,它颠覆了传统的网络传播概念,给网民们带来了一种新的数字化生存体验,也让那些不喜欢刻板生活的人对社会的变化充满了更多的期待。除《超级女声》外,博客成为带领中国进入平民化时代的另一位引导者。所以,这一年又被喜新厌旧的媒体称为"博客大众化元年"。

方兴东是一个无法绕开的人物。正是在他孜孜不倦的摇旗呐喊之下,博客开始获得国际风险投资者的注意。2004年，博客中国获得了软银等风险投资公司的50万美元。这是风险投资商第一次试水中国博客市场，初次解决了博客中国的生存难题。2005年3月，在一次最具投资价值的媒体评选中，博客中国被评为中国最具投资潜力的媒体。到2005年第三季度的时候，方兴东凭借美好的商业规划和对中国庞大博客市场的信心，水到渠成地从软银等风险投资机构那里获得了1000万美元。虽然博客中国的赢利前景并不明朗，但是博客中国的用户增长量却是极为诱人的。从2002年博客中国开始创办起，一直到2005年，博客中国的用户数量始终在以每月30%以上的速度持续增长。如此的增长速度到底蕴藏着怎样的金矿，谁也说不清楚。在方兴东的示范和带动下，中国博客网、博客大巴等知名博客网站也都获得了风险投资。

拿到投资后的方兴东，开始大张旗鼓地招兵买马。短短几个月的时间，员工的数量就从几十人上升到了400余人。方兴东也一改过去的务实和低调，频频抛头露面，利用一切机会宣扬博客对于社会现实的价值。7月19日，在一个极有象征意义的地方——中华世纪坛，方兴东对着来自不同领域的嘉宾和媒体隆重宣布了"博客时代的来临"。在会上，方兴东宣称博客中国将更名为"博客网"，并胸有成竹地放出"一年超新浪，两年上市"的宏伟目标。方兴东的目的是想让博客中国以更亲民的态度面对网民。就在此前不久，博客中国原有的两万个精英人物专栏被归纳到了一个专有频道，更多的空间预留给了普通网民。他曾经说："当大众都开始用博客，博客才能成为一项主流应用。"在方兴东眼中，博客将是互联网历史上的一场声势浩大的草根运动，博客网将在不久的将来成为中国第一大门户。8月方兴东在接受《21世纪经济报道》的专访时更是扬言"我们要用博客的理念变革传统门户"。他对记者说："传统门户的内容由编辑选择，而博客网将发挥用户的自主能力，实现一个以个性化内容为主的门户。"11月，方兴东的底气似乎又增加了许多。在南京大学举行的中国网络传播年会上，方兴东豪情万丈地表示，博客是一种全新的以个人为中心的深度沟通，将超越电话和电子邮件，在三至五年内，全球第一网站肯定是博客!

在方兴东的奔走和呼喊下，2005年真正掀起了一场博客大众化运动。6月，腾讯QQ推出Q-zone，这是门户网站推出的第一个有影响的博客。9月，新浪也以图霸天下的气势推出了blog 2.0。新浪要求每个频道都设置博客专员，几乎倾全公司的资源来发展博客。在这之后，搜狐、网易等也竞相进入了博客领域。随着几大门户网站的进入，博客领域可谓出现了群雄逐鹿的局面，一时间战鼓雷雷，旌旗猎猎。由于创建博客不需要专业的技术知识，"零门槛"成为诸多网站吸引网民的手段。各种名目的博客大赛也层出不穷。"首届校园博客大赛""武侠博客赛""博客汉语诗歌赛""中国首届博客大赛""首届全球中文博客大赛"等，气派一个比一个大，唯恐不能吸引网民的眼球。一家网站的编辑说："博客真正吸引人的地方在于，它真正实现了平等互动，是每一位网友的自由王国。我们举办博客大赛的目的就是要推广博客文化、弘扬博客精神，推动博客的未来发展走向主流化。"媒体总编、专家学者、独立记者、企业精英以及网络作家，纷纷被博客大赛的主办方邀请来做评委。姑且不论博客大赛的内容和参赛者，单就庞大豪华的评委阵容就足以显示出博客风头无两的态势。在各类互联网站的推波助澜下，许多此前还在互联网大门前徘徊的人，终于无法拒绝地投入了互联网的浪潮中。大众力量崛起已经成为不可阻挡的趋势。据说最年长的博客使用者已经达到了80岁的高龄，而最小的博主还不到1岁。《三联生活周刊》不由惊呼："全民博客!"

这样的说法显然有夸大其词之嫌。不过要问到底有多少博客却没有人能够说清楚。7月，中国社科院发布的《中国互联网使用现状及影响调查报告》指出，博客是最新兴起的交流工具，同时具有很强的个人发布功能，在短短时间里有29%的网民开始使用博客。咨询研究易观国际所做的一项统计显示，2005年前9个月，中国博客累计注册账户数达到3336万，比2004年底翻了一番。一家财经类周刊做出估计说，到11月的时候国内博客网站已经超过200家，写博客的人超过1000万。虽然博客的数量无法确认，但有一点却是可以肯定的——中国已经进入一个人人可以书写的年代。普通民众正逐步取得话语权，声音不再被专家、记者、官员等话语阶层所垄断。当分散的声音聚合到一起的时候，对于权威阶层的冲击将是强烈的。博客不仅是一种技术、一种生活，也是一种可以和政治权力博弈的工具。有媒体评论说："博客是中国公民社会成长的重大体现，让普罗大众逐步取得话语权，结束了'特权话语阶层'一统天下的时代，改变了中国人的生活习惯和生存状态，为每个人的'精神漫游'开创了可能。"

在当时，博客的确是中国民众最新潮也最广阔的精神家园。谁也不曾料想的是，信息技术的发展在为人们带来便利的时候，居然还开创了一个容量无限的人文空间。甚至有论点认为，博客是每一位网民的自由王国，文章、图片、视频的上传、编辑、排版完全由网民自己决定，网络自主平等互动的魅力在这里得到了充分的体现。有这种感受的，显然不止普通网民。那些曾经掌握话语权的精英群体也切身体会到了一种自我的解放。有"中国博客第一人"之称的电影演员徐静蕾在接受媒体采访时说："在媒体面前我会比较紧张，这是性格问题，博客中才是我最真实的自己。"在作家张海迪眼中，博客"应该成为一个充满真诚和善良的花园，而不是恶意炒作的灰烬"。房地产商潘石屹在写了几篇博客文章后评价博客说："博客就是互联网上的精神家园。没博客之前，互联网就像荒蛮的牧业文明一样，人们到处游荡，居无定所，今天在这儿写一段，明天在那儿写一段。有了博客之后，互联网就像进入了农业文明，人们有了自己的土地，有了自己的家园，可以把财富和文化沉淀下来。"

面对汹涌澎湃的博客浪潮，新浪网总编辑陈彤是另一个我们无法回避的人物。如果说博客在大众中间的普及与方兴东有密切关联的话，那么在博客走向主流化的过程中新浪网的总编辑陈彤则发挥了不可磨灭的作用。正是在陈彤的操作下，新浪邀请到了众多名人明星到新浪安家落户，最大限度地扩大了博客的影响范围，也把2005年的博客热潮推到了顶点。正如年底他在接受记者采访时所说的："不夸张地讲，在新浪的推动下，借由名人的影响力，博客在中国已经走入一个更为主流、更为健康、更为全民参与的新时代。"上文提到的徐静蕾、张海迪、潘石屹等名人，就是被他拉进博客领地的。

在决定推出名人博客之前，为了验证名人是否愿意建立博客，陈彤先拿余华做了个试验。陈彤邀请余华建立博客的原因是，他和余华私交甚好，而且余华是新浪众多文学青年的偶像。陈彤本以为事务缠身的余华不会对博客感兴趣，但结果出人意料。余华停掉了手机、电话等一切通信手段，专心致志地利用博客来和外面的世界沟通交流。在不到一个月的时间里，网友的流言接近千条。有网友留言说："没想到可以和您这样接近。原始人围坐在篝火旁，能讲故事的人是他们的生活中心，是他们的精神领袖，讲述者的魅力他们可以亲切地感受，而网络时代，我们有了这种方式。"余华则回复说："我写了20多年小说了，今天看了你的留言，才知道自己是围坐在篝火旁能讲故事的那个人，这是我得到的最高评价……网络让我们坐在了一起,虽然我们互不相识,可是我们中间有篝火……"余华对博客的痴迷和执着让陈彤大为振奋,每个人都有精神交流的需要,名人自然也不例外。凭借中国第一门户网站的优势,新浪广邀各个领域的名人开设博客。不到两个月时间,新浪"名人博客"超过250人。12月底,演员徐静蕾的新浪博客访问量突破了400万,创下中国博客访问量新高。

名人博客的风潮席卷全国,让博客的概念得到了最全面的普及,成为真正意义上的社会主流。同时,被改变的还有人们对博客的理解——博客并不必然是草根的、匿名的,它向所有的群体开放。后来方兴东如此评价名人博客:"名人博客不是洪水猛兽,它最大的贡献就是帮助推动博客主流化,这是一种进步。真正的博客精神,不在于你是草根或是精英,博客就好像一个社会,里面有各种各样的人,每个人的个性都是不一样的,无论是名人,还是草根,都有发言的权利。"

网民"芙蓉姐姐"

这是一个急遽变化的年代。唯一不变的就是变化。到2005年,中国互联网的商业化不过10年的时间。但短短的10年之间,变化却是天翻地覆的。数字化生存的场景已经越来越普遍,网民的数量也呈现出爆炸式增长的趋势。7月21日,中国互联网络信息中心在北京发布了第16次《中国互联网络发展状况调查统计报告》。报告显示,截至6月30日,我国上网用户总数突破1亿,为1.03亿人,半年增加了900万人。其中宽带上网的人数增长迅猛,首次超过了网民的一半,达到5300万人。随着宽带时代的来临,网民的上网习惯也发生了显著变化。调查表明,休闲娱乐首次超越获取信息成为网民上网最主要的目的。在统计结果中，选择休闲娱乐为上网目的的比例达到37.9%，获取信息的比例为37.8%。而在2002年网民以获取信息为上网目的的占到了47.6%，以休闲娱乐为目的的比例仅为18.9%。此次调查中，CNNIC关于网民的定义是这样的，平均每周上网超过1小时，年龄超过6周岁，中国国籍。在这次调查统计中，宽带上网人数的增加尤为引人关注。互联网分析师吕伟钢做比喻说，如果把中国互联网比作经济实体，超过一半的中国网民"解决温饱问题走向小康社会"，不用再像以前那样为拨号上网计时计费问题发愁。

对于中国互联网而言，1亿网民是一个具有里程碑意义的数字。它意味着网民中间蕴藏着无穷的商业价值，意味着网民已经成为一支不可忽视的社会力量，也意味着未来中国会有更大的创造性变革。虽然中国的互联网普及率远不能和世界发达国家相提并论（在当时，美国已经达到67.8%，韩国是63.3%，日本是60.6%，而中国只有7.9%），但中国网民的增长速度却预示着我国的互联网普及率达到发达国家的水平并非难事。

在2005年的1亿网民中间，最具知名度，最能体现互联网自由、包容以及共享精神的，既非信息技术人员，也非政治精英或娱乐明星，而是一个叫"芙蓉姐姐"的草根人物。这一年，有关她的消息简直呈现出铺天盖地之势。任意打开一个搜索引擎，输入"芙蓉姐姐"4个字，就可以得到几百万条搜索结果。或许在"每人都可以是五分钟名人"的互联网时代这不值得大惊小怪，但她所引发的诸多社会话题却让她具备了标本性的意义。"芙蓉姐姐"不过是一名到北京考研的陕西女孩。2004年，在她把自己的照片和文章发布在清华大学的校园论坛上之后，逐渐引起了轰动。据说"芙蓉姐姐"的帖子有超过10万次的点击量，每天有5000余人同时在线等待她的发帖。更为夸张的是，北大、清华的天之骄子们还为她成立了"芙蓉教",编写了"芙蓉姐姐扫盲手册"。2005年5月,当好事的网友把"芙蓉姐姐"的照片转到天涯论坛时,"芙蓉姐姐"真正在全国范围内火了。她开始建立自己的博客,召开新闻发布会,并在电视栏目中担当主持人或嘉宾。全国各大报纸、杂志也纷纷报道"芙蓉姐姐"或者对"芙蓉姐姐"现象进行各种解读和分析。仿佛在一夜之间,"芙蓉姐姐"由一个默默无闻的女孩一跃成为家喻户晓的人物。

在互联网的虚拟世界中,"芙蓉姐姐"展示给网民的更多是她稍显夸张的"S"形身材和不十分得体却又无伤大雅的文字。她的照片和文字虽然极度自恋,却也夹杂着坚忍不拔、自强不息的精神特质。一段颇具代表性的话是这么说的:"我那妖媚性感的外形和冰清玉洁的气质(以前同学评价我的原话),让我无论走到哪里都会被众人的目光'无情地'揪出来。我总是很焦点。我那张耐看的脸,配上那副火爆得让男人流鼻血的身体,就注定了我前半生的悲剧。我也曾有过傲人的辉煌,但这些似乎只与我的外表有关,我不甘心命运对我无情的嘲弄,一直渴望用自己的内秀来展现自己的内在美。"毋庸置疑的是,在讲究"注意力经济"的时代,"芙蓉姐姐"的言行举止具备了走红的可能。她在网络虚拟世界中进行的极度张扬的自我表达,与现实世界中强调内敛的社会传统形成了反差,这足以让她在网络世界中成为焦点;而面对网民的质疑和批判,她依旧能够真诚、平等地和网民交流,这也使她获得了大量网民的认同。

人肉搜索

法国社会学家古斯塔夫·勒庞在《乌合之众》一书中曾经写道:"群体中累加在一起的只有愚蠢而不是天生的智慧。如果'整个世界'指的是群体，那就根本不像人们常说的那样，整个世界要比伏尔泰更聪明，倒不妨说伏尔泰比整个世界更聪明。"作者提出该观点的时候，互联网时代还远远没有到来。不过如果作者生活在互联网时代的话，那么他将会看到与他观点相悖的另一番场景。那就是当互联网把富有个性的单个人聚集在一起的时候，不管是解决现实问题还是创造未来，这个群体都展现出了超乎想象的智慧，而且充满了力量。

关于这种场景，最具代表性的莫过于"人肉搜索"。"人肉搜索"是相对于传统的不见人、不闻声的网络信息搜索而言的。它充分调动网民的力量，让具有不同知识背景、不同生活阅历、不同观点立场的网民参与进来，一人提问，多方回应，利用网民们的知识互补优势形成声势浩大的互动查询活动，在较短的时间内便可以把现实世界中费尽力气也找不到的答案公之于众。大约在2006年，"人肉搜索"伴随着一起社会事件正式进入了公众视野。

事件从一位丝毫不具知名度的网民开始。一组虐猫的图片和视频自2月26日被一位网友上传至猫扑论坛后，通过转帖的形式迅速在互联网上传播开来。在新浪、搜狐、网易和天涯等各大网站，一度成为点击率最高的热门图片。网民中间的谴责之声同样汹涌澎湃。"人渣""惨不忍睹""没有人性"等批评和怒骂铺天盖地。甚至有网友将虐猫女子的头像制作成了"宇宙A级通缉令"，号召人们提供线索，目的就是要查清虐猫女子的身份、动机，并对其进行质问。

在互联网诞生之初，曾经有一句流传极广的话："在互联网上，没人知道你是一条狗。"这句话用调侃的方式强调，网民能够以一种不透露个人信息的方式来发送或接收信息。但是当互联网进入Web 2.0时代的时候，情况变了。个人在参与互联网内容创造的过程中，有意无意间已经将个人信息泄露了出去。即便是在互联网上留下一点蛛丝马迹，网民也可以利用"人肉搜索"对当事人进行搜索挖掘，获得当事人真实姓名、家庭住址、工作单位等一系列信息。

愤怒的网民对虐猫女子启动了"人肉搜索"，一场规模壮观的搜索行为迅速展开。他们根据照片中的背景判断分析事发地点，并搜寻相关视频的发布网站。两天的时间不到，互联网上关心虐猫事件进展的网友就达到了70万，提供的线索也达到数万条。虽然头绪纷繁复杂，但网民们却在一步步逼近事情的真相。3月2日，一名ID为"我不是沙漠天使"的网友在猫扑网站上的发帖让事件有了突破性进展。他在帖中指出事发地点是黑龙江的一个小城，"因为我就生活在这里，那是我们这的一处风景区，由于我们这儿很小，所以这个女人我认识，她是我们当地医院的一名工作人员，其余的我就不能说了"。这条线索迅速引起了网友们的关注。由于照片显示事发地点是在海边，有网友不遗余力地把旅游照片和虐猫现场照片进行对比，有网友使用卫星地图对事发地进行一点点的锁定，甚至有网友不惧舟车劳顿顺着黑龙江的沿岸小城一路搜查。3月4日，ID为"浪漫夜风"的网友在猫扑论坛发言，印证了"我不是沙漠天使"提供的信息。他还补充指出："视频中的女子叫王某，是黑龙江省鹤岗人，年龄40岁左右，工作单位萝北县人民医院……而拍摄'虐猫事件'的地点正是黑龙江省萝北县名山岛。"6天的时间不到，虐猫女子就被网友利用"人肉搜索"从茫茫人海中检索了出来。同时被挖掘出来的还有虐猫视频的拍摄者——萝北县电视台编辑部主任李某，虐猫视频的传播者——杭州一家网络公司的总经理郭某。

这是中国互联网历史上第一次大规模的"人肉搜索"事件。从发现线索到调查分析再到追踪并确定三名当事人，全部由网民自发地完成。

一起生活中并不起眼的事件,就这样在互联网上像雪崩一般急遽扩大。它所引起的连锁反应,很快就从互联网上蔓延到了现实世界。迫于网民声讨和追踪的压力,萝北县当地政府特地召开专题会议,要求正确对待网民的要求与呼声,并组织纪检、公安、检察、文化等部门对虐猫事件的当事人进行调查处理,希望给社会、媒体和网民一个满意的交代。3月15日,萝北县政府网站公布了对虐猫事件当事人的处理意见,王某和李某被停止工作,李某的部门主任职务也被免去。由于此事件沸腾之时正值两会召开,24名政协委员甚至联名向政协大会提交了《关于立法反对虐待动物的提案》,要求尽快出台反虐待动物法,以及时约束日渐普遍的动物被遗弃、残杀甚至虐待的现象。

在2006年,"人肉搜索"就这样以一种几近野蛮和突兀的方式触动了互联网和现实的中国。那些散布在各个地域的网民,或者出于猎奇心理,或者出于发泄内心不满的情绪,或者出于一般道德感和公共责任意识,围绕着检索并惩戒当事人这一目的聚集到了一起。网民借助"人肉搜索"对道德失范者或者违法乱纪者进行评判、惩罚。它不仅可以在短时间内揭露事件背后的真相,而且在很大程度上成了网民群体实现目的手段。

《纽约时报》在评价中国"人肉搜索"时如此写道:"对于一个西方人来说,最令人震惊的是中国互联网文化与我们如此不同。新兴网站和个人博客在中国远没有我们的有影响力,社交网站还没有正式起步。最有生机的仍然是大量不知名的在线论坛,这也是人肉搜索开始的地方。这些论坛已经进化为比英语互联网上的任何事物更具参与性、更动态、更平民主义甚至更加民主的公众空间。"

不过,"人肉搜索"所带有的群体暴力特点,同样引起了社会的忧虑。

《国际先驱论坛报》在《暴民统治中国互联网：键盘作武器》一文中写道："互联网上的战争可以随处突然爆发，网民群体以道德优越感而非法律依据作依托，实施集体对个人的道德讨伐甚至现实攻击……"在互联网上发泄暴力情绪的中国网民因此被冠上了"网络暴民"的称号。而在国内，随着中央电视台、《中国新闻周刊》、《三联生活周刊》等媒体对互联网暴力的反思，"网络暴民"一词也为越来越多的人所熟悉。6月，《中国青年报》和腾讯网所做的一项社会调查显示，超过62%的受访者认为"主观上有恶意制裁别人的倾向"是"网络暴民"的首要特征，超过57%的受访者认为"网络暴民"具有"出口成'脏'"的特点。

《时代》年度人物：YOU

在2006年即将结束的时候，享誉世界的权威媒体美国《时代》周刊又为"草根"的崛起和权威的颠覆增添了一个生动的注脚。12月18日，它声势浩大、浓墨重彩地推出了2006年的年度人物——YOU！这个"你"并非故弄玄虚哗众取宠的概念，而是切切实实地指代着全世界数以亿计的普通网民。在封面上，《时代》周刊对此诠释说："是的，你是今年的年度人物！你把握着信息时代，欢迎进入你自己的世界。"

多年以来，《时代》周刊一直评选年度人物。其评选的宗旨是"选出那些对世界和人们生活影响最为重大的人物，不管这种影响是好是坏；能够代表本年度最重要的新闻事件，无论这种事件是好是坏"。曾经，成为《时代》年度人物的更多是挺立在社会阶层金字塔塔尖上的精英分子。因为正是由那些名流、英雄、掌权人士所构成的少数派，改变并塑造了多数人的命运。但在互联网时代，普通网民却一举击败了美国总统布什、美国前国防部长拉姆斯菲尔德、伊朗总统艾哈迈迪－内贾德、委内瑞拉总统查韦斯、古巴领导人卡斯特罗、朝鲜领导人金正日等 26 位赫赫有名的世界政要，成为 2006 年的主角。《时代》周刊欣喜若狂地指出，随着 Web 2.0 的兴起，随着博客和视频网站的涌现，由伟人创造历史的历史观念正遭受沉重的冲击，而互联网上的个人正在改变着信息时代的本质。《时代》周刊这么说无疑是有依据的。因为由网民发布的信息正在改变人们感知世界的方式。无论是巴格达冲突还是伦敦地铁爆炸，网民们通过博客、视频等方式自行发布的信息都要比传统媒体更迅捷，也更原汁原味。网民表现出来的改变世界的能力，无可匹敌。编辑列夫·格罗斯曼在颁奖词中写道：

"虽然 2006 年也有许多新闻事件主角引人关注，但换个角度，却可以看到事态发展的另一面。它与冲突或伟人无关，它是一个以前所未有的规模进行交流和合作的故事。它是知识的大汇集、一个百万视频的人民网络 YouTube 和一个在线大都会 MySpace。它是人们无偿地相互帮助的故事。它不仅改变了世界，而且还改变了世界变化的方式。

"使这一切成为可能的工具是互联网，这不是英国工程师蒂姆·伯纳斯－李当年为科学家们分享研究成果所研发的那个互联网，也不是 20 世纪 90 代末那个大肆渲染的'.COM'。这一新的网络是非比寻常，它是一个工具，将无数人所做的小贡献放在一起，并使无数人变得重要。硅谷的专家称它是 Web 2.0，好像它是一些旧软件的升级版，但它真的是一场革命。

"我们正在目击生产力和创新能力的大爆炸，而这一切才刚刚开始，那些原来默默无闻的人正将智慧投入全球知识经济中去。

"你已控制了全球媒体、建立并塑造了新数字时代的民主社会、无偿地提供内容并在职业人士的领域中击败专业媒体人士，《时代》周刊 2006 年度人物就是你。"

在当时，中国的网民已超过 1.3 亿，这种殊荣显然也是属于他们的。他们和其他国家的网民一样，开始走上历史的前台，掌控着信息的发布和传播，无偿地提供着充满想象力和创造力的内容，使得关于这个世界的信息量呈现出爆炸式增长。他们也成为影响意识形态、推动时代进步的主流力量。每一名网民都享受着这种转变，而促成这种转变的不是精英人物，正是分布在各个角落很少抛头露面的网民自己。

对于这个突如其来的荣誉，一位网友分析称，"民众的力量已经被重视"，一位网友自豪地说"我们就是历史"，也有网友调侃道："今后大家可以在简历上加上一句，'曾当选美国《时代》周刊 2006 年度风云人物'。"新华网更是在一篇文章的标题中一语双关地指出："网民：'你'是《时代》人物也是时代人物。"

对于网民登上历史舞台，广东的《南方日报》和北京的《新京报》不约而同地看到了其背后更深刻的意义。《南方日报》在《我们都是网民，我们都是年度人物》一文中指出："信息被垄断的成本越来越高，而开放信息已成为不可避免之趋势。任何一个企图依靠垄断信息而获得长久的政治利益和经济利益的个人及团体，都注定将面临庞大民众智慧的挑战。'愚民政策'这样的前现代统治方式由于互联网的出现而难再返。"《新京报》则在《网民成为"人物"，如何面对？》一文中说："《时代》周刊将网民集体评为年度人物，是一种对网民影响力的承认，也是对我们正在进入网络社会的中国一个提醒。既然普通网民都能成为'时代人物'，我们更可以利用网络空间服务于时代与社会。"

2007：
数字化民主

2007年是中国网民广泛且深刻介入公共事件的一个重要年份。经过多年的培育和发展，中国网民参与公共事件的意志显然是越来越强烈了。中国的主流人群基本上都集合到了互联网上。互联网已不仅仅是网民们沟通交流、日常娱乐的工具，同时还是讨论社会公共事务、助推社会进步的公器。因此，"公共事务元年""网络公共事件元年""网络民意年"等说法被媒体相继提了出来。虽然众说纷纭，但都强调了网民客观、理性、负责的公共意识，以及对解决公共事件所起的推动作用。

《人民日报》发表《2007，中国网民的声音不能不听》一文，以肯定的态度指出，中国网民以其智慧和理性，促使一系列社会公共事件走进了张扬社会公平正义的解决渠道。文章写道："中国公众参政议政的声音，从来没有像2007年这样嘹亮；中国网民推动民主政治进程的力量，从来没有像2007年这样显著；各级政府对网络舆情的重视，也从来没有像2007年这样焦渴。"立场前沿的《南方都市报》更是以特刊的形式提出了"网络公民"的概念。其在文章《网络公民：我们发出理性的声音》中强调，"现实中的你是一个主权国家的公民，一旦牵条网线，挥动鼠标敲击键盘，就被叫作网民。某种意义上讲，你在不知不觉中也可能扮演着一个叫'网络公民'的角色"。"网络公民"已经在社会公共事件的土壤中破壳而出,"这个词代表着与网络过往的不良属性决裂,更侧重于其中的'公民'内涵,即具备民主意识、付诸行动并担负责任。"中国新锐时事生活周刊《新周刊》亦在《网络公民——第 N 个人大代表》一文中强调:"网民有各种属性,网络公民是其中最具建设性的一种。"种种迹象显示,2007 年中国网民在介入公共事务方面已经越来越成熟,所引发的变革与以往相比也尤为猛烈。从年初到年尾,互联网不断为我们呈现出网民推进中国进程的气势恢宏的场景。

政治局学习互联网

从 2007 年年初开始,一个不同寻常的信号就从中南海传递了出来。1 月 23 日下午,在总书记胡锦涛的带领下,中共中央政治局进行了第 38 次集体学习。而这次学习的主题正是互联网。

从 2002 年 12 月以来,政治局把集体学习作为一项制度长期坚持了下来。作为治国理政的中枢机构,政治局的一举一动都为外界所密切关注,政治局通过集体学习,不仅是在加深对问题的认识,也是以此向外界传递具有符号性和指向性的微言大义。从胡锦涛主政中国以来,凡被纳入政治局学习范围的,几乎都是与这个国家的命运息息相关的宏大命题,小康社会建设、就业政策研究、非典型肺炎防治、文化产业发展、党的执政能力建设、民族关系、能源战略、教育体制改革、医疗卫生体制改革等。而这一次,轮到了互联网,确切的说法是"世界网络技术发展和中国网络文化建设与管理问题"。

在主持学习时,胡锦涛高屋建瓴地指出了互联网之于中国未来的意义。他说:"能否积极利用和有效管理互联网,能否真正使互联网成为传播社会主义先进文化的新途径、公共文化服务的新平台、人们健康精神文化生活的新空间，关系到社会主义文化事业和文化产业的健康发展，关系到国家文化信息安全和国家长治久安，关系到中国特色社会主义事业的全局。"对于如何应对互联网时代，他说："我们必须以积极的态度、创新的精神，大力发展和传播健康向上的网络文化，切实把互联网建设好、利用好、管理好。"他强调："要制定政策、创造条件，加强政府网站建设，扶持拥有优秀网络文化内容的网站，积极开发具有自主知识产权的网络文化产品，加强和改善与人民群众生产生活密切相关的信息和服务。"他还特别指出："各级领导干部要重视学习互联网知识，提高领导水平和驾驭能力，努力开创中国网络文化建设的新局面。"

胡锦涛的这些话虽然有些宏观和抽象，但核心观点却让人明白无误。互联网的建设和管理问题，涉及国家的强盛，也涉及民族的振兴，它已经成为为中央最高决策层所关注的重大国计民生问题。对于中国而言，互联网的地位从来没有像今天这样显赫。虽然它诞生的时间并不长，但是对中国产生的颠覆性变革却是前所未有的全面和深刻。政治、经济、科学、社会、教育以及企业等，一切领域都被信息技术覆盖了。它改变着普通人的工作和生活，也改变着社会领域的观念和体制。这场变革注定是无法回避的，决策者们所能做的唯有调整和适应。决策者们关于互联网建设和管理的从容表态，显示出中国对于互联网已经学会了坦然面对。一篇为无数网站转载的文章《政治局集体学习网络知识的示范意义》指出，中国政府对互联网功能的认识，对互联网的应用能力，正在逐步提升，"从把它作为单一的信息传播工具，扩展延伸到培育文化产业、思想交流沟通、民情民意疏导、建设精神家园，层次越来越高，能力越来越强"。

省委书记发帖向网民拜年

对于胡锦涛的讲话，地方官员从学习、领会到落实，虽然还需要一段时间，但一些思想开明的官员已经放下身段，积极地投入了互联网的浪潮中。他们除了继续让专门机构收集、编辑互联网舆情报告外，还以网民的身份亲近和利用互联网，通过与网民的互动来倾听网络民意，汲取网民智慧。对于中国而言，互联网越来越主流化了，它不再只是网民们休闲娱乐、沟通交流的媒介，还是推动中国各级政府科学和民主决策的有效工具。而网民的主人翁地位也前所未有地得到了加强。他们的思想和意志显然是无法被忽视的。当他们越来越深入地影响这个时代和国家时，官员群体和他们的平等交流和对话也越来越成为一种常态。就在2007年春节前夕，多名地方官员在网上发帖向网民拜年，给现实的中国吹来了一股不曾料想的清新之风。

2007年2月15日下午，细心的湖南网友在红网红辣椒里"献策湖南"版块里赫然发现了湖南省委书记张春贤给网友拜年的帖子。帖文用朴素而又真诚的笔触写道："春节马上就要到来了，我向红网的网友致以诚挚的问候，拜个早年！在2006年湖南省委'迎接党代会，共谋新发展'献计献策活动中，得到了网友们的热情支持、参与，在此我向大家说声谢谢！希望各位网友今后一如既往地关心关注湖南，更加积极地为湖南新型工业化、社会主义新农村建设、实现富民强省、构建和谐湖南的宏伟目标献计献策。我相信，湖南一定会在广大网友们的支持下发展得更好，发展得更快！"

这篇名为《我向红网的网友致以诚挚的问候，拜个早年！》的帖子虽然不到200个字，但在网民中间却引起了强烈的反响。对于普通网民而言，省委书记即便不是遥不可及也是难以接近的。平素网民们更多的是通过地方台的电视镜头了解他们或者视察或者开会或者慰问等奔走忙碌的工作状态、克制严肃的公共表情。现在网民们却在一个商业网站的论坛上切实感受到了一名省委书记充满温度的问候。张春贤放下身份以实名 ID 在虚拟世界中进行的"亲民"举动，不仅真正实现了一次高级官员与普通网民的直接互动，而且迅速拉近了普通网民与领导干部之间的距离。在很短的时间内，帖子的点击率就超过了 14 万次，回复达到 1000 余条。"亲民书记"这个称谓很快在互联网上扩散开来。有网友称张春贤是"第一个'吃螃蟹'的高级干部"，有网友颇有历史纵深感地认为张春贤"开了中国网络史和政治史的先河"，还有网友不失时机地建议让市县乡的各级部门的主职领导都实名上网，"倾听民声，直接对话"。上百家网站对张春贤给网民拜年一事给予了高度关注，积极评价其开全国先河的意义。湖南卫视还在除夕夜的《湖南新闻联播》中全文播报了张春贤拜年帖子的内容。

几乎就在张春贤发拜年帖的同一天，河南省委书记徐光春也通过大河网向海内外网友发布了新春贺词。帖子内容在历数了河南在 2006 年取得的成绩后，以感恩的语调肯定了网友们对河南发展所起到的作用。帖子如此充满深情地写道："……2006 年河南取得的业绩，各位网友功不可没。你们充分利用网络平台，热议河南发展，宣传河南成就，为河南鼓与呼，为河南喜与乐。河南的一件件大事、一桩桩喜事，使你们欢欣鼓舞，倍感自豪，河南的一次次欢乐，河南的一次次骄傲，在你们的手下，激荡在网络世界，传播于五湖四海！正是由于你们的努力，河南的发展赢得了世人的尊重和瞩目……"对于大河网的网友而言，这已是他们第二次收到省委书记徐光春的新春祝福。2006 年 1 月，徐光春就曾通过网络视频直播间向网民们表达了问候。但无论何种形式，都显示出这位中部省份的父母官对网民的关注。只是这次在网民中间引起的喝彩要更强烈一些。一名大河网的网友评论说："网络拜年，彰显了领导对网络民意的关注，对网友贡献的肯定，更显示出民众参政渠道的拓宽和政治文明的进步。拓畅舆情通道，做到官员与网民的良性互动，实现政府与民众的'无缝连接'，值得我们期待。"还有网友认为："网友们感动之余也要发出真实的民间声音，表达公民的需求，才能不辜负领导的重视。"

除了湖南、河南两地外，当时的江西省委书记孟建柱、广西壮族自治区党委书记刘奇葆、陕西省委书记李建国、甘肃省委书记陆浩、天津市长戴相龙等也在 2007 年春节前后向网民表达了问候和祝愿，并希望网友继续支持他们主政的省市。为了拉近和网民的距离，诸如"我爱你，就像老鼠爱大米"之类的网络时髦话也被省委书记们信手拈来用在了新年贺词之中。

多地省委书记在互联网公共空间里的集中拜年，大大增强了网民的主流地位。聚沙成塔，集腋成裘。网民们散落在论坛、博客、交流群中的直抒胸臆声音，即便是没有明确指向的情绪化表达，也对于这个国家起到了深刻的推动作用。到 2006 年年底，中国网民数量已达到 1.37 亿，占人口总数的 10.5%。平均到每个省，都会有几千万网民。源于在互联网上信息的交换和分享，他们越发关注自我的价值和利益，权利意识空前高涨，渴望获得更多的知情权、参与权和监督权。这显然是一股不容忽视的社会进步的推动力量。一篇刊登在新华网上的评论《为省委书记网上"拜年"喝彩》指出："网络是汇聚人群最多的地方，更是民意表达最强烈的地方。离开了网络，就相当于脱离了一大部分群众。网络拜年使百姓与领导的距离不再遥远，网络上的亲切褪去了领导干部身上的'光环'。"另一方面，省委书记向网民拜年虽然只是举手之劳，但让很多人嗅出了党和政府执政方式悄然变化的味道。博客日报网一名叫"吉林客"的网友写道："领导干部网上'拜年'的做法，能够使我们党'从群众中来，到群众中去'的传统在新时代焕发出新的光彩。"而在中央党校教授李书磊眼中，信息时代党政干部对民意的欢迎姿态，"表明了党和政府更加开放和自信的执政风格，传递了推进中国民主政治进程的诸多努力"。

互联网拓宽参政议政渠道

在互联网的推动下，中国的民主政治开始大步向前迈进。它不仅体现在中国的高级官员们向网民拜年这股温情脉脉的潮流中，更重要的是网民的声音已经通过各种方式介入了中国的政治议程。网络世界虽然是虚拟的，但网民们所关注的话题却涉及热点事件、官员言行、政府决策等与国计民生息息相关的现实问题。共同的诉求让不同职业、不同地域的网民围绕某个话题在互联网空间中聚集在一起，其声音足以形成一股排山倒海的冲击力量。他们利用对热点新闻进行跟帖、在 MSN、QQ 等社交空间中讨论、在个人网站或者博客中发言等方式，掀起一阵阵舆论浪潮，推动着政府行为的不断调适，也推动着有关规章制度的兴废。《新周刊》认为网民的这种力量就是网络"人大代表"的力量，"他们彻底改变了 20 世纪 80 年代关于'真理标准大讨论'要依托于官方纸媒的传统传播模式，制定出了一套属于 e 时代的全新议事流程"。在 2007 年前后，网民与政府之间的互动，突出地表现在了全国瞩目的两会议程中。

作为我国重要政治制度的具体实践，每年 3 月全国人民代表大会和中国人民政治协商会议都要在北京召开。在这样一个春暖花开的季节，近

3000名全国人大代表和逾2000名政协委员带着从民众中征集来的信息和诉求，对有关政府部门的行为进行评判和建议，并就未来的人事任命、政府规制进行表决。作为中国最重要的议政平台，两会在很大程度上决定着中国前行的轨迹。随着互联网在中国的发展壮大，"两会"不论在时间维度上还是在空间维度上都被大大地延伸了。通过互联网表达诉求、建言献策，正成为普通民众参政议政的新型民主表现形式。互联网拓宽了参政议政的渠道，为普通民众参与政治生活提供了新的方法和途径。

自从2003年以来，互联网这种打破了时空限制且极大地降低了民主成本的媒介形式，成了代表委员们倾听民意的有效渠道。2003年9月，第十届全国人大代表、华中师范大学教授周洪宇的个人网站"洪宇在线"正式开通。"洪宇在线"被称为"中国第一个全国人大代表的议政性网站"。自此周洪宇每天都会收到上百封网民发来的电子邮件，内容涉及中国的政治、社会、经济等多个方面。后来周洪宇在接受媒体采访时说，成立个人网站后的三年中，他提交给全国人大的60余件建议和议案中，有一半来自网友的建议和启发。2004年，为了广开言路，反映民意，集中民智，4名河南全国人大代表在河南当地媒体《大河报》、河南电视网的《中原焦点》、河南报业网分别开通全国人大代表热线和网站留言板，向全省公开征集有关第十届全国人大二次会议议案和建议。同是2004年，全国政协常委、苏州市副市长朱永新开通了个人实名博客"朱永新教育随笔"，成为全国最早开通博客的市长级官员。当时间进入2006年时，全国人大常委会委员、民建中央副主席程贻举成为首个以代表身份开通博客的全国人大代表。他在博客中直言不讳地写道："这是我第一次写博客。在这个博客里，我的身份是一名全国人大代表。在这次全国两会上，我的所思、所言，都将通过这个博客告诉大家。大家的意见和建议，也可以通过这个博客告诉我。"

博客所引发的反响是他始料不及的。吉林、甘肃、深圳等各地网民都向程贻举提出了关于房价、教育、社保等热点难点问题，期待民意可以抵达政府高层。很多人还谈到了自己或者身边的事情，并留下了姓名和联系方式。代表委员们的这些举动，虽然看似举手之劳，但对于中国政治生态的影响却是深远的。因为社会伟大的变革往往孕育在不经意的举动中间。它强化了代表委员们的身份意识，也是代表委员们汲取民智、汇聚共识的全新尝试。"沉默的大多数"开始在中国的政治舞台上发声，基于互联网技术的自由表达开始发力，普通民众的知情权、表达权和监督权有了便捷且廉价的实现路径。在诸多写博客的代表委员中，全国人大代表、湖北省统计局副局长叶青因几乎每天都会更新博客被网民们称为"最勤奋的两会博者"。自从2006年3月4日在人民网开通博客之后，他在一年多的时间里撰写了400余篇博客文章。通过博客这种开放、自由的沟通渠道，他把自己的建议、会场上的热门话题、参会的切身感受，都第一时间告诉了网民。日后在对媒体谈及开博客的初衷时，叶青说，作为政府官员兼学者、全国人大代表，应该坦诚面对社会大众，所以我以实名开博客。叶青这种坦率和真挚的态度，通过他写于2006年3月的首篇博文《即将开始的思想碰撞》我们或许可见一斑。在文章中叶青写道：

3月1日晚上8点20分，全团2/3的参会人员在"相当"吵闹的锣鼓声中和领导殷切的送别声中，踏上了Z38次列车。躺在松软的软卧席上，我不由得松了一口气，2006年特殊的15天正式开始了。

在准备会议资料的几天里，经历了太多的不愉快：一家老乡企业陷入一场麻烦之中——原来当地领导谈好的招商引资条件不算数，要做偷税处理，真是应验了"开门招商、关门打狗"的说法；一家生产医疗器材的企业因医疗器材目录发生变化、管理部门改变而面临停产的危险，几千万的投资、具有自主知识产权的产品危在旦夕，老总说类似的企业有27家。

以往人大会我大多谈民生之事，今后看来要为企业发展更多呼吁：各部委应该多做调查研究，减少政策变化对企业的负面影响，政策变化要有提前量，保护企业自主创新的积极性。武汉一电子公司与老家福建厦门的一家打官司，要求人大代表帮他们呼吁，只能尽力了。在开车回家准备进车库的过程中，有一位教授走过来说：物业税应该由专家制定，而不是由人民群众来讨论，这不会有结果的。这位教授勤于思考，我一直很敬重他。

火车开车不久，北京记者又通过手机要我就北京限制持"绿卡"人才子女报考大学一事谈教育公平问题，并准备明天晚上上新浪网与苏州副市长朱永新一道做嘉宾访谈，他和我是同一个党派的。2003年两会在搜狐网做嘉宾访谈时也是碰到同党人尹明善先生，有照片为证。看来今年的事情也不少，需要更多的能力。北京有一家报纸把我列为十大知名代表委员之一（受之有愧）、准备专门报道之后，收到大量来自北京亲友的电话，与我大谈十大建议的内容。关于我的那幅漫画，除了我太太说像外，其他人都说不像，我也说不清楚，可是我与我的吉普2500的相片，确实是出自湖北著名专业摄影师之手。我与这家报纸的缘分始于去年两会上谈统计数据质量问题。

对于普通民众而言，这样的表达颠覆了他们对代表委员们刻板严谨的成见，也扭转了他们对两会庄严肃穆的印象。当代表委员们把有关两会的信息以个人叙事的方式而不是宏大叙事的方式传递给会场外的民众时，两会与民众的距离无疑被大大拉近了。在传统的政治生活中，代表委员和普通民众之间并没有一个固定性、经常性的沟通渠道。但互联网让这种情况有了初步的变化。互联网掀起了两会的神秘盖头，为普通民众提供了参政议政的新形式，也大大刺激了他们的政治热情。尤其在2007年，多名代表委员投身互联网参政议政的大潮中，让媒体不由惊呼两会已由精英的会场开始转向"庶民的会场"。依照不完全统计，在2006年不过有15名代表和委员开通了博客，而在2007年就已经超过了100名。一位政协委员说，她将提案初稿发到博客上，竟有数万人点击阅读，300多人通过留言或邮件的形式与她交流，使她的提案更完善。新华社引用全国人大代表周洪宇的话说："中国有全球最大的网络群体，人大代表一定要尽快与这一群体保持密切的联系。通过网络，人大代表和各级官员可以稳定地了解民意。"

在互联网时代，民意不再是抽象的存在，而是可以触摸，可以感受，也可以衡量的一种情绪。《网络传播》以封面文章的形式肯定了互联网政治之于中国民主政治的意义："互联网这个独特的公共平台，似乎为发展民主政治提供了天然的土壤。人们喜欢这个平台的自由、个性与互动性，在这里发表意见，交流看法，提出建议，让人们获得了一种全新的民主体验。由此而形成的网上舆论、网上民意，以其代表群体的分量，以其整体观点意见的直率、全面，日益成为影响社会发展进步的重要力量。"

新华网推出的2007两会系列专题调查显示，"看病难""住房难""上学难"问题分别以76%、65%和50%的得票率位居民众关注焦点前列。同时，依靠制度打击腐败，成为网民最强烈的呼声。中国新闻网"中国焦点 2007"调查也显示,"反腐倡廉、力惩贪官"高居榜首,"稳定控制房价、让居者有其屋"是网民期待解决的问题。而央视国际联合新浪、搜狐等多家网站推出的"我有问题问总理"征集活动,更是道出了中国民众欲对中国最高决策者所要表达的心里话。2007 年 3 月 16 日,在总理记者招待会上,国务院总理温家宝在开场白中着重强调了网民的力量。面对境内外媒体云集的台下,温家宝说:"这次两会受到全国人民的广泛关注,单就互联网上向总理提的问题已经超过 100 万条,点击的人数超过 2600 万人次。我昨天浏览了一下,有一个网民写道:总理的心究竟离我们有多近?他在思虑什么……我在网上看到有一个消息,一个政协委员提出关于要建立儿童医疗保险的建议已经 4 个年头了。我很注意这件事情,立即写了批语。我说,关系孩子们健康的事情应该重视,有关部门要认真研究。"接下来,温家宝说:"本届政府工作走过了 4 个年头,它告诉我们,必须懂得一个真理,这就是政府的一切权力都是人民赋予的,一切属于人民,一切为了人民,一切依靠人民,一切归功于人民。必须秉持一种精神,这就是公仆精神……"这已是温家宝连续第三年提到网民的心之所系。2005 年两会记者招待会上,温家宝动情地说:"昨天我浏览了一下新华网,他们知道我今天开记者招待会,竟然给我提出了几百个问题。他们对国事的关心,深深感动了我。他们的许多建议和意见是值得我和我们政府认真考虑的。"2006 年,同样是在中外记者招待会开场时,温家宝透露出他对网民声音的重视:"两会受到广大群众的关注,他们通过代表、委员、新闻媒体和信息网络给政府工作提出了许多意见和建议。单是人民网、新华网、搜狐网和新浪网和央视国际网不完全的统计,对政府提出的意见和给总理本人提出的问题就多达几十万条。我从群众的意见当中,感受到大家对于政府的期待和鞭策,也看到了一种信心和力量。"

　　这是国家领导人在公共场合对网络民意的公开回应。显然，互联网已经触动了中国的政治决策机制。它让普通民众的声音成为一股不容忽视的力量。有研究者说，互联网在中国开通了由草根阶层通往中南海的直通车，这在互联网进入中国的10多年前是不可想象的。而媒体也不吝笔墨对此进行深入浅出且充满想象的分析解读。新华社记者在《互联网成中国民主进程助推器》一文中指出："共和国的决策者从网民的意见中汲取智慧和力量，共和国的总理与普通群众在互联网上直接交流互动，这是中国的民主政治进步在网络时代的见证。"《21世纪经济报道》则在《电子民主波让全国两会成为庶民的会场》一文中写道："网络带来了对传统民主体系最重大的挑战——政治参与。因为网络信息传播的快速、同步、即时和跨国界，公众正以前所未有的方式获取和交流信息，这也使'代议制民主'逐渐让位于各种形式的'直接民主'成为可能，因此，电子空间正使权力从代理和政治代表手中转到那些直接参与价值增值的普通劳动者和公民手中。"

"最牛钉子户"事件

　　3月，一张在互联网上广泛流传的照片再度引发了一场互联网民意与现实的较量。在这张照片上，一栋二层小楼孤零零地矗立在一个被挖成10米深大坑的楼盘地基中央，犹如汪洋大海中的一叶孤舟。作者在名为《施工现场拍摄到的"骨灰级"钉子户》的始发帖子中注明了确切地点——"重庆市九龙坡区杨家坪步行街边上"。在暴力拆迁事件不断、部分个体利益得不到保障的年代，照片中坚强矗立的破败小楼迅速成为网民们渴求社会公平正义的情感寄托。房屋缘何如此倔强地矗立不倒，房屋背后的主人是谁，房屋主人和开发商、政府之间经历了怎样的对峙和博弈，房主是否在哗众取宠漫天要价，房屋最终的命运将会如何是否依旧会被强拆……形形色色的话题成为网民们讨论的热点。鉴于照片中的场景体现了强烈的个人意志，网民们给它起了个引人瞩目的名字——"史上最牛钉子户"。

敏感的媒体似乎嗅出了这张照片背后的价值，北京、上海、广州等地的媒体记者马不停蹄地涌向重庆这座西南都市。多路媒体记者的深入挖掘，让照片背后的事实真相逐渐露出了水面。2004年，重庆市政府开始对九龙坡区杨家坪实施危旧房改造工程。在拆迁公告发布后，待拆迁区域的200余户居民陆续与开发商达成协议并搬离此地。二层小楼的主人——杨武、吴苹夫妇由于自己的合法诉求没有得到开发商的答应，在周边的居民全部撤离后，他们依旧坚守了下来。虽然双方经过多次协商，但都是无果而终。房主和开发商，一方以捍卫自己合法权益的名义坚守着房子，一方为了经济利益迫不及待地开挖地基，在双方僵持之下，"史上最牛钉子户"这一几近戏剧性的场景就这样出现了。

上百家网站以开辟专题、转发图文、上载视频等方式对"史上最牛钉子户"事件进行了报道，数不清的网友评论文章如雨后春笋般出现在论坛、博客等网络空间里。房主杨武在小楼上挥舞着五星红旗的场景和吴苹手持宪法面对媒体的镜头，更是引发了网民的强烈共鸣。他们在以卑微的个人力量捍卫财产权利时，已经成了网民眼中公民维权的楷模。群情激昂的网民大多数站到了"钉子户"这一边，而把批判的矛头指向了冷漠的开发商和当地政府。网民们用"挺住""坚守阵地"等词表明了自己的立场选择。《中国青年报》3月底所做的一项社会调查显示，超过九成的网民正在关注"史上最牛钉子户"事件。在被问及如何看待"钉子户"时，46.5%的网民认为是"具有维权意识的现代公民"，40.5%的网民认为"说不好"，只有13%的网民认为是"无理刁民"。对于"个人合法权利和公共利益哪个更重要"这一问题，56.2%的人回答"同等重要"，21.9%的人选择了"个人合法权利"，22.0%的人选择了"公共利益"。律师、教授、时评家、公务员等群体纷纷发表更深入的看法，涉及诸如反思城市拆迁条例、如何界定公共利益、公民如何维权等话题。将有关"史上最牛钉子户"的探讨不断引向深入。清华大学教授秦晖在一次演讲中说，"钉子户是不是该强拆，本质上是公共利益的问题……在一个民主国家，什么是公共利益，没什么客观标准，只要大家认可了，就是公共利益"。山西省委党校一名叫吴敏的教授在文章中写道："从最近成为媒体热点人物的'最牛钉子户'重庆吴苹女士及其夫君身上，从他们在岌岌可危的孤岛房顶上高高插起的国旗飘扬声中，从他们面对诸多媒体记者坦率、大方地以事实为根据、以法律为准绳的侃侃而谈语句里，我似乎看到了现代中国公民伟岸的身姿和可贵的气质。"杂文家鄢烈山甚至认为"依法维护个人的权利，就是维护社会的法治秩序，就是维护国家的权益"，维护个人合法权益与保护钓鱼岛是同样的正义之举。浩浩汤汤的网络舆论显然影响到了政府方面的行为选择。虽然重庆九龙坡区法院在3月19日做出了"强制拆迁"的裁决，但最终没有实施。而后网民们看到了一个皆大欢喜的结果，在拆迁最后时日到来之前，吴苹夫妇接受法院协调，与开发商达成拆迁安置协议，选择实物商品房安置，并获得90万元营业损失补偿。

"史上最牛钉子户"事件是《物权法》通过前后的一个标志性事件，同时也是中国网络网民成长过程中的一个里程碑。它注定要在中国互联网史上,乃至中国进步史上留下浓墨重彩的一笔。此事件激发了无数网民参与到这场规模浩瀚的公共讨论中来,并切身感受到了个体意志的力量。正如互联网研究学者丹·吉尔摩(Dan Gillmor)所说:"越来越多的普通公民成为新闻记者和社会评论员。他们以令人惊叹的速度建立起加入社会和政治讨论的平台。"

十七大提出"表达权"

这一年,在互联网领域发生的一系列事件表明,中国的政治生态环境已经发生了崭新的变化。互联网架起了政府和民众之间直接沟通的桥梁,它降低了中国政治的神秘色彩和庄严意味,它为不同社会群体表达诉求提供了平台,它所聚合的民意对公共决策有着无法衡量的压力,它同时也提高了民众集体行动的能力。鉴于互联网和中国政治越来越紧密的联系,"互联网政治"成为一个越来越引人瞩目的话题。中央党校教授沈宝祥在接受《北京日报》记者采访时所提出的"互联网政治"的内涵被广泛转载。他说:"所谓互联网政治,其性质就是民主政治。这是在高科技基础上,借助互联网推进民主政治发展的一种新方式和新途径。"中国人民大学的政治学者毛寿龙在《人民论坛》杂志上撰文指出,互联网政治正前所未有地冲击着官员和民众,"当官员与民众通过互联网这一渠道都在政治上的地位显得平等后,官本位就失去了市场","在官员和民众两方面特别平等的状况下,以前以权为本、官员的精英意识等观念将越来越被时代抛弃","过去的执政方式、决策方式、执行模式会有颠覆性变化"。广东省委刊物《同舟共进》发表的《公民运动与"压力政治"时代》说:"我们已进入了一个'压力政治'时代。这种压力不是来自单一方向的压力，而是'互联网'式的整体性压力，往往一触即发。"

10月15日，中共十七大在北京开幕，胡锦涛代表十六届中央委员会向大会做了近3万字的主题报告。他在谈到"扩大民主、保证人民当家做主"这一话题时说，"人民当家做主是社会主义民主政治的本质和核心。要健全民主制度，丰富民主形式，拓宽民主渠道，依法实行民主选举、民主决策、民主监督，保障人民的知情权、参与权、表达权、监督权"。"表达权"，这个让人耳目一新的词系首次被写进中国共产党代表大会的报告中，它无疑为中国公民意识的成长和民主政治的进步提供了丰沃的土壤。网民们欢呼雀跃。一名叫"香槟伯爵"的网友在网上留言说："和谐社会不可能是无矛盾、无冲突的社会。保障民众的表达权，既是一种民主要求，也有利于反映民情，有利于缓解矛盾、解决冲突。"

2008：
大国公民

从悲痛欲绝到欣喜若狂之间的各种情绪，中国人几乎在2008年全都体验到了。与民众的感官体验相关的，是中国这个古老的东方国家正重新挺立在世界上，并在这个过程中历经种种阵痛。

8月召开的北京奥运会，被普遍视作中国回到世界中心的标志。无论是充满想象力的鸟巢、水立方，开幕式上极具标志意味的焰火脚印，还是首屈一指的金牌总量，都让人充满了激昂和亢奋的情绪。中国举全国之力为世人贡献的这场盛会，为世界深入了解中国提供了一个难得的契机。当奥委会主席罗格用"无与伦比"来形容它时，没有人怀疑曾历经屈辱的中国所蕴藏的力量。而中国将成为全球的领导者，也成为一个毋庸置疑的命题。9月，又一起具有里程碑意义的事件诞生。中国神舟七号太空飞船成功发射，中国人首次实现太空行走，浩瀚的太空由此留下了中华儿女的脚印。作为国家战略工业的一部分，航天技术代表着最尖端的技术领域。神舟七号的发射，是中国展现实力的一个重要仪式，也是一次让全国沸腾的盛大庆典。《南方周末》刊发的言论委婉地说："载人航天俱乐部是一个只有大国才有资格加入的组织，其成员都是地球的领导力量，任何一个致力于崛起的大国都无法拒绝这种不朽的诱惑。"12月，中国迎来了改革开放30周年纪念日。基于中国向来就有逢十庆祝的传统，

30 周年显然是一个值得纪念的时间节点。更何况从 1978 年到 2008 年的 30 年，是中国发生伟大而深刻转折的 30 年。这是一场史无前例的运动。中国人从意识形态到物质生活，再到精神面貌，几乎进行了一次全面革新。纪念改革开放 30 周年，不只是为怀旧，更是为了更好地出发。当回望过往的点点滴滴时，人们无疑将有足够的信心应对未来。

这些都是值得高兴的事。其在中国发展过程中的历史价值是不言自明的。世界也对中国充满了乐观的期待。美国《新闻周刊》称，"2008 年中国将站在世界舞台中央"。德国之声说"2008 年应该是中国年"。英国《经济学人》杂志在"2008 年世界展望"报告中指出，"2008 年是全球政治、经济'脱美入中'的第一年，即从'美国主导的世界秩序'转变为'中国主导的世界秩序'的元年"。种种迹象显示，中国正在找回自己，对于外界的影响力正与日俱增。

这一年又是灾难频发的一年。年初，一场百年不遇的雪灾肆虐中国南部湖南、贵州、江西、安徽等数十个省区，造成农业大面积绝收歉收。它也导致了交通瘫痪，将数百万民众困在了回家的途中。通信中断，水电中断，许多地方变成了孤立无援的孤岛。惶恐和不安笼罩着中国南方。它很容易就让人联想到美国末世电影《后天》中的场景。5 月 12 日，一个几近让历史窒息的日子。一次千年不遇的 8 级地震袭击了中国汶川，数万人丧失生命，数十万人因灾受伤，数百万人流离失所，数千万人沦为灾民。震在汶川，痛在华夏。13 亿中国人的心灵显然被触动了。人们抛开地域、阶层、身份等成见，投入抗震救灾的滚滚洪流中。到这一年秋天，又一层阴云笼罩中国。肇始于美国的金融危机开始深度波及中国。由美国金融危机引发的"蝴蝶效应"像病毒一般迅速扩散，将世界经济拖入了衰退的泥潭。在一个全球化的时代，没有人可以独善其身。中国出口在历经连续 7 年的光辉岁月后，首次出现了负增长。企业倒闭、员工失业的消息不绝于耳。人们急于从 20 世纪 30 年代的美国大萧条中寻找生存之道。虽然中国政府推出了 4 万亿投资计划以应对经济严冬，但这并不能减少人们的忧虑。

这就是 2008 年的中国。虽然表面上看这一年是由一系列悲剧和喜剧构成的，但更深层次的变革则发生于政治、经济、社会等各个领域。中国跃上了一个新平台，站在了一个新起点上。在这样的大时代背景下，中国互联网也进入了一个新的历史时期。

汪洋邀网民"拍砖"

这一年，互联网对中国政治领域的渗透又深了一层，进一步变革着政府官员们的思维、理念和行为。从国家领导人，到省部级官员，再到县一级的基层官员，都频频做出"网络化"的举动。清华大学媒介调查实验室在对北京、山东、湖北、陕西、四川等地的县处级以上领导干部进行调查后发现，25.28% 的干部经常上网，41.67% 的干部偶尔上网，近 70% 的干部有"触网"的经历。"网络问政元年"，成为多家媒体在描述 2008 年时不约而同地使用的说法。

在这一波投向网络民主海洋的大潮中，身处改革开放前沿的广东再一次走到了前面。2 月 3 日，广东省委书记汪洋、省长黄华华联名向网民发帖——《致广东网民的一封信》。除了向网民表达即将到来的春节问候外，两位省领导还表达了对于互联网的重视，并与时俱进地使用互联网语言鼓励网民直抒胸臆、大胆谏言。他们在帖子中写道："互联网打破了传统社会架构下的沟通壁垒，使我们之间的直接对话、平等沟通成为可能。我们正在学习如何更好地使用互联网，也在学习如何与大家一起建设管理互联网，共同发挥好互联网在广东经济社会发展中的积极作用。我们愿意成为大家的网友，求计问策，接受监督。对于共同关心的话题，我们愿意和大家一起'灌水'；对于我们工作和决策中的不完善之处，我们也欢迎大家'拍砖'。"

在网上虚拟世界中，随便发发情绪化的感慨、牢骚，或者毫无遮拦直陈时弊，已成为网民们习以为常的事情。在这样一个草根气息甚浓的网络世界中，政府官员基于自己的身份和权威本来就容易招致诘难或揶揄。尽管广东处于中国改革开放的前沿，但两位省级官员诚邀网民大胆"拍砖"，还是大大超出了网民的预料。网民们议政建言的热情显然被点燃了。公开信在南方网、南方报网、奥一网、搜狐、网易等网站迅速传播。公开信发表后两个月内，网民们点击超过千万次，留言超过5万条。网友们说："能跟书记省长一起'灌水拍砖'，这是岁末最大感动！"汪洋在重庆担任市委书记时被网民赠予的昵称"汪帅"也在广东网民中间传播开来。在奥一网开设的留言平台上，到4月中旬时网民给汪洋的留言超过3万条，捎给黄华华的留言也超过了一万条。经媒体统计，在写给汪洋的3万余条建议中，占据前几位的分别是房价、物价、治安、交通等民生话题，珠三角企业大转移引发的热点产业转型话题，能源与环保问题。这已是广东提出新一轮思想大解放的第二年。就在2007年年底，到广东上任不久的汪洋告诫广东官员："再不解放思想，锐意进取，用改革创新来解决目前存在的环境恶化、贫富差距恶化等种种难点问题，广东排头兵的位置将难以自保！"如果说在以前关于否定"两个凡是"和"姓资姓社大讨论"两次思想大解放过程中，起到主要推动作用的是社会精英群体，那么这一次草根阶层则借助互联网一跃成为发言的主体。民间智慧展现出无所畏惧、生机勃勃的原始力量。《南方都市报》特地出版了特刊《岭南十拍》,针对广东发展面临的思想破立、利益分配、路径依赖、危机应对等10个方面的问题集纳了诸多网友的建言帖子。"拍得不错!"汪洋对《南方都市报》的工作人员说。

为了把网络民主的平台利用得更好,4月17日,在广州珠岛宾馆,汪洋、黄华华和26名网友面对面坐在了一起,参加会面的有大学教授、报纸编辑、私营业主、律师等多个行业的代表。座谈会弥漫着一股野蛮生长、不拘一格的气息。13名发言的网友针对广东的现实问题竞相"拍砖",思维方式和表达风格依旧带有浓厚的互联网色彩,平等、直接、不乏尖锐。一名网友甚至现场拿出一支温度计说,国务院规定政府办公场所不能开到26摄氏度,这里已经开到24摄氏度了。对此,汪洋给以积极回应,迅速要求工作人员将温度回调过来。一名网友说自己以前在网上发言很"放肆",汪洋鼓励说"今天你仍然可以'放肆'"……广东省发改委、教育厅、公安厅、财政厅等部门的负责人也来了。对于网友的意见和建议,他们认真记录以便将其纳入现实工作中。这注定是一次可以产生激烈碰撞的对话。事实上座谈会的主题——"解放思想,共同为广东科学发展'灌水'、'拍砖'"本身就透出试图打通政府话语和网络话语的努力。在汪洋看来,网友的思维方式是非传统、非常规、非体制内的,这种交流能够撞击出思想的火花,使政府的决策更加科学、更加完善。汪洋积极肯定了互联网对于开辟民主新渠道所起的作用。他说,要以开放的视野对待和推进网络民主,"对待网络民主,不能采用封闭的视野、僵化的思维和单纯强制的管理方式,而要有开放兼容的思想理念,允许探索,允许失败,甚至允许犯错误,让各种网络现象、网络意见和网络事物在相互对比、充分竞争中发展,从而让代表网络社会进步的主流力量茁壮成长"；要以平等的心态去对待和推进网络民主，"党委政府作为社会的管理者，不能高居于网络社会之上，而要平等地深入网络民主之中，及时听取网络上的民意反映、合理建议，乃至批评意见，从而汲取营养，改进工作，充分发挥网络民主对公共权力的监督作用，提高科学执政、民主执政、依法执政的能力"；要以法治的理念去对待和推进网络民主，"对网络社会的管理，要做到有法可依、有法必依、执法必严、违法必究，从而使网络社会在法治轨道上不断发展和完善"。汪洋在座谈会上的讲话被整理成名为《构建充满活力、和谐有序、建设性的网络民主平台》文章后，在互联网上广为传播。这是网络民主首次进入现实的政治话语体系，而且是从一位中共中央政治局委员的口中说出来的。对于网民而言，汪洋关于互联网的表态，无疑是这次座谈会的最大成果。在变化日新月异的互联网时代，需要的正是政府这种兼容和开放的胸怀。

网络问政遍地开花

知屋漏者在宇下，知政失者在草野。这一年，掌握着公权力的领导干部涉足草根群体聚集的互联网，呈现出遍地开花、蔚然成风之势。他们或者发表有关互联网和中国民主的密切关系的言论，或者和网民对话聊天了解民情汇聚民智，或者出台文件确立网络问政工作机制，以使网络民意在现实的公共决策中展现出来。

在河南，由河南省委办公厅、省委政研室和大河网联办的"河南在线对话"栏目于8月6日正式开通。河南省委书记徐光春、时任代省长郭庚茂分别作为首期和第二期嘉宾和网民进行了对话交流。对于网民所反映的问题，河南给予了前所未有的关注和重视。河南"新思想、新跨越、新崛起"大讨论领导小组办公室和河南省委督查室,对网民反映的问题所涉及的主管部门发出督查通知,要求"能够解决的立即解决,一时难以解决的制订方案逐步解决"。对于这些举动,《河南日报》引用一名网友的话说:"信息的解放,一定会帮助我们带来眼界的解放、观念的解放!"

在上海,中共中央政治局委员、时任市委书记俞正声于11月6日那天在东方网的网络直播室与15名网友进行了现场交流,并与20万网友进行了在线沟通。参加现场交流的15名网友是从近600名报名的网友中征选的,包括街道干部、出租车司机、公司职员、在校大学生。在交流现场,俞正声说,跟网民互动,是一次听取意见、互相沟通的机会,使我们对那些不符合、不适应科学发展的问题能够感触得更深一点,改进得更好一点。在两个小时的交流互动时间里,网友们提出了约7964条意见和建议,包括应对全球金融危机、稳定房地产市场、完善社会保障、促进创业就业、社区建设和管理、降低市民出行成本、食品安全等内容。可谓参差多态,包罗万象。也是在这次座谈会上,网民们了解到俞正声的上网历史可以追溯到1989年,是不折不扣的资深网民。

在中国的其他地方,省部级官员和网民的交流对话同样进行得如火如荼。如果我们简单罗列的话,这个名单包括海南省委书记卫留成、安徽省委书记王金山、浙江省委书记赵洪祝、浙江省省长吕祖善、湖北省委书记罗清泉、湖北省省长李鸿忠、山西省委书记张宝顺、甘肃省委书记陆浩,等等。他们以自己特殊的身份引起从中央到地方的媒体的关注,在广袤的中国大地上掀起一阵阵数字民主浪潮。种种迹象显示,互联网已经成为政府和民众之间沟通的重要渠道,中国民众的知情权、参与权、表达权、监督权得到了前所未有的拓展,曾经固有的话语权力格局和利益博弈方式正在悄然发生改变。中国的网络民主呈现出不可遏止的生长态势。

胡锦涛与网民对话

虽然互联网以其技术特点挑战了中国从上到下的政治传统，但中国以包容的胸怀和体制的弹性接纳了它。它已成为国家流行的、合法的民意渠道，拓展了中国民众的政治参与空间，公共情绪和意见日益影响着高层的思考和政治决策。互联网在中国的发展，充满了种种无法预知的可能。就在 2000 年前后，西方悲观主义者提出"中国崩溃论"时，一个重要的依据就是中国无法承受互联网所带来的"不能承受之重"。但现在他们将不得不修正自己的看法了。中国现实否定了他们几近偏执的观点。就在奥运会召开前夕，美国人气甚高的政治博客《哈芬顿邮报》(The Huffington Post) 刊登的《数字中国：关于中国互联网值得了解的 10 件事》一文，详细记述了西方关于中国互联网所要改变的 10 个方面认知。其中包括：西方观察家曾经预测互联网将迅速地把中国变成一个完全开放的社会，但事实上中国社会的开放度并没有因为互联网的出现而得到迅速提升；悲观的西方观察者曾推论，尽管互联网出现了，中国的政治生态不可能有什么变化，但现实是，互联网已经成为中国公民社会形成的重要推手，并且在逐渐影响中国政治生态的变化和广大网民的生活方式；西方观察者曾认为唯一与政治相关的中国互联网事件，都是与"政治异议者"和群众示威相关联的，但实际上互联网成为群众情绪的宣导渠道，很大程度上减低了群体街头对立的可能性；早期的互联网先驱认为，互联网时代年轻人之间的国家界限和特征将越来越稀薄，但中国网络上的言论几乎都是非常爱国的。毋庸置疑的是，面对互联网时代，中国政府和民众携手探索出了一条具有中国特色的道路。这显然出乎西方大多数观察者的预料。而在2008年，还发生了一起推动西方观察者不得不改变对中国看法的事件，那就是中国网民迎来了一位分量最重的网友——中共中央总书记、国家主席胡锦涛。

6月20日这天，胡锦涛在考察人民日报社时特地来到了人民网强国论坛。作为新闻网站中最早出现的时政论坛，强国论坛见证了1999年以来中国所经历的屈辱和辉煌。它创建于1999年5月9日，诱发因素是当时中国驻南斯拉夫大使馆遭到了以美国为首的北约的导弹袭击。从其最初的名字"强烈抗议北约暴行BBS论坛"，我们依旧可以感受到强国论坛与国家的际遇有着何等密切的联系。多年以来，数不清的网友在这里激扬文字，指点江山，以舆论的力量推动着社会和国家的前进。就在胡锦涛到来之前，强国论坛率先发布了预告帖子："好消息！胡锦涛总书记通过强国论坛同网友们交流。"无论是对于关注中国政治的人而言，还是对于关注中国互联网的人而言，这无疑都是一个爆炸性的消息。因为在人们的印象中，这与中国政治审慎、内敛的作风并不相符，当时即便在世界范围内，借助互联网与网民沟通交流的国家元首也不过美国总统布什、英国前首相布莱尔、俄罗斯总统梅德韦杰夫等寥寥可数的几位。路透社称，人民网有关胡锦涛将与全国2.21亿网民在线交流的预告是一个"意外宣布"。国内各家新闻网站都将"胡锦涛即将与网友在线交流"的消息挂在了首页上，并和强国论坛进行了链接。数不清的网友在得知消息后蜂拥而至，试图与胡锦涛进行网上对话，并一睹这注定要被载入互联网历史的重要一刻。网友们预先提出的问题既有涉及胡锦涛个人的，如胡锦涛"喜欢的运动项目""网名""QQ号"等；也涉及新闻自由和舆论监督、户籍制度改革、经济发展、工资收入、房价调控等国计民生问题。

上午10点20分左右，胡锦涛坐在电脑前以视频直播的形式开始和网民对话。虽然由于时间关系，很多问题无法一一回答，但胡锦涛对互联网发展的重视、对网民意见的重视，在和网友交流的话语中都充分流露和表达了出来。一名网友问，总书记您平时上网吗？胡锦涛说，虽然他平时工作比较忙，不可能每天都上网，但还是抽时间尽量上网。胡锦涛还特地提到，强国论坛是他经常上网必选的网站之一。一名网友问胡锦涛上网都看些什么内容，胡锦涛回答说：一是想看一看国内外新闻；二是想从网上了解网民朋友们关心些什么问题、有些什么看法；三是希望从网上了解网民朋友们对党和国家工作有些什么意见和建议。还有网友问胡锦涛是否可以看到网友们提出的意见和建议，胡锦涛回答说："网友们提出的一些建议、意见，我们是非常关注的。我们强调以人为本、执政为民，因此想问题、做决策、办事情，都需要广泛听取人民群众的意见，集中人民群众的智慧。通过互联网来了解民情、汇聚民智，也是一个重要的渠道。"在和网民告别时，总书记说："因为时间关系，今天不可能和网友们作更多的交流。但是网友们在网上发给我的一些帖子，我会认真地去阅读、去研究。"在结束和网民的对谈后，胡锦涛高度肯定了互联网对于国家的意义和价值，他说："随着信息技术的快速发展，互联网已经成为人们获取信息的重要渠道，成为党和政府联系群众的重要纽带……"

在实行民主集中制的中国，最高领导人在公共场合的一言一行都极具章法，并具有丰富的内涵。虽然胡锦涛和网民的对话不过5分钟的时间，但其行为本身的符号性意义已经远远超出了对话所谈的内容。胡锦涛和网民的对话，除了让外界切身体会到了他亲近网民的执政风格外，也同样透露出网民的地位和言论终于得到最高层的肯定和认可。网络不再是另类的、边缘的、非主流的，尊重网络民意正成为一种主流的执政风格。这些，无疑都极大地顺应了民心。有网友把胡锦涛称作"中国第一号网民"；有网友表示胡锦涛和网民在线交流开了历史先河，是"中国互联网政治发展的里程碑"；有网民认为这是对民意表达的最大尊重，更是对官员上网的一种导向；还有网民认为胡锦涛的谈话透露出，中央已经把网络作为决策参考的一个新领域和新渠道。中国领导人和互联网的关系，向来是欧美国家和中国香港、台湾等地媒体热情解读的话题。胡锦涛和网民的对话，引起了它们前所未有的关注和讨论。英国《卫报》将其和20世纪30年代美国总统罗斯福利用广播进行"炉边谈话"、20世纪60年代肯尼迪利用电视进行激情演讲联系起来，认为胡锦涛在线和网民对话"一举留名"。俄罗斯新闻网报道称，胡锦涛直接与网民对话，体现了在信息时代中国领导人更加开放和自信的执政风格。香港地区中评社发表的题为《胡锦涛是网民，网络将改变中国》的社评认为，胡锦涛到人民日报社通过强国论坛同网友们在线交流，"再次证实，胡锦涛也是网民。胡锦涛对网络之重要性的洞察，堪称超前。网络必将改变中国，这是无法否认的事实"。新加坡《联合早报》评论说："互联网时代为中国传统政治赋予新的意涵，只要到互联网上去，就能体会民之所欲，让决策者有了正确决策的参考与选择。"

胡锦涛与网民对话是政府和民众关系转变的一个标志性事件。他通过亲民的对话方式，表达了政府的态度，即网民都有平等的参与政治的权利。在信息解放和多元表达的互联网时代，胡锦涛和网民的对话，让网络民主这股潮流更有力地冲刷着现实中国。对于未来互联网之于中国政治的作用，大多数人对此抱持乐观态度。《中国青年报》在胡锦涛和网民对话后，迅速做了一项社会调查。结果显示，67.1%的公众认为，互联网的影响越来越大，已经"成为官方了解民生、体察民意的重要途径"，61.7%的公众认为政府重视与民众的沟通与交往，这次交流是"民主政治的积极实践"，52.4%的公众认为在这次交流之后，中国网络会更有活力，网民社会参与意识会更强。日后，在2009年的2月28日，国务院总理温家宝与网民进行了一场历时两小时的对话。访谈的访问人次达到了4478万，网民提出了30多万个问题。温家宝说："一个为民的政府应该是联系群众的政府，与群众联系的方式可以多种多样，但是利用现代网络与群众进行交流是一种很好的方式。"

击碎西方谣言

对于中国互联网而言，2008年是个具有划时代意义的拐点。这不仅在于中国的官员们积极投身数字浪潮，从而肯定了互联网作为主流媒体的地位，还在于面对诸多重大的历史时刻，中国网民展现出了前所未有的担当精神，并且在参与公共事务的过程中走向成熟，一改过去偏狭、极端、另类的社会形象。网民形象的转变，在学者中间、媒体中间以及社会公众中间，都得到了高度的肯定和赞扬。《南风窗》在制作岁末特刊《2008为了公共利益年度榜——群像崛起》时，毫不犹豫地把网民排在了第一位。其颁奖词说，"网民已经成为群体性社会一个重要的组成部分，并且具有担当起维护公共利益重任的更大的可能性"。从某种意义上说，中国网民已经成长为一支举足轻重的建设性力量。虽然他们平时隐藏在屏幕之后，呈现出原子般的分散状态。但在重大公共事件面前，他们却可以基于共同的立场迅速聚集在一起，凭借自己的认知见解或者专业技能,利用发帖、评论、点击等方式,表达出自己的声音和选择。其力量山呼海啸,锐不可当。这是源自民间的伟大力量,无须组织,无须号召,也无须动员。它本身就散发着社会自治、民主进步的曙光。

中国网民的力量如山峰般崛起是从拉萨"3·14"事件开始的。2008年3月14日,在事先毫无征兆的情况下,一群由年轻人组成的不法分子打破了拉萨的宁静。他们手持尖刀棍棒,冲击商场、电信营业网点和政府机关,追打过路群众,焚烧过往车辆,并对沿街的商铺实施打砸抢烧。根据新华社的报道,这天,不法分子纵火300余处,拉萨848户商铺、7所学校、120间民房、6座医院受损,至少20处建筑物被烧成废墟,84辆汽车被毁,有13名无辜群众被烧死或砍死。这次事件让曾经一度甚嚣尘上的"妖魔化中国"的风潮卷土重来。CNN(美国电视新闻网)、BBC(英国广播公司)、德国《柏林晨报》等一些掌握话语霸权的西方媒体对"3·14"事件进行了刻意的扭曲,并对中国进行了肆无忌惮的污蔑和诋毁。它们把无可争辩的杀人暴力行为描述成"和平示威",并指责中国政府"剥夺藏人宗教自由"、"灭绝西藏文化",还将北京奥运牵扯进来,鼓吹抵制北京奥运会。它们移花接木,断章取义,混淆是非,颠倒黑白。美国CNN将一张不法分子向军车投掷石块的照片修剪成军车霸道地向平民驶来的视觉效果。其歪曲事实,偏袒参与打砸抢烧不法分子的倾向一目了然;美国福克斯电视台网站刊登图片称,中国军人将藏人抗议者拉上卡车,可图片中的却是印度警察;德国《柏林晨报》网站将一张西藏公安武警解救被袭汉族人的照片说成是在抓捕藏人;德国NTV电视台也在报道中将尼泊尔警察抓捕藏人抗议者说成是"发生在西藏的新事件"……种种罔顾事实的内容出现在了一向标榜客观公正的西方媒体上。

在西方话语占据强势地位的国际传播格局中,中国的声音往往并不引人瞩目。但在互联网时代，随着网民力量的崛起，中国的声音却是越来越响亮了。面对西方媒体的偏见和傲慢，义愤填膺的中国网民展开了激烈反击。在各类网站论坛、博客以及社交空间中，他们用图文、视频、签名等形式掀起了一场轰轰烈烈的还原事实真相、对抗西方媒体话语霸权的运动。一篇名为《惊！西方媒体竟然这样做西藏事件的新闻》的帖子以 11 张图片的形式，直观详细地指明了 CNN 等西方主流媒体的错误所在。这篇帖子引发了网民如潮水般的转载。《中国青年报》的记者在此帖发布后的第 5 天发现，用搜索引擎进行搜索，该贴有数十万条的转载量，而国内某些媒体进行报道的时候，也大都借鉴了该文所附的照片。当从旅居国外的朋友口中得知拉萨 "3·14" 事件被西方媒体歪曲成了另一副模样，一名叫饶谨的清华大学毕业生特地创办了一个名为 "西藏真相：西方媒体污蔑中国报道全记录"（www.anti-cnn.com）的网站。短短的几天内该网站就聚集了大批支持者。来自多个国家的华人网友在这里揭发西方媒体的造假报道，一张又一张造假证据被发布到网站上。不久，该网站就搜集到了众多西方媒体报道中的谬误，包括美国的 CNN、福克斯电视台、《华盛顿邮报》，英国的《经济学人》、BBC、《泰晤士报》，德国的 NTV、RTL 电视台等西方主流媒体。饶谨的反 CNN 网站很快引起了巨大的关注。在一个月的时间里，网站的日点击量达到 500 万，注册会员达 10 万人，全球网站排名维持在第 1800 名左右。与此同时，一段 "西藏的过去、现在和将来都属于中国的一部分" 的视频在美国视频分享网站 YouTube 上也火了起来。该段视频展示了中国各个朝代的地图以及西藏几十年间变化的照片，以事实告诉西方西藏的历史。几天之内其点击量超过 200 多万，留言数十万条，引发了各国网民关于西藏问题的大辩论。视频制作者、已经移民加拿大的 "情缘黄金少" 对采访他的媒体数说:"全世界的华人都在支持我……美国的、加拿大的、英国的、法国的……网络反馈比我能想象的100倍还要大很多。"在各大网站的呼应下,"做人不能太CNN"很快成了流行语,意指部分西方媒体弄虚作假、颠倒黑白、张冠李戴、指鹿为马。

爱国浪潮以汹涌澎湃之势席卷网络。由于奥运圣火在境外传递时频频受到"藏独"势力干扰阻挠,数以千万计的网民将QQ、MSN的头像和签名改成火热的中国心,以此告诉世界,所有中国人的心是连在一起的。千龙新闻网发布的文章《MSN上一片红,感受跳动中国心》写道:"一颗红心就是一颗民心,就是中国人的拳拳爱国心。如今,一颗小小的红心在MSN上流传,那其实就是一股与祖国共荣辱的热流在涌动,在流淌。小小的一颗红心,汇聚成MSN上一片红色的海洋。无数炎黄子孙的碧血丹心,从此在互联网络上一起跳动。"

在由腾讯开设的8888条虚拟火炬传递线路上,6200万人参加了在线火炬传递,还有7000多万网友没有抢到火炬传递的机会。新浪、搜狐、网易、大旗、猫扑等多家网站也融入了大浪滔天的爱国热潮中。新浪网论坛推出"打响生活保卫战:全球华人激情染红全世界"活动,呼吁圣火传递到的国家和城市的华人华侨和留学生前往圣火传递城市护卫奥运圣火。搜狐网组建了"全球华人护跑圣火联盟",号召全球网友联合起来,揭露"藏独"分子的丑恶嘴脸,为2008年北京奥运会圣火传递的和谐之旅保驾护航!

虚拟世界中的爱国热潮很快蔓延到了现实世界。4月19日,美国、法国、德国、英国、澳大利亚等多个国家的主要城市都发生了华人抗议西方媒体歪曲报道的集会活动。红旗漫卷,歌声嘹亮,陈词慷慨。作为中西文化沟通的桥梁,他们用实际行动向世界说明中国发生了什么,并表达对祖国的支持和捍卫。"来中国吧！来看看一个真实的、完整的中国，一个很多西方媒体不会展现给你们的中国。来西藏吧！用你们的眼睛来见证那个所谓的'文化灭绝'，是否这种'灭绝'真的存在，是否藏语正在'消失'……"一名叫李洹的中国留学生在法国巴黎的共和国广场上发表了长篇法文演讲。其富有哲理和逻辑思辨的行文、激昂圆润的嗓音以及流畅自信的表达，让在场的留学生几次为之热情欢呼，也感染和打动了在场的法国人。这篇题为《不能让祖国受委屈》的演讲稿和现场视频，在互联网世界中广泛流传。

舆论汹涌，惊涛拍岸。那些原本并不掌握话语权的中国草根群体，利用互联网发起的对西方强势媒体的挑战，让西方媒体的话语霸权和道德优势轰然倒塌，西方媒体所宣扬的客观公正也在中国网民的批驳声中荡然无存。在中国网民强大的民意面前，西方社会和主流媒体不得不正视来自中国民间的声音，收敛自己的行为，并重新审视对中国的政策。美国 CNN 悄悄修改了涉及错误报道的网页。德国 RTL 电视台网站发表声明，承认有关报道出现失实，并表示遗憾。法国总统萨科齐致信中国火炬手金晶，对她在巴黎遭受"藏独"分子攻击表达"最诚挚的问候"，并邀请金晶"再次前往法国做客"。对此，德国之声评论说："这次西藏事件给了西方中心论一次强烈的冲击。一开始，西方人根本不管中国人怎么想的，后来注意到了，而且很震惊。"中国网民就这样站到了世界面前。他们的爱国情怀扭转了中国遭到西方媒体批判和攻击的不利局面，在历史的关键时刻维护了中国的尊严。中国人民大学金灿荣分析说，从战术上看，此次西方反华势力抹黑北京奥运会，中国国家形势遭受了损失；但是从战略上看，中国胜利了，全球华人爱国主义高涨、空前团结，国家凝聚力极大增强。

地震后的网民担当

5月12日,汶川发生8级地震;山河移位,生灵涂炭,秩序崩乱。四川、甘肃、陕西、重庆、内蒙古等10个省份的417个县受到不同程度的波及。灾难突如其来,中国以其强大的集体动员能力,实施了一场本土历史上救援速度最快、动员范围最广、投入力量最大的抗震救灾斗争。而在这场斗争中,中国政府信息公开的力度也是前所未有的,媒体对于地震信息的传播也是历史上所有大灾难发生后最快捷、最广泛的。通过报纸、电视、广播,尤其是互联网,透明的信息传播将有关地震的一切赤裸裸地呈现在民众面前。《新周刊》记者何树青在《伟大的透明和国家的成人礼——灾难时刻的信息传播》一文中对此评价说:"在中国传媒史和传播史上,这种信息的透明度是里程碑式的,并因其对生命的关注、政府的作为和灾情的严重性所做的客观传播而堪称伟大。"

面对这场发生在信息时代的地震,互联网在第一时间传播和汇集了各地信息,并对各种触目惊心的场景进行了立体式的呈现。分布在各地的民众,几乎在最短的时间内清楚地了解到发生了什么。地震是在5月12日14点28分发生的。就在地震发生后的一分钟,关于地震的信息就开始了在网络空间中的自由流动。成都、贵阳、西安、长沙、广州、北京等地的白领、公务员、媒体从业者、经理人、保安、推销员等稍稍平静了惊恐的情绪后,迫不及待地在MSN、QQ群、网络论坛、博客等空间里讨论同一个词:地震。

14点46分,新华网发布了权威信息:"国家地震局测定:四川汶川发生7.8级强烈地震,北京通州发生3.9级地震。"随后各大新闻网站开始出现"河北石家庄市区震感强烈,正在办公的人们纷纷从办公大楼撤离""四川汶川发生地震,成都震感强烈""浙江嘉兴、航海间发生5.7级地震,暂无人员伤亡""南昌、昆明、呼和浩特、北京、兰州各地有震感"等新闻报道。"地震"迅速成为互联网上讨论的话题焦点,漫卷各大网站。关于地震的一切,开始被新闻媒体以及普通网民毫无保留、从容不迫地呈现出来。

14点55分,四川大学锦城学院的赵紫东上传了互联网上第一段来自四川灾区的地震视频。这段时长1分50秒的视频现场记录了地震发生时一个大学宿舍内的场景:墙壁抖动,书籍、杯子跌落在地,大学生惊恐地躲到桌子底下。这段及时到来的地震场面,1天之内被网民点击近150万次。在爱卡社区,一位网友上传的图片清晰记录了顷刻间教堂灰飞烟灭、人们无助又惶恐地站立在一片废墟面前的情景。这位网友在文字说明中写道:"5月12日,我陪朋友去(四川)彭州白鹿书院教堂拍摄外景婚纱,下午两点开始拍摄,刚刚拍摄了几张甜蜜的照片之后,劫难降临。"在地震的第二天,一位叫"绮梦"的网友以QQ聊天的方式,从都江堰坍塌小学现场发回文字"直播":《温总理:我只要这10万群众脱险》。这位网友说,面对惨烈的受灾场面,温家宝总理在现场讲的这两句话让全中国为之动容:"我不管你们怎么样,我只要这10万群众脱险,这是命令。""我就一句话,是人民在养你们,你们自己看着办!"……来自普通网民的信息和来自新华社、中央电视台、人民日报等国家新闻媒体的信息形成了相互补充和印证的传播场面。

基于互联网的信息传播彻底突破了以往关于灾害报道的单一口径限制办法。

这是互联网时代一次意义非凡的信息公开实践。中国一举改变了以往对重大灾情发生时对信息的控制管理,让报纸、广播、电视、互联网、手机短信等传播形式充分介入了进来。依照国务院新闻办网络局的统计，在一周多的时间里，人民网、新华网、央视网、中国网共发布抗震救灾新闻12.3万条，搜狐、新浪、网易、腾讯整合发布新闻13.3万条，这8家网站新闻点击量达到116亿次，跟帖量达1063万条。

互联网对这场灾害的海量信息传播，消除了信息的不确定性，也消除了灾难时刻的社会恐慌。《学习时报》在《信息公开彰显自信中国形象》一文中评论说："如果说这次抗震救灾是建国以来抵御自然灾害最为及时、最为人性化、最为成功的一次，那么我们可以毫不夸张地断言：全面、准确、及时、权威的信息发布，在其中扮演了极其重要的角色，起到了关键作用。"这一切与1976年的唐山大地震形成了鲜明对比。当时关于地震报道的新华社通稿对灾情只字不提，只有一句"震中地区遭到不同程度的损失"的轻描淡写的话。由于人们不能及时了解真相，谣言和恐慌一起在全国蔓延。天涯社区执行总编辑宋铮切身感受到了两次地震的不同。他对媒体说，1976年他虽然地处陕西，却生活在地震的恐慌中，从西安迁到北京，又从北京跑回西安，在塬上的地震棚里住了小半年；而这一次，虽然最初阶段，一切都处在极度恐慌状态，但只过了两个小时，一切就恢复了平静。一向观察敏锐且对中国苛责的西方记者也注意到了中国的这种变化。《华盛顿邮报》撰文指出："如今已经不像从前那样存在那么多秘密了，突发事件可以迅速上网，国家级媒体随即跟进。悲剧中最可喜的一点是信息开始自由地流动。"

面对这场空前劫难，中国互联网展开的"Web 2.0式的救灾"，同样前所未有。此时的互联网不仅是立体性的信息发布和交流平台，同时也是强大的组织动员广场。不同阶层、不同职业、不同地域的人们借助互联网自发展开了祈福、救援、资助等集体行动。一股规模空前的参与、建设、监督的自组织力量迅速蓬勃壮大,与政府的救援共同形成了一种挺拔向上的合力。5月12日当天深夜,来自四川、贵州、云南等地的数十家草根NGO(非政府组织)通过网络沟通,共同组成了"民间团体震灾援助行动小组"。各路NGO通过互联网交换信息并进行资源分配共享,达成了职责明确的分工:成都部分NGO人员与政府部门沟通合作,了解灾情,设立物资接收点;贵州的NGO派出小组进行物资筹集并奔赴成都赈灾;云南的机构共同进行物资筹备,着手准备运输。行动小组还在网上发布《民间团体救灾特刊》,利用BBS、QQ群、邮件等方式,互相交换信息并进行资源分配共享。

不同群体的公民意识似乎在一夜之间被唤醒了。同乡会、登山队、旅游社团、老兵俱乐部等形形色色的群体,燃起了参与公共事务的热情,纷纷转化成一个个的草根志愿者组织。他们在网上发帖召集志同道合的人一起奔赴灾区。"河北:急招30名大学生志愿者赴灾""紧急招募:灾区免费心理援助热线"……在中国志愿者网的首页上,这样的招募信息随处可见。还有网友希望通过互联网找到组织,奔赴灾区一线。一名刚刚经历强烈震感的网友在QQ论坛发帖:"我是四川资中县人,现在已经转到乡下安全地区,但是很担心前方。有志愿者组织的队伍,请致电×××,找龙先生,我有车可以赶赴前方。很想奉献自己的一份力量。"

面对地震,中国志愿者人群义无反顾地冲向了灾难最前沿。有人推测,汶川大地震中的志愿者实际超过了千万人。事实上,具体数字已经并不重要。即使是未能奔赴灾区的中国公民,也没有做事不关己的袖手旁观者,而是以各种形式表达着对国家灾难时刻的关切。在地震5天后,互联网上就出现了世界卫生组织《灾后疫情分析及防范》手册中文全译本,以及希望网友迅速打印并分发到灾区的请求。日本神户大地震、中国台湾"9·21"大地震、美国卡特琳娜飓风灾后的重建经验,也被传到网上。有网友制作了"中国网民自律公约":面对灾难,我们不恐慌,不信谣,不传谣,不造谣,不盲动,不悲观,不恶搞,不冷漠,不无知,不谩骂,不抛弃,不放弃!

5月14日上午,各大论坛广泛流传一篇题为《希望大家顶起来》的帖子。帖文称:"有个地方特别适合空降!就在距离汶川县城往成都方向仅7公里的七盘沟村山顶。如果有很多人顶,在QQ群、百度汶川吧里转发,那就可能被官方、军方看见。"该帖经过近2000次的转载后,15日四川省抗震救灾临时指挥中心就电话联系了这位发帖人——茂县女孩张琪,核实勘查后,最终成功空降汶川。

一个叫"燕赵稀有血型联盟"的组织在震后次日在各大论坛上发帖,呼吁灾区当地的医院尽快与他们联系,希望能帮助稀有血型的伤者。为了让失散的亲友取得联系,湖南大学的几名师生在5月13日成立了"四川地震寻亲友网",紧锣密鼓地开展起了一场信息救灾。到5月底的时候,网站收集信息十几万条,为1000多人寻觅到了灾区亲友的音信。这些都是被媒体关注到的,而在空间无限的虚拟世界中,无法计数的网民也不事声张地参与到了这次目标高度一致的集体行动中。人们摒弃了对于其他群体甚至个体的傲慢与偏见,拆掉了横亘在彼此之间的藩篱,跨越了阶层分化带来的社会壁垒。目的只有一个,为拯救生命、重建家园尽自己的绵薄之力。在"强政府,弱社会"的中国,虽然民众对社会公共生活缺乏参与,但在这次地震中,我们却看到隐藏在民众心中的家国情怀、责任担当从不曾泯灭。

在四川地震的废墟之上,中国社会的公民精神正在茁壮成长。这与政府信息公开透明息息相关。正是因为中国网民的知情权、参与权和监督权受到了最大限度的尊重，其公民意识才得到了井喷式发展。5月18日，复旦大学教授蔡江南在《解放日报》上动情地写道："信息的公开将全国人民动员起来，为了一个共同的目标，产生着无坚不摧、无往不胜的力量；没有任何其他的动员和宣传能够产生这种力量。信息的公开将全世界的华人动员起来，形成了一股关心祖国、支援祖国的洪流；没有任何其他动员和宣传能够产生这种号召力。信息的公开将中国与全世界联系在一起，使得中国的形象发生着巨大的改变；没有任何其他宣传和外交能够产生这种效果。"就在同一天，作家张抗抗在《爱的奉献》抗震救灾晚会上说："这次灾情发生后，政府在第一时间把真实的信息公开，迅速地激起了中国国民自觉的、广泛的、主动地参与救援的行动，这展现了中华民族正在成长当中的公民意识，我想它是改革开放30周年巨大进步的重要标志。面对灾情我们每一个中国公民都会问自己，我能为救灾做点什么？我们每一个活着的中国公民都要时时记住，我是公民，我是中华人民共和国的公民"。

历经这次地震，中国被改变的不只是地质结构，显然还有对国家长治久安和蓬勃发展极为可贵的公民意识。一个独立于政府的民间力量，正在国家的公共事务和公共生活中发挥着积极的建设性作用。公民意识的孜孜生长，是这场地震留给中国的重要遗产，而从长远来看，中国的崛起也必将以它为条件和支撑。

网民规模跃居世界第一

7月24日，中国互联网络信息中心依照惯例在京发布了第22次《中国互联网络发展状况调查统计报告》。统计数据显示，截至2008年6月底，我国网民数量达到了 2.53 亿，首次大幅度超过美国，网民规模跃居世界第一位。中国网民中接入宽带比例为 84.7%，宽带网民数已达到 2.14 亿人，宽带网民规模世界第一。中国互联网络信息中心还宣布，截至 7 月 22 日，我国 CN 域名注册量也以 1218.8 万个超过德国".de"域名，成为全球第一大国家顶级域名。报告还显示，随着网民规模的逐渐扩大，网民的学历结构正逐渐向总体居民的学历结构趋近，体现出互联网大众化的趋势；互联网深层次应用提速，人们的网上行为开始与实际生活靠近，网络购物、网上银行等实用性应用走俏。中国互联网络信息中心主任毛伟说，互联网大国的规模已经显现，网民对于互联网深层次应用的需求和接受程度大幅度提高。中国互联网正在逐渐走向成熟，未来在国际社会中的影响力也将更强。

在中国改革开放进行到第 30 个年头的时候，互联网对中国的影响很自然地被纳入"中国崛起"的叙述框架中。在 2008 年前后，"中国崛起"成为一个在世界范围内被广泛热议的话题。2007 年年底至 2008 年年初，世界媒体不约而同地密集关注中国的崛起。美国《新闻周刊》以"中国崛起"为专题制作了中国专刊，英国《卫报》认为中国崛起是个比"9·11"事件更具影响力的大事，法新社认为中国崛起的迹象随处可见，马来西亚《晨报》评论说中国崛起是多极世界的缓冲器。虽然立场各异，但都表明了一个事实，中国在世界上的挺立已经是个不容争议的客观存在。

在 2008 年 4 月召开的亚洲博鳌论坛上，来自不同国家、不同领域的人士在审视中国变迁时，"不可思议""中国奇迹""历史性变化"等成为使用最为频繁的词语。美国前总统经济顾问、世界著名经济学家约翰·拉特里奇说："中国令人震惊的经济增长幅度史无前例，中国以独特的方式在政治、经济、文化等各个领域改变了世界。" 12 月 18 日，在纪念党的十一届三中全会召开30周年大会上,胡锦涛在谈到当下的中国时说:"今天,13亿中国人民大踏步赶上了时代潮流,稳定走上了奔向富裕安康的广阔道路,中国特色社会主义充满蓬勃生机,为人类文明进步作出重大贡献的中华民族以前所未有的雄姿巍然屹立在世界东方。"与中国的崛起相关的,是中国的经济结构、社会结构、制度结构以及国民素质都发生了深刻的变化,中国全方位地融入了世界演进的洪流中。

在"中国崛起"的进程中,互联网所起的作用不可避免地被提及,被加以强调。互联网对于中国的意义,并不只是让一部分人跻身中国富裕群体的行列,还在于它让这个古老的国家更加充满了不可抑制的活力和持续向前的动力。《潇湘晨报》援引方兴东的话说:"如果没有互联网带来的信息传播革命、媒体变革、民意表达,中国社会就不可能是我们看到的样子。中国基本能跟上全球化步伐,光靠改革开放带来的制度革新,没有来自内外的催动力,肯定是不行的。中国能够这么顺利地全球化,融入国际社会,互联网起到的作用绝对是第一位的,我觉得比我们的政策还要重要得多。"作为技术派,方兴东的话难免有夸大之嫌。但不论从哪个角度看,互联网的确发挥了发动机般的作用。

与对中国经济所起的作用相比较,互联网对于中国政治所起的作用似乎更为突出。亿万网民所掀起的一波又一波狂飙突进的公众参与浪潮,使互联网成为一支推动中国政治体制改革和社会进步的强大力量。曾经在20世纪90年代初积极倡导改革开放的"皇甫平",在《喜看"新意见阶层"的崛起》一文中写道:"改革开放30年来,我国政治体制改革有两个重大的突破,一个是党和国家领导人的新老平稳交替,形成了一定的任期界限和年龄界限,结束了终身制,形成了制度化。第二个突破,就是网络等新兴媒体的兴起,成为推动政治民主化建设的重要平台。"

第四部

社　交

我们的能力在大幅增加,这种能力包括分享的能力、与他人互相合作的能力、采取集体行动的能力,所有这些能力都来自传统机构和组织的框架之外。

——［美］克莱·舍基《人人时代:无组织的组织力量》

2009：
新连接

2009年1月7日，中国农历年腊月十二。依照"过了腊八就是年"的说法，中国2009年春节已经拉开帷幕。普通民众的注意力开始更多地与传统相关，集中在置办年货、期盼团圆等事情上。尽管辞旧迎新的日子还没真正到来，但对于中国互联网来说，这一天却是一个开启新时代的日子。

进入3G时代

这天下午，在位于北京西长安街13号的工信部的外事楼内，工信部部长李毅中分别向移动、联通、电信三家运营商颁发了3G牌照。期盼已久的3G时代，终于鸣锣开场了。三家运营商同台竞技，各有千秋。移动采用的技术标准被称为TD-SCD-M-A，也简称TD，它是中国电信行业百年来第一个完整的移动通信技术标准；联通采用的是世界上最为广泛和成熟的WCDMA标准，在全球4亿多3G用户中，WCDMA用户就有3亿多，网络的速度也是最快的，同时拥有众多的手机品种；电信采用CDM-A 2000标准，CDM-A 2000的研发技术是当时各标准中进度最快的，到这一年4月16日，电信成为第一家正式大规模推出3G商用的运营商。

在"三驾马车"的拉动下，中国昂然挺进了全球3G大家庭的行列，同时也创下了若干个世界之最，诸如世界上在一个国家运营不同制式3G业务最多的市场、世界上运营3G网络地域最辽阔的市场等。

在当时，对于大多数民众来说，3G还是一个陌生的概念。媒体在进行报道时解释说，3G是第三代移动通信的简称，第三代与前两代的主要区别是在传输声音和数据速度上提升。第一代模拟手机（1G）只能进行语音通话，俗称"大哥大"；第二代GSM、CDMA等数字式手机（2G）有了短信、WAP（无线应用协议）上网等功能；3G可实现移动宽带，它能够处理图像、音乐、视频流，提供包括网页浏览、电话会议、电子商务等多种信息服务。虽然这些枯燥的解释让人看得似懂非懂，但有一点人们大致是明白的，手机已经不只是手机，它已经与互联网紧密地融合在了一起。

技术的每一次进步，都或多或少带给了人类一些便利。若说3G是划时代的革命，绝非牵强附会之词。在我国的通信业发展历程中，是WAP开创了移动互联网的先河。正是有了WAP，人们才可以利用手机享受到原来在桌面互联网才有的服务，诸如阅读新闻、聆听音乐、分享照片等。但由于受制于数据传输速度，移动数字生活迟迟未能实现。3G的出现真正开启了中国移动互联网时代的大门。手机超越了通信的意义，成为数字生活的枢纽。相较于"桌面互联网"，移动互联网在技术上虽称不上大的革命，但它通过将移动通信网与互联网的融合，把用户从桌面计算机前解放出来，重塑了人们的生产和生活方式。一位媒体人充满洞见地写道："移动互联网时代的生活已经发生了重构，我们的时间已经被打成碎片，流动的世界渗透到生活的缝隙，无时无刻，无处不在。"

随着3G牌照的发放，中国互联网的新一年开始了。对于人们已有的上网经验,3G 的出现不是延续,而是改变。资金技术人才皆实力雄厚的三大运营商,一边在基础设施上加大建设力度,一边加大关于 3G 的宣传力度。在机场车站、户外广场、电视报纸杂志、公交车体上、电子屏幕上,一切可以利用的宣传形式几乎都用上了。普通民众、京剧脸谱、影视明星、业界领袖等均被选作 3G 时代的代言人。目的只有一个,就是把用户的注意力都吸引到 3G 上来,让他们尽快步入 3G 时代。文字记者和网络博主们不遗余力地描述即将到来的 3G 生活,获取信息的手段将从以前的报纸、电视和有线互联网变成随时随地获取;阅读习惯将从书本变成在线掌中阅读;欣赏音乐或许不再通过磁带、CD,而是在线音乐下载;接收邮件不再是在办公室或者家里,而是可以在任何一个地方;可以随时上传照片或感想与好友分享。一名都市报记者引用电器商店导购员的话说:"只有你想不到的,没有它做不到的。只要手机无线上网的宽带流量问题得以解决,3G 手机的功能将强大得简直无法描述。"围绕3G,设备厂商们不断推陈出新,智能手机、上网本、上网卡,使用者可以根据需要随意选择。不得不提的是,在历经一段时间的扑朔迷离的传言后,具有划时代意义的 iPhone(苹果手机)终于来到了全球最大的手机市场——中国。10 月 30 日晚 18 时,在略带寒意的天气里,中国联通与美国苹果公司联合在北京世贸天阶举行了 iPhone 进入中国大陆市场的上市首销仪式。上市 40 天之内,卖出了 10 万部。中国电信也宣布与黑莓展开合作,将引进黑莓旗下的三款手机,为国内手机用户提供更多选择。3G 开辟了中国互联网的新大陆,在这场跑马圈地的运动中,没有人愿意落下。手机聊天、手机浏览、手机音乐播放、手机炒股等各类手机软件不断被开发出来,日新月异,层出不穷,让人眼花缭乱。一位从业者说,你无法预测你的下一个对手来自哪个行业,将带来什么样的革命性产品。

3G牌照的发放，是中国互联网领域的大事，也是中国经济领域的大事。1月8日出版的《人民日报》，关于3G牌照发放的信息被放在了醒目的头版头条位置，标题是《我国正式发放3G牌照》。在金融危机的背景下，3G牌照的发放被普遍看作具有扩大国内需求、刺激经济增长的意义。工业和信息化部部长李毅中说，按照电信运营企业各自发展规划，今明两年预计完成3G直接投资2800亿元左右。3G牌照发放后，将形成一条包括3G网络建设、终端设备制造、运营服务、信息服务在内的通信产业链，对扩大内需、刺激经济产生重要作用。有专家预测，近三年3G投资能拉动近2万亿元社会投资，有助于刺激中国经济增长。事实上也是如此，到2010年年底的时候，短短的一年时间，中国三大运营商均建立起了覆盖中国70%国土面积的商用网络，"牌照、建网、运行、商用"四大步骤依次完成。工信部部长李毅中表示，短短一年时间，3G完成投资1435亿元，建设基站28.5万个，用户超过1000万，这有效拉动了上下游产业发展。有媒体评论说，3G带来的商业机会，让全球电信行业在经济寒冬之中，在东方"寻觅"到暖春之地。

2009年是3G时代的新纪元。上海的《东方早报》写道："2009年之初，很多荣耀和伤痛还没忘记，一些萧条和波折还在继续，然而春风已经翩然吹起，中国3G元年已然到来。"作为移动互联网的新技术，3G将颠覆普罗大众习以为常的行为和观念，并彻底改变政府机构、工厂企业以及社会组织。它将产生深刻的、持续的影响，其影响甚大，若想在尘埃落定前确定其影响范围，将是徒劳的。

互联网总统奥巴马

就在中国来到互联网时代的新起点时,远在大洋彼岸的美国也掀开了国家历史的新篇章。1月20日,在美国国会大厦,奥巴马正式宣誓就职美国第56任总统,成为美国历史上首位黑人总统。同时,他也被外界冠以"互联网总统"的头衔,并津津乐道。奥巴马的当选,恰到好处地印证了谷歌前CEO埃里克·施密特于2006年曾说的话:"能够发挥互联网全部潜力的候选人,将会在下一次总统大选中脱颖而出。"从信息技术所发挥的作用看,互联网之于奥巴马,就像电话之于1929年的美国总统胡佛,广播电台之于1933年的美国总统罗斯福,电视之于1961年的美国总统肯尼迪那样意义深刻。从某种意义上说,奥巴马的胜利是一种全新的信息体系带来的变革胜利,是互联网的胜利。从奥巴马竞选之初使用的竞选口号"我们相信变革",到他就任时的演讲主题"自由的新生",无不散发着浓郁的互联网气息。

在这位"互联网总统"的诞生历程中,那些数年前还不存在的传播管道,如博客、MySpace小区、脸谱网(Facebook)、YouTube视频,显示出超乎想象的影响力,就连历史上肯尼迪和尼克松引以为豪的电视辩论都相形见绌。奥巴马通过社会化网络,成功地将民众们凝聚到他周围,并让他们成为态度坚定的支持者。数以百万计的忠实粉丝活跃在各个小区,为奥巴马摇旗呐喊。从2006年下半年注册为用户到竞选成功,他在脸谱网上有1670条"更新状态"、50余万条留言、300多万支持者,在MySpace上有100多万好友,在YouTube上发布了2000个视频,有2.5万个好友和14万订阅者。在奥巴马专门为竞选创建的社会化网站Wy.BarackObama.com上,到竞选结束时,奥巴马的支持者们建立了

200多万份档案,创建了3.5万个小组,策划了20万场线下活动,发表了40万余篇博客。在放弃联邦公共竞选经费的情况下,奥巴马获得了有史以来最大额度的6.39亿美元竞选募款。这笔资金是300多万个选民募捐的,88%来自电子支付网上捐款。既代表未来又具有颠覆意义的奥巴马,不再是从前报纸、广播、电视中宣讲施政纲领的总统候选人,而是就在每个人身边的具有创新活力的网友。即便是以前不被关注的边缘阶层的选民,也切实和这位总统候选人产生了心理共振。奥巴马竞选成功后,《纽约时报》评论说:"没有互联网,奥巴马就不可能当选总统。"更确切地说,奥巴马的胜利是社会化网络(SNS)的胜利。正如加拿大作家马修·弗雷泽和其同事苏米特拉·杜塔在《社交网络改变世界》一书所写的:"这是有史以来民主政治第一次在极大程度上受到网络社会权力的影响。从今以后,在社交网络中拥有个人主页将成为每个政治家参与竞选活动不可或缺的部分,不仅仅是在美国,在许多其他国家也是这样的。"

对于互联网的发展来说,社会化网络的影响注定是革命性的。奥巴马当选总统为这一点做了生动的注脚。在2007年以前,这位非洲裔美国人只不过是伊利诺伊州的一名普通参议员,现实条件无论哪一方面都不如他在民主党内的竞选对手希拉里·克林顿和共和党候选人麦凯恩。从普通参议员到总统,仿佛是一夜之间的事,不可思议却又让人振奋。社会化网络,已经成为政治和社会变革的重要动力。

从人的角度来看,互联网诞生以来,历经了三个阶段:以雅虎、新浪为代表的门户时代,此阶段门户网站搜集和整理信息,用户可以自由选择;以YouTube和博客为代表的Web 2.0时代,用户同时也是信息的生产者;现在正在进入社会化网络时代,人与人之间的社交关系大规模地向互联网转移,而且在网上构建了更加紧密的联系,"人与人"代替了"人与机器"。美国《连线》杂志创始主编凯文·凯利曾说："互联网时代是一个关联的时代，在这个时代中，我们会由一种个体变为一种集体。我认为，在互联网时代中，我们通过结合把自己变为一种新的、更强大的物种。"这并不是耸人听闻的表达。在互联网上以数字化呈现的人，通过相互联系，正产生左右时代发展的力量。

网络社交飞速发展

社会化网络的发展浪潮，以势不可当的态势降临，冲击着传统的互联网。一个让渴望改变的人们所振奋的案例是，到2008年6月，脸谱网成为全球最大的SNS网站，拥有全球31个国家和地区的近两亿使用者。这个由哈佛大学在校生马克·扎克伯格创建的网站，从诞生到风靡世界，不过用了4年的时间。显然，这是一股可以创造无数传奇的历史大潮。它以气吞山河的气势席卷着全球互联网。2009年3月，尼尔森公司宣称，社交网络已经取代电子邮件成为最流行的互联网活动。更重要的是，社交网络正以门户、电子邮件和搜索引擎两倍的速度增长。尼尔森在线首席执行官约翰–伯班克（John Burbank）表示，网民在社交网站的活力以及所花费时间的转移情况都表明，社交网络将继续不仅改变全球互联网版图，也将改变消费者感受。中国互联网自然也被这股洪流裹挟其中。在2009年前后，中国互联网出现了前所未有的社交网络热。

依照关于"SNS社交网络"的书面性解释，社交网络是建立在真实社会的人际关系基础上的网络用户关系构架。更具象一点说，它是指可供用户以真实姓名登录，并在登录平台上以真实身份进行交流的网站，人们可以上传照片或音乐、撰写博客、开展小组讨论以及交友等。在社交网络浪潮到来之前，社交网络网站已经此起彼伏。热爱阅读和电影的网民，频繁出没在豆瓣网上；世纪佳缘等婚恋网站成为感情孤单者寻觅另一半的平台；成立于2005年的校内网，专门向象牙塔内的天之骄子提供交往平台，在它上线不久，后继模仿者占座网、导读网、课间操等竞相涌现……形形色色的社交网站虽然难以计数，不过有两个特征是明朗的，一类是以休闲娱乐类社交网站，另一类是服务校园类社交网站。

当时间进入2008年，开心网的诞生真正掀起了社交网络的滔天巨浪。作为一家实名制的社交网站，尽管它被认为不过是克隆了脸谱网，但自2008年3月诞生起，它以迅雷不及掩耳之势在全国的城市扩散开来。到2009年12月初，开心网注册使用者接近7000万，页面浏览量超过20亿，每天登录用户超过2000万。Alexa全球网站排名中，开心网位居中国SNS网站第1名，中国网站第8位。在开心网的引领下，各类网站竞相做出改变，以适应社交网络大潮的到来。为了学习开心网的游戏策略，网易博客于2008年10月进行改版，将博客、相册、网络游戏作为它的主要功能。大型小区网站天涯小区于2009年4月8日推出了新版本，对导航和页面进行了调整，强化SNS属性。随后搜狐、新浪等门户网站都加入了拓荒行列。甚至中国移动也在广东率先开通了SNS小区"139.com"。

在频繁出入写字楼的人群中间，上开心网成了一个时髦话题、一种时尚潮流。半夜起来"偷"熟人种的菜，抢占别人的"车位"，甚至可以把别人买来做"奴隶"给自己"打工"或"陪酒"……这些在现实社会中犯禁的行为，在开心网上人们却乐此不疲。有一个开心网账号在网上叫价8万元出售，该账号自称虚拟资产能够排进开心网前10位，拥有目前开心网里最昂贵的20辆汽车。《杭州日报》的一名记者在采访了喜好开心网的网民后,惊诧地写道:"有人在网上加了500多万个好友,有人几乎24小时在线,他们是不是中了这种叫'开心网'的病毒?"为了抵制以开心网为代表的SNS网络带来的影响,几十家互联网企业组成"反庐舍联盟",声明对企业的"网络庐舍族"进行监督、教育、警示,屡教不改的将予以辞退。所谓"网络庐舍族",译自"network loser",形容的是没有社交网络就失去了慰藉的现实失败者。不过这些举动并没有起到多大作用,人们依旧沉浸在社交网络的天地里,而且人数不断见长。2009年11月11日,中国互联网络信息中心在京发布了《2009中国网民社交网络应用研究报告》。报告显示,目前国内的SNS网站已达千余家,而且还在不断增加。社交网站的用户规模已接近国内网民总数的三分之一,其中,大专以上的中高学历人群为社交网站的主体人群。根据CNNIC的测算,到2009年年底中国使用交友和社交网站的网民数将达到1.24亿。在关于使用者使用社交网站目的的调查中,42.4%的用户表示是为了"打发时间",而以"玩游戏"为目的的使用者占到27.4%。虽然休闲娱乐和游戏仍是社交类网站的主要应用功能,但是由于用户社会关系在社交网站上日渐积累,越来越多的交互和信息传递会通过社交网站来完成。

在这次调查中,一个关乎未来的趋势也显露出来。那就是随着无线互联网应用的日渐广泛与深入,手机上的SNS应用需求正越来越大。报告写道:"调查数据显示,有40.9%的社交网站用户期望可以在手机上使用SNS服务。"随着3G时代的到来,SNS的发展大势即将转向。无数社交网站将在面对历史和未来的迷茫中倒下。在时势不断变更的环境中,唯有顺应时代之需才能获得新生。

微博的世界

"时代依然是大时代,烈火烹油,铁马冰河,轰轰烈烈,瞬息万变。不同的是,'微'的存在和传播形态,为这个时代编织出新面貌,提供了新动力,并让个体的面目日渐清晰可见。"微博客在中国蓬勃发展了半年后,2010年1月15日出版的《新周刊》如此写道。互联网世界正在起变化。习惯沉默的人将在网上喊出自己的声音,弱小个体存在的意义正在加重。而这些是一个叫"微博"的新事物带来的。如果说社会化网站是未来之路的话,微博的发展则开启了通往未来的又一扇大门。

2006年,推特(Twitter)的横空出世把人们的注意力引入了一个更微观的世界中。任何用户在任意的地方,只要利用电脑或者手机等移动设备向推特发送不超过140个字符的信息,关注者就能及时查看并对其做出回应。由于天生和手机捆绑在一起,推特创新性地为信息通过移动网络向互联网流动开辟了渠道。140个字符是一条英文短信最多传输的字符,充其量不过是一句话的内容。推特之所以对信息长度做出限制,正是为了方便手机用户通过短信平台向推特发布信息。将手机这种个人化的信息终端和互联网这种公共空间关联起来,推特无意之间开启了一个依靠公民自发记录和传播信息的新时代。在推特上,无论是国会议员、篮球明星、影视演员,还是大学教授、专栏作家、战地记者,或者家庭主妇、中小学生,每个人都是记录者和关注者,也是分享者和被关注者。这种身份的变换,使得推特对信息传递的意义是革命性的。它轻而易举地跨越了以前信息传播的边界。美国《时代》网络版2009年6月4日分析所称,推特对于美国公众的最大意义,并不在于推特能否向公众提供多么良好的内容,而在于公众如何利用好推特所提供的服务工具。

尽管推特的英文原意为"小鸟的叽叽喳喳声",而且推特的确也充满了闲言碎语、自说自话、家长里短,但是当无足轻重的琐碎事物汇聚在一起的时候,撬动世界的力量产生了。一年内发了2000多条消息的得克萨斯州共和党众议员约翰·库伯森(John Culberson)说,推特这类社会媒体工具"开启改革政府之门","让民众有机会重新掌控政府,既能听取法律如何制定,也能以前所未见的方式参与地方、州和联邦政府事务"。就在他说完这话不久,推特对于政治的影响力就在摩尔多瓦、伊朗等国的大选中显露了出来。2009年4月,因为不满选举结果,摩尔多瓦首都出现万人围堵总统府和议会大厦的场面,抗议活动升级为暴力骚乱。大约与此相隔两个月的时间,伊朗改革派候选人穆萨维在落选总统后,随即指责大选存在明显违规,其支持者也走上街头抗议,并和伊朗军方发生严重冲突。尽管两个国家相距甚远,但推特在这两个国家发生的作用却是相似的。骚乱之中,推特不仅成为号召组织的工具,同时也成为信息封锁后年轻人向外界传递信息的通道。在摩尔多瓦因为骚乱关闭了电视台后,摩尔多瓦一青年团体领导人娜塔莉亚·摩拉写道:"虽然摩尔多瓦的电视台已经关闭,但我们有万能的互联网,让我们用它来和平传达自由吧!"而在伊朗,传统的控制民众的手段在面对推特时正变得无所适从。以推特为代表的社交网站成为示威者传递信息、发泄不满和积聚外界同情的重要渠道。伊朗的一名网民说:"革命卫队想阻止我们发出信息,但我们希望全世界都知道发生了什么。"推特所展现出来的摧枯拉朽的"扫荡"世界的态势,直让媒体惊呼"推特革命"!美国国防部长罗伯特·盖茨甚至毫不讳言地公开表示,推特等社交媒体是"美国的重要战略资产"。

在2009年,"推特"成为世界上最流行的一个词。作为个人信息即时共享的综合平台,推特热潮汹涌,将影响力延伸至世界的每一个角落。这是一个全新的交流时代。普通人不需要高深的理论、严肃的说教,也不需要飞扬的文采或者花费心血的谋篇布局,需要的只是像日常聊天一样把心中的想法或者身边的事情表达出来。支离破碎的语言片段或细节,在不经意间就会产生蝴蝶效应,制造出历史上从不曾出现的巍巍景象。

当推特在世界范围内呈现出一派欣欣向荣景象的时候,我国的微博也迎来了等待已久的春天。2009年8月,新浪微博上线,并迅速成长为中国最具影响力的微博。在它的带动下,综合门户网站微博、垂直门户微博、新闻网站微博、电子商务微博、SNS微博、独立微博客网站纷纷成立,甚至电视台、电信运营商也开始涉足微博业务。IT评论家方兴东在考察了一通微博后说:"网民的数量已经积累到了一定程度,即时获取信息和及时沟通成为一个越来越重要的需求,到了一个爆发的临界点。我认为微博的流行是不可阻挡的大趋势。"也的确该到了微博引爆流行的阶段。根据CNNIC的统计,到2009年年底,我国网民规模达到3.84亿人,其中手机网民规模2.33亿,占网民总体的60.8%,移动网络、手机终端在中国互联网发展中起着更加重要的作用。微博与手机的结合,让网民终于有了始终在线的状态。更为重要的是,微博用户借助手机媒体变成了一个个即时的报道者和评判者。一位网友说:"微博降低了民众言论表达的门槛,人们可以自由表达自己的观点,我的微博我做主。"

在这场微博热浪中,有着"中国微博鼻祖"称号的饭否网却由先驱变成了"先烈"。2007年5月,年轻的创业者王兴创立了中国大陆地区第一个与推特类似的网站饭否网。饭否网在信息传播的迅捷性上远远超出了门户网站,更不要说传统媒体。每个人仿佛都拥有了一个麦克风,也拥有了话语权。犹如一个不设卡的广场,饭否网一上线就受到了年轻网民的追捧。到 2009 年上半年，饭否网用户数量激增至百万。陈丹青、梁文道、连岳等一批文化名人的加入，让饭否网的势头更是如日中天。但繁荣景象的背后，却是日渐逼近的危机。真假难辨的信息恣意泛滥，远远超出了王兴的操控能力。2009 年 7 月 8 日，饭否网因传播涉新疆敏感信息而被关停。事后总结时，王兴说："我是把饭否当通讯来做的，你看我取的名字就知道——'饭否'，它就是人与人之间的一种相互问候。但是，因为微博半公开的特点，所以它会呈现出媒体的属性，这是我始料不及的。"饭否网倒掉了，微博传播的重任落到了更具媒体属性的新浪身上。

　　随着新浪微博等网站的成立，互联网对于大众日常生活的镶嵌程度更加深入了。因为微博和"围脖"谐音的缘故，"今天你'围脖'了吗？"成为广泛流行的问候话语。相较于推特，本土化的微博已经不是单纯的社交工具，而是与新闻媒介融合在了一起，通过人际传播的接力，实现信息的广泛告知。它让碎片化的信息在虚拟世界中迅捷传播，即使再弱小的声音，都可能扩大无穷倍，进而震撼现实世界。于 2009 年创立创新工场的 IT 人李开复在使用并考察了一段时间微博后，如此写道："在微博时代，如果你有 100 个粉丝，你就像一个小规模报纸的编辑那样，可以在朋友圈子里享受被尊重、被阅读的乐趣。如果你有 1000 个粉丝，你就像是街头海报、大字报的创作者那样，可以把你的声音传递给相当数量的人。如果粉丝数到了 1 万，你就会有创办一家杂志的成就感。如果你有 10 万个粉丝，你发出的每条微博就像刊登在地方性报纸上那样受人瞩目。当你的粉丝数增加到 100 万，你的声音会像全国性报纸上的头条新闻那样有影响力。假设你有 1000 万个粉丝，那你是不是会觉得，自己就像电视节目的播音员一样，可以很容易地让全国人民听到自己的声音呢？"

虽然只是140个字，微博却有效地拓展了个体表达的时间和空间维度。任何一个个体，都可能被赋予足以挑战大众媒体的传播力量。中国人民大学教授喻国明形象地比喻说："如果说，网络之于人类社会的最大贡献是'解放了人的嘴巴'，那么，微博则在事实上为每个人的社会喊话装上麦克风，而且这种'喊话'是以现场直播的方式进行。"在2010年的青海玉树地震中，灾区现场的第一个消息是通过中国国际救援队的微博向外界发布的。由于不间断传递在废墟中发现生命迹象和救援进展的消息，中国国际救援队微博甚至成为媒体获取采访素材的重要信息源。在普通人中间，一名叫梁树新的年轻人发起"铅笔换校舍"行动，用了25天的时间换回十余万件物品。中国社会科学院农村发展研究所教授于建嵘专门注册了救助乞讨儿童的公益微博，号召微博网友随时拍下身边的乞讨儿童发送到微博上，以方便对他们进行救助。一名研究机构教授的微行动，在互联网和现实世界中都引起了飓风般的反应。大量公众人物参与到街拍行动中来，多地警方接连出警调查核实，慈善基金也参与进来，以求建立数据库和培训志愿者。通过微博，网民们分散零碎的行动，与公安机构、新闻媒体、人大代表及政协委员等社会力量结合在一起，频频冲击着旧有的社会秩序。即便那些只是关注事件进展，而没有参与或表达的网民，其存在的分量也加重了。因为他们的目光所关注的地方，就是民意聚集的所在。2010年初，《南方周末》在《关注就是力量，围观改变中国》一文中写道："一个公共舆论场早已经在中国着陆，汇聚着巨量的民间意见，整合着巨量的民间智力资源，实际上是一个可以让亿万人同时围观，让亿万人同时参与，让亿万人默默做出判断和选择的空间，即一个可以让良知默默地、和平地、渐进地起作用的空间。"

从 2009 年开始，我国互联网进入到了"微社交"的阶段。因为赶在传统媒体报道和政府新闻发布的前面，第一时间发布了大量第一手的信息，微博被 2009 年 12 月出版的《社会蓝皮书》定性为"杀伤力最强的舆论载体"。而《新周刊》也在专题文章《微革命：从推特到新浪微博》中说："微，是国家新语境、国民新思维、传播新技术带来的社会生态的变革。这变革很小很慢，甚至有倒退反复，但它像亿万小草的微力构成伟力，终究造就春天万物生的欣欣向荣景象。"2010 年年底，《南方人物周刊》在评选年度人物时，发现当中国的现实照进微博的梦想，一切都不再单纯，越来越多的人，开始不甘于做沉默的大多数，开始发出微小的声音，而这些微小的声音，又通过网络工具，聚合成进步的大力量。微博客毫无争议地成为这家杂志的年度人物。

底层力量崛起

2009 年是互联网进入中国的第 15 个年头。历经 15 年的发展，互联网将强有力的话语表达工具置于了普通人手中，使社会底层潜隐的力量像一座座山岳从海底崛起。一名地方官员说："在经济全球化、信息网络化的今天，现代传媒已经成为一种重要的公共力量，一种能够影响社会的'软权力'，具有其他力量所无法望其项背的魔力，没有人能回避这种力量。"这是实事求是的语言。互联网在利用技术手段向民众赋权的时候，也为权力建立起了道道壁垒。一项网络在线调查结果显示，公众最愿意选用的反腐渠道中，75.5% 的人选择"网络曝光"，远远超过举报、媒体曝光、信息公开、信访、审计等其他几种渠道。通过互联网反映问题和诉求，已经成为普通民众参与政治生活的新方式。他们的声音不可避免地介入了中国社会转型的进程，为固有的体制所接纳，并借助其力量不断进行自我革新。

4月23日，最高人民检察院公布了修订后的《人民检察院举报工作规定》，正式将网络举报增加为举报腐败行为的新途径。6月22日，检察机关全国统一举报电话12309正式投入使用，同时，最高人民检察院将举报网站更新为www.12309.gov.cn，全国上下均可通过该网站进行举报。5月，中央党校出版社再版发行的《中共党建辞典》专门收录了"网络反腐"词条：网络反腐，是互联网时代的一种群众监督新形式，借互联网人多力量大的特点，携方便快捷、低成本、低风险的技术优势，更容易形成舆论热点，成为行政监督和司法监督的有力补充。10月28日，中央纪委监察部开通了全国纪检监察统一举报网站，开通当日即引来1920万次的点击，引发"塞车效应"。在开通后的一个多月的时间里，点击量日均100万次，收到举报13800件，70%属于纪检监察业务范围。11月18日，中央纪委书记贺国强考察了中央纪委监察部网络信息工作。在与工作人员座谈时，他说，要加强反腐倡廉信息收集、研判和处置工作，健全制度、完善机制，及时了解把握情况，准确判断舆情发展趋势，掌握工作的主动权；要高度重视网民对反腐倡廉建设的意见和建议，积极回应网民关切，对大案要案以及群众关心的其他反腐倡廉热点问题，及时发布权威信息，解疑释惑；要高度重视网络举报在反腐倡廉建设中的积极作用，充分发挥全国纪检监察统一举报网站的重要作用，切实加强管理，完善网络举报法规制度建设，健全网络举报受理机制，完善线索运用和反馈制度，真正为群众提供一条便捷、畅通的监督渠道，进一步调动和保护广大群众参与反腐倡廉的积极性。显然，由互联网技术带来的民主发展，已经得到了执政者的认可，也得到了制度的认可，互联网已经成为大国治理的重要渠道和平台。

与中央对互联网的高度重视遥相呼应,普通民众的声音和政府规制之间的互动也越来越频繁了。2009年10月,南京市江宁区房产管理局原局长周久耕因受贿罪被判处有期徒刑11年,而贪腐的暴露不过是他开会时旁边放着天价烟"九五至尊"的照片被网民上传至各大论坛,引发集体凝视和人肉搜索。而郑州市规划局副局长逯军因为在接受中央人民广播电台采访时质问记者"准备替党说话,还是准备替老百姓说话",引发舆论的强烈批评。郑州市委、市政府成立专门调查组,责令逯军停职反省。10月6日,在敦煌莫高窟的藏经洞内,一位50岁上下的中年妇女因用手触摸西夏壁画遭到讲解员制止,旋即对讲解员进行了殴打。事件经网民在网上曝光后,打人者的身份和职务均被搜索了出来,打人者于某为新疆生产建设兵团农十二师某团医院党支部书记,其丈夫陈某为农十二师某团副团长。二人系在假日期间违规使用公车外出旅游。新疆生产建设兵团农十二师对此事进行了快速回应,在不到一周的时间里就对二人进行了免职处理⋯⋯

为了有效应对日益汹涌的互联网舆论狂潮,多个省市从2009年开始设立"网络发言人"制度。8月3日,在一则反映韶关工商局"涉嫌滥用职权"的网帖后面,"广东省工商局"在奥一网络问政平台进行了答复。这是全国第一个厅级以上党政部门网络发言人的正式发声。网络发言人的内容涵盖政府信息的网络公布以及新闻事件在网络上响应,网络发言人的定位则是替网友解决细碎的投诉、咨询等问题。在其背后,有着完整的信息收集、整理、交办、回应流程机制,目的就是以更负责的态度向网络传播权威的声音。在这之后,广东省教育厅、公安厅、监察厅、劳动和社会保障厅等14个和社会民生息息相关的省直单位的"网络发言人"纷纷亮相，网络发言人制度在广东全面推开。而在云南、江苏、四川、陕西、贵州等地，网络发言人也呈现出遍地开花之势。陕西省政府各部门、各设区市政府所属单位任命58名相关负责人担任网络发言人，要求网上问题三天将进行回复；南京则在12月一口气推出了90个部门的网络发言人，由所在地区、单位的班子成员或中层领导担任，并要求发言人在24小时内回帖。作为传统新闻发言人制度在互联网空间的延伸和拓展，网络发言人制度的建立，开辟出一条政府与网民交流的权威通道。面对亿万网民，政府部门要做的是和他们平等交流。在诸多的网络发言人中，云南省委宣传部副部长伍皓成为最引人瞩目的一位。他建立工作QQ群"伍皓的网络意见箱"，实名注册微博及时发声，组建网民调查团和政府一起寻找真相，说"宣传部要和传言赛跑"，要求宣传部门慎用"不明真相""一小撮"等带有偏见的字眼。

种种迹象显示，互联网为中国的传统政治赋予了新的内涵。它正逐步成为中国社会主义民主政治建设的一个重要平台，把无数民众的意见凝聚在一起，形成一股力量，不断规训着权力，进而推动着政治的进步。对于政府官员来说，尊重每一个个体的表达和监督，对民众充满敬畏，正成为一种自觉的行为。据人民网舆情监测室统计，截至2009年11月上旬，人民网"地方领导留言板"接收网友留言40多万条，37位书记或省长、95位地市主要领导做出公开回应。据不完全统计，约6000项网友提出的问题得到落实和解决。年底，新华社下属的《半月谈》杂志对2009年发生的影响社会进程的新闻进行了总结盘点，结果发现有一半直接与互联网有关。《半月谈》评论说："参与社会治理的多元主体已经渐次涌现，政府与民间的良性互动正不断激活治理体系和制度向善的力量，理性在公共治理中的分量正逐步上升。一个不断发展的社会，正在而且将更有力地对完善市场经济体制、转变政府职能、扩大公民参与、推进基层民主、改善社会管理、促进公益事业等方面发挥越来越重要的作用。"

争议小沈阳

就在 2009 年,一个叫小沈阳的东北二人转演员犹如春雷突然之间炸响,成为炙手可热的人物。在这一年的央视春晚上,小沈阳"跑偏"的红色方格七分裤、长条红围巾、一口"娘娘腔",给社会带来了完全颠覆性的演员形象。他提供了一种固有规范之外的表达和释放,将二人转的草根精神发挥得淋漓尽致。他浑身上下散发着互联网特质:作为一名社会边缘的小人物,以自信的态度肆无忌惮地自嘲,解构一切权威。

人们热烈地欢迎这位新生的偶像。媒体上对他的报道几乎呈现铺天盖地之势,有的报纸甚至用 5 个版面来介绍这位草根逆袭的人物。小沈阳故意扮丑的形象登上了新闻、情感、都市资讯等各类杂志的封面。他在小品中的经典语言被网民改造后用来表述日常生活的万般感受。描绘上班族状态的段子如此写道:"上班这一天其实可短暂了,电脑一开一关,一天过去了,嚎——?电脑再一开,不关,又加班了,嚎——?电脑一关不开,失业了,嚎——?"小沈阳参与表演的春晚小品《不差钱》以及成名之前的演出视频,被网民们广为传播。小沈阳在 2009 年春晚后才建的博客,短短三天时间点击量便接近 200 万。在天津演出时的一段视频,在 27 个月内点击量达到了 1 亿 4 千万次。他应成龙邀请,成为其鸟巢演唱会的特别嘉宾,并和张艺谋合作拍摄电影《三枪拍案惊奇》。一首《我叫小沈阳》从城市唱到了乡村,从街头唱到了 KTV。5 月 11 日,小沈阳到广州中山纪念堂表演二人转。当晚中山纪念堂出现了罕见的爆满现象。

《南方日报》记者对此也感到疑惑："很罕见地，这样一种纯粹的北派地方艺术，能在广州引起这么大的轰动。"除了二人转演员的身份外，小沈阳也因获得沈阳市总工会颁发的"五一劳动奖章"而成为当地的劳动模范。草根和精英之间的界限几乎被小沈阳完全打破，他成为一种奇特的文化和社会现象。

如何看待这种现象，不同行业和领域的观点呈现出尖锐的对立态势。"巴蜀鬼才"魏明伦在春晚结束后首先向《不差钱》开炮："为了能一夜成名，不择手段，这是畸形文化现象，再怎么娱乐，还是要道德，太过于急功近利，把演员和角色搅成一锅粥了。"华东师范大学一位教授演讲时说，小沈阳的走红，缘于北方人文化程度低，小沈阳本身也没有文化。在清华大学美学教授肖鹰眼中，小沈阳走的是媚俗路子，如果只有媚俗的通俗艺术走红、低俗艺术泛滥，那中国人就差比钱更根本的灵魂了。针对这种观点，中新网调查所做的一项调查显示，支持和反对的观点都超过30%，呈现势均力敌之势，几乎难解难分。有网民说："小沈阳的小品太低俗了。用这种小品来取乐老百姓。说明现在的文化领域是何等的情况。"更尖锐一点的观点认为，小沈阳的表演"变态"，降低了整个民族的文化水准。

小沈阳在遭受猛烈抨击的同时，也受到无数人的力挺。易中天说："任何人都没有权利，以一种自由反对另一种自由，以一种趣味反对另一种趣味。"王蒙、余秋雨、李银河等也都毫不遮掩地表达了对小沈阳的喜爱。李银河在博客上撰文表示，小沈阳的艺术就属于下里巴人，就连相声这个品种整个都是俗文化。但俗文化不等于低俗文化。前者属于艺术门类划分的范畴，后者属于道德评判范畴。当时的国家新闻出版总署署长柳斌杰在做客网站时表示，对于节目、文化，应该把通俗和低俗区别开来,"对小沈阳的节目我认为不能说他低俗,应该说是通俗"。数不清的网民认为,文化应该是多元化的,小沈阳的存在说明了有市场需求,存在即合理。

小沈阳是社交互联网开启之初诞生的一个符号性人物,虽然他饱受争议,但所受欢迎的程度还是折射出:人们更喜欢姿态平等的对话和交流。

2010：
大碰撞

在中国互联网史上，没有哪一年像 2010 年这样冲突不断。在这一年中，积累了多年的恩怨情仇几乎都爆发了出来。冲突的方式也是前所未有的：它不仅牵带出了大国之间的政治博弈，还牵带出了充满市井气息的粗口谩骂，更牵带出了江湖草莽味道极浓的群体对掐。因为中国互联网几乎是在毫无准备的情况下突然发展起来的，国家还来不及确立规则的时候，它就轰轰烈烈地发展起来了。这种不加约束的成长，虽然充满了张力，但注定要产生不可预料的冲突。在中国互联网的成长历程中，冲突就不曾间断过，只是从来没有像 2010 年这样集中和显眼。冲突过后，中国互联网的车轮驶向的是更为广袤的地带。

图书限折令

2010 年 1 月 8 日，在于北京国际展览中心举行的北京图书订货会上，中国出版工作者协会、中国书刊发行业协会、中国新华书店协会联合发布了《图书公平交易规则》。虽然其内容洋洋洒洒分为 9 章 30 条，涵盖了订货、供货、收（验）货、退货、促销、结算等经营流程，但读者仿佛一下子就看到了其最关键的部分：出版一年内的新书进入零售市场时，须按图书标定的价格销售，不得打折销售；经销商可进行优惠促销，但优惠价格不得低于版权页定价的 85%。由于图书打折已经成为网络书店瓦解图书行业暴利的渠道，《图书公平交易规则》悖逆互联网潮流、试图维护传统书店的目的再明显不过。它的出台像一场地震一样迅速引起互联网领域的恐慌和不安。当当网对"图书限折令"的可操作性提出诸多质疑："书的种类非常多，当当网在售图书有 60 万种，每天都有新书上架，大家是统一时间调价还是自行逐步调整？目前通行的畅销新书的折扣比较低，地面店也是如此。所有图书无论什么品类都要统一折扣吗？对于不执行限折令的企业有什么处罚方式？"卓越亚马逊对媒体表态说，需要和《图书公平交易规则》的公布方保持沟通，期待更具体的、可行性的实施细则。鉴于"图书限折令"的样本性意义，《互联网周刊》特地以"当当卓越说不"为题做了一期封面文章。在《谁在挑战传统书店？》一文中，作者刘佳不无担忧地写道："'限折令'所映射出的，正是互联网行业与传统行业之间矛盾冲突的一个缩影。当越来越多的传统行业遭遇互联网的挑战者时，是否还会有更多的'行规'出现？"

相较于这些审慎和等待的态度，社会上却激荡起近乎一边倒的反对声音。豆瓣上很快就出现了《拒绝购买八五折新书，坚决抵制〈图书公平交易规则〉》的帖子；新华社旗下的《经济参考报》引用一名网民的话说："一纸文字就限定市场行为，我认为不符合市场经济的运行规则，从某种意义上讲，就是'垄断思想'的滋生，'霸王条款'的抬头，'保护落后'的体现。"基于不同视角的评论文章在各类媒体和互联网上层出不穷："网购图书'限折令'曝行规违法之嫌""'被公平'的图书'限折令'""图书网购限折令是个冷笑话？""图书限折令不像个好兆头""图书限价八五折是纸老虎"……北京市消协、北京市律协发出联合声明，指"限折令"涉嫌违反《反垄断法》，称其涉嫌价格垄断、限制竞争，并建议有关部门介入调查。在漫天的反对声中，1月22日，三家协会联合召开新闻发布会，进一步解释了《图书公平交易规则》出台的原因，并提出保障《图书公平交易规则》执行的新举措："对于违规严重的经销商，可以联合出版社停止供货；对于严重违规的出版商，可以联合经销商停止订货。"可这些举措最终还是仅仅停留在了文字上。在图书"限折令"发布的数月间，当当、卓越等网络书店上，图书二至五折的广告依旧随处可见；在淘宝网上，低于八五折的新书也比比皆是。图书"限折令"俨然已成一纸空文。9月1日，三家协会重新发布了《图书交易规则》，将涉及固定价格的条款全部予以删除。

图书"限折令"从出台到取消，不到8个月的时间。它犹如烟花般短暂存在的背后，是互联网掀起的行业性革命浪潮。无论是图书出版行业还是社会的其他行业，原有的存在方式和利益格局正在被互联网颠覆。面对这场革命，传统行业该做的不是抵制变革，甚至抱残守缺，而是顺势而为、积极地迎上前去拥抱互联网时代。在2010年，图书"限折令"的存在和灭亡为这种大趋势做了生动的注脚。

《计算机世界》质疑腾讯

这一年里，在图书"限折令"暴露出因陋守旧力量和革故鼎新力量的紧张对立的同时，由《计算机世界》率先发声，又将中国互联网长期存在的模仿和创新之间的矛盾赤裸裸地摆在了世界面前。

7月26日，计算机与信息产业领域的行业报纸《计算机世界》用一篇颇具争议的封面文章曝出了中国互联网一直以来存在的致命问题：模仿甚至抄袭将创新扼杀。文章矛头直指腾讯，在封面中，不但象征腾讯的企鹅被几把刀刺得鲜血淋漓，而且还用醒目的大标题写着"'狗日的'腾讯"。在《计算机世界》的眼中，腾讯不仅是互联网创新的搅局者、掠食者，而且还是终结者。文章介绍说，7月9日，腾讯QQ团购网上线，这让处于草创时期的数百家团购网站倒吸了一口凉气。它很容易就让大家想到了联众的一败涂地。2004年9月，QQ游戏平台将联众赶下了中国第一休闲游戏门户的宝座。而在此之后，联众的业绩一路下滑，出售，转型，经历了一系列风波后，联众在中国网络游戏市场份额已不足1%。"从QQ游戏平台上线那天起，联众的失败就已经注定了。"多年以后，联众创始人鲍岳桥谈起当年腾讯对联众的围剿和逼迫，依旧愤愤不平。

文章通过几起诸如此类的事例传达出这样的信息，正是腾讯的杀入，让原本充满生机的创新岌岌可危，而在腾讯还没有出手的互联网领域，小企鹅也让那些潜在的竞争对手们战战兢兢，如履薄冰。文章评论说："这就是腾讯，中国第一、全球第三大互联网公司，一家全球罕见的互联网全业务公司，即时通信、门户、游戏、电子商务、搜索等无所不做。它总是默默地布局、悄无声息地出现在你的背后；它总是在最恰当的时候出来搅局，让同业者心神不定。而一旦时机成熟，它就会毫不留情地划走自己的那块蛋糕，有时它甚至会成为终结者，霸占整个市场。"在《计算机世界》的记者笔下，因为在互联网界"无耻模仿抄袭"的恶名，腾讯俨然已成为互联网的公敌。这种贪婪无度、所向披靡、吞噬一切的架势注定是不能容忍的。但除了用"狗日的腾讯！"来表达愤慨外，似乎已经没有什么语言能舒解互联网创业者们心中的块垒。

《"狗日的"腾讯》发表后，腾讯一下子被推到了风口浪尖。对于腾讯"一直在模仿，从来没超越"的做法，虽然互联网界大部分企业是这么看的，但从没有如此赤裸裸地向社会表达出来。虽然《计算机世界》使用侮辱性语言颇有值得商榷之处，而且其立场也欠缺客观公正，但是文章还是引起了无数人的共鸣和认同。文章的观点，得到百度 CEO 李彦宏、新浪网总编陈彤、美团网创始人王兴等互联网创业者的集体声援。为之叫好者认为《计算机世界》抒尽了互联网业界心中之愤。一场倒"QQ"的热潮迅速掀起。人民网在事件发生当日所做的调查显示，有 73% 的网友支持《计算机世界》的看法，17.6% 的网友认为应该有话好好说，不应该用具有侮辱性的词语，支持腾讯公司的仅占 9%。

针对《计算机世界》的做法，腾讯公司迅速发表声明，指责《计算机世界》"用恶劣粗言对待一家负责任的企业，用恶劣插图封面来损害我们的商标和企业形象，造成极其恶劣的影响，更粗暴伤害了广大腾讯用户的感情"，甚至"保留追究其法律责任的权利"。在沉默了一天后，《计算机世界》也在其网站上针锋相对地发表声明称，"争论和异议，无论对腾讯还是《计算机世界》都是无可回避的客观事物。因此，我们选择忠实于媒体使命，选择忠实面对产业的客观问题，选择捅破窗纸、直面争议"。不过在重重压力下，《计算机世界》最终在 8 月 11 日发表了致歉声明，称文章标题语言不妥，缺少应有的公允、严谨和标准。再后来，《计算机世界》执行社长和总编辑双双调岗。虽然《计算机世界》关于人事变动对外拒不表态，但还是被外界认为与腾讯的笔墨纠纷有关。

《计算机世界》和腾讯之间的风波就以这样的方式戛然而止，不过它所引发的关于中国互联网创新话题的讨论却迟迟没有平息。随着矛盾的不断凸显，中国互联网也到了该反思的时候。这么多年来，国内互联网虽然拥抱了无数的光环和荣耀，却始终没有摆脱"追随者""抄袭者"的形象，几乎所有的技术原型和商业模式都来自大洋彼岸的美国。最先成长起来的互联网企业,在面对世界资本市场时,更多地以"中国的雅虎""中国的亚马逊""中国的谷歌"自居。它们心甘情愿地跟在模仿对象的后面,亦步亦趋,即使有创新,也是局限于本土化的运营改良。复制和模仿,一直以来就不是一个耻辱性的话题。在 2010 年,一部旨在向互联网创业者介绍国外最具创意网站的书,甚至毫不避讳地起了个《复制互联网》的名字。在一个可以相互抄袭、模仿的商业环境中,新兴的创业者,就如同小鱼小虾一样轻而易举地就被互联网大鳄吃掉。《南方日报》记者采访了多名个人站长或微型公司负责人后,发现他们都传递了相似的信息:"其实不是我们不愿意去创新,根本就是国内互联网行业缺乏创新的土壤,在国内几乎根本无法完成一个从创意到执行的全过程,以致我们只能够将所有的创新希望寄托于遥远的硅谷,然后加以复制并进行本土化的运营改良。"

作为新兴的行业,中国互联网似乎过早地进入了衰老期。当美国的互联网创意犹如海浪一波一波涌现,互联网巨头呈现出你方唱罢我登场的代际更迭态势时,中国的互联网却维系着多年不变的市场版图,而且越来越难以打破。激动人心的草根创业的传奇故事,更多的是停留在过往的李彦宏、马云、马化腾等最早一代的互联网创业者身上,他们依旧是年轻人心中最耀眼的创业偶像。互联网观察家刘兴亮不无悲观地在一篇博文中写道:"那种靠一个 idea(创意)就可以打天下的时代,一去不复返了;那种靠一个 PPT(演示文稿)就能从 VC(风投)那儿骗到资金的时代,一去不复返了;那种新技术新应用遍地开花的时代,一去不复返了;那种打招呼都是'有什么好想法、好项目'的时代,一去不复返了"。海外知名科技博客 Tech Crunch 的作者萨拉·拉西(Sarah Lacy)用"copycats(抄袭成风)、super competitive(过度竞争)、copyright issue

（版权纷争）",直陈中国互联网存在的问题。中国互联网的创新之源在哪里？《人民日报》记者在进行一番调研后表达出诸多创新企业的心声："在一个良性的发展环境中，具有积极创新性的小企业能够生存、成长，大企业不断完善与发展已有服务，同时通过开放与中小企业合作。如此，互联网有了无止境的创新，大小企业从中共生共荣。"

9月11日，中国信息经济学会、中国社科院信息化研究中心、阿里研究中心三家机构在杭州共同组织了一次"2010新商业文明论坛"。论坛对外发布了《新商业文明宣言》。宣言将"开放、透明、分享、责任"视作新商业文明的基本理念。宣言指出，新商业文明拥有开放的产权结构与互动关系，开放是新商业文明创新的灵魂；新商业文明追求透明的信息环境，透明是新商业文明出发的起点；新商业文明倡导共有的分享机制，分享是新商业文明形成与扩散的动力；新商业文明奉行对等的责任关系，责任是新商业文明不可分割的一部分。这种概括是基于信息技术革命所带来的种种变化而做出的。诸如"企业与市场的边界越来越模糊""协同、共赢的商业生态系统，逐步成为主流形态""对话和协商成为普遍的选择"等新的文明范式正在形成。"开放、透明、分享、责任"，既是对时代趋势的一种判断，也是面向商业领域的倡议和号召。这种理念，更像是对互联网领域存在的抄袭、垄断等问题的回应。

3Q之战

然而，历史的惯性已经形成。仅凭几句寄予了美好愿望的口号是无法让互联网历史的车轮发生转向的，除非遭遇不可预见的遏制力。到2010年11月，这种遏制力终于如崛起的山峰挡在了中国互联网领头羊——腾讯的面前。纵然腾讯一向被视为无所不能的征服者，但面对突然冒出的阻碍，还是难免突然间胆战心惊、茫然无措。

11月3日当晚6点19分，腾讯以弹窗新闻的方式，发表了《致广大QQ用户的一封信》，对360公司的外挂软件表示了强烈不满。腾讯以保护用户隐私、捍卫道德底线和法律尊严的名义，对360发起了中国互联网诞生以来最激烈的一次斗争。这封公开信犹如一篇战斗檄文，腾讯试图以庞大的用户资源为筹码对360公司进行最后的封杀。虽然两家公司的恩怨并不长久。

2010年5月31日，腾讯推出"QQ电脑管家"，在将原来QQ医生和QQ软件管理合二为一的基础上，增加云查杀毒、清理插件等功能，涵盖了360安全卫士的所有主流功能，用户体验与360几乎并无二致。在周鸿祎眼中，腾讯此举是欲置360公司于死地，这种"明目张胆地欺负人"，使360公司选择"必须得反抗"。9月27日，360推出"360隐私保护器"，曝光腾讯QQ监控和扫描大量私人信息。与此同时，360网站开设"用户隐私大过天"的讨论专题网页，一篇篇充满愤怒情绪的文章对腾讯QQ的"窥私行为"大加鞭挞和谴责。10月29日，360再次猛烈出击，发布"扣扣保镖"软件，除了QQ体检、查杀QQ盗号木马等板块，还可阻止QQ强行静默扫描用户硬盘，并过滤QQ广告、屏蔽QQ迷你首页等，直指腾讯核心利益。360公司釜底抽薪的反击，被腾讯定性为"全球互联网罕见的公然大规模数量级客户端软件劫持事件"。腾讯向深圳市公安局报案，但公安人员不知道该如何定性，更不知道用何种方法处置。即便是工信部，对腾讯的投诉也是一头雾水。腾讯事后披露的资料显示，在不到4天的时间里，"扣扣保镖"就截留了2000万QQ用户。马化腾在接受财经作家吴晓波采访时仍心有余悸地说："如果再持续一周，QQ用户很可能就流失殆尽了。"

形势逼人！腾讯的公开信就是在这种情况下发出的。不过对于网民而言，腾讯的行为却显得简单而又粗暴。一个庞大的互联网商业帝国与一个新兴互联网创业公司的对抗，导致数亿网民的电脑桌面被迫沦为"战场"。

在腾讯发布弹窗公开信后不到1小时，360公司也以弹窗的方式绝地反击，称腾讯"坚持强行扫描用户硬盘，绑架和劫持用户，以达到其不可告人的目的"。周鸿祎还在微博上写道："对于腾讯这样丧心病狂的行为，360有预案。我们推出了Web QQ客户端。"不过腾讯迅速做出针锋相对的反应，Web.qq.com很快停止服务，直接跳转到公告页面，QQ空间宣布不支持360浏览器访问。迫于腾讯的压力，晚上9点10分，360宣布下线"扣扣保镖"，并像腾讯那样，以"反抗QQ霸权，需要你的力量"为题发布了一封致网民的紧急求助信。

这注定是中国互联网惊心动魄的一晚！在当时，腾讯约有6亿用户，而360的用户数量也达到了3亿。没有人希望在腾讯和360的斗争中，成为利益受损者。但这种冲突将如何发展，谁也无法预料。网民们在网上愤怒地表达着不满情绪。一家门户网站做的一个关于"卸载360还是QQ"的调查中，有60%的网友表示为了保留360宁可放弃使用多年的QQ。一条代表诸多用户心声的微博"这是我的电脑！不是你说停止就停止，你说卸载就卸载"被广泛转发。一句"非常艰难的决定"，更是一夜之间成为经典台词，被万千网友奚落嘲讽。青年领袖韩寒就此发表观点："我能不能这么理解，选择360是因为能查毒，所以默认它进入系统，就像保姆能进入房间打扫一样；选择QQ是因为它利于交流，就像司机能便利交通一样；那么如此，你一司机凭啥进我房间？我的保姆在我房间关你何事？你还发封信说如果我不辞退保姆，就把我的奔驰开走……"上海财经作家叶檀不无担忧地在《南方都市报》撰文写道："此次大战显示，中国互联网业已经进入跑马圈地的恶性竞争与大户通吃时代。一个靠垄断立命，一个靠流氓插件起家，我们看到的是两家颇具特色的企业的一场混战，网民被绑架，不得不成为这场战争中的炮灰。从牛奶行业到互联网行业，劣质竞争与恶性商业生态正在四处弥漫，商业伦理糜烂至此，中国未来的商业生存环境让人思之难安。"

面对互联网领域的"扫描隐私、不正当竞争及垄断"问题，11月4日，工信部和公安部正式介入，双方软件恢复兼容，360公司召回"扣扣保镖"。11月20日，工信部发布《关于批评北京奇虎科技有限公司和深圳市腾讯计算机系统有限公司的通报》，认为两家公司的纠纷"造成了恶劣的社会影响"，责令两公司"自本文件发布5个工作日内向社会公开道歉，妥善做好用户善后处理事宜"，"停止互相攻击，确保相关软件兼容和正常使用，加强沟通协商，严格按照法律的规定解决经营中遇到的问题"，"从本次事件中吸取教训，认真学习国家相关法律规定，强化职业道德建设，严格规范自身行为，杜绝类似行为再次发生"。

日后，马化腾在平息"3Q大战"和垄断质疑时如此说道："'3Q大战'的正向作用挺多的。它加快了腾讯开放的步伐、改变做事方式，还有就是统一思想，平衡相关利益。"在历经了和360公司的激烈竞争后，腾讯放弃了"模仿+捆绑"的发展模式，积极向开放和分享的发展模式转型。2011年6月15日，腾讯在北京举办了第一次开放伙伴大会，主题为"开放、共赢成就梦想"。马化腾宣布腾讯要打造一个规模最大、最成功的开放平台，扶持所有合作伙伴再造一个腾讯。而就在此前不久的5月31日，360公司主办了主题为"开放、融合、促发展"的第一届互联网开放大会。周鸿祎在大会发言中表示，只有开放才是中国互联网下一个 10 年发展的主旋律。他说："我们应该探索一个真正开放的平台模式，希望中国互联网里成名的大佬级公司真正从谷歌、苹果公司开放的策略上学到精神，而不是把别人的产品全部拿过来，打着开放的名义最后自己建一个封闭的花园。"

在中国互联网史上，"3Q 大战"是互联网从封闭走向开放的分水岭。此后，中国互联网大踏步进入了一个开放的时代。

团购昙花一现

当"团购"的飓风从海外刮到国内时，无论是创业者还是投资客，都义无反顾地往风口上撞去。在他们眼中，"团购"简直为中国互联网带来了最好的创业机会，抢占先机是重要的，根本还用不着考虑前景是黯淡或者辉煌。因为美国的团购网站 Groupon 已经蹚出了一条通往神话之路。从 2008 年 11 月上线起，名不见经传的 Groupon 仅仅用了一年半的时间就成长为估值 13.5 亿美元的互联网新贵。这可是一种前所未有的成长速度！在它之前，推特达到 10 亿美元估值用了三年时间，脸谱网达到 10 亿美元估值也用了两年时间。基于超乎想象的成长，Groupon 被《纽约时报》称为"史上最疯狂的互联网公司"，也被《福布斯》杂志誉为有史以来成长最快的公司。当然仅有这些是不够的，建站成本低、现金流转快、赢利模式简单清晰，才是诱发团购网站蓬勃发展的重要原因。《中国经济周刊》的记者在调查团购网站时发现，一套团购网站系统（基本照搬 Groupon.com）的售价最低只要 4000 元左右，加上支付系统、企业信箱、短信服务等，一个团购网站建站费用可以控制在 1 万元以内。网站建好后，用低折扣吸引消费者，用聚拢的大量消费者吸引本土商家，通过收取商家一定比例的佣金就可实现赢利。

对于创业者来说，Groupon 开创的崭新的团购模式，仿佛骤然间为他们打开了一扇通往新天地的大门。2010 年 1 月 16 日，国内首家团购网站"满座"上线，开通了北京、上海、青岛等三大城市分站，正是这个外观、域名甚至运营模式都有明显模仿痕迹的网站，开启了团购大战的序幕。美团、拉手、窝窝、糯米、嘀嗒等一家家团购网站争先恐后抢闸上线。面对这场资本的浪潮，没有人心甘情愿地被落下。淘宝网迅速推出了团购频道"聚划算"；紧跟其后，生活信息服务类网站大众点评网以及58 同城也蹚了进来。58 同城 CEO 姚劲波踌躇满志地表示"现在除了移动分类信息的布局，团购业务是公司的战略重点"。就在团购网站呈现群雄逐鹿局面的时候，门户网站也毫不犹豫地加了进来。6 月 1 日，搜狐网推出门户网站内的首家团购网——爱家团，标志着门户网站正式开始涉入"百团大战"。7 月 12 日，新浪和腾讯在同一天也推出了团购频道，一个叫"新浪团"，一个叫"QQ 团"。为了扩大业务规模，这些团购网站立足于北京、上海、广州、深圳等大城市，不断向二、三线城市扩展。在一年的时间里，中国涌现出千余家团购网站，几乎每天就有三四家团购网站诞生。千余家团购网站无一例外地沿袭了 Groupon 的模式——每天在一个城市推出一个或多个产品、服务，通过较大的折扣价格吸引网民团购消费。一家又一家团购网站犹如雨后春笋般相继出现，让中国互联网呈现出前所未有的热闹局面。整个中国互联网似乎被点燃了。面对这场由新的新商业模式引发的资本盛宴，原本刻板理性的投资者也骚动不安起来。他们成天跟在团购网站的 CEO 后面，恨不得立刻把钱塞到 CEO 们的手中。对于他们来说，已经不是在挑选项目，而是抢夺项目。因为稍有不慎，就有可能错过投资的机遇。拉手网上线不到3个月，就获得了500万美元的融资；专业化妆品团购网站VC团获得2000万美元的风险投资；而一家叫阿丫团的团购网站刚经过一个月的试运营，就获得了山西财团1.1亿元的高额投资，成为当时行业内赢得单笔投资最大的团购网站。大好前景之下，已经没有人去留意创业项目与资本之间的供需已经失衡。来自不同行业和区域的各类风投资金相继涌入团购网站，让团购的大浪越掀越高。

网民们的消费热情也被团购点燃了。只需花9元就可以畅打原价100元的高尔夫，花55元就可以拍摄原价399元的个人写真，吃一顿原价199元的五星级酒店自助餐只需98元……这样的消费折扣让都市里的消费者们热血沸腾。每天打开电脑后快速登录团购网站，加入同自己具有共同志趣的团购队伍，成为数不清的网民的新的上网习惯。他们像打开圣诞节的礼物盒子一样打开一家家团购网站。小到图书、软件、玩具、手机，大到家电、家居、建材，都有消费者组团购买。除了传统的实物商品，以往始终无法跨入电子商务大门的诸如餐饮、娱乐、健身、美容、培训本土化生活服务也终于汇入了网购潮流。尽管团购不是主流的消费模式，但是团购所具有的爆炸力已经显露出来。2010年6月23日，糯米网推出40元双人电影套餐（电影票2张+可乐2杯+爆米花1份+哈根达斯冰激凌球1个），一天时间吸引逾15万人参与团购。2010年9月9日，淘宝聚划算平台推出团购奔驰SMART汽车的活动，该团购活动上线后仅3小时28分钟，205辆SMART即被抢购一空。到2010年年底，依照独立团购导航网站购团网的数据统计，团购行业2010年的总销售额达到了25亿元，远超2010年初预计的10亿元规模。2010年最后一个月的团购交易数量超过416万次，这意味着全国团购网站平均每秒就有1.55个团购订单。2010年团购的平均折扣为3.1折，团购交易的均价为89元。

与以前以B2C、C2C为代表的传统电子商务相比，这似乎是一场崭新的消费革命。团购网站把众多的消费者聚合起来，以集体的智慧和力量去与商家进行博弈。它改变了传统商业模式中消费者缺乏议价能力的弱势地位，使得交易更加透明化。更重要的是，O2O（Online To Offline，线上到线下）市场被激活了。在以往，电子商务一直为实物类交易为主，围绕本地生活服务的网络应用多集中于资讯获取层面；即便如此，寥寥数家门户网站能给生活服务类商家提供的推广位置也是极为稀少的。企业急于寻觅消费者，而消费者也在探寻物美价廉的企业。团购的出现，仿佛点燃了干柴烈火，迅速将二者连在了一起。互联网成为线下交易的前台，消费者可以在线上来筛选服务并进行支付，而后线下消费。是团购唤醒了基于本地化生活服务为基础的巨大市场。对于中国的电子商务世界来说，那些本土的服务类企业犹如新大陆一般充满了勃勃生机和无限可能。

2010年的中国团购市场，几近"癫狂"。团购给中国互联网从业者带来的最好的低门槛创业机会，不过也带来了最惨烈无情的市场竞争。上千家渴盼奇迹的团购网站，激荡在资本的浪潮之上，很快发现自己面临的是技术、客户、消费者、服务等多方面的现实冲击。低水平的重复建设，同质化的红海竞争，注定了团购要陷入恶性竞争的深渊。只是谁也没有料到这种结果来得那么快。繁荣过后，接踵而来的是资金链条断裂，风投大门关闭，大幅撤站裁员。2011年下半年，700多家团购网站已经无法打开或者转型。从百花齐放到万木萧条，不到两年的时间。喧嚣过后，团购留给中国经济的遗产，是O2O这种消费方式的诞生和逐渐成熟。

谷歌的傲慢

2010年1月13日上午7时,在毫无征兆的情况下,谷歌高级副总裁、首席法律官大卫·多姆德在公司官方博客上发表了《对中国的新策略》一文。文章以谷歌退出中国相威胁,不愿再遵守中国关于互联网的法律。

尽管年前就不断传出要离开中国的消息,但当谷歌的负责人真正对外宣布退出中国的计划时,还是超出了媒体和社会大众的想象力。声明充满了大公司的自负和傲慢,也散发着试图挑战中国互联网规则、打破中国互联网秩序的浓浓的硝烟的味道。自从中国加入互联网以来,还从来没有一家跨国公司如此态度强硬地摆出公开对抗的姿态。谷歌是试图让它的搜索引擎在法律范围内不经过滤,而在中国政府眼中不过滤的搜索引擎都是非法的。这种矛盾注定了要激烈对抗而且无法调和。这是一家互联网公司和一个国家的对峙,也是商业和政治的对峙。对于谷歌来说,这种势不两立的声明毫无疑问是一种孤注一掷的冒险。

13日当天,国务院新闻办公室的一名官员对新华社记者说,中国有关部门正针对谷歌宣布或退出中国的声明搜集更多信息。1月14日,《人民日报》刊发了国务院新闻办公室主任王晨的访谈文章。他在访谈强调,互联网已成为国家重要的基础设施,网上信息是国家重要的战略资源,中国政府将继续加强对互联网的舆论引导。王晨更多是从原则性的角度谈的,虽然没有提及谷歌,但其言论仍被认为是中国政府对谷歌威胁退出中国的正式回应。当天下午,中国外交部发言人姜瑜在例行记者会上明确就"谷歌退出风波"表态。她强调,中国法律禁止任何形式的黑客攻击行为,中国像其他国家一样依法管理互联网,有关管理措施符合国际通行做法。她说,中国欢迎国际互联网企业在中国依法开展业务。中国外交部 22 日表示，中国互联网是开放的，中国也是互联网发展最活跃的国家，中国宪法保护公民的言论自由，推动互联网的发展是中方的一贯政策。3 月 16 日，外交部发言人秦刚表示："谷歌公司如果撤出在华投资，不过是一个商业公司的个别行为，不会影响中国的投资环境，也不会改变大多数外资企业，包括大多数美国企业在华经营良好以及盈利的现实。"这些声明虽依然没有把谷歌事件和中美关系联系起来，不过态度却坚硬了许多。在多次沟通未果后，中国对于谷歌的离开已经做好了准备。

3 月 23 日，当网民打开电脑习惯性地输入 google.cn 的网址后，地址栏中 google.cn 的字符自动跳转成了 google.com.hk。页面下方还多了一行黑色宋体字——"欢迎您来到谷歌搜索在中国的新家"。谷歌将搜索服务由中国内地转到了香港，既恪守了它的价值观，也变相地留在了中国。美国白宫国家安全委员会发言人汉默尔在一份声明中说，对谷歌未能与中国政府妥善解决争议感到遗憾。但他同时表示，中美关系"已经成熟到足以承受彼此之间的分歧"。

2011：
微革命

　　从 2011 年 1 月 17 日开始，连续四周的时间，一则时常约 30 秒的中国国家形象宣传片反复出现在纽约时代广场上的电子屏幕上。它以红色为主色调，带有浓郁的中国气质，旨在让世界"感受中国"。来自不同领域的杰出代表和数不清的普通人相继亮相，共同向世界诠释一个开放、包容且与世界同频共振的中国。他们中间既有章子怡、张梓琳、杨丽萍等"美丽时尚的中国人"，袁隆平等"让世界钦佩的中国人"，也有姚明、丁俊晖、郎平等"让世界激动的中国人"，还有厉以宁、吴敬琏、丘成桐"让世界思考的中国人"。来自互联网领域的王建宙、李彦宏、丁磊、马云也出现了，依照导演的安排，他们诠释的是"让世界重视的中国人"。这群以"中国代言人"面目出现的各界领袖，出现在有着"世界十字路口"之称的纽约时代广场，让无数行人为之驻足。在纽约时代广场执行巡逻任务的一名保安对新华社记者说："全世界都知道中国人民勤劳、智慧，这部片子很好地展现了中国人的风貌，他们值得我们尊敬。"

　　这是中国政府继 2009 年 11 月 23 日首次在国际主流媒体上投放形象广告以来为塑造国际形象采取的又一举措。那天，一则时长约 30 秒的以"中国制造，世界合作"为主题的广告在美国有线电视新闻网（CNN）播出。广告展示了一系列带有"中国制造"标签的产品，其中包括一个类似 iPod 的 MP3 播放器，上面用英文标注着"在中国制造，但我们使用来自硅谷的软件"。

两部宣传片都是中国政府试图促进中外文化交流、纠正世界对中国所抱持的偏见的初步尝试。毋庸置疑的是，如果在无数行业中选择能体现中国对世界的融入程度、在无数群体中选择能代表当下中国形象的选项的话，信息技术和信息技术领域的商业领袖注定是不可或缺的。这是轰鸣着前进的时代潮流使然。在中国政府眼中，无论是信息技术还是信息技术领域的商业领袖，都责无旁贷地代表着现在以及未来的中国，标注着中国在世界商业版图中的坐标。二者所具备的能量，注定让全球公众无法忽视。仅以马云旗下的阿里巴巴为例，有媒体报道称，到 2010 年，阿里巴巴拥有来自 240 多个国家和地区超过 5600 万名注册用户。阿里巴巴通过旗下三个交易市场协助世界各地数以百万计的买家和供应商从事网上生意，市场遍布全球，在印度、日本、韩国、欧洲和美国共设有 60 多个办事处。在不景气的世界经济环境中，阿里巴巴为那些即将失业的人创造了数不清的就业机会，令世界对中国的电子商务公司刮目相看。宣传片的总策划人朱幼光对媒体表示："让李嘉诚、王建宙、马云、李彦宏、丁磊这些人站在一个镜头前，无法想象将会让观众感受到多重的分量！"

对于世界而言，中国互联网的分量显然是越来越举足轻重了。让世界感受到这点的，除了那些习惯在公众场合抛头露面的公众人物，更重要的是还有数以亿计的中国网民们。在硝烟弥漫的年代，毛泽东曾说："人民，只有人民，才是创造世界历史的动力。"而在互联网时代，推动时代前行的动力则无法将网民排除在外。正是那些互联网上无名英雄的崛起，让世界变得越来越小；也正是互联网上那些潜滋暗长的力量，让世界有了更多的可能性。而变革，往往始于历史的细微之处。如果具体到互联网领域的话，南京大学教授李永刚在《我们的防火墙》一书中的评论倒是颇为贴切："单就个体网民而言，他的每一次点击、回帖、跟帖、转帖，其效果都小得可以忽略；他在这样做时，也未必清楚同类和同伴在哪里。但就是这样看似无力和孤立的行动，一旦快速聚集起来，孤掌就变成了共鸣，小众就扩张为大众，陌生人就组成了声音嘹亮的行动集团。"

微博掀起碎片革命

在 2011 年，推动互联网变革乃至中国社会变革的，是一次又一次由微博掀起的"碎片"革命。微博这种人性化的传播方式，为社会公众提供了一个更为便捷的话语表达平台，让碎片式的信息快速传播。即使再微弱的声音，经过转发和议论，都可能被扩大无数倍，形成震撼世界的力量。

经过几年的发展，微博气象已经蔚为大观。根据新华社的报道，2011 年，我国网民在各网站注册的微博账号约 8 亿个，微博用户每天发布的信息量约为两亿条。高校学者、娱乐明星、普通民警、白衣天使、基层村官、IT 创业者等各种群体纷纷开通微博，而政府部门通过认证的新浪微博覆盖了全国所有省、自治区、直辖市和特别行政区。在政务微博中，公安微博最为活跃。到这年 9 月，各级公安机关在新浪网、腾讯网开设的政务微博已经有 4000 多个，经过认证的民警个人工作微博则有 5000 多个。北京市公安局的"平安北京"微博开通一年来，已收到网友评论留言超过 18 万多条，广东省公安厅微博关注者已突破 440 万人。在各省份中，江苏政府机构的微博数量排在第一位，数量最少的是西藏，但也开通了20多家政府机构微博。在2011年两会期间，新疆维吾尔自治区党委书记张春贤在腾讯开通微博，虽然只开通了十多天的时间，但仍引起了网民广泛关注，成为最高级别的官员微博。这年6月2日，浙江省委常委、组织部长蔡奇的听众数量突破500万，成为听众数量最多的官员微博。在微博上，蔡奇自称是"布尔什维克、创业导师、老童鞋、苹果控"，以平和的姿态发布微博，内容从组织工作到时政要闻，从日常活动到生活趣事，从历史知识到人生感悟，无所不包，被很多网民称作"蔡叔""蔡同学""老蔡"。在他的带动下，浙江省组织系统的干部有九成开通了个人微博。官员和群众的互动也更及时了。在日本核泄漏引发的碘盐抢购风波中，有网民在蔡奇的微博上反映了这一问题，几分钟后，浙江省副省长郑继伟和杭州市卫生局长陈卫强都在各自的微博上回应网民，普及碘盐对抗辐射无效等知识。

政府机构及官员、新闻媒体、企事业单位、民间社团等，都进入了随时发布、接收、反馈信息的模式。新华社记者在对微博跟踪观察后得出结论："2011年的微博，可以称得上热闹纷繁。每周、每天甚至是每个小时，微博上都有热点话题在被讨论，或关乎民生，或关乎社会正义，或是揭露丑恶的内幕，又或是关爱弱势群体。"这种描绘绝非夸大之词，在"人人都有麦克风"的微博时代，各媒体的微博平台已然成为网络事件的重要发源地。

中国社会科学院教授于建嵘年初在微博上发起的随手拍照解救乞讨儿童活动，很快就引起了50余万网民关注，一场轰轰烈烈的微博解救乞讨儿童行动进行起来。从全国人大代表到网络名人、影视明星，再到政府官员，纷纷介入其中。李连杰的"壹基金"希望资助于建嵘建立完整的数据库和网民救助行动系统,全国人大代表迟夙生律师和全国政协委员、歌唱家韩红与于建嵘联系,表示将就未成年人乞讨救助问题,向两会提出议案和提案。公安部打拐办主任陈士渠在回答网民的问题时表示"会通过微博和大家保持沟通,欢迎提供拐卖犯罪线索"。国家领导人也注意到了。2月底,国务院总理温家宝在接受媒体采访时就乞讨儿童问题回应说:"我在网上注意这个问题已经很久了,有的网民经过拍照上网来暴露许多流浪儿童问题……最近我已经责成民政部会同公安部等有关部门,要立即采取综合措施,加大对流浪儿童的救助……只要地方政府、各级部门动员起来,再加上人民群众的关注,我们一定能够解决这个问题。"

从来没有一个新媒体平台像微博这样,能如此激起人们的表达欲望和参与热情。作为一种门槛极低、参与性强的"草根媒体",微博让每个人都成了传播者,成了信息传播过程中的节点。新浪总裁曹国伟一次在接受访谈时说:"以前的传播方式是金字塔型的,由上而下。而现在,传播进入了体育场型的传播,社会进入了一个'全民记者'的时代,人人都是信息员,人人都是传播者……"通过微博公开讨论争议话题、表达群体利益诉求或参与公共事件,成为越来越多的网民所习惯的网上生活方式。微博,让无数人潜藏的力量具有了瞬间爆发的可能。对于个体而言,一个全新的时代正在到来。正如美国学者谢尔·以色列在他的著作《微博力:140字推爆全世界》中所说:"我们正处在一个转换的时代——一个全新的交流时代正在代替老朽的、运转不灵的传播时代。"如果追寻这种力量的来源,那就是个体所拥有的表达、监督、参与的权利。

这年7月,在温州动车事故中,网民通过微博释放出了超乎想象的力量。7月23日20点38分,一个叫"袁小芫"的新浪微博网民发布了一条信息:"D301在温州出事了,突然紧急停车了,有很强烈的撞击。全部停电了!我在最后一节车厢。保佑没事!现在太恐怖了!"正是这条微博,让数万网民在第一时间知晓了甬温线发生铁路交通事故的消息。由一名普通网民发出的重大新闻现场的报道,一下子击碎了传统的新闻报道模式,让微博成为无法忽视的大众媒体。上海电视台的一名叫李苏宁的主持人禁不住感慨:"这就是第一时间传出动车事故的微博!比新闻报道早两小时!感谢微博,感谢网络,新闻报道已经到了一个全新的伟大时代!"这的确是一个伟大的时代,曾经被视为"沉默的大多数"的草根基层,突然间就有了辽阔的发言空间。而微博所具有的社会动员能力,同样是他们以往的生存经验所不曾有过的。温州动车事故发生两小时后,微博上就出现了号召献血和招募志愿者的帖子。消防战士、医护人员、出租车司机、陌生的游客……成千上万素不相识的人火速抵达,向救助者施以援手。温州瓯海市民朱玲玲看到微博上的献血倡议后,第一个赶到温州中心血站,献出400毫升血,并主动留下来担任志愿者。微博的力量显然被记者捕捉到了,"微博救援战"、"微博点亮生命之光"、"7·23特大事故中的微博力量"、"'微动力'改变中国",被一向追求新鲜事物的记者用来形容这场微博时代的紧急救援。北京大学的一名研究生告诉《第一财经日报》记者:"微博已经不再是单纯的媒体角色,更担当了凝聚公民意识、表达公民思想、行使公民权利、承担公民责任等全新多元功能。"

当然,微博的野蛮生长给政府带来的挑战和压力也是可想而知的。哪怕是一句表达不够周全的话,都可能被无限放大,引起网民对政府的批评和质疑。有媒体如此形容:"微博,正在成为撬动中国的一个微小杠杆,有造成飓风和掀起海浪的蝴蝶效应。"但泱泱大国有足够的胸怀和气魄去接纳并改进这个新兴事物。就在 2012 年 10 月，国家互联网信息办公室在北京召开"积极运用微博客服务社会经验交流会"，刚履新不久的网信办主任王晨说："实践证明，利用微博客传播快、影响大、社会动员能力强等特性，网络文化传播和文明建设可以有更高的效率、更好的传播效果、更大的社会影响。"

小米诞生

2011 年 2 月 11 日，诺基亚 CEO 史蒂芬·埃洛普（Stephen Elop）在一片质疑声中宣布诺基亚将要跟微软合作开始开发 Windows Phone，同时诺基亚将会停止对于 Symbian（塞班系统）的开发。自此，诺基亚开始了断崖式衰落。这家最早从 1865 年生产木浆和纸板起家，随后进入通信行业的公司，曾创下诸多奇迹，1998 年前后成为全球最大手机厂商，年度最高发货量一度超过 4.3 亿部，市场份额占据四成以上。然而，无论曾经多么光芒四射、不可一世，都没能阻挡它最终走向没落的命运。

同样是"百年老店"的摩托罗拉也遭遇了类似变动。8 月 15 日，谷歌和摩托罗拉移动公司宣布，谷歌将以每股 40 美元现金收购摩托罗拉移动，总额约 125 亿美元，双方董事会都已全票通过该交易。"百年老店"就这样被仅有 13 年历史的互联网公司收编。

与诺基亚和摩托罗拉的没落形成鲜明对照的是，8 月 11 日，成长历史不过 35 年的苹果公司的市值一举超过埃克森美孚成为全球第一，并且一直持续至今。它于 2007 年 1 月推出的革命性手机产品——iPhone，彻底改变了世界对手机的看法。2011 年发布的 iPhone 4S，更是因为推出 Siri 服务实现了人工智能语音识别而被誉为"真正的智能手机"。持续不断的革新，让无数人成为苹果的粉丝。人们由喜欢苹果产品而崇敬史蒂夫·乔布斯，认为他铺平了通向数码世界的道路，丰富了数十亿人的生活，并视他为精神领袖、人生灯塔，成为他的忠实信徒。

像乔布斯重新定义了手机那样，乔布斯的"中国门徒"雷军也于2011年发起了手机领域的"微革命"。2011年8月16日，小米科技在北京798艺术区的D-Park广场举行了第一代小米手机发布会。在这个兼具传统工业气质和先锋气质的地方，雷军一改多数公司举行发布会时西装革履亮相的风格，而是穿着凡客的黑色体恤和牛仔裤，像一位明星一样向台下的听众的讲述小米的创业史，并一项一项介绍新手机的功能。随意的着装、煽情的演说乃至淡淡的忧郁气质，都和乔布斯有些相似。在发布会接近尾声时，雷军对着在场的媒体和听众说："我希望有一天，能像乔布斯一样改变点什么。"发布会一个月后，小米科技开始通过自己的官网发布小米手机，每次10万台或20万台的数量，都是不到10分钟就被抢购一空。2012年7月，小米公司宣布，他们通过各个渠道，已经卖掉了320万台手机。由于手机的硬件配置远高于其他手机，小米第一代手机被其粉丝亲切地称为"手机神器"，而雷军也被封为"中国的乔布斯"或者"雷布斯"。

雷军的小米，源于《阿含经》中"佛观一粒米，大如须弥山"的故事。他希望手中的这粒米，能在移动互联网的浪潮中积累起"须弥山"一般的影响力。因为其拼音"MI"又暗含了"mobile internet"的意蕴，这个名字既传统又新潮。不过在传统的手机生产厂家的眼中，小米的做法是奇怪的，甚至对其有些不屑一顾，认为雷军不是在胡作非为就是在故意折腾。如果参照当时智能手机的市场价格，小米手机国内首款双核CPU、内存1.5G、800万像素的镜头的高端配置，少说也应该定价四五千元，但它只卖1999元；它在全球手机销售领域中开创先河，没有线下专卖店，只能通过官网抢购，以至被消费者冠上"期货手机"的称号；苹果、三星等已经风靡世界的手机生产厂家的主要赢利方式都是兜售硬件，但小米偏偏反其道而行之，把别人视为硬件附属物的操作系统和软件作为盈利的增长点，甚至为了让系统与时俱进，开启前所未有的互联网化工作方式，一周更新一次。虽然外界认为小米不过是一家手机厂商，但雷军一直把小米定位为专注于研发智能手机的互联网公司。他在硬件、互联网、操作系统三个方面齐头并进，追求极致，提出"小米手机，为发烧而生"的口号。或许是早早就看到了移动互联网之光，雷军信心满满地说："台风来了，站在风口上，猪也会飞起来。"在一片或不屑或困惑或质疑或赞誉声中，小米在2012年卖出719万部手机，2013年卖出1870万部手机。作为全球第一家以低成本定价的手机企业，到2014年12月，小米的估值达到450亿美元，美国《华尔街日报》称其为"全球估值最高的科技创业公司"。转眼之间，小米就成了手机领域的一匹黑马。对于小米几乎一骑绝尘的成长速度，雷军说，小米模式的背后，是互联网思维的胜利，是先进的互联网生产力对传统生产力的胜利。

在中国互联网史上，小米带来的变革是巨大的。它颠覆了传统的手机行业，结束了"手机就是奢侈品"的时代，也改变了世界关于中国只盛产山寨机的印象。的确，在小米诞生之前，一提到国产手机，每个人几乎都会联想到"山寨"这个词。但随着小米模式的成功，越来越多的国产品牌开始了自己的颠覆进程，追求创新、追求品质。有人说，小米最大的贡献是推动了整个手机行业的进步，手机越做越好，而且整体价钱越来越低，迅速提高了中国智能手机的普及率。这种观点是对的。小米就像一条鲶鱼，激活了国产手机。因为此前，从没有人把生产手机当成创作一件艺术品那样去对待。2016年7月，在一次研讨会上，雷军在谈到创办小米的初衷时说："我的梦想有点儿夸张，就是想改变中国产品在老百姓心目中的形象，让老百姓用上优质的产品。在我眼里，国内的产品总体来说外观很差、质量很差、价格超贵。可美国人比我们的工资高六倍，所有的东西都只有我们一半的价钱，而且品质又好又安全。"借助移动互联网的风口，雷军改变了国产手机的格局，也确立了许多新的规则。

越做越好的国产品牌不仅得到了国内消费者的认可，也得到越来越多的境外市场的垂青。没用多长时间，在印度、英国、法国、美国等多个国家随处可以见到来自中国的手机品牌。CNN《中国的小米也正在改变美国》评论说："小米的发展标志着中国不再单纯是外国设计的产品的进口国了。它是第一批采用新方法让中国成为设计、电子商务和服务行业的创新中心的公司之一。小米给中美公司之间的关系带来了新的风险——这种风险并不在于中国公司会发现自己在大肆抄袭美国公司，而是美国公司将会发现它们从中国公司借鉴得太少了。"基于小米对中国和世界带来的变化，美国《时代》周刊甚至将雷军称为"中国手机之王"。这是对小米的肯定，自然也是对以小米为代表的中国制造的肯定。

微信出世

有一个段子描绘了移动互联网时代的场景：在一列行进的列车上，大家都埋头玩手机，首先抬起头的是iPhone用户，因为没电了；接着抬起头来聊天的是安卓用户，因为第二块电池没电了；最后火车出事故了，诺基亚的用户用手机砸开了车窗。结果虽然有些夸张，但基本上反映了移动互联网时代的生活状况。随着3G的普及,互联网化的生存方式受到现实条件的牵制正变得越来越少,"机不离手"正代替"机不离身"成为一种流行趋势。对于置身其中的普通人来说,这种细微的变化似乎并无特别之处,但对于颠覆者而言,却能从中感受到时代的趋势。

这种变化一定是被腾讯广州研发部的总经理张小龙注意到了。就在2010年11月的一天,他在自己的腾讯微博上写道:"我对iPhone5的唯一期待是,像iPad一样,不支持电话功能。这样,我少了电话费,但你可以用kik跟我短信,用谷歌的Voice跟我通话,用FaceTime跟我视频。"作为一款基于手机通讯录实现免费短信聊天功能的应用软件,名为kik的手机App上线15天收获了100万用户。如此的成长速度让技术敏感的张小龙预感到,移动互联网将会产生新的即时通信软件,而这种新的即时通信软件很可能会对PC用户端的QQ带来威胁。经过深思熟虑之后,他连夜以邮件的形式向马化腾提出建议,腾讯应启动类似kik的即时通信软件研发,并当仁不让地主张由自己率领的广州团队负责。日后,在谈及对移动互联网的判断时,这位微信的创始人说:"移动互联的主要服务对象将会是人群,而非个人。你去感觉现在社会流行的一种潮流,或者人群流行一种潮流,像潮水一样往某一个方向走。这种暗涌,就是最前沿、最具革命性的东西。"

捕捉到移动互联网这种"暗涌"的,远不止张小龙一人。就在2010年的7月,雷军在微博上发文谈及腾讯时说:"腾讯已经成就了一代霸业,马化腾已经成为这个时代的霸主。但强大如罗马帝国、强大如大秦王朝,都有衰落的一天,这是自然规律。"他还说:"长江后浪推前浪,前浪死在沙滩上,这就是人类社会进步的动力。关键点在腾讯会因为什么原因、会在什么时候衰落,这值得我们大家琢磨!这就是我们创业的机会。"预感到新时代来临的雷军,在 2010 年 12 月发布了中国第一款模仿 kik 的产品——米聊。2011 年 4 月,米聊增加了对讲机功能,用户猛增到 100 万。除了雷军的米聊,陈天桥的盛大公司于 2011 年 4 月推出了即时通信软件"Youni"。一款叫陌陌的即时通信软件,则俘获了追求刺激生活的年轻男女。电信运营商也预感到了移动互联网即时通信的出现,将会给自己带来怎样的冲击,所以也索性加入用户争夺战中。2011 年 8 月 5 日,中国联通推出即时通信产品"沃友";9 月 28 日,中国移动推出"飞聊";10 月 18 日,中国电信推出"翼聊"。虽然时代的觉醒者如此众多,但群雄逐鹿的局面并没有到来,接下来发生的,却是微信一骑绝尘,然后江山一统。

马化腾很快回复邮件同意了张小龙的建议。由于担心某种颠覆性技术的出现可能会危及腾讯已取得的地位,腾讯一直鼓励软件开发人员和产品经理搜索新的创意。即使是微信成功后,马化腾在一次演讲时仍心有余悸地说,在互联网时代、移动互联网时代,一个企业看似好像牢不可破,但其实都有大的危机,稍微把握不住趋势,之前积累的东西就可能灰飞烟灭。

2011 年 1 月 21 日,微信 1.0 测试版正式上线,具备即时通信、照片分享、更换头像等功能。不过市场反应平平,从 2 月到 4 月,所有平台加起来每天新用户的增长量不过几千人。这样的开场着实有些让人沮丧,与最初的设想完全不一致。微信研发团队内部一种悲观的论调甚至认为,由于他们做的所有事情手机 QQ 都可以做,他们的付出没有意义,微信没有前途。然而在奉行极简主义的张小龙眼中,产品并不是功能的集合,每个产品都存在其精神的部分,而这种精神是独一无二的。接下来,微信不断尝试植入新的功能,"语音对讲""查看附近的人""摇一摇""漂流瓶""视频聊天""扫一扫"等，不断给使用者带来全新的体验。而用户数量也呈现出爆炸式的增长态势。2012年3月29日，微信的用户数量突破一亿。从零增长到一亿，微信用了433天。相较于脸谱网花费52个月时间达到一亿用户的时间，快了数倍。张小龙说："作为无线的终端产品，它应该极简，不需要人们太多的打字，用语音就可以交流，它可以随时随地发送图片，而且可以很快地处理。"这些人性化、独特化、时尚化的设计，最终使微信风靡中国，让亿万人的日常生活习惯为之改变。

　　微信带来的变革是天翻地覆的。2011年12月，微信也推出国际版WeChat。2012年4月25日微信在中国香港、澳门、台湾三地均登上App Store社交类的榜首。2012年6月5日，微信在越南、泰国、马来西亚、沙特阿拉伯、新加坡等地也登上App Store社交类的榜首。世界由此对中国互联网公司的创造能力刮目相看。微信的推出证明了中国企业不只是模仿美国互联网产品，而是有了独立的产品和商业模式创新的能力。2012年，《华尔街日报》中文版也将"中国创新人物奖"科技类奖项颁发给了张小龙。在一个《看看中国正如何改变你的互联网》（*How China Is Changing Your Internet*）的视频短片中，《纽约时报》评论称，在移动互联网领域，中国一直以来都在扮演模仿者的角色。从谷歌到百度，从YouTube到优酷，从推特到新浪微博，从WhatsApp到微信，各种各样的国外互联网明星产品都能在中国找到一个完美的替代者。但是现在，中国的角色已经发生了180度的大反转，而这里最突出的代表就是一直在自我进化的微信。微信制造了移动互联网时代巨大的可能性和想象空间。以它为代表的技术革新，让中国不再是亦步亦趋地跟随西方，而是已经走在了时代前头！

世界缅怀乔布斯

2011年10月5日，在与疾病进行了长达8年的抗争后，苹果公司前CEO史蒂夫·乔布斯永远地离开了这个世界。在智能手机时代开启不久的当口，这位史诗般英雄人物的离开，让世界为之震惊、惋惜和缅怀。不同肤色、不同信仰、不同国度、不同行业的苹果粉丝，纷纷加入了缅怀乔布斯的队伍中。推特、脸谱网以及其他各类社交网站上，充斥着关于乔布斯的信息。世界各国的苹果粉丝争相涌向当地苹果专卖店，用鲜花、照片、涂鸦和咬掉一口的苹果缅怀这位伟大的变革者。就连宿敌微软和谷歌，也历史性地降下半旗和推迟新品发布来向这个最让它们头疼的对手致敬。

国际政要、IT界名人乃至艺术名流纷纷发文悼念，评价乔布斯是"数字世界的标志""信息时代的构思者"。美国总统奥巴马评价说："他改变了我们的生活，重塑了整个行业，完成了人类历史上罕见的壮举之一：他改变了我们每个人看世界的方式。"俄罗斯总统梅德韦杰夫写道："乔布斯改变了整个世界，没有人不羡慕他过人的才华和智慧。"法国总统萨科齐说，乔布斯是这个时代的标志性人物，他充满灵感，不断创新，是一位伟大的企业家和发明家，也是数码革命的领军人物。联合国秘书长潘基文10月6日发表声明，评价乔布斯"创造了人们能够使用的'工具'，这些'工具'不仅改善了我们的生活，更改变了整个世界。他是一个真正具有全球影响力的人"。美国苹果公司CEO库克说："苹果失去了一名具有远见卓识和创造力的天才，世界也失去了一个传奇人物。"惠普CEO惠特曼评价说："史蒂夫·乔布斯是一位标志性的企业家和实业家，他对科技产业的影响力超过了硅谷。他为市场带来的创新，以及带给世界的灵感,将永远被世人牢记。"谷歌前董事长埃里克·施密特说:"史蒂夫创造的这一代潮流与技术是无与伦比的。史蒂夫如此具有魅力和才智,他鼓舞人们去完成不可能的梦想,他将永远被铭记为历史上最伟大的电脑发明家。"索尼总裁霍华德·斯金格:"数字时代失去了它的导航灯,但乔布斯的技术创新精神,将激发数代发明家和梦想家的创新灵感。"……

多少年来,很少有人像乔布斯那样,在离开世界的刹那引发如此多的缅怀和悲伤。如果探寻原因的话,那就是他用开天辟地似的创新,影响了人类的数字化生存。他是科技新生活的探路者,他设计的每款产品都是艺术品,每一次发明都把人类引向数字时代更美妙的境地;他是行业导师,主导了个人电脑、数字音频、移动互联网等多个行业,无论是允许微软使用自己的图形界面技术,还是做出世界上第一个商用鼠标,乃至把音乐存入 iPod、推出智能手机,都让科技与人文更好地结合在一起;他是创业者的精神领袖,他成功、失败、再成功的经历,成为无数创业者的学习样板。无论是过去,还是当下,人们的数字化生存都与乔布斯的发明息息相关。有人说,乔布斯至少五次改变了这个世界:一是通过苹果电脑 Apple I,开启了个人电脑时代;二是通过皮克斯电脑动画公司,改变了整个动漫产业;三是通过 iPod,改变了整个音乐产业;四是通过 iPhone,改变整个通信产业;五是通过 iPad,重新定义了 PC,改变了 PC 产业。《史蒂夫·乔布斯传》的作者沃尔特·艾萨克森所说:"乔布斯的传奇是硅谷创新神话的典型代表——在被传为美谈的车库里开创一家企业,把它打造成全球最有价值的公司。他没有直接发明很多东西,但是他用大师级的手法把理念、艺术和科技融合在一起,就创造了未来。"

乔布斯存在的意义,已经远远超出了 IT 行业。他犹如一位精神领袖，巍然屹立于整个数字化时代之上。网上流传着一个关于苹果的段子，从人类衍化的角度描述了乔布斯的贡献："历史上有三个最著名的苹果：第一个苹果，诱惑了夏娃，人类自此繁衍开来；第二个苹果，砸中了牛顿，人类开始步入工业时代；第三个苹果，则握在乔布斯手中被他咬了一口，于是人类生活中有了 Macintosh、iPod、iPhone、iPad 等神奇的产品。"在一些人的眼中，苹果已经进化为一种哲学、一种宗教，而乔布斯就是一代"教主"。有人如此形容苹果："如果不是商店，那一定是教堂；如果人们不是癫狂，那一定是一种信仰；如果那个苹果不再是商标，一定是个宗教符号。虽说店里没有神像，但在苹果粉心中乔布斯比教皇更神圣。"对于这种形容，人们并不觉得过分，反倒觉得恰到好处。

虽然乔布斯一生未踏足中国，但这并不影响中国民众对他的膜拜和缅怀。10月6日，一、二线城市的晚报就对乔布斯开始进行重头报道。到了7日，诸多市场化媒体都把头版的最重要位置，用于报道乔布斯去世的消息和表达缅怀，"苹果落地""传奇谢幕""乔神陨落"成为诸多媒体的头版标题。一向喜欢追逐热点的媒体不惜篇幅对乔布斯的生平进行回顾，对他的成就进行总结，以此表达对这位非凡人物的敬意。互联网、房地产、媒体、演艺圈的知名人物们，不约而同地聚集在微博上纪念这位外国企业家，这其中包括柳传志、王建宙、任志强、周鸿祎、张朝阳、李开复、马化腾、唐骏、陆川、韩乔生，等等。"伟大的艺术家""令人敬重的商业领袖""最伟大的创新者和梦想家""最有远见的领航员"，所有能想到的词几乎都被用上了，但用这些来对乔布斯盖棺论定，总让人感觉还远远不够。在一些观察者眼中，乔布斯虽然带走了"乔布斯时代"，却开启了"i"时代，在这个时代中，科技让信息权力重新洗牌，每个个体都有机会独自选择，深究真理，建立自己的宇宙观和人生观，然后创造自己的价值。

在北京、上海、广州等大城市，人们被莫名的忧伤笼罩着。市中心的苹果专卖店门前，不时有"果粉"特地赶来向乔布斯献上鲜花、诗句甚至眼泪。在北京的三里屯广场，一位市民对《南方周末》的记者表示乔布斯是个好人，"我不需要懂电脑就能和孙子一起玩 iPad，他带给我们最简单的快乐"。有网民在微博中写道："他的创新精神和想象力让全世界震惊，他的去世代表着一个时代的结束。"10 月 24 日上午 10 点 05 分，乔布斯的个人传记《史蒂夫·乔布斯传》开始发售。这本被称作是"乔布斯最后的礼物"的书，甫一上市就受到中国读者的热捧，上市一个月销量就罕见地突破了 100 万。一些购买者除了自己阅读，还把它作为礼物送给朋友，希望让更多人从乔布斯身上获得启示和力量，以应对变化得越来越快的世界。

这是中国加入世贸组织的第十个年头，30 年前改革开放口号已被全方位与国际接轨取代。具体到缅怀乔布斯这件事上，中国与世界似乎并无二致。但处于追赶阶段的中国终有自己的独特之处。在乔布斯离开这个世界没多久，一种理性的追问和思考就在媒体上蔓延开来：中国为何出不了乔布斯？

历史地看，乔布斯与中国计算机行业素有渊源。1984 年 2 月 16 日，元宵节当天，在上海市展览中心，第二次视察上海的邓小平在观看了一位儿童运用苹果电脑演示机器人图像后，说了一句影响深远的话，"计算机的普及要从娃娃做起"。一场轰轰烈烈的计算机普及浪潮由此涌动，中国也加快了追赶世界先进信息科技的步伐。到 2010 年，苹果公司有 4660 万部 iPhone 手机，近 1500 万台的 iPad 平板电脑，还有大量 MacBook 笔记本电脑、iPod 播放器等产品出自中国工人之手。2011 年，仅富士康从苹果拿到的订单就达上千亿元。在苹果的官网上，iPhone 4 的销售总量中，中国买家占到了 60%。这样的增长速度在全球范围内都是独一无二的。《南方周末》的记者在《乔布斯：改变世界，能否改变中国？》一文中写道："乔布斯迈向辉煌之路与中国的高速发展在时间上不谋而合，他的触角通过孜孜不倦的技术革新延伸至这个国家并在不同时期迎合了其发展浪潮，最终催生了独特的中国的苹果文化和现象。"但另一个令人沮丧的事实是，作为全球苹果产品销售增长最快的地区，中国的代工企业只能拿到约 2% 的利润分成，作为制造业大国的中国，仍然位于"苹果产业链"最低端的位置。《经济观察报》记者以略显不满的笔调写道："40 万左右大多出生于 1990 年以后的年轻中国工人，拿着以当地最低工资标准为基准计酬的底薪，在严格保密的生产线上消耗着他们一生中最为美丽的青春。"被"世界工厂""山寨大国"阴影笼罩的中国，太需要乔布斯式的科技创新领军人物了！人们希望这样的人物出现，以划时代的革命性创新思维，让中国产业得到质的提升。

在观察者的眼中，中国可以通过举国体制的力量，用最短的时间，跟上西方的步伐，起爆了原子弹、氢弹，把宇宙飞船送上太空；用最快的时间，建设出最长的铁路系统，速度最快的子弹列车；在最短的时间里，出现了大批的千万亿万富翁；经过集体努力，在北京奥运时崛起成为金牌第一大国；但要出现像乔布斯那样特立独行的科技明星却是困难的。"中国为何出不了乔布斯"被延伸成"假如乔布斯生活在中国会有什么遭遇"这个问题，无数网民结合现实的境遇和想象得出结论：他或许会因为是弃儿受到社会歧视，会因为没有本科学历无法进入研究所从事科研工作，会因为脾气暴躁、说话直接不受领导待见，会因为没有钱无法开办企业，会因为产品被山寨生意一落千丈……

　　经济学家、社会学家、企业家、文化学家纷纷加入这场轰轰烈烈的讨论中来，对"中国为何出不了乔布斯"展开多种视角的制度性思考。一种观点认为，中国的文化守成有余，但对革新的包容不够。奇虎公司董事长周鸿祎在接受媒体采访时表示："我觉得乔布斯的核心首先是创新，这是中国文化很难接受的。创新意味着失败的概率比较高，我们崇拜成功，鄙视失败，害怕失败。"而在经济学家马光远眼中，"中国文化里对成功的过度渴求导致了很多短期化的行为，而这种短期化行为尤以通过造假包装上市以及全民投资房地产为甚，在这样一个浮躁的环境里，是不会宽容失败的，也就不会产生乔布斯式的人物"。一种观点认为中国对持有技术的创业者的知识产权保护严重不足。工程院院士倪光南在《经济观察报》上感叹地写道："中国企业往往出巨资去买外国的知识产权，但对于内部知识产权却是另外一番景象。特别是在过去的某一个阶段，科技人员的技术创新没有得到应有的回报。"与此相反的是，美国有着世界上最令盗版者恐惧的知识产权制度，真正的创新者注定会获得丰厚的物质和精神奖赏。一种观点认为是中国的教育体制限制了创新思想的诞生。英国《金融时报》记者写道："中国的教育体制仍注重死记硬背。这遏制了创造力。答案是学来的，而不是学生自己发现的。"创新工场董事长兼首席执行官李开复表示："不是中国人不够聪明或没有潜力成为乔布斯这样的人。而是中国的学校太注重死记硬背，不鼓励批判性思维。"

　　在乔布斯去世之后，中国所掀起的关于"中国为何出不了乔布斯"的讨论，表达出中国社会对于摆脱粗制滥造的中国形象、期待诞生传奇产品的渴盼，唯如此，才能与走向复兴的大国地位相匹配。民间的讨论很快得到了中央高层的间接回应。12月18日至19日,国家总理温家宝在江苏考察期间提出,研究成果必须实现产业化。如果成果获奖摆在那里,就只是一个花瓶。科技人员的创新和发明需要企业的支持。中国要有"乔布斯",要有占领世界市场的像"苹果"一样的产品。

2012—2013：
新人治国

　　2012年11月15日，还差7分钟到12点的时候，在人民大会堂一楼东大厅，守候已久的各国记者终于迎来了第十八届中共中央政治局常委的集体亮相。在巨幅国画《幽燕金秋图》前，新当选的中共中央总书记习近平向世界庄严地宣告了他的"人民目标观"。他在简短却又令人耳目一新的讲话中说，人民对美好生活的向往，就是我们的奋斗目标。他强调，人民是历史的创造者，群众是真正的英雄。他还说，我们一定要始终与人民心心相印、与人民同甘共苦、与人民团结奋斗，夙夜在公，勤勉工作，努力向历史、向人民交一份合格的答卷。

　　新一届中央常委的集体亮相，意味着中共实现了又一次具有历史意义的最高权力交接，中国又站在了新的历史起点上。习近平亲民直白、触及心灵的话语表达，让外界迅速捕捉到中国政坛即将出现新的气象。有媒体统计，习近平的讲话1000多字，19次提到了"人民"。香港《大公报》评价说，"新任中共中央总书记习近平的讲话触及百姓的心声，在人性化的表达中，展现政治之大美"。新加坡《联合早报》如此记述当时的场景："当习近平微笑着一一介绍他的同事并开始致辞时，苦等两小时的记者发现，新气象明显地出现了。"对于一个已经执政63年的世界第一大政党来说，面对即将实现中华民族伟大复兴的壮丽前景，人民在其执政理念中的分量显然是更重了。习近平的讲话，刷新了官方话语体系，以群众喜闻乐见的方式传达出新一代领导人的理念和承诺。

站在中国互联网史的角度，习近平是在移动互联网时代诞生的首位中共中央总书记。截至 2012 年 6 月底，中国网民数量达到 5.38 亿，手机网民规模达到 3.88 亿，手机首次超越台式电脑成为第一大上网终端。随着中国网民特别是移动网民规模的扩大，互联网的触角已延伸到社会的每个角落，它成为中国社会与民众的巨大赋能者，将人与社会的互动规则改变，催生出新的变革力量。在为期 7 天的十八大召开期间，互联网成为传播党意、汇聚民意的重要渠道。腾讯微博"聚焦十八大"话题数量超过 1 亿个。新华微博为 125 位代表开通了微博，旨在为网民和代表们搭建一座无障碍交流平台。中央新闻网站和主要商业网站十八大开幕式报道总浏览量超过 5.5 亿次。清华大学媒介调查实验室主任赵曙光经过分析后得出结论：十八大在中共历史上是互联网应用程度最高、参与网民最多、互动性最强的一次党代会。《人民日报（海外版）》引用他的话说："网络空间的互动和讨论超出了象征性意义，在党代会的重要时刻，已经进入了深层次的、实质性的讨论，体现了网民的理性精神和对重大议题的政治热情。"对于执政者而言，互联网已成为一个重大变量。如何让政权运行模式与互联网特别是移动互联网浪潮相互调适，是新一任中央领导需要面对的新课题。让网民惊喜的是，他们很快就从习近平的言谈举止中感受到了新一届中央领导的互联网理念和气质。

习近平"新南巡"

12 月 7 日，履新不到一个月的习近平风尘仆仆地抵达广东，开启了担任中共中央总书记后的首次国内考察之旅。接过历史接力棒的新任总书记对于国内考察地点的选择，往往内涵丰富、寓意深刻，是新领导集体治国理念、思路的传达和宣示。即便不明确说明，外界也会解读出微言大义。1989年9月，新任中共中央总书记江泽民选择到延安考察。2002年12月，西柏坡迎来了新任中共中央总书记胡锦涛。而这一次，在邓小平同志南巡讲话20年后，引起世界瞩目的时代坐标和地理坐标重新落在了广东。

这是一次为推进全面深化改革而进行的破题之旅。习近平在讲话中表明此行的用意："之所以到广东来，就是要在我国改革开放中得风气之先的地方，现场回顾我国改革开放的历史进程，宣示将改革开放继续推向前进的坚定决心。"由于行程与1992年邓小平南巡时的足迹相似，在媒体眼中，习近平此行接过了邓小平的发令枪，在改革开放先行先试的广东再次发出了全面改革的动员令。观察家纷纷用"新南巡"对习近平的广东考察进行定位。

一些微妙的细节也被注意到了。习近平考察期间，没有铺设红地毯，没有列队欢迎形式；没有欢迎标语；吃自助餐，住商务酒店；不封路，车队与私家车并行；总是最近距离和群众交流……这些在过去都是不可想象的。而尤为出乎意料的是，微博等新媒体对习近平的行程几乎进行了即时直播，一改过去中央媒体在总书记考察活动结束后发布一锤定音式的"通稿"报道模式。

对于习近平"新南巡"，新华社通稿和中央电视台的报道是在12月11日晚发出的，而微博等自媒体从12月7日起就对习近平的视察开始了追星般的跟踪报道。《南方日报》的法人微博7日以转发网民"时事天下"帖透露，由8辆车组成的车队进入深港合作区，现场没有任何欢迎横幅，道路畅通如常。新浪认证为"深圳市华脉资讯有限公司总经理"的陆亚明发微博，详细描述了在深圳巧遇习近平车队的目击记："一手持对讲机的小区保安礼貌地请我稍等，不一会儿，数名机动大队的交警骑摩托驶过，随后，三辆考斯特及四五辆警车由科技中一路自北向南前往腾讯，车不成队，中间夹杂数辆社会车辆，无开道车，警用摩托有闪灯无警笛。考斯特未拉窗帘，透明玻璃，车速约60公里/小时。"他还上传了一段习近平车队和社会车辆共同经过一个路口的视频。一个叫"学习粉丝团"的新浪微博账户以轻松活泼的笔触写道："亲，能超您车吗？真是轻车简从哦，不过您这中巴车容易被别人超哪。"所配的照片虽然不甚精致，但草根的视角却最好地展现出群众眼中的习近平总书记的形象。网民"梦邑樵郎"如此抒写内心的感受："群众中是安全的"，"老百姓是纯朴的"，当年转战于太行山的父辈筑牢了这位当今领导人的信念，相信今天莲花山顶的现实会更加坚定他的理念。我作为一个在现场的普通群众，目睹了这个场面。一个真正为人民群众办事的人，必然会得到人民的拥戴。

习近平考察深圳罗湖区渔民村时，香港文汇网在微博中将点滴细节透露出来："习近平到达深圳渔民村。他先到一座大厦的底层参观展板，展板展示有已故领导人邓小平1984年到访渔民村的照片，及国家主席胡锦涛2010年到访的照片，另外还展示有村内居民收入及单位出租情况等数据，预计习近平稍后会探访村民。"习近平考察渔民村、莲花山期间，香港文汇网总计发出了13条现场微博。其中习近平大步走在莲花山路上微笑挥手的画面，在微博上广为热传。沿着习近平考察广东的路线，网民和媒体记者接力般地用微博发出信息。12月11日，网民"大城小景"发微博说："我看到习总书记啦，今天早上在东濠涌，他还向我们打招呼，很亲民的形象。"配发的照片上，习近平正对着镜头微笑着打招呼……

微博对于习近平的直播式报道，迅速拉近了这位新任领导人与民众的距离。它突破了过去传统媒体对于领导人刻板化、概念化的报道，让群众眼中的习近平形象更加饱满立体。"学习粉丝团"首用的"习大大"的称谓，在网上不胫而走，日后为举国民众广泛使用。2014年9月11日，习近平来到北师大，一位来自贵州遵义的教师问道："总书记，我叫您'习大大'可以吗？"习近平爽快地回答："Yes。"

草蛇灰线，伏脉千里。来自权威媒体的声音，从理性的角度解读习近平言谈举止间的内涵，与来自民众的信息形成了及时互动。《人民日报》法人微博发帖说："近民亲民民拥戴，疏民欺民民远离。深圳之行给了我们两方面的希望：一是深化改革的信息；一是真正转变作风的开端。"它还指出："最高层低调的深圳之行，是示范也是警醒：权为民所赋，官员本就不应居高临下、颐指气使。革除官僚主义，需自上而下力推。"新华社微博"新华社中国网事"分析认为："出行不封路，就是开言路，等于打开了联系民众的更多通路；不封路释放的改革信号十分丰富，在公车改革、城市治堵、特权车治理这些老大难领域，都应以不封路的精神为指引，迅速深化改革。"中央媒体和网民声音的遥相呼应，让习近平锐意改革、以上率下的平民领袖形象越发深入人心。

面对互联网大潮，习近平一改过去领导人考察讳莫如深的做法，而让自己的工作和行程更加透明化，这本身就是在顺应社会潮流，用行动昭示改革的决心。《人民日报》法人微博注意到，习近平考察深圳期间，是深圳首次对高级别交通勤务不封路，公交、出租、私家车与总书记车队并行。路透社评论说，习近平呼吁改革的报道出现在中国媒体上，和互联网放松限制的举动不谋而合。路透社还援引北京外国语大学一名教授的话说,"情况在悄悄发生改变,这和习近平的表态相一致,即稳步地实现进步和改革"。《华尔街日报》也指出,习总书记的深圳之行向世界发出了深化改革开放的强有力的信号,同时塑造了更加亲民的个性化形象。

一个不能忽略的细节是,习近平在广东期间,特地去腾讯公司进行了考察。马化腾介绍了即时通信、电子商务、网络资讯、微信等,习近平表现出浓厚兴趣,尤其是微信,马化腾向总书记重点演示了文字、表情、语音等互动方式,并现场拍下一张照片展现微信的图片传送功能。马化腾向习近平做汇报说,微信是中国互联网成功走出国门的一款代表性产品,目前已在东南亚、中东等市场占有率位居第一。习近平询问完微信产品在国际竞争中遇到的问题后,鼓励腾讯不断进取,为民族互联网产业走向世界贡献力量。在腾讯应急协调指挥中心,习近平听取了关于腾讯海量数据平台的介绍,说:"我看到你们做的工作都是很重要的,比如在这样的海量信息中,你们是占有了最充分的数据,然后你们可以做出最客观、精准的分析。这个说明广大人民群众的一种趋势。这方面提供对政府的建议是很有价值的。"在考察过程中,习近平还从历史大势的角度对腾讯员工说:"现在人类已经进入互联网时代这样一个历史阶段,这是一个世界潮流,而且这个互联网时代对人类的生活、生产、生产力的发展都具有很大的进步推动作用。今后在互联网的发展与建设中,从法规建立完善到技术的发展各方面,你们的意见都很重要,也希望你们今后在这方面更多地建言献策。"

这是习近平当选总书记后首次就互联网公开表态。他对互联网科技所表现出的浓厚兴趣,体现出中央高层对历史潮流的把握。有分析认为,习近平到访腾讯等深圳企业,体现出中央和国家尊重实践、尊重创造,并鼓励大胆探索、勇于开拓的进取精神。在习近平眼中，改革开放是我们党的历史上一次伟大觉醒，正是这个伟大觉醒孕育了新时期从理论到实践的伟大创造。接下来所发生的一切将证明，中国对于互联网技术的使用，将会是中国对自己的又一次伟大超越。在习近平的带领下，各界精英群体和普通网民将共同创造出崭新的互联网文明。

政治局考察中关村

2013年9月30日上午，科技精英荟萃的中关村迎来了第十八届中共中央政治局成员集体。这是中央政治局集体学习首次走出中南海，而且是首次打破让专家学者、部门官员讲解的惯例，选择新兴科技的企业家们担纲授课者。

作为在中国特色社会主义旗帜下成长起来的科技创新高地，中关村在2013年已经聚集了近2万家高新技术企业，2012年实现总收入2.5万亿元，企业从业人员达到156万人。自从20世纪80年代以来，中关村就肩负着将中国引向新未来的历史使命。一大批世界级领先的自主创新成果从这里孕育而成，顺应时代的新的社会思想和价值取向也在这里萌蘖和成长。在海内外观察者眼中，中关村简直是中国的缩影，了解中国新兴科技产业发展和体制变革的最好样本。江泽民、李鹏、胡锦涛、温家宝等党和国家领导人也都曾莅临中关村调研考察，希望这片不大的地方更好地发挥中国前进的引擎作用。而这一次，政治局集体到中关村就实施创新驱动发展战略进行学习，更凸显出高层对把握未来科技大势的迫切。

在中关村展示中心，云计算、大数据、3D打印、生物芯片、量子通信这些火热的词，都成为政治局学习交流的核心。联想控股董事长柳传志、百度 CEO 李彦宏、小米科技 CEO 雷军、浪潮首席科学家王恩东等科技界领军人物分别做了讲解。李彦宏在讲解大数据时提到，大数据在两个方面表现出最重要的价值，一是促进信息消费，加快经济转型升级；二是关注社会民生，带动社会管理创新。他还建议"政府开放大数据，组织行业数据共享"。雷军在 5 分钟的时间里重点讲解了小米的互联网手机模式如何影响了中国的年轻人，并创造出 100 亿美元的估值。作为 IT 领域的大佬级人物，柳传志讲述了联想如何壮大为跨国企业、创造出许多荣光的成长历程。虽然现场交流的时间不长，但意义却是深刻又深远的。有媒体评论说："政治局委员向程序员求教，不仅在中关村的历史上从未发生，即便在 1949 年后的中国也是罕见的。"

现场考察结束后，政治局成员们来到展示中心会议室，听取科技部部长万钢介绍我国科技创新总体情况并就实施创新驱动发展战略进行讨论。习近平在主持学习时强调，即将出现的新一轮科技革命和产业变革与我国加快转变经济发展方式形成历史性交汇，为我们实施创新驱动发展战略提供了难得的重大机遇。机会稍纵即逝，抓住了就是机遇，抓不住就是挑战。我们必须增强忧患意识，紧紧抓住和用好新一轮科技革命和产业变革的机遇，不能等待、不能观望、不能懈怠。他还说，实施创新驱动发展战略是一项系统工程，涉及方方面面的工作，需要做的事情很多。最为紧迫的是要进一步解放思想，加快科技体制改革步伐，破除一切束缚创新驱动发展的观念和体制机制障碍。

习近平的讲话虽是对政治局成员们说的，但代表了一个大国掌舵者对技术新革命的战略判断。在他眼中，实施创新驱动发展战略决定着中华民族前途命运，既是大势所趋也是形势所迫。这意味着，中国正以前所未有的胆略和胸襟,主动适应以互联网技术为代表的新一轮技术和产业革命。而对于互联网的弄潮儿来说,他们的探索和创新,对于高层的决策,将产生更深刻的影响。用不了多长时间,人们可以直接感受到的是,"大众创业、万众创新""互联网+"等国家战略被部署到各领域,并成为人们耳熟能详的时代热词。

中纪委借互联网开门反腐

对于新一届中央领导领导集体而言,腐败问题已成为横亘在前进途中的突出挑战。多年以来,虽然中国共产党与腐败问题进行了持之不懈的斗争,但反腐成效并未让群众满意。群众对身边的腐败问题义愤填膺,深恶痛绝,有的甚至不惜一切代价与之对抗。

《小康》杂志2012年所做的一项调查显示,民众对"腐败问题"的关注度不断上升,2010年位列"最受关注的十大焦点问题"第十位,2011年升至第五位,2012年排在第三位。它就"2012中国综合小康指数"在新浪网发布的网络调查中,"腐败问题"甚至被排到了第一位。2012年5月,《南风窗》杂志在《保持对腐败的痛感》一文中发出了深深的追问:"如果一个民族对腐败整体适应,习惯了在腐败的框架下思考问题和采取行动;如果腐败已经渗透到公众的生活中,成为一种人人都要去适应的生活方式,这个民族未来将何去何从?"

十八大报告将对腐败问题的认识提高到了前所未有的高度:"反对腐败、建设廉洁政治,是党一贯坚持的鲜明政治立场,是人民关注的重大政治问题。这个问题解决不好,就会对党造成致命伤害,甚至亡党亡国。"11月15日那天,习近平在和中外记者见面时也说:"新形势下,我们党面临着许多严峻挑战，党内存在着许多亟待解决的问题。尤其是一些党员干部中发生的贪污腐败、脱离群众、形式主义、官僚主义等问题，必须下大气力解决。全党必须警醒起来。打铁还需自身硬。"

惩治腐败、打造清明的政治生态环境，离不开社会公众的监督和参与。在筚路蓝缕的延安时期，面对民主人士黄炎培如何跳出"其兴也勃焉，其亡也忽焉"的历史周期律的追问，毛泽东回答："我们已经找到新路，我们能跳出这周期率。这条新路，就是民主。只有让人民来监督政府，政府才不敢松懈。只有人人起来负责，才不会人亡政息。"在科学技术不断掀起新浪潮的互联网时代，民众参与政治的渠道是越来越多元了。实践证明，互联网为民主参与和监督提供了新平台。借助去中心化、扁平化、透明化的互联网，公民的知情权、参与权、表达权和监督权得到了更大程度地实现。一项网络在线调查结果显示，公众最愿意选用的反腐渠道中，75.5%的人选择"网络曝光"，远高于其他渠道选项。中央党校教授林喆在2011年前后研究发现，以人民群众为主体的群众监督是我国目前监督体系中发挥得最好的。据其统计，这几年来落马的官员一半以上是群众监督的结果，"特别是这几年的网络监督，让贪官心惊肉跳"。如果审视网络曝光的意义的话，它远不止于揭发几个贪污腐败分子，更在于构建起基层民意与权力中枢的快速联通的机制，让政府权力得到规训。

面对日趋严重的腐败问题，新的领导集体履新不久就开始了轰轰烈烈的反腐行动。刮骨疗毒，固本强基，"老虎""苍蝇"一起打。其凌厉之势完全超出此前外界的预测。在这场史上罕见的政治生态净化行动中，互联网强势加入，提供了自下而上的监督力量，并与政府形成了高效互动。

2012年11月20日，重庆市北碚区委书记雷政富因网络举报不雅视频而被曝光，63小时后就被免去了职务并接受立案调查。黑龙江双城市工业总公司总经理孙德江被女记者网络实名举报，称受到孙德江要挟，与他保持不正当关系。随后，孙德江被终止人大代表资格，并被免去双城市工业总公司总经理职务。几天后，山东省农业厅副厅长单增德被情妇公开承诺书，山东省纪委已立案调查。12月1日，广东顺德公安局副局长周锡开被网民举报称，周有价值上亿元的住宅及商铺，纪委介入调查。12月6日，《财经》记者罗昌平微博实名举报时任国家发改委副主任、国家能源局局长刘铁男涉嫌伪造学历、与商人结成官商同盟等问题。2013年5月12日，中央纪委宣布，刘铁男涉嫌严重违纪，正接受调查。2013年1月17日，衣俊卿被免去中央编译局局长职务，成为网络反腐中第一位被免职的省部级官员……

轰轰烈烈的网络反腐，让中国网民仿佛一夜之间成了中国反腐生力军，互联网成了反腐的第二战场。网民发布的任何揭露腐败的信息，都有可能得到纪检部门的回应。有学者在《环球时报》上撰文说："事实证明，中国执政者正在探索独具中国特色的反腐败机制，开放式的腐败信息搜集系统，以及快速反应的反腐败预警机制，使中国反腐败体制结构可以有效地吸纳社会各种反腐败信息，特别是互联网发布的反腐败信息。"

对于网上的反腐热潮和网民的批评声音，新任中纪委书记王岐山给予了前所未有的关注。在2012年11月30日，中纪委书记王岐山主持座谈会时，就对与会专家表示，"网上的舆论，包括骂声我们都要听"。2013年4月，中纪委在新华网、人民网、光明网等中央重点新闻网站和新浪网、搜狐网、网易网等主流商业网站推出网络举报监督专区，鼓励广大网民依法如实举报违纪违法行为。评论认为，网络媒体首次统一开设网络举报监督专区，体现了网络举报这一监督渠道正受到越来越多的重视。2013年9月，《南方周末》在《王岐山主政中纪委十月记——中纪委"开门"反腐》一文中援引罗昌平的话说，罗昌平通过微博实名举报原国家能源局局长刘铁男的事情，王岐山没过多久就知道了；王岐山本人虽然并没有时间用微博，但他有一个班子专门搜集网络反腐的信息。

2013年9月2日，中纪委对外发布信息的第一平台——中纪委监察部网站应时而生。依照定位，它是中纪委监察部信息公开、新闻发布、政策阐释、民意倾听、网络举报的主渠道、主阵地。当天，中共中央政治局常委、中央纪委书记王岐山在网站调研时指出："建设中央纪委监察部网站，是新形势下加强党风廉政建设的重要举措"，要"突出纪检监察特色"，"架起与群众沟通的桥梁"。有记者到网站体验发现，网站主页突出了"信访举报"，特地设置了"举报指南""我要举报""举报查询""其他举报网站""举报方式"5个"菜单"。点击"我要举报"，可以直接向中纪委举报，也可以向各地纪委举报。在中纪委网站上举报，既可以实名，也可以匿名。9月13日，中纪委在这个亮相不久的网站上贴出公告，欢迎举报"两节"期间公款送礼、公款吃喝等不正之风。"鼠标直通中央纪委"，有媒体如此感慨。

无论是从中国共产党执纪的角度，还是从中国互联网发展的角度来看，中纪委监察部网站的推出，都是一大创举。它从全面从严治党的高度为网络反腐打开了另一扇门，给网络反腐热潮开辟出一个制度性出口。人民群众可以更加顺畅、安全地进行信访举报，表达利益诉求，而不再只是希望通过引爆舆论引起纪检部门的介入。据媒体统计，中纪委监察部网站上线后的第二个月，点击量就达到3000万。2014年3月，总访问量达到 2.3 亿次，日均访问量超过 120 万次，峰值达到 600 万次。而在它开通后的第一个月内，就收到多达 24800 多件网络举报，平均每天超过 800 件。有评论说："纪检工作对百姓来说曾高度神秘，如今也公开办了网站，接受网上举报。国家核心机构的开放性、它们与社会的互动都迈出坚实的步子。在纪检这个最敏感的领域，如今听到了民意的回响。"

在王岐山主政下，一向低调存在的中纪委通过互联网掀开了神秘的面纱。中纪委监察部网站除了提供集中举报渠道，还向社会公开各个工作流程。由于总是第一时间公布贪官落马的消息，设置着每天的反腐议题，它成了网上万众瞩目的地方。中纪委副书记吴玉良在中纪委监察部网站与网民在线交流时说：中纪委不是一个神秘的机关，或者说不应该是一个神秘的机关。2014 年年底，中国互联网新闻研究中心发布报告称，自从中央纪委监察部网站正式上线并开通网络举报通道后，中纪委官网成为引领网上反腐舆情的"引擎"。随着反腐"正规军"的出击，网络反腐进入官方主导时代，摆脱了过去"网络爆料—纪委介入"的被动状态，转为"纪委公布—舆论热议"模式。

中纪委监察部网站的上线，是中纪委"开门反腐"的标志性举措。有分析称，中纪委已经成为网上最大的正能量。2015 年年初，新华网在《为中纪委"去神秘化"的新气象点赞》一文中如此评价："中纪委作为拥有监督执纪问责权力的监督部门，逐渐揭开神秘面纱，不仅仅是权力透明化的体现，其从'幕后'走上'前台'并且勇于出击、不断出击，还能拳拳到肉、刀刀见血，更是中央'认准人民反腐期待'并将这种期待变成现实的最直接体现。这让公众对国家的未来充满信心与期待。"

互联网企业家步入政治舞台

江河流转,世易时移。创新,已经成为一个事关中华民族复兴的时代命题。只有坚持创新驱动,一切束缚发展的观念壁垒和体制障碍才有可能被打破。而放在世界范围来看,科学技术的每一次革命性突破,都带来了人类文明的重大进步。但抓住通向未来的时代潮流却殊为不易,机遇不是难以捉摸就是稍纵即逝。自十八大提出实施创新驱动发展战略后,处在时代前沿的互联网企业家们,在中央决策者眼中的分量变得越来越重了。

2013年春天,马化腾、雷军、李彦宏、陈天桥均亮相中国两会,成为5000多名两会代表、委员的一分子。几位登上中国政治舞台的互联网大佬中,除陈天桥此前就入选过第十一届全国政协委员外,马化腾、雷军、李彦宏均是首度登场。四人之中,马化腾、雷军是以第十二届全国人大代表的身份参会的,李彦宏和陈天桥的身份是第十二届全国政协委员。在中国的经济社会结构中,互联网主流化的特征日益凸显。他们基于中国互联网发展所提出的提案议案,将更深刻地影响决策,进而影响中国互联网的进程与方向。马化腾对媒体所说的一番话颇具代表性:"代表履职最重要的是提出一些可实施、有前瞻性的问题","行业代表要提自己行业有关的建议,但不能只从公司角度,而是应该从国家发展角度提出建议"。

马化腾建议政府能从顶层设计上支持、从国家战略上推动互联网行业发展,因为"过去中国互联网发展是野生的,没有指导就生出来,政府强调管理,没有太多考虑发展得好不好";他还建议国家能够尽快主动推进互联网立法。作为创业者的代表,雷军希望政府对创业环境进行完善和优化，针对简化公司注册流程、公司名字核准、股权质押等问题提出建议。李彦宏围绕两个问题进行提案：一是"关于鼓励民营企业海外上市取消投资并购、资质发放等方面政策限制的建议"，二是"关于取消公共场所无线上网个人身份认证的建议"。几位代表委员的建议虽然角度不同，却都蕴含了开放、创新的精神气息，给两会吹来了一股互联网新风。这既是时代所需，也是国家所需。他们是经济新势力，未来新方向。他们已经成长为一股举足轻重的力量。对于中国互联网而言，这种变化的历史意义是深远的。《新商务周刊》评论说："在此前的两会上，互联网大佬的身影只有盛大董事长陈天桥一枝'独苗'，是全国政协委员。而在全国人大代表的名单中，来自互联网企业代表一直是零。作为新经济的代表人物，三位大佬首度'登堂入室'，显示出中国互联网的崛起和力量，也是中国互联网主流化的里程碑式的标志。"

在中国互联网的领军人物中，虽然马云没有任何人大代表、政协委员的头衔，但就在 2013 年 1 月，他被温家宝总理点名邀请到中南海，讨论《政府工作报告（征求意见稿）》。他建议把互联网和电子商务上升到国家战略，并呼吁要培养企业家精神，对民营企业不能开而不放。温家宝说："信息化不仅改变生产方式，而且改变生活方式，将会带来一场深刻的技术革命。我们要尊重企业家、尊重创业者，为不同类型企业创造平等的竞争环境，这关系着未来。"时隔 9 个月后，马云再次走进中南海，参加国务院总理李克强召开的经济形势座谈会。对于淘宝网打造的"双 11"，李克强肯定地说："你们创造了一个消费时点。"李克强还说："中国的年轻人将成为中国未来'潜在经济增长率'，他们的努力可以弥补经济潜在增长率下降这一客观规律对中国经济影响，是最大的也是推动发展的强大动力。"

随着中国互联网的领军企业家群体性进入国家的政治舞台，来自互联网领域的声音变得越发响亮。这是新突破，也是新起点。年轻的互联网精英们，一改此前只是在技术领域打拼的状态，开始拥有更多的政治话语权，更深刻地介入国家事务的决策之中。互联网已成长为中国崛起的重要驱动力，它与国家的命运、民族的命运将更紧密的关联在一起。

新创造

就在 2012 年 7 月 19 日，中国互联网络信息中心在北京发布了第 30 次《中国互联网络发展状况统计报告》。数据显示，截至 2012 年 6 月底，通过手机接入互联网的网民数量达到 3.88 亿，通过台式电脑接入互联网的网民数量为 3.80 亿，手机首次超越台式电脑成为中国网民的第一大上网终端。报告还认为，随着移动互联网的繁荣发展，移动终端设备价格更低廉、接入互联网更方便等特点，为中国互联网在落后地区和难转化人群中的普及提供了机会。

简单的数字变化，意味着中国从传统互联网时代跨入了移动互联网时代。移动终端变成了人们进入数字世界的第一渠道，移动互联网正成为时代的主角。一个"宽带中国"正在崛起。这又是一场前所未有的社会变革，新的模式尚未形成。如果说互联网让人与人的连接走进了新纪元，那么，移动互联网在突破地理位置的限制上将为人与人、人与物的关联带来质的飞跃。市场研究机构易观智库的数据显示，2012 年我国移动互联网市场规模突破 1500 亿元，成为连接线上和线下的天然桥梁。中国人民大学一位叫匡文波的教授说："移动终端具有高度的便携性，是'带着体温的媒体'；它可以 24 小时在线，这是传统互联网做不到的。"

价格日益走低的智能手机，犹如病毒在消费者群体中迅速蔓延，让无数人由此跨入了移动互联网的大门。

如何应对这场转型，成为各类互联网会议最容易引起关注的话题。在一些研究者眼中，移动互联网时代的到来，将会为社会进步和创新创造提供更广阔的天地。美国风险投资家约翰·杜尔提出的概念"SoLoMo"，越来越成为一个热得发烫的词。2011年，约翰·杜尔把最热的三个关键词"social"（社交）、"local"（本地）和"mobile"（移动）整合到了一起，随后新词"SoLoMo"风靡全球。在这场破旧立新的变革中，所有的互联网公司都难免有一种焦虑感。人们普遍相信，不向移动互联网转型，将注定会被时代淘汰。马云说，谁抢占了移动互联网的先机谁就赢，三五年内，现有的巨头很可能有的掉下去，又有新的企业成长起来。

变革已经迈开大步，只会越来越快，而不会停滞不前。百度、腾讯、阿里巴巴、新浪、网易等互联网企业竞相发力，从硬件到软件几乎无不涉足，试图在移动互联网领域扩展属于自己的领地。众多互联网公司纷纷加入了手机制造领域，有的学习小米模式自己生产手机，有的试图将自己的软件绑定到手机上，有的绞尽脑汁想着怎么把应用软件通过手机覆盖到更多人群。它们开始告别一味模仿海外产品的老路，千方百计地开发出具有中国特色的互联网产品，将移动互联网与传统行业嫁接起来。媒体、金融、医疗、教育、娱乐、购物等，几乎无所不包。那些可以准确把握住用户需求"痛点"的程序员们，废寝忘食，开发出无数新奇的应用，让移动互联网的黏性越来越强。《经济日报》记者评论说："对普通人来讲，这些创新改变着他们获得信息、完成消费的方式；对于宏观经济来说，这些创新则可帮助传统企业'华丽转身'，从供应链的各个环节找到转型升级的方式。一个充满活力的'数字中国'正在崛起。"

9月17日，微信用户突破2亿。两年的时间没到，微信就成为影响最广的移动互联网应用。许多人正是通过微信这个入口，来到了移动互联网的世界。在玛雅人的传说中，2012是"世界末日"来临之年。把2012放在中国互联网的巨变中关照，对于微信的壮大，周鸿祎由衷地发出赞叹：在移动互联网领域，只有马化腾拿到了逃离"末日"的船票。从这一年起，微信开始超越单纯的通信软件，一跃成为"连接一切"的平台，连接对象包括一切人、物、钱与服务。

4月19日，腾讯发布了增加了朋友圈的微信4.0版本。作为一个新颖的网络社交场合，它契合了人们期待得到认同的心理，轻易地撬动了人们爱分享的习惯。在这个"熟人移动社交圈"上，人们可以随时随地把日常生活的点点滴滴以文字或照片的形式分享出来，也可以将其他互联网应用软件上的内容导入其中。自此之后，"刷朋友圈"成为人们碎片化生存的一个重要内容。以至有网民说："我不再只活在地球上，我也活在朋友圈里。"

如果说朋友圈的出现还只限于社交领域的话，8月23日上线的微信公众平台，则让微信衍化成了一个充满生机的生态系统。微信公众平台通过设立账号的方式带来了网民与信息之间全新的连接方式，一改之前网页或者客户端的老路。它既是一个媒体平台，又是一个电子商务平台。电子商务与网络媒体之间的界限第一次变得模糊不清。无数媒体人从其他平台迁徙到这里，在微信平台上建起了自己的公众号。它构建起了全新的舆论生态，与微博一道成为热点事件舆情的发酵之地。与内容琐碎的微博的相比，微信公众号的内容更兼具传统媒体和移动媒体的特性。只是它不像微博那样喧嚣和杂乱，表达也更具深度和立场。微信公众号成为人们获取信息的重要平台，有的会被发到朋友圈，形成病毒式的传播效应。一种立足于微信公众号的新的经济形式随之出现，叫"自媒体创业"。再往后，微信推出支付功能，将数亿用户和商业密切连在了一起。由于门槛低、操作简单，城市里的家庭主妇、希望改善生活的工薪基层以及乐于尝试新鲜事物的大学生，纷纷在微信平台上做起了生意。他们有一个共同的名字：微商。

技术的更迭，成就的不只是富有远见的规模性企业。它所打开的新的空间，将会给许多名不见经传的小人物带来逆袭的机遇。这不再是以资历论英雄的时代。没有什么会一成不变，唯有创新才会持续闪烁出光芒。引领时代的互联网天生是属于年轻人的，也只有年轻人更懂年轻人。红杉资本中国基金创始人沈南鹏在杭州的一次演讲中说："我们对移动互联网充满期待，也抱有很大希望，其中一个原因是因为我们认为中国的未来是年轻人的，但是在今天的年轻人当中，无线互联网是一个非常重要的工具。"

这一年8月，今日头条上线。这是一款基于数据挖掘的信息推荐引擎产品。它没有编辑团队也不对内容进行人工干预，全靠算法学习进行个性化的机器推荐。毫无疑问，面对移动互联网带来的信息爆炸，今日头条为用户提供了更有针对性的信息选择。由于每个人的兴趣和偏好不同，所看到的的内容也几乎都不一样。创始人张一鸣说："越是在移动互联网上，越是需要个性化的个人信息门户。我们就是为移动互联网而生的。"对于网民来说，与新浪、搜狐、网易等新闻客户端相比，这是一个另类的存在，不用费劲，不同背景学历、价值观念的人都可以找到自己感兴趣的内容。上线90天，今日头条就拥有了1000万用户。到2013年底，今日头条的用户数量就超过了7000万。虽然成长速度惊人，不过各大新闻门户网站并未把它放在眼中。如果把今日头条作为威胁者，显然是有失身份的事情。就是在这样的不经意间，今日头条日趋壮大。日后，信息传播链条上所有角色几乎都将被今日头条颠覆，门户网站的地位将一落千丈。2017年，一家门户网站的编辑发出无奈的感慨："传统门户已不复存在，它们已被今日头条打败，这是人们不想承认，却已无法改变的事实。"

9月9日，另一款立足于移动互联网的客户端——滴滴打车上线。2012年6月6日，程维从阿里巴巴离职后的第二天，就围绕打车应用软件在北京开始了创业的旅途。在这之前，在寒风苦雨中等出租车、因为打不到车而耽误航班的经历，让他敏感地把握住了出行领域存在的创业的巨大机遇。打车软件是程维花了8万元找人开发的。等到产品交付时才发现产品粗陋不堪，用户端呼叫两次，司机端才可能响一次。但为了赶时间，也只好凑合着用。当时，北京出租车公司加起来有189家。每天早上公司的员工们都满怀信心地出发，晚上又灰心丧气地回来。40天过去，没有一家出租车公司愿意与程维签约。"你们有没有没有交通委员会的红头文件？"成为程维和员工们每天被问得最多的问题。到第49天的时候，终于有了愿意合作的第一家出租车公司。就这样，局面被一点点打开。到2014年，使用滴滴打车软件的司机超过了100万，而注册用户则超过了1亿。滴滴打车逐渐成为中国智能出行领域的引领者。

日后看来，张一鸣和程维是移动互联网时代最具代表性的入局者。他们在行业的边缘发起了颠覆性的创新，而且是在绝大多数人尚未觉察到的时候。只是，他们能否成为马云或者马化腾还要划上问号，因为以BAT（百度、阿里巴巴、腾讯）为代表的互联网企业在传统互联网时代已经成长为参天大树。雄厚的实力让它们可以呼风唤雨，既可以给新生的树苗带来和风细雨般的滋养，也可以给它们带来狂风骤雨般的打击。

第五部

融 合

> 我们正处在一个历史上最陡峭的拐点区域,也许在德国铁匠和印刷匠约翰·古登堡在欧洲发起印刷革命之后,就再也没有出现过这样剧烈的转折了。
>
> ——［美］托马斯·弗里德曼《谢谢你迟到》

2014：
引领者

在时间的坐标轴上，2014年是具有节点意义的一年。20年前的1994年4月20日，北京中关村教育与科研示范网接入国际互联网的64K专线正式开通。自此以后，中国正式成为被国际认可的第77个拥有全功能互联网的国家。20年过去，中国互联网的发展已经蔚为大观。据中国互联网络信息中心发布第33次《中国互联网络发展状况统计报告》显示，截至2013年年底，中国网民规模突破6亿，其中通过手机上网的网民占80%；手机用户超过12亿，国内域名总数1844万个，网站近400万家，全球十大互联网企业中我国就有3家。2013年中国网络购物用户达到3亿，全国信息消费整体规模达到2.2万亿元，同比增长超过28%，电子商务交易规模突破10万亿元。

历经20年的风雨激荡，中国已经成长为名副其实的网络大国。无数人的探索，或如涓涓细流，或如澎湃大河，终于汇聚成波澜壮阔的数字大潮。特别是4G的广泛应用，让人们的生产生活与移动互联网融合在一起。互联网变得与工业、金融、通信、文化等行业须臾不可分离，成为国民经济的重要支撑。回望历史，互联网带来的变革堪称改天换地的大事变。方兴东等人在《中国互联网20年：三次浪潮和三大创新》一文中如此评价："20年，中国互联网从无到有，从小到大，从大到强，放在中国历史长河上看，堪称开天辟地的时代传奇。概括地讲，这是将整个中国从一个半农业、半工业社会带入信息社会的非凡历程。"

互联网带来的商业模式，正与中国这个当时的世界第二大经济体融合在一起。这是一场深刻的经济、社会乃至思想的转型。关注中国互联网的海外研究机构对中国充满了乐观的预期，并认为未来的商业模式将发生根本性变革，互联网将创造出中国经济的下一个奇迹。2014年7月，麦肯锡全球研究院发布的《中国的数字化转型：互联网对生产力与增长的影响》报告中，特地提出了一个崭新的概念：iGDP，即互联网经济占GDP的比重。经统计发现，到2013年时，中国的iGDP指数为4.4%，已经达到全球领先国家的水平，超过美国，排在英国、韩国、日本、瑞典之后。而在2010年时，中国的互联网经济只占到了GDP的3.3%，落后于大多数发达国家。支撑中国互联网经济快速发展的两大因素是，一则中国庞大的人口为互联网带来了巨大发展红利，二则与美国偏重技术路线不同，国内互联网更偏重与传统经济融合。《福布斯》杂志注意到，中国这个久负盛名的世界工厂正在发生变化，有个行业推出了惊人的创新服务，并已领先于世界其他国家。这八大创业行业依次是：微支付、电子商务、快递服务、在线投资产品、廉价智能机、高铁、水力发电、DNA测序。前五项几乎都与互联网相关。

中国富豪榜是观察互联网经济的另一个参照。2014年，胡润发布的百富榜上，前10名中有5位来自互联网，分别是马云、马化腾、李彦宏、刘强东、雷军。《金融时报》感叹："IT行业财富的增长令中国传统造富领域黯然失色。"

认知新方式：互联网思维

我们不知不觉已置身于一个新的天地中。几乎所有的行业不是被互联网改造乃至颠覆，就是在被改造和颠覆的路上。尽管现实的变化是翻天覆地的，但基于互联网社会的伟大思想却依旧没有诞生。互联网发展变化的速度把理论创新远远抛在了后面。一种新的理论极大可能面临的尴尬是，刚诞生不久就会面临被淘汰的命运。生存的世界变了，在伟大的新思想诞生前，思维方式的变革迫在眉睫。在2014年，一个新的概念"互联网思维"跃出互联网领域，成为充满时代热度的词。面对由技术变革带来的认知世界的新方式，有人兴奋异常，有人惶恐不安，有人踟蹰观望，有人纠结前行。与改变生存世界相比，互联网对思维方式的改变所带来的影响无疑更为深刻。对于互联网的从业者和观察家们来说，谈论"互联网思维"既是一种时尚，又如一种布道。所不同的是，站在不同的角度和立场，会得出不同的结论。

小米公司超乎预料的成长，被普遍视为用互联网思维颠覆传统做法的典范。3年前，小米第一代手机上市销售时，第一个月卖出1万部，销售额不过2000万元。而到2014年上半年，小米的估值已经逼近百亿美元。更与众不同的是，它没有自己的工厂，也没有自己的连锁店。小米的显赫成绩被人们理所当然地与互联网思维绑在了一起。就在2013年11月3日，小米的创新做法还登上了《新闻联播》。小米科技副总裁黎万强在节目中表示："小米手机把用户当朋友，根据用户的建议来改进产品，这是最大的变革。"雷军一马当先地成了应用互联网思维的最具代表性的企业家。无论是做演讲时还是接受媒体采访时，他都要提及互联网思维。他在《人民日报》上撰文说："互联网是一种思维，是一种考虑未来的方法。开放、透明、合作,都是互联网的精神。当互联网与传统产业结合起来,将会极大推进中国经济的转型升级,增强企业竞争力。"而他将互联网思维浓缩而来的七个字"专注、极致、口碑、快",更是广为流传。在向党政官员讲解时,他还有一个带有政治意味的解释:"互联网思维就像我党的群众路线,就是用互联网方式,能够低成本地聚集大量的人,让他们来参与,相信群众,依赖群众,从群众中来,到群众中去。"

由于自己关于互联网思维的观点被一些专家曲解后肆意兜售,360公司董事长周鸿祎索性亲自上阵,推出了《周鸿祎自述:我的互联网方法论》一书。该书出版1个多月,接连加印15次,销量突破30万册。很多人将它视为"互联网成功秘籍"。周鸿祎将"互联网思维"总结成了4个关键词:用户至上,体验为王,免费的商业模式,颠覆式创新。在他眼中,互联网是颠覆一切的力量,互联网思维却是常识的回归。

雷军和周鸿祎的感性描述,虽然可以让人对互联网思维有浅显的理解,却因其碎片化描述的特点,而不能导向更系统的思考以及清晰的定义。有观点认为,他俩说的不过是企业价值观或者互联网思维的手段。有人在更形而上的层面提出,互联网给中国带来的最大改变是价值观的变化,中国传统的集体主义、威权主义价值观让位于以"平等、参与、分享"为核心的个体主义、自由主义价值观,这才是互联网思维的真义。

有人支持就有人反对。北京某高校的一位教授说,互联网思维并没有改变商业常识,也没有颠覆商业基本逻辑,新经济并没有改变旧规则。经济学家许小年甚至认为,互联网思维是恐慌式膜拜,没有新东西。这种说法自然招致互联网拥趸们的质疑和反对。有人说,如果哪个行业非要远离互联网是逆流而动。一些爱较真的人对互联网思维追根溯源,发现最开始提出这个概念的非李彦宏莫属,不过他也没有对其进行清晰的界定。2011年，李彦宏在百度联盟峰会上表示："在中国，传统产业对于互联网的认识程度、接受程度和使用程度都是很有限的。在传统领域中都存在一个现象，就是他们没有互联网的思维。"由于众说纷纭，各说各话，互联网观察者谢文说：一场本该触及根本的论道之战变成了庸俗无聊的术辨之争。

不论互联网思维的内涵到底应该怎样，互联网因其形形色色的创新而不断摧毁着、改造着传统行业，如同飓风席卷一切，却让无数人焦虑。他们担忧自己所处的行业会不会一夜之间就被互联网彻底颠覆，如何快速拥抱互联网成为当务之急。曾经，互联网不过是信息传递的媒介，无数传统行业与互联网相安无事，但没过几年，互联网对传统行业的革命，成为令人惊叹的现实。在传统行业和互联网行业之间，有过两个著名的赌局，而且都发生在中央电视台年度经济人物的颁奖现场。2012年年底，马云和万达集团董事长王健林就"十年后电商在中国零售市场的份额能否过半"对赌一个亿。在有关电商和传统商铺的辩论时，王健林说："电商再厉害，但像洗澡、捏脚、掏耳朵这些业务，电商是取代不了的。"2013年年底，雷军和家电巨头格力掌门董明珠就小米五年内是否可以在营业额上超过格力立下赌约。当时小米的营业总收入是300亿元，而格力营业总收入超过1000亿元。当时火药味儿十足的对赌，看似互联网行业与传统行业之间泾渭分明，可以一较高下。不过很快人们就发现，二者之间的界限越来越模糊，变得你中有我，我中有你。

在传统行业中，海尔成为向互联网转型更彻底的实践者。海尔的转型最早可追溯到2000年的达沃斯年会。海尔集团CEO张瑞敏告诉《人民日报》的记者，那年的大会主题是"让我们战胜满足感"，意思就是传统时代我们所取得的那些成就，可能在互联网时代都会化为乌有，但互联网到底会带来怎样的颠覆,却又不是很清楚。凭着对互联网的模糊认知,他写下了一篇名为《我看新经济》的文章,提出"不触网就死亡",要求海尔向互联网转型。张瑞敏相信,互联网经济从本质上是"赋能"的经济,分布式发展比中控式发展更能让海尔实现再一次高速成长。到2014年,张瑞敏形成了自己对互联网思维的定义:零距离、去中心化、分布式。在张瑞敏眼中,跨进互联网时代,传统的管理模式都已不再奏效,许多工业化时代经典的管理理论都已成过去代。零距离意味着泰勒科学管理理论不灵了,因为零距离要求从以企业为中心转变为以用户为中心,用户的需求都是个性化的,泰勒的科学管理是大规模制造;去中心化让层级消失,马克斯·韦伯的科层管理理论由此被颠覆;此外,由于互联网时代的资源不是在内部,而是分布在全球,法约尔的一般管理理论也因此变得无用武之地。

2014年,海尔也几近完成从封闭的科层制组织向开放的创业平台的革命性转变,并将企业平台化、员工创客化、用户个性化作为未来的变革目标。由此海尔从一个自主经营体向一个利益共同体衍化。100多个创客小微被孵化而出,他们既有离开企业进行创业的海尔员工,也不乏从社会来到海尔平台的在线创业者。海尔也有了一个新的名字——创客公地。2014年恰逢海尔创建30周年,张瑞敏在一次内部讲话中说:"10年,既轻如尘芥弹指可挥去,30年,又重如山丘难以割舍。其区别在于,你是生产产品的企业还是生产创客的平台。海尔选择的是,从一个封闭的科层制组织转型为一个开放的创业平台,从一个有围墙的花园变为万千物种自演进的生态系统。"海尔的这种变化被张瑞敏形象地表述为海和云的区别,他说:"过去海尔是海,现在海尔是云。海再大,仍有边际。云再小,可接万端。"面对人人崛起的互联网时代,张瑞敏变得更加看重人的价值。他在发表于《财经》杂志上的一篇文章中写道:"无论是谁,无论任何时候,都不能把自己和他人作为工具,因为人自身就是目的。"

新机构:中央网络安全和信息化领导小组

作为与中国改革开放进程相伴相生的产物,中国互联网的发展成就是令人振奋的。不过如果放在国家治理的背景下观察,对于互联网一日千里的高速发展,中国"条块"分割的行政管理体制已经远远跟不上形势的需要。互联互通、开放共享的互联网精神,似乎天然地与按部门利益划分的治理模式存在矛盾。有媒体统计,负责互联网站点审批、经营项目及内容管理的部委机关,有网信办、工信部、新闻出版广电总局、文化部、教育部、工商总局、公安部、中科院、国家保密局等十余个。在互联网带来大变革的时代,没有哪个部门会心甘情愿地放弃手中的权力和利益。就在2012年,《北京商报》的一位记者调查发现,团购这种新型互联网商业模式自2011年在国内呈爆发式增长以来,团购网站就一直备受各国家部门"关照"。工信部、工商总局、商务部、质检总局以及各地方商业委员会等部门都对团购行业有管理权限。一位团购从业者向记者抱怨,"实际上,这些政府相关部门除会直接召集团购网站沟通之外,更多的时候是通过其下属的各种协会与各网站沟通,希望将管理的话语权掌握在自己手中"。多头管理,政出多门。互联网行业内一个形象的说法是"九龙治水"。由于多个部门都参与其中,政策相悖、部门冲突的事情并不鲜见。而另一方面,部门之间的权责不一,也给互联网留下了监管的空白地带。这些都让本分守规者无所适从,又让善于投机的人如鱼得水。而一旦问题发生,部门之间便会相互推诿。在一些互联网研究者眼中,"九龙治水"的互联网管理模式如果不解决,不仅会严重阻碍互联网行业的发展,而且将危及国家安全和社会稳定。

另一方面,中国虽然已经成长为世界网络空间最大的贡献者,但中国对网络空间的国际话语权和规则制定权却极不匹配。作为互联网的诞生地,美国一直保持着对互联网域名及根服务器的控制;美国引领了全球互联网的创新与创业浪潮,也因此成为全球互联网的规则制定者。从对互联网资源的掌控看,美国已经是互联网世界的"超级大国",全球13台根服务器,有11台在美国。而中国普遍使用的芯片以及移动互联网操作系统,对美国有着深度依赖。海军信息化专家咨询委员会主任尹卓告诉媒体:"中国网络空间基本处于不设防的状态。"对于普通网民而言,这种话即便不是天方夜谭,也是遥远的毫不相干的传说。直到2013年6月,美国"棱镜门"事件的爆发,人们才赫然发现,维护互联网空间安全成为迫在眉睫的挑战。美国前中央情报局雇员斯诺登向德国《明镜》周刊提供的文件表明,美国针对中国曾进行大规模的网络进攻,攻击目标包括商务部、外交部、银行以及华为公司等。来自大洋彼岸的虎视眈眈的威胁,让政府和民众都忽然意识到,在互联网时代,国家安全有了新定义,没有互联网的安全,国家安全也就无从谈起。美国未来学家阿尔文·托夫勒曾经做出的判断"谁掌握了信息,控制了网络,谁就将拥有整个世界",如今听来并非危言耸听。保障网络生存空间的安全和战略利益,赫然成为大国责无旁贷的新的历史使命。

时势所需,无论是从国内需求的角度,还是从国际博弈的角度,中国互联网都到了需要再次突破障碍的时候。作为对时代的回应,2014年2月27日,中央网络安全和信息化领导小组正式宣告成立。组长由习近平亲自担任,李克强和刘云山分别担任副组长。根据当晚播出的《新闻联播》画面，人们还在小组首次会议的现场发现了以下人员的面孔：国务院副总理马凯、中央政策研究室主任王沪宁、中宣部部长刘奇葆……出席人员的名单，几乎覆盖了中国管理体制中所有的核心部门，涉及外交、国防、治安、意识形态、通信科技、金融、教育、财政等多个领域。《华尔街日报》评论说，尽管中国官方媒体的报道没有说明这个小组将处于政治等级中的什么级别，但小组成员的身份表明，它可能在中国这个全球最大的互联网市场享有相当大的权力。

自从十八届三中全会对全面深化改革进行部署以来，这是中央在现有政治架构外设立中央全面深化改革领导小组、中央国家安全委员会后又设立的第三个顶层协调机构，而且都是中共中央总书记担纲小组组长。从中国网络安全和信息化发展的历史来看，这是一次前所未有的突破；而从未来看，这也是影响深远的战略性举措。从20世纪90年代至今，中国对信息化的管理机构虽然多次调整，但都一直停留在国务院的层面。1993年，国务院批准成立国家经济信息化联席会议，时任国务院副总理邹家华担任联席会议主席；1999年，国务院成立"国家信息化工作领导小组"，时任国务院副总理吴邦国任领导小组组长；2001年，重组国家信息化领导小组，国务院总理朱镕基担任组长；2003年国务院换届后，组长也是由国务院总理温家宝担任的。这次成立中央网络安全和信息化领导小组并由最高决策者领衔，除了凸显出互联网在中国最高层眼中的分量的提升，更凸显出中国最高层对互联网全面深化改革的决心。新加坡《联合早报》援引学者的观点认为，网络安全涉及政治安全、国防安全以及社会安定的问题，无论是对中国还是对其他主权国家都是非常重要的战略课题，由中国最高领导人习近平出任领导小组组长，国务院总理李克强，及主管意识形态工作的中共中央政治局常委刘云山担任副组长，可以兼顾国防军事、国务院系统及意识形态三个安全战略规划。

习近平在小组会上对中国的互联网治理方略做了详细讲话。他提到了我国信息化的发展现状，"信息化和经济全球化相互促进，互联网已经融入社会生活方方面面，深刻改变了人们的生产和生活方式。我国正处在这个大潮之中，受到的影响越来越深。我国互联网和信息化工作取得了显著发展成就，网络走入千家万户，网民数量世界第一，我国已成为网络大国。同时也要看到，我们在自主创新方面还相对落后，区域和城乡差异比较明显，特别是人均带宽与国际先进水平差距较大，国内互联网发展瓶颈仍然较为突出"；他提到了网络信息对于一国实力的价值，"网络信息是跨国界流动的，信息流引领技术流、资金流、人才流，信息资源日益成为重要生产要素和社会财富，掌握信息的多寡成为国家软实力和竞争力的重要标志。信息技术和产业发展程度决定着信息化发展水平，要加强核心技术自主创新和基础设施建设，提升信息采集、处理、传播、利用、安全能力，更好惠及民生"；他提出了建设网络强国的目标，"没有网络安全就没有国家安全，没有信息化就没有现代化。建设网络强国，要有自己的技术，有过硬的技术；要有丰富全面的信息服务，繁荣发展的网络文化；要有良好的信息基础设施，形成实力雄厚的信息经济；要有高素质的网络安全和信息化人才队伍；要积极开展双边、多边的互联网国际交流合作"。在讲话中，他还提到做好网上舆论工作、促进科研成果转化、汇聚人才资源等一系列决策部署。

这是习近平对互联网治理首次做出全面、系统的阐述，向外界传达出中国对互联网这个第五空间进行顶层设计的决心和意志。互联网观察家们给予了充满想象力却并不夸张的解读。有评论认为，中央成立的网络安全和信息化领导小组，"预示着中国互联网将进入全新的发展时期，这是互联网在中国发展 20 年来具有划时代意义的大事，更是中国发展历史上一件足以载入史册的大事"。曾担任中央党校常务副校长的郑必坚说，网络强国相当于中国的第三次建国：第一次是 1949 年新中国成立，第二次是 1978 年的十一届三中全会的召开，第三次是 2014 年网络立国。《环球时报》刊发的方兴东的评论说："中央网络安全和信息化领导小组标志着中国从网络大国向网络强国的迈进完成制度设计，标志着中国超越单纯的信息化基础建设，而从网络空间安全的全新视角来审视当今世界，也标志着中国互联网发展和信息化建设不设防时代从此终结。"鉴于小组非同小可的历史意义，海内外媒体给予了高度关注。美国《福布斯》杂志认为，外界往往认为中国的网络安全政策是中心驱动的战略行为，但事实上政策的制定却是碎片化的，新领导小组的成立意味着部门之间的竞争和对峙将得以解决。美国《纽约时报》说，此事标志着共产党视网络安全问题为中国最紧迫的战略问题之一。《华尔街日报》说，这释放出一个强烈的信号，表明北京意在强化对在线交流的掌控力度，应对敏感的网络安全问题。

海内外舆论的关注，无不显示出中央网络安全和信息化领导小组的诞生所具有的划时代意义。自下而上成长起来的互联网，更紧密地与中国国家变革、中华民族的复兴关联在一起。随着互联网上国家意识的苏醒，网络空间的中国时间正式开始。

中国方案

就在 2014 年，中央决策层在加强互联网顶层设计的同时，也迈出了推动全球互联网治理体系变革的新步伐。作为新锐崛起的互联网大国，中国需要向世界发出清亮的中国声音，而世界也需要已成为互联网领跑者的中国的方案和智慧。

自党的十八大以来，中国日渐形成了坚持共商、共建、共享的新的全球治理观。无论是外交理念还是外交实践，都发生了重大改变。在不同的外交场合，习近平几乎都要阐释对全球治理走向的中国判断和中国主张。习近平的讲话，虽然是立足于中国利益的，但着眼于整个人类的前途命运。2013年3月，习近平总书记在莫斯科国际关系学院演讲时说："这个世界，各国相互联系、相互依存的程度空前加深，人类生活在同一个地球村里，生活在历史和现实交汇的同一个时空里，越来越成为你中有我、我中有你的命运共同体。"此后，"命运共同体"成为习近平甚为热衷传达的中国概念。在习近平眼中，不管全球治理体系如何变革，中国都要积极参与，发挥建设性作用，推动国际秩序朝着更加公正、合理的方向发展，为世界和平稳定提供制度保障。政治分析人士认为，中国正在从全球治理的参与者向引领者的角色转变，"积极有为"正代替邓小平时代的"韬光养晦"成为新的外交指导思想。

习近平的这种全球治理理念，所投射的范围除了现实中存在地理疆域界限的国度，也于2014年深深地投射到了网络空间之中。2014年7月，在巴西国会演讲时，习近平特地向全世界发出了共建国际互联网治理体系的主张。他指出，"互联网发展对国家主权、安全、发展利益提出了新的挑战，必须认真应对。虽然互联网具有高度全球化的特征，但每一个国家在信息领域的主权权益都不应受到侵犯，互联网技术再发展也不能侵犯他国的信息主权。在信息领域没有双重标准，各国都有权维护自己的信息安全，不能一个国家安全而其他国家不安全，一部分国家安全而另一部分国家不安全，更不能牺牲别国安全，谋求自身所谓绝对安全。

国际社会要本着相互尊重和相互信任的原则，通过积极有效的国际合作，共同构建和平、安全、开放、合作的网络空间，建立多边、民主、透明的国际互联网治理体系。习近平的这番话，首次提出了"国际互联网治理体系"，也是在外交场合首次表明中国对全球互联网治理的原则立场和积极主张，体现出中国构建民主平等的国际互联网治理新格局的担当意识和愿望。习近平演讲结束时，听众不约而同地站立起来，雷鸣般的掌声在宽敞宏大的巴西国会大厅经久不息。巴西国会领导人说，习近平是在巴西国会赢得掌声最多的外国领导人。

习近平在巴西国会的演讲题目为《弘扬传统友好，共谱合作新篇》，洋洋洒洒近5000字。这段关于互联网全球治理的话在国际上引起了共鸣。巴西著名智库瓦加斯基金会技术与社会中心研究员玛里莉娅接受《环球时报》采访时表示，习近平的讲话让巴西民众深感认同。美国对巴西进行大范围的监听，巴西总统府、巴西国际石油公司等都深受其害。她希望中国同巴西等发展中国家未来能够在互联网方面有更多的合作，加强政府监管，推动互联网安全在国际范围内的普及，打破美国等西方国家对互联网的霸权统治。

2014年11月19日，随着首届世界互联网大会在沉淀千年中国文化底蕴的乌镇召开，国际互联网治理体系的中国主张进一步明晰。大会以"互联互通，共享共治"为主题，旨在为中国与世界的互联互通搭建起一个国际平台，为国际互联网的共享共治搭建起一个中国平台。这是中国举办的规模最大、层次最高的互联网大会。群英荟萃，星光璀璨。与会代表来自100多个国家和地区，有国际政要也有世界商业巨头，有媒体精英也有网络红人。如果简单罗列的话，他们包括国务院副总理马凯、俄罗斯总统顾问伊戈尔·肖格列夫、爱尔兰前总理伯蒂·埃亨、互联网名称与数字地址分配机构总裁法迪·切哈德、美国高通公司执行董事长保罗·雅各布，以及中国互联网企业的领军人马云、马化腾、李彦宏、雷军、刘强东、张朝阳、曹国伟、丁磊等。1000多名国内外与会者，代表了互联网涵盖的多个领域，共商互联网发展大计。

正在出访的国家主席习近平代表中国政府和人民并以个人的名义向大会致发贺词。他在贺词中特地提到了互联网与命运共同体的关系。他说："当今时代，以信息技术为核心的新一轮科技革命正在孕育兴起，互联网日益成为创新驱动发展的先导力量，深刻改变着人们的生产生活，有力推动着社会发展。互联网真正让世界变成了地球村，让国际社会越来越成为你中有我、我中有你的命运共同体。同时，互联网发展对国家主权、安全、发展利益提出了新的挑战，迫切需要国际社会认真应对、谋求共治、实现共赢。"他同时表明了中国对于治理国际互联网的态度："中国愿意同世界各国携手努力，本着相互尊重、相互信任的原则，深化国际合作，尊重网络主权，维护网络安全，共同构建和平、安全、开放、合作的网络空间，建立多边、民主、透明的国际互联网治理体系。"

中国最高领导人的贺词，高屋建瓴地向世界传递了中国互联网的发展理念和主张。11月20日，国务院总理李克强在杭州会见出席首届世界互联网大会的中外代表时也说："中国愿同世界各国本着相互开放、相互尊重的精神，在互联网领域开展平等互利的交流与合作，共享互联网发展带来的机遇。""互联互通，共享共治"的主题弥漫于会议的方方面面。即便是阡陌纵横、水网相连、睦邻友好的乌镇，也充满了让信息自由安全流动、让互联网造福人类的隐喻。在与会者所讨论的"共建在线地球村""跨境电子商务和全球经济议题会""全球互联网治理""互联网的未来""共同打击网络恐怖主义"等十多个议题上，无不贯穿着合作、开放、共赢的互联网价值观。移动互联网让生活更美好、互联网为全球经济复苏提供新动力、移动互联网创造繁荣新经济、未来存在各种可能性、互联网影响人类文明的发展方向、万物互联帮助企业转型升级、产业互联网时刻将到来……来自不同国家和地区的参会嘉宾对互联网给世界已经带来或即将带来的变化给予了热情洋溢、充满希冀的描述。有人说:"我们已经看见了未来的样子。"在跨境电子商务和全球经济一体化分论坛上,与会的记者们听到了亚马逊全球副总裁葛道远"要进来"的呼声,还听到阿里巴巴首席运营官张勇不无自豪地说,刚刚过去的"双11",通过全球速卖通平台,阿里巴巴点亮了全球217个国家和地区的消费者。《人民日报》《共襄未来机遇,共谋网络治理——首届世界互联网大会侧记》一文如此写道:"'要进来''走出去',这也是其他与会嘉宾的呐喊,'互联互通,共享共治'在首届世界互联网大会得以充分彰显。"经过三天的思想碰撞和坦率交流,首届世界互联网大会发出9点倡议:促进网络空间互联互通、尊重各国网络主权、共同维护网络安全、联合开展网络反恐、推动网络技术发展、大力发展互联网经济、广泛传播正能量、关爱青少年健康成长,以及推动网络空间共享共治,并且将浙江乌镇作为世界互联网大会的永久会址。

世界互联网大会的举办,是中国在确立国际互联网治理话语权方面迈出的关键一步。在互联网观察家方兴东眼中,世界互联网大会注定将成为一个分水岭,"全球互联网从美国为中心的上半场,开始进入中国为中心的下半场。可以说,本次会议的召开标志着全球网络空间美国主导的单极格局开始走向终结"。互联网虽然起源于美国,但到中国后却被打上了鲜明的中国烙印。尤其是把"命运共同体"意识运用到互联网,不仅体现出一个大国的责任和担当,而且契合了大多数国家的心理预期。

这无疑为互联网对更多人群的渗透、造福更多的国家,开辟出了一条理念之路。

凡益之道,与时偕行。2015年12月,以"互联互通,共享共治——共建网络空间命运共同体"为主题的第二届世界互联网大会,规格有了进一步提升。2000多位与会者来自120多个国家和地区,万余人次参与了网络文化传播、互联网创新发展、数字经济合作、互联网治理等22个议题的讨论。习近平亲自出席并发表主题演讲,强调互联网是人类的共同家园,各国应该共同构建网络空间命运共同体。他提出坚持尊重网络主权、坚持维护和平安全、坚持促进开放合作、坚持构建良好秩序的"四项原则",并系统地提出了中国对网络空间安全与发展的"五点主张":加快全球网络基础设施建设,促进互联互通;打造网上文化交流共享平台,促进交流互鉴;推动网络经济创新发展,促进共同繁荣;保障网络安全,促进有序发展;构建互联网治理体系,促进公平正义。自此,中国关于构建网络空间命运共同体的主张,有了更丰富和完善的内涵。习近平提出的中国方案得到了世界的积极回应。美国布鲁金斯学会约翰·桑顿中国中心主任李成说,四项原则不是挑战性的,也不是对抗性的,而是建设性的,习主席的演讲必将载入互联网发展史册。俄罗斯总理梅德韦杰夫说,我很欢迎习主席提出的建议,这些都应该得到很认真的考虑。世界经济论坛主席施瓦布说,中国正在成为第四次工业革命的弄潮儿,习主席正在把中国的好做法分享给全世界。

阿里巴巴:中国的新名片

美国东部时间2014年9月19日上午9时30分,在纽交所宽敞的交易大厅内，伴随着一阵清脆悦耳的钟声，中国电子商务巨头阿里巴巴正式登陆纽约证券交易所。阿里巴巴的合伙人和员工代表为之热烈鼓掌，经久不息。纽交所一名交易员感慨地说道："这是我20年交易员生涯中最令人兴奋的一幕。阿里的股票还会涨上去，因为它与其他同业对手相比在经营上独具特色，赢利势头极好，这也从另一方面见证了中国在世界上的迅速崛起。"

这是一个具有重要历史意义的时刻，而这种历史意义是多重的。对于华尔街而言，阿里巴巴刷新了IPO（首次公开募股）纪录。阿里巴巴每股发行68美元，募集资金高达218亿美元，一举成为美国史上规模最大的IPO募股。《华尔街日报》称，此次上市交易具有重要象征意义：一家中资公司在美国市场完成了一项历史性的IPO。对于中国互联网而言，以开盘价92.7美元计算，阿里巴巴的市值超过2200亿美元，超过脸谱网、IBM、甲骨文、亚马逊等美国公司，成为仅次于苹果、谷歌和微软的全球第四大高科技公司和全球第二大互联网公司。那些曾经遥遥领先的美国大公司，以前可从来没想过会被大洋彼岸的追随者超越。《纽约时报》评论说，随着阿里巴巴股票19日正式在纽交所交易，阿里巴巴完成了一段旅程，证明自己是世界上最大的互联网公司之一。

荣耀属于阿里巴巴，属于中国互联网，也属于参与了中国数字化浪潮的无数普通人。在这重要的时刻，阿里巴巴选择了全球最独特的敲钟方式，让8名与阿里巴巴有关联的客户叩响未来。这8名敲钟人是阿里巴巴不同领域的参与者，其中包括两位淘宝店店主前奥运跳水冠军劳丽诗和28岁的四川女孩王淑娟、在村庄创业已经6年的农民网商王志强、从事快递业10年的快递员窦立国、淘宝粉丝"80后"乔丽、"90后"的"云客服"黄碧姬、"淘女郎"何宁宁，还有一位是来自美国的农场主皮特·维尔布鲁格,他把自己果园生产的车厘子通过天猫卖到了远在地球另一端的中国。他们都是阿里巴巴致力打造的电子商务"生态系统"的一分子,每个人身后都是一个数量庞大的群体。虽然来自世界的不同地方,有着不同的追求,但阿里巴巴将他们会聚到了一起。

马云在给投资者的一封信件中写道:"我们不是靠某几项技术创新,或者几个神奇创始人造就的公司,而是一个由成千上万相信未来,相信互联网能让商业社会更公平、更开放、更透明,更应该自由分享的参与者们,共同投入了大量的时间、精力和热情建立起来的一个生态系统。"马云的话传递了这家致力于存在102年的企业价值观:让所有的参与者受益,不管是在哪个国家。而这与中国的变革进程是一致的,多年来,中国不仅从日益开放的世界经济中受益,对世界经济的影响力与日俱增,也让世界成为受益者。美国一家律师事务所的合伙人告诉《人民日报》的记者,阿里巴巴等中国互联网科技公司受青睐,主要原因就是这些公司背后的"中国故事",中国是世界第二大经济体,是世界最大的网络零售市场,因此,国际投资者看重的是中国企业背后庞大的消费者群体和潜力巨大的市场环境。

阿里巴巴登陆纽交所,让世界为之瞩目和兴奋。连续几日,美国当地媒体的头条都是在讨论阿里巴巴上市的新闻。"Jack Ma"(马云)也成为美国即时网络热搜词。马云的第一份职业、第一次创业的地点,乃至他的爱好,都成为西方媒体热衷传播的话题。15年前来美国时被30家风险投资拒绝的马云,这次成为投资者竞相追逐的对象。在阿里巴巴上市当天,马云雄心勃勃地说:"我们有一个梦想。希望在未来15年世界因我们而改变。希望在未来15年人们说到阿里巴巴,就像说到微软、IBM和沃尔玛。它们改变和塑造了世界……我们想要比沃尔玛更大。"对于马云的话，人们听起来并非痴人说梦。因为阿里巴巴的成长历程已经证明了没有什么不可能的事情。在国内，"阿里上市，马云成中国新首富"成为国内无数家媒体的新闻标题。有人将阿里巴巴的市值与国际货币基金组织公布的 2013 年世界各国 GDP 排行榜相对照，发现阿里巴巴居于第 44 位伊拉克与 43 位巴基斯坦之间，阿里巴巴的财富可匹敌全球 100 多个国家。这"富可敌国"的成绩，从白手起家到名噪天下不过用了区区 15 年的时间。而让普罗大众尤为津津乐道的，是阿里巴巴一举将上万名员工变成了千万级土豪。一则段子在微信朋友圈中广为流传："9 月 19 日，阿里巴巴在美国纽交所敲钟的那一刻，将成为我们小区的财富分水岭。此后的若干年里，我们小区将只出现两种人，去过纽交所敲钟的，和还没有去纽交所敲钟的……"对于普通民众而言，阿里巴巴上市已经演变为追逐梦想的励志故事。阿里巴巴员工当天所穿的同一款 T 恤衫上印着的两句话"梦想还是要有的，万一实现了呢"，说出了无数普通人的心声。网上一篇名为《阿里巴巴上市打开中国创业者"希望之门"》的文章说，"一个属于中国的创业时代已经到来。'人人创新''万众创新'的局面将为更多的'马云们'和'阿里巴巴们'提供实现价值的契机"。而阿里巴巴的诞生地杭州，也同样成了受益者。杭州市长张鸿铭说，阿里的上市极大地提高了杭州在全世界的知名度，"很多人知道阿里不知道杭州，现在知道了"。

　　阿里巴巴上市所引起的喧嚣和沸腾，已经远远超出了一家上市公司的层面。马云和阿里巴巴成了新的中国名片。人们关注并热衷于讨论它，不只因为它创造了纽交所的历史，更因为它让全球互联网的格局正在被重新排列。尤为难能可贵的是，阿里巴巴并非美国模式的简单复制者，而是把互联网的创新精神与中国市场经济发生的外贸转型、零售业变革、信用体系变化等结合了起来,在互联网的时代洪流中发现了未来的方向。来自美国、英国、德国、韩国、中国等国家的互联网讲述者和观察者纷纷做出这样的判断,"阿里巴巴的庞大上市规模已经证明,亚洲技术创新已不容忽视","阿里巴巴将西方已有的商业模式本地化后建立了庞大的电商帝国,推翻了人们关于中国不能创新的迷思","阿里巴巴拉开了中美两强主导全球网络空间的新格局,也是中美两国互联网产业竞争与博弈发生转折的开始","阿里巴巴在纽约成功上市,表明全球IT产业正形成中美两强相争态势,美国的谷歌、脸谱网、亚马逊等企业正在与中国的阿里巴巴、腾讯、百度等正式拉开竞争序幕","互联网已经改变中国,而对于中国改变全球互联网来说,阿里这次创纪录的上市是一个重要开端"。种种声音都显示出,虽然美国硅谷在互联网业仍占主导地位,但具有中国特色的互联网发展模式,已经为互联网的发展创造出另一种可能。来自中国的互联网的力量,正在改变世界。

　　在更宏观的维度,阿里巴巴的成长是印证中国经济崛起的典型样本,也是实现中国梦的经典故事。阿里巴巴平台支持了1200多万人的就业,让800万商家通过阿里平台为消费者提供各类产品服务。阿里巴巴已经成为公众生活的一部分。它推动了中国商业运转体系的变革和中国经济的转型升级,自然成为向世界阐释中国经济告别粗放式经营,进入更加注重发展质量的"新常态"的绝佳范例。作为互联网时代产生的新经济体,阿里巴巴的发展壮大代表了中国越发开放、自由的市场环境和包容、创新的制度氛围。《经济观察报》评论说:"阿里巴巴是一个庞大的缩影,它代表了中国改革开放以来对市场经济探索的一个新高度。它从无到有、从小到大的过程,都显示了中国公司融入世界主流商业体系的决心与能力。"德意志银行的一位经济学家经过比较得出结论,阿里巴巴向全世界展示了什么是真正的中国价值和中国模式，这种新的模式将延伸到全球。美国《时代》周刊甚至做出预测，阿里巴巴上市凸显全球四大经济趋势：越来越多的重要公司将来自发展中国家，新兴市场创造蓝筹股，发展中国家消费者主导世界，以及，你的下一份工作没准儿就在中国。

2015：
跨越边界

2015 年，互联网被赋予了全新的历史使命。它与中国的经济结构调整结合起来，成为促进经济转型升级的新引擎。

"互联网+"上升为国家战略

就在这一年的两会上，国务院总理李克强在做政府工作报告时，8 次提到互联网，对互联网给予了前所未有的关注。而尤为让人振奋的是，李克强明确提出了制订"互联网+"行动计划，将推动移动互联网、云计算、大数据、物联网等与现代制造业结合，促进电子商务、工业互联网和互联网金融健康发展，引导互联网企业拓展国际市场。他还说，国家已设立 400 亿元新兴产业创业投资引导基金，要整合筹措更多资金，为产业创新加油助力。在 3 月 15 日召开的记者会上，李克强在回答《新京报》记者提问时表示，他自己也有网购的经历，而且很愿意为网购、快递和带动的电子商务等新业态做广告，因为它极大地带动了就业，创造了就业的岗位，而且刺激了消费，人们在网上消费往往热情比较高。他结合自己的调研经历说，"网上网下互动创造的是活力，是更大的空间"。他再次提到了"互联网+"，信心十足地说："我想站在'互联网+'的风口上顺势而为，会使中国经济飞起来。"

　　李克强的表态，意味着"互联网+"被正式提升到了国家发展战略的地位。互联网在中国经济中的位置进一步主流化。在中央政策的引领下，我国互联网正式跨入跨界融合变革、加速传统产业升级换代的阶段。互联网已经超越了一个行业的概念，成为传统行业的变革者。中国经济的成色与品质将面临一次质的飞跃，而在这个过程中，固有的行业边界将被一一打破，所有的传统行业，都将在和互联网的交融中被重新建构和定义。用互联网业界人士的话来说，以前"+互联网"是物理反应，而现在的"互联网+"则是化学反应。中国科学院大学教授吕本富在接受《中国经济周刊》采访时对总理及报告给予了高度评价："确实没想到，今年的两会李克强总理会在《政府工作报告》中引用'互联网+'这个比较前卫的词，我们的领导人值得点赞，这也意味着互联网确实已经进入主流了，而且很主流。"周鸿祎说："这是互联网进入万物互联的一个信号。"联想集团总裁杨元庆说："我理解的'互联网+'就是全民互联网和全产业的互联网。"虽然早在2013年就开始倡导"互联网+"，但在发现"互联网+"被写入《政府工作报告》后，马化腾还是抑制不住内心的振奋，对媒体说："互联网就像我们这个时代的电一样，过去有了电能让很多行业发生翻天覆地的变化，现在有了互联网，特别是移动互联网，每个行业都可以拿来改造自己。互联网已经成为所有行业新的'工具'和'生产力'。"

　　7月4日，经李克强签批，国务院印发《关于积极推进"互联网+"行动的指导意见》，对"互联网+"的内涵做了进一步明确："'互联网+'是把互联网的创新成果与经济社会各领域深度融合，推动技术进步、效率提升和组织变革，提升实体经济创新力和生产力，形成更广泛的以互联网为基础设施和创新要素的经济社会发展新形态。"新出台的指导意见确立了坚持开放共享、坚持融合创新、坚持变革转型、坚持引领跨越、坚持安全有序的基本原则,并明确了创业创新、协同制造、现代农业、智慧能源、普惠金融、公共服务、高效物流、电子商务、便捷交通、绿色生态、人工智能等 11 个率先实施"互联网+"的重点领域。

互联网与传统行业的融合并非新鲜话题,在与民众生活密切相关的生活领域,"互联网+"已经进行得如火如荼。互联网+购物、互联网+通信、互联网+交通、互联网+医疗、互联网+金融、互联网+教育、互联网+娱乐……"互联网+"正以前所未有的力度渗透到中国大地上。不知不觉,人们已经置身于"数字化生存"的环境中。一则广为流传的段子反映出互联网如何改造了人们的生活方式:"邮政行业不努力,顺丰就替它努力;银行不努力,支付宝就替它努力;通信行业不努力,微信就替它努力;出租车行业不努力,滴滴快的就替它努力。"互联网所带来的变革,已经使许多传统行业摒弃了犹疑、排斥、对抗的态度,变为期盼、接受、融入数字化大潮。在新常态的时代背景中,"互联网+"被各行业寄予了沉甸甸的希望。新华网的记者调查发现,虽然我国经济增速放缓,但是互联网、通信及相关产业却独树一帜,大步流星地向前迈进,经济数据显示,截至 2015 年一季度,我国计算机、通信和其他电子设备制造业规模以上工业增加值同比增长 12%,全国网上商品和服务零售额达 7607 亿元,同比增长 41.3%,"在中国经济发展进入新常态的背景下,互联网、通信以及相关产业正在逐渐成为推动经济发展和居民消费的主力之一"。

尽管"互联网+"已经进行得轰轰烈烈,但上升到国家战略的高度,还是具有非同凡响的意义。就在一年前,在《政府工作报告》中,还难以寻觅"互联网"的踪影。各种解读文章铺天盖地而来:《总理两会提出新概念"互联网+"代表一个时代》《"互联网+"助力中国经济"弯道超车"》……无论是在各级政府领导眼中,还是在企业家、学者、媒体眼中,"互联网+"都意味着未来和机遇,它和李克强在《政府工作报告》中提出的"大众创业、万众创新"及"中国制造2025",一起被视为中国在"工业4.0"时代弯道超车欧美日韩的主要推动力。

国家总理为"互联网+"打气

大风刮起,一场改天换地的变革就此开始。借助"互联网+",中国经济的产业格局加快调整重塑、新旧动能加快调档转换。为了以上率下,表达中央推进这场变革的决心,李克强在多个场合为"互联网+"站台打气。

1月4日,李克强2015年的首次考察就选择了具有改革风向标意义的城市——深圳。他所调研的三个地点几乎都与"互联网+"有关:柴火创客空间、前海微众银行和华为技术有限公司。在柴火创客空间,李克强体验了年轻创客的创意产品后,说:"你们的奇思妙想和丰富成果,充分展示了大众创业、万众创新的活力。这种活力和创造,将会成为中国经济未来增长的不熄引擎。"当柴火空间的一名员工希望李克强能成为柴火创客的荣誉会员时,李克强欣然应答:"好,我再为你们添把柴!"在国内首家互联网民营银行——前海微众银行,李克强亲自敲下电脑回车键完成第一笔房贷业务,让一名卡车司机拿到了3.5万元贷款。与传统银行完全不同的是,这家银行既无营业网点,也无营业柜台,更无须财产担保,而是通过人脸识别技术和大数据信用评级发放贷款。李克强希望这家"第一个吃螃蟹"的新事物能在互联网金融领域闯出一条路子，让小微客户切实受益，并倒逼传统金融加速改革。对于银行负责人希望能在寒冬中抱团取暖的期盼，李克强现场表示："政府要创造条件给你们一个便利的环境，温暖的春天。"

"互联网+"上升到国家战略高度，的确开启了互联网最温暖的春天。而李克强的每一次考察和讲话，也都会给互联网从业者们带来蓬勃向上的生长力量。4月23日，李克强在考察泉州品尚电子商务公司时，对他们建立的云订单、产能交易、中小企业信用和互联网金融四个网络平台大加赞赏，并说，"互联网+"未知远大于已知，未来空间无限，每一点探索积水成渊，势必深刻影响重塑传统产业行业格局。5月7日，在有"互联网创业地标"之称的中关村创业大街，李克强在3W咖啡馆坐下来与年轻人边喝咖啡边聊创业，在听完年轻的创业者的各种奇思妙想的创意后感叹道："这里精彩纷呈，什么想法都有！真正知道社会需求的是大众，这正是大众创业的精髓所在。"而就在5月4日，李克强在给清华大学创业团队的回信中，对创业者勇于打破常规创新创业的开脱精神进行了积极鼓励，他说，青年愿创业，社会才生机盎然；青年争创新，国家就朝气蓬勃。他表示，政府将会出台更多积极政策，为"众创空间"清障搭台，为创客们施展才华、实现人生价值提供更加广阔的舞台。9月10日，在大连2015夏季达沃斯论坛开幕式上，李克强特地提到了他前一天所参观的大连一家"创客空间"。这家创业者的孵化器所诞生的一个公司，利用互联网平台在全国注册登记了28万名工程师，并集结了东北地区拥有的3万台机床数据，让机床的生产和需求实现了高效对接。李克强说，像这样的企业现在已经千千万万，"他们的创意我们甚至难以想象"，"他们是在扮演着'新领军者'的角色，他们对人们展现着未来经济发展的希望，也是在参与描绘中国和世界增长的新蓝图"。在这一年的"双11"购物节来临前夕，李克强甚至让办公室人员专门致电马云，"对'双11'的创举和取得的成绩表示祝贺和鼓励，向你并所有电商和网购消费者表示问候"，对于总理的关怀和问候，阿里巴巴公开回应："感谢总理关心！这是消费的力量，是新经济的力量，是各行各业以及我们每个人参与的力量，更是中国的力量。"

从年初到年末，从南国到北疆，从创业者逼仄的办公地到整洁宽敞的国际会场，李克强不辞辛劳地为"互联网＋"代言，用调研来的事实和数据增强各行业对"互联网＋"的信心。在他眼中，推进"互联网＋"是中国经济转型的重大契机，从简政放权、放管结合、优化服务，到大众创业、万众创新，再到"互联网＋"，都是一脉相承的。"＋"号后面是无限的天地，意味着中国经济社会转型升级的巨大空间。而在有着"政策风向标"之称的国务院常务会议上，互联网更是被频频讨论的议题。他说过："中国有近7亿网民，互联网市场巨大。集众智可以成大事，要充分发挥'中国智慧'的叠加效应，通过互联网把亿万大众的智慧激发出来。"他也曾说："互联网＋双创＋中国制造2025，彼此结合起来进行工业创新，将会催生一场'新工业革命'。"

2015年国务院接连出台了15项与"互联网＋"相关的文件，其中包括《关于积极推进"互联网＋"行动的指导意见》《促进大数据发展行动纲要》《国务院关于大力发展电子商务加快培育经济新动力的意见》等。发改委、工信部、交通部、农业部、商务部、卫计委、旅游局、能源局等多个中央部委就"互联网＋"明确发声，出台行动计划。而各地方政府也迫不及待地欲借助"互联网＋"带来的机遇，实现经济社会转型。它们一改将地产大亨或工业大鳄视为金主的做法，把马云、马化腾等互联网巨头当成了座上宾。在两会结束后的第 8 天,马化腾就奔赴河南,与河南签署了"互联网+"战略合作协议,推动当地社会经济全面转型发展。在整个 2015 年,腾讯结合自己在社交网络、大数据、云计算等方面的经验积累,与 13 个省(自治区)、45 个城市,分别签订了"互联网+"合作协议。而阿里巴巴也于 4 月宣布,首批上线上海、广州、深圳、杭州等 12 个城市"互联网+"城市服务。此后,马云在山西、陕西、山东、湖北、福建、新疆等多省马不停蹄地奔波,对"互联网+"进行战略性布局。

　　得益于政府和企业的共同发力,"互联网+"在中国大地上呈现出浩荡之势。互联网已经成为大众创业、万众创新的核心工具,无数创客借助互联网生长起来。在中关村创业大街,这一年街区入驻投资机构 2200 多家,创业大街孵化创业团队共计 1791 家,日均孵化 4.9 家,近 400 家创业企业获得融资,融资金额约 20 亿元,众多青年人慕名而来。昔日的"中关村电子一条街"正朝着"创新创业一条街"转型,传统电子卖场的业态悄然被新模式、新业态替代。《经济参考报》记者赴广东、福建、浙江、上海、江苏、重庆、陕西等地走访发现,"互联网+"已成为企业家间最热门的词,各地以此为主题的各种会议、论坛热闹非凡。而在各地的下一个五年计划和行动计划中,也对互联网产业的发展表现出了万丈豪情,立志打造出独一无二的"全国中心"。2015 年 12 月,在接受人民网采访时,财经作家吴晓波说,自 2015 年全国两会上总理提出"互联网+"的概念后,一把转型大火已被轰然点燃,如今行走于互联网企业或传统企业,无一不热烈讨论"互联网+"。对于互联网带来的巨变,《半月谈》杂志在 2016 年 4 月评论说:"从 2015 年到 2016 年,'互联网+'带来了前所未有的行业变化……'互联网+'已不仅仅是一种渠道、一套基础设施，它俨然成为一种生产力，给各行各业带来了新形势、新引擎、新业态、新规则。互联网，正在成为中国经济转型升级的新希望。"

由于预留了难以预测的无限可能，"互联网+"成为2015年国民经济和民众生活中最红火的新锐概念。年底，《华尔街日报》在盘点中国2015年度热词时，发现排在第一的非"互联网+"莫属。而由国家语言资源监测与研究中心、商务印书馆等机构主办的"汉语盘点2015"活动，也把"年度词"颁给了"互联网+"。《人民论坛》在2015年秋天就"当前中国发展动力及其构成"所做的一项调查显示，60.59%的受访者认为，中国发展的动力整体上"提高了"；支撑中国现阶段经济发展的新动力，按照作用发挥排序，前三位依次是"互联网+""新型城镇化""大众创业、万众创新"。

提速降费

2015，中国互联网的提速降费之年。4月14日，在第一季度经济形势座谈会上，李克强感慨地说："现在很多人，到什么地方先问有没有Wi-Fi，就是因为我们的流量费太高了！"李克强的一番话，让民间关注的话题上升到了决策层的视野。长期以来，网速和上网资费贵的问题一直为人诟病。但与民间的期盼相比，几大电信运营商迟迟没有动作。有媒体统计发现，电信资费所占居民收入的比例，远高于发达国家水平。即便与近邻俄罗斯相比，差距也甚为明显。8G流量的月套餐收费约合74元，16G流量的月套餐约合150元，而我国三大运营商1GB流量的收费约60元。网速网费问题引起高层关注，在2015年的两会上就初现端倪。3月5日，李克强在参加全国政协十二届三次会议的经济、农业界联组讨论时特意提到，自己到一些国家访问时发现，"有些发展中国家的网速都比北京快"。

从小处看，提速降费，与民众的生活息息相关，也与企业的经营效益休戚与共；从大处看，加快高速宽带网络建设，促进提速降费，可以为"互联网+"、大众创业、万众创新提供坚实的支撑，培育经济转型升级的新动能。5月13日，在国务院常务会议上，提网速、降网费成为重要议题。李克强说，降低网费和流量费，这不是政府的决定，而是"不降不行"的市场选择。他以一个更为生动的案例说明此举的价值所在："我们去年一亿多人次出国旅游，结果出国漫游的增长速度却是下降的，因为漫游费太贵了！我听说，很多导游都随身带一个Wi-Fi信号发射器，既方便组织游客，又为他们省了钱。"他说："一亿游客出国，这是多大的市场啊！老百姓很清楚，你的网费、流量费太高，他就不用了！"

5月16日，《关于加快高速宽带网络建设推进网络提速降费的指导意见》由国务院办公厅正式印发。随后各大电信运营商闻风而动，纷纷推出了自己的提速降费方案，包括套餐内流量当月不清零、取消京津冀漫游费和长途费、降低热点国家国际漫游资费等，就此拉开了提速降费的序幕。

在以后的时间中，李克强对于提速降费一直紧盯不放。在高层的敦促下，电信部门顺应民意的举措不断推出。到2017年，我国固定宽带资费水平下降86%，移动宽带资费水平下降65%。我国用户月均移动上网流量1.5GB，是2016年的2倍，是2014年的7倍多。提速降费，俨然是中国数字经济的助推器。我国境内外上市的91家互联网企业总市值5.4万亿元，收入增速连续三年达40%，远远高于同期GDP增速。2017年2月22日，在这天召开的国务院常务会议上，李克强说："这件事我为什么反复讲？因为人类已经进入互联网时代。互联网不仅改变了人民群众的生活方式，也直接影响着我国整体的经济结构。"

人工智能渐热

也是在 2015 年，日后被称为中国产业变革和经济转型升级的"关键驱动力"的人工智能进入了大众视野。

9 月 10 日，腾讯财经频道刊发稿件《8 月 CPI 同比上涨 2.0%，创 12 个月新高》。这篇与媒体记者日常报道毫无二致的新闻看似平淡无奇，除了引用国家统计局的数据外，还引用了分析师对于数据的分析和预测。然而这篇报道的出现却是革命性的。它并非来自记者的手笔，而是来自 Dreamwriter，腾讯开发的一款自动化新闻写作机器人。它根据算法在第一时间自动生成稿件，瞬时输出分析和研判，一分钟内就可以将重要资讯和解读送达用户。Dreamwriter 的降临，引发无数感慨：没想到人工智能居然这么快就来了！更有分析者预判：如果记者不能对新闻事实加以深度分析和独立判断，迟早会被机器人取代。

从 2010 年开始，人工智能实现了突飞猛进的突破。计算机正变得越来越聪明，通过数据的积累对社会运转的本质也洞悉得越来越深刻。它成为最耀眼的行业变革力量。它触到了一些职业的边缘，并可以和一些从业者展开竞争。尽管完全取代还没有发生，但看起来却是大势所趋。多个国家的人工智能研究者认为，机器的智力到 2040 年就会达到人类水平。一些忧患未来的人对哪些职业可能会被人工智能替代做出预测，结果发现除了编辑记者，还有新闻主播、专业司机、话务员、收银员、翻译、医生、农民、士兵等。更悲观的论调认为，未来人类将面临集体失业。

虽然人工智能的概念20世纪50年代就出现了，但直到近几年得益于互联网和大数据，它才真正被引爆。谷歌、脸谱网、IBM和微软等纷纷发力，成立人工智能实验室，不惜投入巨资抢滩未来。百度也从2014年开始招揽了一批人工智能专家，成为中国互联网公司中布局智能时代的引领者。到2015年，机器人正在睁开眼睛，也越来越有智慧。无数新型机器人在各自的领域大放异彩。花旗银行的一份报告称，由人工智能投资顾问管理的资产，2012年基本为零，到2014年年底已达到140亿美元，未来10年中将达到5万亿美元。日本一家名为海茵娜（Hennna）的酒店，因配备了各种怪异的机器人服务员，成为世界上第一家机器人酒店。

在7月26日召开的2015中国人工智能大会上，中国人工智能学会副理事长谭铁牛院士说："当前，面向特定领域的专用人工智能技术取得了突破性进展，甚至可以在单点突破、局部智能水平的单项测试中超越人类智能。比如日本仿人机器人、美国猎豹机器人、德国工业机器人，还有我国的人脸识别、虹膜识别、步态识别等。"

步入无现金社会

在人们的日常生活领域，随着移动支付的普及，"无现金社会"正在到来。就在2015年，移动支付得到了大规模的普及。快餐店、超市、理发店、商场乃至小商铺、水果摊都被移动支付覆盖了。对于很多人来说，移动支付已经成为新的生活习惯，出门已不再考虑要不要带钱包。

支付宝和微信，成为最具革命性的两个支付工具。自从2011年7月支付宝在国内首推二维码支付后，支付格局就进入了被彻底改变的阶段。2013年8月，在拥有4亿用户的基础上，微信支付上线。2014年春节期间，微信红包借助中国人礼尚往来的传统习俗席卷互联网。2015年春节，就有超过10亿元的红包通过微信支付发出。而在中秋节当天，通过微信发出的红包达到了22亿。两大巨头对于支付底盘的争夺，对于改变人们的支付方式起到了直接的推动作用。

从现金直接转向手机移动支付，这种未历经西方支票和信用卡阶段的跨越式变化，毫无疑问地引起了西方的惊讶。年底，《华尔街日报》网站报道指出，2014年，近1/4的中国人使用了在线支付，这个数字比美国的人口总数还多。欧睿信息咨询公司的数据显示，2015年中国的移动支付总额将达到2130亿美元，而美国为1635亿美元。报道还称，中国互联网企业已将普通智能手机变为无现金交易、银行转账、贷款和投资平台，其应用范围已远超在美国所普遍使用的功能。

从世界范围来看，中国的无现金进程俨然成了全球互联网创新的样本。

网约车变革出行方式

2015年1月29日，由《中国新闻周刊》评选的"影响中国2014年度人物"在北京揭晓。年轻的滴滴打车CEO程维被评为"年度新经济人物"。颁奖词是这样写的："他是一个颠覆者，依仗一块小小的手机屏幕，撬动板结了几十年的利益格局；他是一个改良者，用一个客户端，同时提高了从业者的积极性和消费者的舒适度。他是2014年度互联网改变实体消费的翘楚，精准抓住了城市上班族打车难的'痛点'。他是科技改变生活的鲜活例证,告诉无数创业者,创新的步伐,永远要跟随消费者的脉动。"

就在前一年,无数人的出行方式因为打车软件的出现而发生了巨大改变,每天出门第一件事就是通过以滴滴为代表的打车软件进行网络约车,而不再是到街区路口怀着不确定的心情等待。打车软件的出现,很大程度上解决了人车之间的信息不对称难题,迅速风靡神州大地。据统计,截至 2014 年 12 月,中国打车软件累计用户达 1.72 亿。"车将到,请到路边等待""滴滴一下,马上出发"等来自打车软件的提示,成为城市车水马龙的道路上的悦耳的声响。当一些西装革履的专车司机彬彬有礼地为乘客打开车门,并提醒乘客系好安全带时,许多乘客并没有做好心理准备。这种只有在星级酒店才能感受到的上下车体验,让无数乘客恍然感到自己的价值一下子提高了许多。当然,在拥挤的大都市中,专车的出现也让出行效率大大提高了。一名叫小芹的乘客以亲身经历告诉《中国青年报》:"现在打车真是方便多了,打车软件真的是一场革命!"经常出差的小芹以前夜里到达北京西站时时常需要排队等待,如今在火车上就已经约好了等待接送的车辆。

另一方面,原本和互联网毫不沾边的出租车也一下子被互联网化了。到 2014 年年底,中国 80% 以上的出租车司机都用上了打车软件。装有打车软件的 4G 手机,几乎成了出租车司机的标配。作为曾经距离移动互联网最远的一个群体,一下子站到了移动互联网时代的最前端。方兴东在《从打车软件的颠覆性看"互联网+"的矛与盾》一文中分析说:"多少年来,出租车行业就是老老实实地运行在现实空间之中,很原始,很自然,也很安逸。但是进入移动互联网时代,通过手机定位和打车软件,整个业态突然发生了颠覆性的变革。"有数据显示,使用滴滴打车软件后,

94.0% 的乘客打车等候时间缩短到 10 分钟内，等候时间在 10 分钟以上的乘客比重下降了 29.9%；一线城市的乘客下单成功率为 83.7%；二、三线城市虽然稍低一些，但是也在 70% 以上。

一切看起来都那么美好。一家叫快的的打车公司，在 2014 年覆盖范围从几十个城市迅速扩展到 360 个城市，用户量从 2000 万壮大到上亿规模。来自美国的租车应用优步（Uber）也从一线城市扩展到了杭州、成都、武汉等二线城市。在一次新闻发布会上，程维说："在滴滴公司，我们不允许高管自己开车，包括我自己连驾照都没有考。因为我们相信，未来滴滴的模式一定是所有人的最佳出行方式，也是社会的最佳资源优化配置方式。"

而对新生事物有着生杀予夺效力的政策也出现了裂隙。就在 2015 年 1 月 1 日，网络约车这种源自政策边缘的创新，得到了政府的正名。这一天，交通运输部《出租汽车经营服务管理规定》开始实施。根据其条文规定，预约出租汽车区别于传统巡游出租汽车：在规定地点待客，提供预约服务，不能提供巡游揽客服务；服务费用可以约定，而非只能由政府定价；车身颜色与标识可以区别于巡游出租汽车，即可以不设顶灯，不用统一喷涂车身颜色。2015 年 1 月 8 日，交通运输部在其官方网站上再次对专车服务的合法、非法边界进行界定：各类专车软件将租赁汽车通过网络平台整合起来，属于被鼓励的创新之举，但私家车接入平台参与经营的行为被明令禁止。

虽然前景无限，未来可期，但网络约车还远未到大势已定、举杯庆祝的时候。它所带来的对固有利益格局的冲击，正招致强劲的抵制。就在 2015 年元旦过后，沈阳、长春、济南、成都、南京、南昌等多个省会城市及陕西洛南县、安徽太和县、安徽泗县等县城出现出租车司机罢运。

"堪称有史以来最大规模"，有媒体如此感叹。多个省会城市的出租车司机仿佛事先约好了一般，都在1月13日早晨集结罢运。不过在济南的出租车罢运现场，10多名司机对媒体记者说："这次集体罢运，没有人组织，大家都是自发的。"到四五月时，专车和传统势力的矛盾更加趋向激化。5月21日，天津市数百辆出租车为对抗"互联网+专车"，集体停驶。一则在微信朋友圈流传的消息写道："出行市场变化引发天津出租车司机与专车司机冲突，双方超千人聚集，数人被打伤。为防的哥"钓鱼"，专车司机后备厢藏电棒。"5月27日，在郑州街头，一辆滴滴专车遭到当地100多名出租车司机的围堵，最终专车被砸得面目全非。有媒体统计，在5月，全国各地有16个城市出现抵制专车事件。《参考消息》网援引外媒报道《愤怒的中国出租车司机反击优步》说："罢工成了全国性新闻、主要报纸的社论主题和社交媒体的热门话题。一些评论人士指出，鉴于它们所采用的口号和方式相互呼应，这些事件更像是一次全国性罢工而不只是一系列地方性罢工。"

多年来，由于出租车专营制度的存在，出租车司机罢运的群体性事件在各地此起彼伏。虽然他们所处的地理位置不同，但诉求却出奇地一致，那就是抗议像大山一样压在头上的"份子钱"。社会公众、各类媒体也站在作为弱势群体存在的出租车司机的立场，对垄断经营的出租车公司进行质疑和批判，但努力过后，出租车专营制度依旧坚若磐石，纹丝不动。而如今，生计又因专车的出现而增添了新的变量。面对提供矿泉水、撑伞、搬运行李等贵宾服务的专车，出租车司机犹如陷在了夹缝之中。"满大街都是拿着手机等专车的。"北京一名出租车司机向媒体抱怨说，自从专车出现，自己月收入减少了一半，工作量却几乎增加了一倍。当生计受到专车这种新入侵者的威胁时，那些或老实本分或粗野蛮横的出租车司机们,像伦敦、巴黎、罗马、柏林等城市的出租车司机抗议打车软件优步一样,选择用罢运的形式表达对滴滴、快的等打车软件带来的出行方式变化的抵抗。有的地方的出租车司机聚集在政府门口或城市主要街道申讨权利,有的地方的出租车司机空驶拒载进行消极罢工。

出租车司机们将矛头指向了专车,不过在舆论眼中,问题的实质仍是出租车垄断经营制度。1月6日《人民日报》刊发评论文章认为,随着矛盾的深化,应该是逐步打破出租车号段控制,取消出租车公司暴利模式的时候了。同一天,新华社也发表短评,呼吁"用改革击碎既得利益群体的垄断"。各地都市类媒体、网络媒体也纷纷发声,主张通过改革打破出租车行业反市场的暴利垄断,保护创新。一篇名为《专车与出租车血战:"互联网+"触痛的社会利益结构》的文章写道:"随着'互联网+'继续下探,进入官方话语体系中常用的'深水区',对抗就会接踵而至。虚拟与现实大融合,要解决的就是各种痛点,而痛得不能再痛的点,几乎全部存在于各种权利、利益纠葛的垄断体系中,例如教育、医疗、金融、能源、出行等领域。"在这场新技术与旧体制的博弈中,舆论的天平几乎完全站在了新技术这边。

出生不久的专车获得了道义的支持,但其尚未明确的身份让它始终处于危险的边缘。从一开始,专车就是以灰色身份存在的,距离地方监管部门眼中的"黑车"不过一步之遥。《经济参考报》记者在2015年调查发现,虽然交通部门三令五申地禁止私家车接入平台参与经营,但目前互联网约租车平台上的专车绝大部分是私家车。伴随着出租车司机和专车司机的冲突,多个地方的交通部门对专车发出禁令。2014年12月25日,上海市交管部门查扣12辆"滴滴专车"并表示"滴滴专车属于非法运营"。随后,沈阳、南京、大连等地纷纷表态,专车未取得出租汽车经营许可，属于非法运营行为。1月6日下午，济南市客管中心表示，为维护行业稳定，即日起，济南的"专车"业务将按"黑车"查处，一经查实处以5000元至3万元不等的罚款。在第二天的执法行动中，即有4辆专车被处理。也是在1月6日，北京市交通执法总队新闻发言人梁建伟公开表示，目前执法人员查到的所有使用滴滴打车、易到以及快的打车软件来提供专车服务，全部属于"黑车"运营。重庆有关部门认定，所谓"专车"名义上以"租车+代驾"的模式为乘客提供出行服务，实则是许多私家车穿着"专车"马甲进行载客的营运行为。武汉市交委客管处、运管处联合各区交通局及武汉市交管局于1月14日成立了工作专班，针对私家车安装"打车"软件接单载客的违规经营行为进行专项整治行动。

在一些地方，除了当面抓捕，执法者还采用了"钓鱼执法"的手段，直接用专车软件叫车，抓扣响应的车辆和司机。到四五月时，一些地方开始直接查封网约车的办事机构。4月30日晚，广州市工商、交委、公安联合行动，对优步广州分公司进行联合执法检查，对一批手机终端等相关经营工具进行暂扣处理，并对部分违法经营行为进行查处。5月6日，优步成都办公室被查封。6月2日，北京市交通委等三部门约谈"滴滴专车"平台负责人，明确指出"滴滴专车"及"滴滴快车"业务违反法律法规。

在这场由"互联网+"所引起的交通秩序变革中，中央主管部门、地方政府、出租车公司、新兴的网约车公司、专车司机、出租车司机以及乘客多方利益诉求交织混杂在了一起。网约车虽然面临政策瓶颈的制约，但它引领未来的"革命者"角色让人们普遍相信，突破壁垒是迟早的事情。在"互联网+"的大背景下，不少地方虽然时不时地对网约车发布禁令，但也并未将其"一棍子打死"。而更多的地方交管部门秉持了观望态度，等待国家明确政策的出台。网约车规模乘势迅速壮大。根据艾瑞咨询在 2016 年年初发布的《2016 年中国移动端出行服务市场研究报告》显示，截至 2015 年年底，中国移动端出行服务用户乘客数量总计接近 4 亿，达到 3.99 亿人；在所有移动端出行服务中，司机总数达 1871.4 万人。

来自各方的声音显示，网约车已经不可遏止。2015 年 10 月 8 日，上海市交通委正式向滴滴快的专车平台颁发"网络约租车平台经营资格许可"。国内首张专车平台资质许可证的亮相，意味着互联网约租车终于在地方上拥有了合法身份。对于私家车能否进入专车平台，上海交通委相关负责人答复说：只要是符合经营车的条件，买保险、纳税、纳入政府和平台的管理，不管是不是私家车都可以加入。

10 月 10 日，交通部对外发布《网络预约出租汽车经营服务管理暂行办法（征求意见稿）》，并进行为期一个月的公开征求意见。不过这个征求意见稿将专车这种新业态纳入出租汽车管理范畴的思路，遭到舆论普遍担忧和质疑。有媒体认为，新规定会赋予这个新生行业合法性，但也可能令该行业被官僚主义繁文缛节所扼杀。2016 年 3 月 14 日，交通部长杨传堂在全国人大新闻中心举办的记者会上回应，网约车是新生事物，私家车当专车不能简单套用巡游车管理办法，对此应"量体裁衣"制定新规，应给予其合法出路，加强顶层设计进行管理。他还说："网约车我坐过，我也请我的工作人员、司机都去坐过，有些中央领导同志也坐过，也体验过，如何给它'量体裁衣'地提供一个办法，这是我们在研究和制定指导意见、暂行管理办法中提出的。"经过多方博弈，2016 年 7 月 28 日，《网络预约出租汽车经营服务管理暂行办法》出台，酝酿两年之久的网约车新政终于露出真容。新政策贯彻了借助"互联网+"推动传统出租车行业转型升级、规范发展网约车的思路；为了照顾各地实际情况，坚持属地管理，给地方发挥主动性留下了空间和余地。

这是世界范围内颁布的第一个国家级的网约车法规，标志着私家专车正式合法化，中国也借此成为世界上极少数承认互联网专车合法地位的国家。与之前民众的期待相比，新政仍有许多不尽如人意的地方，比如一些地方在实际操作过程中，甚至对司机户籍、车型价格、轴距都进行了明确规定。不过传统的出租车垄断体制变革总算被撬动了。

庞然大物

互联网实现了对铁板一块的垄断体制的破局，让无数人为之叫好。旧的局面犹如一个蛋壳被新生命冲裂，更广阔的空间意味着更多的可能。但还未来得及庆祝，人们就发现，开阔的地带已经矗立着庞然大物。2015年，一张"BAT完全霸占互联网江湖"的信息图广为流传。有人统计后发现，BAT几乎占据了中国互联网产业的八成江山，完全独立的几乎属于凤毛麟角。有着"互联网女皇"之称的玛丽·米克于2016年发布的《互联网趋势》报告指出，中国网民2015年平均每天花在移动互联网上的时间为200分钟，而花在腾讯、阿里、百度这三个公司的产品的时间，占总花费时长的71%。

2015年，中国互联网剧烈动荡，并购重组让互联网的版图此消彼长。许多势不两立的生死仇家突然之间就握手言和，成为相亲相爱的一家人。而几起有影响力的合并背后，几乎都有BAT的长袖善舞，渗透着BAT的真正意志。

2月14日，滴滴打车与快的打车联合发布声明，宣布两家实现战略合并，滴滴打车CEO程维及快的打车CEO吕传伟同时担任联合CEO。程维在公开信中不无得意地写道："这次合并创造了三个记录：1.中国互联网历史上最大的并购案；2. 最快创造了一家中国前十的互联网公司；3. 整合了两家巨头的支持。"在中国，除了腾讯和阿里巴巴，没有谁再能称得上巨头。自从滴滴和快的掀起打车补贴大战后，它们都成了中国互联网历史上烧钱最疯狂的公司。当背后的投资方心灰意懒时，停止烧钱、对抗成为最好的选择。吕传伟在公开信中提到了合并的几个主要原因：恶性的大规模持续烧钱的竞争不可持续，合并是双方的所有投资人共同的强烈期望，合并后可以避免更大的时间成本和机会成本。合并之后的滴滴和快的占据了中国出行行业七成以上的市场份额，几乎完全垄断了这个市场，主导者的地位坚如磐石。

在中国，不论互联网的哪个细分行业，当老大和老二竞争得一塌糊涂时，往往会握手言和，形成一个更庞大的存在。4月17日，赶集网与58同城宣布停止竞争，双方已达成战略合并协议。在分类信息领域，58同城和赶集网几乎是针尖对麦芒。即便是广告语为大众的熟知程度也不相上下，一个号称"这是一个神奇的网站"，一个标榜"赶集网啥都有"。合并后，58同城、赶集网在具体业务方向上各有侧重，58同城专注到家、房产，赶集网专注招聘、二手车。对于二者的合并，有网民评论说，一个啥都有的神奇的平台诞生了。在这起并购中，"神奇"的58同城同样没摆脱BAT的影子。就在2014年6月，一度宣称"不会投靠BAT，坚持自己的独立发展"的58同城，接受了腾讯的注资。到并购赶集网时，腾讯已数次增资。对于58同城委身腾讯，有评论说："在资本逐鹿的移动互联网行业，如果想生存下去，除了自身的强大之外，最好是能找到一个资本过硬的'干爹'做靠山，获得双赢。"

10月8日，在多次传言合并之后，中国最大团购公司美团和中国最大的第三方消费点评网站大众点评终于正式发布声明，共同成立了一家新公司"新美大"。美团CEO王兴在内部公开信中表示,既然我们已经决定合作,就要抱定白头偕老的信念。大众点评CEO张涛这样阐释"新美大"诞生的价值:"这是中国互联网历史性的战略合作,中国的O2O市场格局因此而改变。"格局变化的不是一点两点,两家合并之后几乎占据了O2O市场的80%以上。继滴滴、快的合并之后,阿里巴巴和腾讯又一次走到了一起。此前,阿里巴巴持有美团约15%的股份,而腾讯作为大众点评的核心股东持股比例约为20%。红杉资本因在两家网站均有投资,沈南鹏被传为"新美大"的最大赢家。对于美团和大众点评的联姻,也有人不无遗憾:"在资本寒冬里,他们中的每一个,都没能从独角兽长成真正的巨头。"

10月25日,携程宣布与百度公司达成一项股权置换交易,交易完成后,百度成为携程第一大股东,拥有25%的携程总投票权,而携程拥有约45%的去哪儿网总投票权,成为去哪儿网最大股东。此次合并,百度和携程被认为在其中起到了关键作用。在2011年,百度就以3亿多美元收购了去哪儿超过60%的股份,创始人庄辰超几乎丧失了话语权,个人持股仅占7%左右。

随着BAT跑马圈地般的投资并购,中国互联网进入一个深度整合的时代。百度、阿里巴巴和腾讯分别通过对搜索、电子商务和社交等互联网入口的把控,各自聚合了数亿用户,并把触角伸到了互联网的方方面面。诸多互联网公司都面临着站队的选择,成为巨头们提出的"生态圈"中的一员。新兴的互联网公司很难绕开BAT取得成功,如何避免与BAT发生竞争,成为不得不考虑的问题。中小型网站在自己的领域规模再大,也逃脱不了向巨头靠拢的命运。就在几年前,对于腾讯通过模仿进行无限扩张,还有媒体发难,指斥腾讯是创新的搅局者和掠食者,除了一句

"狗日的腾讯"似乎再没什么语句可以表达不满。几年过去，质疑的声音几乎无影无踪。对于BAT不可撼动的一统江湖的霸主地位，有人说："世界是我们的，也是你们的，但归根到底，还是BAT的。"

在投资领域，BAT超越专门的投资机构，成为最耀眼的明星。许多创业公司对于成功的定义已经从当年创建了类似阿里巴巴、腾讯、百度这样的企业，改为"被BAT收购"。《互联网周刊》在《BAT会一直霸占互联网江湖吗？》一文中写道："你我能想得到的中型互联网企业都背靠着这三棵大树或其中某一棵，不是乘凉，而是活命。"

2015年阿里巴巴在媒体领域有两大布局，一次是6月4日，投资12亿元参股第一财经，宣称要把第一财经打造为新型数字化财经媒体与信息服务集团；一次是年底，收购香港《南华早报》以及旗下其他媒体资产。至此，在三年的时间里，阿里巴巴将25家媒体纳入麾下，构建起一支庞大的喉舌队伍。而腾讯和百度也在媒体版图的扩张上不遗余力。在一次论坛上，有人根据采样调查得出结论，在新闻分发市场上，微信已处于绝对垄断地位，传统报业和广电的分发只有3%，"如按照资本控制来计算，BAT集团实际上已经垄断了新闻分发市场"。

对于舆论关于BAT犹如三座大山一般阻碍创新的质疑，马云在2015年云栖大会上公开回应称，不是把村里的地主斗死了，农民就会富起来，"三座大山也好、七座大山也好，BAT依旧会继续发展，但是你们是有机会赢的，因为今天的创业环境，今天创业的所有的基础设施，整个融资状态要比十五年以前好很多。"台下坐着来自世界各地的2万多名开发者，据说汇集了"最聪明的脑袋"。

2016：
万物皆媒

  2016 年 7 月 29 日，一度传得沸沸扬扬的原澎湃新闻 CEO 邱兵离职事件终于有了答案。这天早晨 8 时许，邱兵通过个人朋友圈正式宣布离开《东方早报》和澎湃新闻，并称已办完手续，开始创业。与 2014 年创办澎湃新闻网时相比，这位掌舵传统媒体多年的新闻人，此时少了些激情澎湃，多了些未知的不安。他在朋友圈的留言如此写道："用那么浅薄的已知，去搏击如此广阔的未知，我想每一个创业者的真实写照都应该是惶惶不可终日吧。"而就在 2014 年夏天澎湃新闻网上线时，他还在发刊词中理想主义十足地发出呼声："我只知道，我心澎湃如昨。"这篇名为《我心澎湃如昨》的文章，用大部分笔墨讲述了 20 世纪 80 年代复旦大学两个年轻人的爱情被现实哗啦击碎的故事。与传统的发刊词相比，它更像文艺青年对陈年旧事的追忆缅怀。不过由于夹杂着新闻人不可遏制的理想冲动，它还是火了，在微信朋友圈几近刷屏。在崇尚流量、粉丝规模、内容变现的自媒体时代，邱兵仿佛一个拒绝倒下的旗手，孤傲地站在自媒体浪潮的面前。但世事难料的是，两年的光景刚过，邱兵就加入了创业大军。

走向自媒体

在自媒体号犹如一粒粒种子穿破地面拔地而起的移动互联网时代，曾经的信息传播链条完全发生了变化。媒体内容的生产不再由媒体人掌握，而是分散到了一个个机构或自然人的手中。信息传播的大门向无数普通人打开，把关人破天荒地被抛到了一边。信息源可以直接面对公众，不再需要由传统媒体人进行筛选。在社会公众那里，"无冕之王"犹如一个遥远的陌生的词，一个形容传统媒体人更形象的词是"新闻民工"。守护公平正义的济世情怀和忧国忧民的社会责任担当，这样一度激励了无数年轻人的光荣与梦想，在充满商业气息的创业大潮当中越来越显得不合时宜。取而代之的是一夜暴富、快速实现财务自由的创业故事。在自媒体的浪潮铺天盖地卷来的背景下，谈论理想情怀是奢侈的，创业、融资、估值、上市，这才是正儿八经的事情。

所以，邱兵对于传统媒体的转身和离开，并没有引起怎样的慨叹和唏嘘。媒体人从传统新闻机构的一员变为独自弄潮新媒体的一分子，已经成为一种潮流和趋势。报刊总编、主笔，资深记者编辑，门户网站主编以及电视名嘴，开始扎堆离职，投向与互联网有关的领域。2015年11月，《中国新闻周刊》总编辑李径宇在《态度鲜明地支持"内容创业者"》一文中如此憧憬未来："所谓的新媒体和传统媒体的伪边界，因为大量'内容创业者'的出现而被打破，未来，这样的'内容创业者'将更加凸显价值。他们失去的是表达成见这一锁链，得到的是整个鲜活的世界。"写下这些话不久，李径宇辞去总编辑的职务，而投身新媒体。2015年6月18日，卸任《新周刊》执行总编半年的封新城在微博上晒出手写离职信，宣布全面退出《新周刊》。离开以新锐为标签的纸质媒体《新周刊》

的封新城,选择了加盟黎瑞刚华人文化基金。他在接受媒体采访时表示,自己虽然从来没想过会离开,很不舍与《新周刊》的感情,但是视频、影视领域的工作对自己吸引力更大,更想尝试新的内容,只能忍痛挥别。他还告诉澎湃新闻记者:"在整个传统媒体都被唱衰的情况下,你有没有本事、勇气踏入新媒体领域?虽然今年我 52 岁了,但我不怕,我愿意去闯一闯。"也是在 2015 年 6 月,上海文广集团副总编辑兼第一财经总编辑秦朔通过微博证实了外界所传的他离职的消息。在微博中,他说自己在新闻一线奋斗了 25 年后,内心有种强烈的驱使,希望转向以人为中心的商业文明研究,推动中国商业文明的进步,并进行自媒体的新尝试。又沉寂 100 天后,秦朔宣告自己的创业项目"秦朔朋友圈"正式启动,这一主要针对商业文明研究的项目包括了微信公众号、视频和音频节目等形式。

这些都是发生在 2016 年前后一度引起外界关注的媒体人变动的故事。"企业家"和"媒体人"两个本来只是被观察者和观察记录者的关系,如今发生了普遍的化学性交汇。如果再往前溯及的话,将会发现,到 2016 年离职加入新媒体的媒体人姓名已排列成一份长长的名单:网易副总编唐岩 2011 年离职创办陌陌科技,《凤凰周刊》主笔黄章晋 2013 年创办新媒体"大象工会",《南方周末》编委邓科 2013 年创立的"智谷趋势",新浪网总编辑陈彤 2014 年加盟小米公司担任副总裁,《外滩画报》总编辑徐沪生 2014 年创立"一条视频",《第一财经周刊》总编伊险峰 2014 年离职投身创业项目"好奇心日报",网易总编辑陈峰 2015 年离职创建致力于年轻人社交的 App"盖范",中央电视台主持人张泉灵 2015 年加盟紫牛基金,同是央视主持人的郎永淳 2016 年 1 月入职 B2B 钢铁电商平台"找钢网",新华社曾报道"呼格案"的资深记者汤计 2016 年 3 月入驻企鹅媒体平台……

而较早尝试新媒体创业的两位媒体人罗振宇和吴晓波更是蹚出了一条洒满曙光的道路。2012年年底，年届不惑的前央视财经频道制片人罗振宇从央视离职后，创办了自媒体脱口秀视频节目《罗辑思维》。这个秉承"魅力人格体将是新媒体时代最关键的传播节点"的创业者，高喊着"死磕自己，愉悦大家"的口号，开创了自媒体付费"会员制"的先河，把知识转化成了可以赢利的产品，并围绕终身学习构建起一个高聚合力的社群组织。2015年10月，罗辑思维的品牌估值就由2014年年底的1亿元上升到13.2亿。浙江杭州的财经作家吴晓波于2014年5月正式宣布试水自媒体，在微信上推出公众号"吴晓波频道"，在爱奇艺推出国内首档财经脱口秀节目——《吴晓波频道》。宣称"绝对不会迎合屌丝"的吴晓波，继续保持了他以独立的姿态面向精英群体表达的特质。公众号上线后，"粉丝"数以日均2000人左右的速度增长。到第300天时，用户数量已突破60万，完成了近百次推送，不到一年快速实现赢利。尽管更喜欢被定义为"财经写作者"，但在新媒体浪潮的激荡中，吴晓波由中国商业史的记录者向参与者角色转换的趋势越来越明显。《每日商报》记者利用百度指数搜索关键词"吴晓波"发现，2014年之前，指数呈现出大势向下的态势，而从2014年开始曲线波动上涨，到了2014年5月之后，这条曲线的斜率进一步上扬。结论是，"他的自媒体尝试正在重拾传统媒体时代的影响力"。

无数媒体领袖相继离开传统媒体并进行新的转型，意味着经典新闻时代的结束。传统媒体的中心地位逐渐被网络平台取代，内容生产的权力不再由传统媒体所独有。吴晓波说："我觉得'天'变得比想象的快，纸质媒体及传统新闻门户正在迅速式微，我所依赖的传播平台在塌陷，而新的世界露出了它锋利的牙齿，要么被它吞噬，要么骑到它的背上。"在这场巨变中，媒介组织的力量被大大削弱，而个体却以不可遏止的态势崛起。许多人迫不及待地和传统媒体诀别，给自己冠上自媒体创业者的头衔。一篇在2015年年底广泛流传的文章《我所有的朋友都去做微信公众号了》，从个体观察的角度反映出了这种变化："一夜之间，我所有的朋友都去做微信公众号了。在政府混吃的朋友，在事业单位等死的朋友，在跨国企业搬砖的朋友，在私人作坊卖身的朋友，在谈理想搞创业的朋友，在学校里头嗷嗷待哺的朋友，一夜之间，殊途同归，全部做起了微信公众号。"

传统新闻规范遭遇冲击

如果说在网络门户时代，传统媒体还可以和互联网媒体平分秋色的话，在技术算法日渐占据上风的移动互联网时代，传统媒体则被冲击得毫无招架之力。媒介行业再也不是媒体机构和专业记者自上而下的传递过程，而是越来越成为无数普通人参与的信息狂欢。对于内容创作者而言，今日头条媒体平台、微信公众号、搜狐公众号、百度百家号、腾讯企鹅媒体平台、凤凰自媒体、网易媒体开放平台等内容生产平台已经做好了准备，千方百计地让传统媒体的从业者入其彀中。今日头条继2015年推出"千人万元"计划（保证1000个优质头条号每月从平台上获得不低于10000元的收入）后，2016年9月又宣布拿出10亿元补贴短视频创作。腾讯推出"芒种计划"，对那些坚守原创、深耕优质内容的媒体和自媒体给予全年共计2亿元的补贴。百度在百家号2016内容生态大会上宣布，2017年将累计向内容生产者分成100亿，所有个人和机构内容生产者都可以入驻百家号。面对一切价值都被重估的挑战，传统媒体的倒闭已经引不起怎样的惋惜和同情。新时代的太阳已经升起来了，谁还会为昨日的夕阳惆怅呢？无论是怎样的媒体，虽然有些不适应，但都习惯了剧烈的变化。《南方周末》在2016年的新年献词《在巨变的时代相依前行》中坦然地写道："太多的生活方式不是已经被颠覆，就是正在被颠覆中，当然一个积极的说法叫'迭代'。频繁的迭代声中，于是，一切行业随时都会变成传统行业。跟不上时代是这个时代最致命的挑战，多少坚固如长城的东西已迅速销声匿迹。"以往媒体那种严谨、规范的内容生产要求，虽然没有销声匿迹，但也被冲击新媒体冲击得七零八落。

灵活多样的叙事风格、带有强烈个人色彩的内容选择、易于传播的表现形式，让不同层次的读者心甘情愿地将大量碎片化的时间消耗在自媒体上面。一些触动读者内心的自媒体文章借助社交软件，可以轻而易举地实现病毒式传播，阅读量动辄达到10万+、100万+。自媒体的火爆场面，让人们看到了新的风口和机遇。内容创业不断上演着激动人心的故事，动辄估值上亿的新媒体层出不穷。据统计，截至2016年3月，自媒体领域共有57例融资，金额达7亿元，且融资正在加速。2016年8月，首届自媒体交易会在广州举行，众多企业带来了近亿元的自媒体广告投放需求，现场采购超过2000万元。那些从事自媒体的人们乐观地认为，一个内容快速变现的自媒体时代正在到来，自媒体将会成为知识和资本密集型行业，用不了几年，我国自媒体广告市场规模将超过千亿元。而新浪微博由于构建了"内容—粉丝—用户—变现"的闭环，自媒体2016在微博上的收入超过100亿元。

有人说，"自媒体以低成本的内容生产方式，尺度更大的表达能力，绕过传统内容管控渠道，与读者建立紧密联系并进行粉丝经营，一下站在了传统媒体的前面"。这种说法还算客气的。事实上，那些内容创造者最关注的还是流量以及变现，在资本力量面前，社会责任已经成为无足轻重的东西。粗陋代替了考究，事实和传言之间也越来越没有界限。新闻不断发生反转的现象已经屡见不鲜。措手不及的变化让无数人不知道该相信谁，"坐等真相"成为一种流行的态度。粗俗不堪的文字在自媒体上俯拾皆是。一些自媒体的教程几乎是手把手地"传经送宝"，诸如"白领小清新去西藏，回来妈都不认识了"应改成"当初装逼去西藏，回来变成这逼样"才能更加吸引人。一个叫"papi酱"的年轻女孩爆着粗口表达个人观点，引起上千万人为之叫好。而罗振宇则坦言他就是一个生意人。美国媒体研究者尼尔·波兹曼在《娱乐至死》一书中所做的判断仿佛离我们越来越近了："一切公众话语都日渐以娱乐的方式出现，并成为一种文化精神。我们的政治、宗教、新闻、体育、教育和商业都心甘情愿地成为娱乐的附庸，毫无怨言，甚至无声无息，其结果是我们成了一个娱乐至死的物种。"

不论人们是否愿意承认，在移动互联网时代，媒体社会守望者的功能的确大大降低了。就在2015年秦朔离职时，吴晓波曾在公众号文章《最后一个"看门狗"也走了》表达过这种忧虑："媒体的公器特征不容玷污，媒体人不容缺位。若舆论的'第三力量'瓦解，利益集团必然勾结妄为，最终受伤害的，则是全体的公民社会和弱势群体。"到2016年，这种担忧已经越来越普遍。就在2016年年初，《重庆晨报》在《我们的新闻情怀从未改变》文章中写道："在自媒体众声喧哗的时代，专业的报道和负责任的解读显得那么急需和紧迫，更要客观公正，坚守良知，冷静求证，不误伤于人。"《中国青年报》记者曹林在《自媒体太多记者太少事实不够用》一文中直感慨，自媒体的发展只是形成了扩音器效果，扩展了言论的空间,而调查者却寥寥无几,事实远远满足不了自媒体的评论胃口。上海的《新民周刊》所刊发的《我们只有做公众号这一条出路吗?》以另一种方式表达了对有责任,有担当的媒体人的期待,文章写道:"我不敢设想,如果将来发生了战争,经济危机,以及各种大事,我们只能靠写公众号指点江山了吗?大家当然有自由选择轻浮的、屌丝化的阅读,但是这一定意味着精英的、信息量大的东西必死吗?如果要以洗去大多数人的智慧作为代价,这样的'社会进步',我无论如何也不想要。"

直播热

2016年,曾处于社会边缘的网络直播突然在亿万网民中间风靡开来。这种并无技术含量的互联网形态的火爆,让人觉得不可思议。不过人们已经习惯了突如其来的变革。在互联网时代,变化的速度已经远远超出了普通人的想象力,虽然难以理解,但没有什么是不能接受的。喜欢对时代进行定义的媒体对2016年的界定是"中国网络直播元年"。自从互联网进入中国以来,"元年"就接连不断地诞生:1994,中国互联网元年;1995,互联网商业化元年;1998,网络门户元年;2005,博客元年;2010,微博元年;2012,移动互联网元年……不同的年份被冠以不同的"元年"称谓,折射出中国互联网所存在的生生不息的力量。互联网时代,每天都是新的。经过多年的势能蓄积,网络直播终于在2016年喷薄而起。

这几乎是一个全民直播的时代。曾经,直播更多意义上代表着电视直播,高标准的技术要求,多领域的团队合作,政府专属的播出渠道,让以观众身份存在的普通人对代表权威信源的直播望尘莫及。如今，网络直播几乎零门槛的准入条件，给每个普通人打开了一条改变际遇的新通道。只需一部智能手机和一个自拍杆，年轻人就能拥有展示自己的平台，在数亿人中找到认同自己的群体。而不论直播的内容是室内直播间的场景还是城市街头的生活，或者建筑工地、田间地头的生产状态。无数人加入直播的阵营中，期待一举成为拥有数万粉丝的网红。在直播网站的个人直播间中，那些笼罩在柔软灯光中的网络主播们，对着麦克风和摄像头唱歌、跳舞，或者和粉丝聊天，展示自己的一颦一笑。以户外为背景的直播内容更加丰富，街头唱歌、河中打鱼、工地搬砖、吃饭聊天……只要不触及法律红线，日常琐碎的生活片段都可以登上直播平台。

对于观众而言，通过一个个的直播终端看到了更加随性、真实的社会生态。纵然这些不仅无趣而且无聊，他们却依旧乐此不疲。中国互联网络信息中心公布的第 39 次《全国互联网发展统计报告》显示，截至 2016 年 12 月，我国网络直播用户规模达到 3.44 亿，占网民总量的 47.1%。其中，演唱会直播、真人秀场直播、游戏直播、体育直播等四大直播类型的用户使用率为 15.1%~20.7% 不等。2016 年网络直播市场中，月活跃直播用户高达 1 亿户，用户总数较 2016 年 6 月增长 1932 万，增长势头强劲。凤凰网援引境外媒体的报道说："中国千禧一代已经成了互联网的主力，他们在如何通过社交网络和直播变现的能力上创意爆棚，只需不到一个月的时间，有的主播们就能将网友送出的虚拟兰博基尼置换成实打实的奥迪轿车。"有的分析者称这是"粉丝经济"，有的说是"网红经济"，有的说是"无聊经济"——群体性孤独使得直播"无聊"变成了一种生产力。《中国青年报》调查结果显示，释放压力（47.6%）成为受访者在网络直播平台上观看节目的主要原因。有的干脆说是"荷尔蒙经济"。这种说法连外媒也注意到了。美国《外交政策》杂志分析说："中国网络直播的'荷尔蒙经济'将持续走高，因为中国年轻男性在网上寻求的恰恰是他们在现实生活中可能得不到的：年轻貌美女性的青睐、社会认可和自信。"

在万千观众的热捧下，企业界大佬、影视明星、草根网红纷纷成为直播的主角。各种动辄引起上百万人同时关注的互联网景观不断涌现。3月9日，范冰冰对自己赴巴黎时装周的一段行程进行了直播。在一个多小时的直播过程中，最高约有30万人同时在线观看。有舆论评价说，那个高高在上的范爷活生生变成了邻家小妹。4月初，当红影视明星刘涛入驻映客直播网站，70多万人观看刘涛直播，导致开场5分钟网络瘫痪。直播两小时，收到的打赏折合现金20万元。4月23日，吴绮莉带着"小龙女"现身直播平台。吴绮莉在微博中这样写道："与其被记者偷拍，躲躲藏藏，索性坦诚相见。"一个小时的直播，总观看量超过274.3万。5月25日，雷军通过视频直播方式发布了小米无人机，20余个国内热门直播平台进行同步直播，在三小时的时间中，同时在线观看人数最高达到156万，观看总人数达到1092万。雷军在直播中表示："手机直播这一伟大的时代来临了。这种方式有全新的互动形式，希望企业家也来玩一玩。"雷军的话音刚落不久，王健林就直播了"亚洲首富"一天，除了工作会见，还包括在其私人飞机上斗地主的场景。此次直播吸引了近500万人观看。由于屏幕几乎被弹幕霸占，直播一度中断。7月11日，网络红人"papi酱"在百度视频等8个直播平台进行直播"首秀"，90分钟里吸引了超过2000万人观看，并收到超过90万元的打赏礼物和1.13亿个"赞"。这些不过是发生在2016年的直播事件。不同领域的领军者纷纷试水直播，并引起超乎想象的关注，让在线视频直播被市场人士认为是未来最大的"风口"。在 2 月的一次访谈中，扎克伯格向记者直言"直播是目前最让我感到激动的事"，自己已经被直播迷住，脸谱网正尝试向安卓（Android）用户推出视频直播功能。

由于拥有难以计数的拥趸，网络直播俨然成了变革经济的新势力。因为看到了新"风口"，资本大量涌进直播平台，1月，映客得到6800万元的投资；8月，斗鱼拿到凤凰资本与腾讯领投的15亿元；9月，熊猫获得了6.5亿元融资。《中华工商时报》在《网络直播：正在颠覆时代的独角兽》报道中引用的IT桔子数据显示，2016年上半年涉及直播的公司有254家，涉及的领域包括游戏、体育、赛事、社交、财经投资、娱乐现场、股票金融、校园、旅游、音乐现场、婚庆、美妆、在线教育、创业路演、招聘、亲子、健身、电子商务、医疗以及各类直播服务提供等数十个领域。有研究机构乐观地估计，网络直播在近两三年内将成长为千亿级的大产业。在嗅觉敏锐的商业经营者眼中，网络直播已经不只是新的互动展现模式，更是连接生产与消费的新方式，在制造商、销售者、消费者之间产生了全新的连接，通过网络直播，产品信息以更高的速度抵达受众。淘宝、京东等电子商务平台纷纷打造自己的直播体系，商家和品牌可以结合自己的商品特点聘请网红帮助它们进行产品促销。商家还可以将商品购买页面的链接直接打在直播界面之上。就在这一年6月，有"电商第一网红"之称的张大奕在淘宝上为自己的店铺新品进行直播，两小时内41万人观看，成交额达到2000万元。12月16日，在福州启动的第二届阿里年货节上，网络直播把镜头聚焦在了田间地头，原汁原味地展现农产品的采集过程，直播10分钟卖出2万件核桃、4500件柠檬片。农村淘宝的年货节一名工作人员说，网络直播为互联网时代的农产品售卖赋予了新的灵感，农产品的属性决定了其适合于通过直观的方式呈现特色；在消费升级的大背景下，丰富的内容消费形式可以让过年更贴近时代，让年货采购更具新意。

在这场刚刚兴起的网络直播大潮中，深陷经济寒冬的东北地区也感受到了一丝暖意。传统经济转型迟缓，新兴经济发展滞后，导致当地居民生活水平不断下降，东北地区人口大量外流。网络直播，意外地为这里寻找出路的年轻人打开了一扇大门，也给他们创造出新的就业形式或者趋近于零成本的创业机会。他们源源不断地从传统工作领域向网络直播领域迁徙。似乎在一夜之间，具有颜值高、乐观达天、能侃爱唠特点的东北年轻人们，就成了网络直播的中坚力量。《中国新闻周刊》记者在沈阳调查看到，这个曾经的工业城市，如今散落着大大小小的网红经纪公司和各式网络主播，这里像是网络时代的新式工厂，将培养成型的网络主播输送到全国300多家直播平台。一种调侃的说法是，作为一个合格的东北人，过去在三亚要有一套房，现在在网上要有一个直播间。《北京青年报》统计发现，在花椒直播、陌陌直播、一直播、9158、6间房、KK直播等多个素人秀场类平台上的"最热门主播"中，东北人占据了近一半，甚至超过一半的位置。还有报道称，即便是普通的全职主播，也可以实现5000元左右的月收入，在三、四线城市足以支撑起不错的生活。有媒体忙不迭地得出结论：网络直播成为东北经济新支柱。在缺乏各行业权威数据的情况下，这么说显然为时过早。不过也不是没有丝毫可能。一名网民略带夸张地写道，听起来直播产业有点低端，但有多少企业一年的利润能在北京买套学区房？不少直播网红一年的收入足够在北京买套学区房。

短视频记录乡土中国

经过十几年的光景,广袤的中国农村也感受到了互联网力量的深度触动。特别 2015 年之后,随着智能手机在农村普及率的井喷式增长,许多村庄的小卖部、理发店、小酒馆都装上了 Wi-Fi。"互联网+"的浪潮冲刷到了古老的土地,旧有的生活方式被解构,新的生活方式在普及。在乡村的墙壁上,诸如"东奔西跑,不如在家淘宝""养猪种树铺马路,发财致富靠百度"等互联网改变传统生活方式的标语并不鲜见。在一些互联网从业者眼中,作为超级农业大国的中国,辽阔的农村大地如果插上移动互联网的翅膀,将会孕育出新的奇迹。就在 2016 年春节前,山西省一位农民用几百斤玉米从一家以粮换物网站上换回了一部新手机。他颇为振奋于这种新奇的经历:"我既买了东西还从网上卖了粮食。一斤玉米的价格还能比市场收购价高出 1 毛 2 分钱,互联网真是个好东西。"英国一名叫汤姆·麦克唐纳的人类学家为了研究当地人如何使用社交媒体,到山东一个小镇住了一段时间,发现互联网给小镇带来了勃勃生机,4G 网络被广为使用,网速比他远在英国约克郡的老家还快。一切都在显示,数字文明和乡土文明相互激荡所产生的巨变已经在悄然发生。

2016 年 6 月,一篇名为《残酷底层物语:一个视频软件的中国农村真相》的文章刷爆朋友圈。文章说,1927 年 3 月 5 日,毛泽东同志发表了关于中国农村局势分析的宏文——《湖南农民运动考察报告》。如果毛主席生活在今日的话,他不必花几个月的时间去走访农村,只需扒拉扒拉快手这个 App,就能了解中国乡村的精神面貌了。在这篇文章中,一个行为怪诞、极端的乡村群体被图文并茂地展现出来。它让人们忽然发现,在一、二线城市之外,中国的三、四线城市和农村,还存在一个与已有认知截然不同的互联网场景，一个几乎是没有交集亦没有共鸣的世界。无数人由对文中内容的诧异不解进而留意到了一个展示乡土中国的软件——快手。

作为一个记录日常生活的互联网社区，快手以短视频为主要内容呈现形式。除此之外，还有图片和直播。这些几乎没有技术含量的低门槛内容生产方式，让不太有文化的农村大爷大妈都可以轻而易举地操作。在这个与众不同的互联网平台上，网民发布的内容浓缩了各种片段式的城乡风貌：年轻的"90后"女孩熟练地操作着拖拉机，建筑工人在闲暇之余投入地唱着思乡的歌曲，户外捕鱼者一网撒下去然后收网捉鱼，无所事事的青少年伴着音乐做"社会摇"，为了吸引关注小伙伴之间设计出各种恶作剧……那些被推上热门的视频，拥有四五十万的点击量是轻而易举的事情。不论那些视频的质量如何，快手展现出的世界却充满了自信、乐观的情绪，以及一种蓬勃生长的力量。网名为"搬砖小伟"的建筑工人，因发布健身视频走红。作为一名建筑工地上毫不起眼的农民工，在现实中几乎不能引起周围人们的关注，但在快手上却因可以在脚手架上做出各种高难度动作拥有上百万粉丝。无数年轻人把他当作励志的偶像。自拍视频所配的诸如"我们出身于贫困的农民家庭，永远不要鄙薄我们的出身，它给我们带来的好处将一生受用不尽"等文字，传递出底层人物昂扬的价值观。

快手如日中天的成长，让无数光鲜社会之外的普通人寻找到了对自我价值的认同，纵然快手用户表现自我的方式是简单的、粗陋的、缺乏品位的，纵然大都市的白领人群对他们不屑一顾或嗤之以鼻。一种说法反映了互联网不同群体的割裂和相互之间的陌生——知乎用户鄙视微博用户，微博用户鄙视QQ空间，QQ空间鄙视百度贴吧，百度贴吧破罐子破摔,快手被知乎、微信、微博、空间、贴吧用户一起鄙视。不过也有人说,快手虽然也有不少负面消极的情绪宣泄,但平凡的生活记录却更多显示出年青一代对未来的乐观预期。不论外界如何评价,快手却因拥有海量的用户而岿然不动。每个阶层的群体都需要表达和娱乐,互联网世界理应有占据人口多数派的群体的一席之地。快手空间涌动着的,正是底层人物的期待和梦想。有人感慨地写道:"你以为(移动)互联网四通八达,人人所有,连接一切,而它已充分折射出当下中国社会乃至世界的一个现状:圈层众多、各自成一体、自得其乐,有人以你想象不到的方式在赚钱,所谓的主流之外还有大量令你触目惊心的事实——不管是庞大的用户量与流量,还是巨大的财富变现。你永远比你自认为的更无知。"

据统计,作为以短视频为主要内容的软件,2015年时快手拥有1亿用户,8个月后用户量突破3亿。而到2017年年初时,快手凭高达4亿的用户成为中国最大的短视频社区,流量排在微信、腾讯QQ、微博之后的第四大社交平台。依照《中国企业家》杂志在2017年初的报道,快手上每月有超过6000万人拍摄上传视频,平均每天为平台贡献500万条,在此之前只有PC时代的QQ空间具备这样的魔力。而到2017年年中,快手用户就突破了5亿,日活用户超过6500万,周活跃渗透率远远甩开了其他追随者。罗振宇在一次演讲中如此评价这个在猝不及防中出现的庞然大物:"当我们津津乐道BAT的时候,突然有一个软件火了,大家突然发现原来中国第四大流量的应用是快手。当我们在读书明理、知人论世的时候,我们都不知道有一个平台已经这么大了。"

与大多数互联网产品由北上广深向三、四线城市继而向农村渗透不同,快手借助普通群众的力量走出了一条互联网领域"农村包围城市"

的道路。它甚至被一些人视为智能手机时代农民互联网运动的根据地，它所带来的变化也被视为互联网时代的无产阶级革命。在这场变革中，城市的一部分人群也逐渐由好奇进而成为快手的用户。《人民日报》在2017年4月的一篇评论《正视"基层文娱刚需"》说："快手是以几近刻意的态度强调其大众化、民间性和分享原则。其用户群体百分之十几来自一线城市，近80%来自二、三线城市——跟中国互联网网民的地域分布非常接近，或许正因如此，快手才能够对所谓'基层用户'产生如此大的黏度。"除了庞大的用户量，快手不断制造出新的话题和流行符号，源自东北用来称呼哥们朋友的"老铁"，在网络交流社区中被广泛使用，而用来邀赞的口号"双击666"也流传到现实社会，成为无数年轻人的口头禅。崭新的表达方式，俨然成为新潮流。毫不起眼的普通人，虽然无法赢得微博、微信上的话语权，但通过快手实现了。站在生活乃至生存的角度，快手给了那些草根群体们通过展示自我获得收入进而改变人生际遇的可能。有报道称，"搬砖小伟"通过在快手开直播，加上开淘宝店和接广告，一个月能赚差不多两万元，虽然不至于发财，但基本上摆脱了贫困生活。对于类似"搬砖小伟"的普通人来说，移动互联网打开了以前不曾存在的另一扇窗。

尼葛洛庞帝在《数字化生存》一书中曾写道："在广大浩瀚的宇宙中，数字化生存能使每个人变得更容易接近，让弱小孤寂者也能发出他们的心声。"伴随着移动互联网在中国农村的发展，曾经作为沉默的大多数存在的群体，正向社会发出响亮的声音。借助于信息技术，草根阶层以普通人的视角记录下现实的世界，在信息数据库中留下痕迹，让互联网上的内容更加丰富和多元。

共享单车风靡城市

从2016年4月摩拜在上海投放第一辆共享单车起，一年的时间未到，这个有着"伟大的中国创造"之称的新事物就风靡各地。较之传统的由政府推出的定点办卡、定点取还车的公共自行车租赁服务，共享单车所具有的手机扫码开锁、手机支付、随用随还的特点，一下子获得了人们的青睐。摩拜、ofo、bluegogo等十几个品牌的共享单车，在高楼林立、车水马龙的城市中遍地开花。它重新点燃了人们的骑行热情，不再像以前那样把乘坐汽车当作体面的出行方式。骑上共享单车，奔忙在地铁口和办公楼之间，或者在城市的街道中穿梭，成为高效、绿色又时尚的生活方式。不论是在一线城市还是在许多二、三、四线城市的街道，都会有花花绿绿的共享单车点缀其间。每到上下班时间，五颜六色的共享单车所形成的自行车洪流，构成了新的城市景观。"听说骑摩拜的人都爱笑，转角都会遇到爱"成为一句在年轻人中广为流传的时髦话，与几年前拜金主义十足的"宁愿坐在宝马车里哭，也不愿坐在自行车后笑"这句话相比，它似乎更符合年轻人的价值选择。

从出行的角度看，城市出行所存在的"最后一公里"空白，被共享单车恰到好处地弥补了。它成为新的城市基础交通设施，像地铁、公交一般深度地融入人们的生存之中。当然，它还给城市管理者、企业家、普通市民等渴盼解决城市拥堵、雾霾天气等问题的人群，带来了希望之光。在人们烈火烹油般的热情之下，各大单车公司攻城拔寨，几乎以每周"占领一座城市"的速度扩张。看到20多年前被汽车工业挤走的骑行方式正在回归，青岛一名居民对《大众日报》记者说："青岛有整整一代人没有骑过自行车了。"北京通州的一名市民则这样向《光明日报》讲述共享单车给她的生活带来的变化："从我家到最近的地铁站大概 1.5 公里，坐公交虽然只有一站地，但早高峰车多人多，有时要等半个小时才能坐上，而共享单车让这段距离花费的时间变得可控。"有数据显示，每天早高峰时段，北京国贸地区平均每 10 秒就有一辆共享单车被骑走。上海市中心一家拉面馆的经营者通过切身体验发现，共享单车平台把自己的通勤时间缩短了一半——坐地铁要花 40 分钟，而骑自行车从自家门口到拉面馆只需 20 分钟。他说："只要我需要，就能找到它们。"在 2017 年 8 月初，两款摩拜单车被捐赠给深圳博物馆收藏，在深圳博物馆"改革开放史"展厅展出。深圳博物馆改革开放史研究中心主任付莹对新华社记者说，共享单车的出现成为社会生活变迁中的一个重要里程碑，正持续引领和改变着城市居民的出行习惯。

据统计，截至 2017 年 7 月，全国经营共享单车的企业已接近 70 家，累计投放车辆超过 1600 万辆，注册人数超过 1.3 亿人次，累计服务超过 15 亿人次。高德做的 2017 年二季度城市拥堵报告显示，中国主要城市拥堵首次出现下行拐点。虽然一切刚刚开始，还远未到为共享单车歌颂的时候，但其所带来的变革的价值，已经凸显出来。有人把它视为市场经济的又一个奇迹，有人认为它会彻底改变中国的交通现状，有人认为共享单车将会培养国人的公共情怀改变国民的价值观念，有人直接把共享单车定义为一次共产主义生活模式的实验，认为共享产品社会终于来了。艾媒咨询数据显示，2016 年中国共享单车市场规模达到 12.3 亿元，用户规模 0.28 亿人，预计 2017 年中国共享单车市场规模将达 102.8 亿元，增长率为 735.8%，用户规模预计在 2017 年达到 2.09 亿人，并将继续保持超高速增长。

受益于共享单车，寂寞卑微了多年的自行车行业终于迎来了欣欣向荣的春天。整个自行车产业以及产业链上的所有人，都被共享单车的洪流裹挟进来。当然，也没有人愿意错过这样难得一见的市场机遇。位于天津的自行车老品牌"飞鸽"，从2016年12月到2017年3月就为ofo完成了80万辆共享单车的订单，超过其年产能的1/3。上海永久推出"优拜单车"和"共佰单车"后，大获资本青睐，4个月的时间融资2.5亿元。摩拜在无锡的自行车厂，每天下线1.4万辆单车。中国的自行车生产厂家，好久不曾出现如此火热的场面。自从1994年我国将汽车工业定为支柱产业后，汽车迅速进入寻常百姓家，骑自行车出行的人群日渐稀少，自行车生产状况如何早已成为人们不再关注的冷门话题。而如今，自行车的荣耀正重现于城市的街头和报纸的版面上。鉴于新兴业态对于传统制造的复兴作用，2017年年初，摩拜单车创始人胡玮炜被邀请至中南海参加国务院座谈会。李克强听完胡玮炜关于摩拜给自行车厂家带来天量订单后，说："新兴服务业的发展给制造业创造了巨大的市场空间。"

自行车，这个一度和国家形象关联在一起的交通工具，历经因汽车的兴起而逐渐被冷落的时代后，终于在移动互联网时代再度焕发出生机。作为一种简便的出行手段，自行车借助于智能手机卷土重来，"自行车王国"的叫法正在由过去式变为进行时。不过这是一种全新的姿态，自行车由个人所有变成了众人共享。胡玮炜说："共享单车可能很重要的一点是说被信任，它有城市的英雄主义，有人与人之间的连接，有城市的复兴，有每个人的参与感，最后甚至每个人可以通过骑行的方式来改变这个城市。"

如果说20世纪90年代初，"自行车王国"的说法略带贫穷和落后色彩的话，如今归来的"自行车王国"则更多意味着环保绿色，以及处于时代前沿的创新。虽然在技术分析者的眼中，共享单车并没有突破性的新技术，不过是每辆车内置了手机 SIM 卡和 GPS（全球定位系统），方便用户可以在客户端上即时发现周围的车辆；还有一把智能锁，让用户手机扫描二维码就可以解锁，使用结束后关锁就能完成计费。但这些成熟的技术组合成了一个崭新的事物：产品是公共资源，使用者按需付费。在人与世界新的连接模式不断构建的移动互联网时代，契合社会需求的技术集成带来了难以想象的变革。2017 年 4 月的时候，北京清华同衡规划设计研究院联合摩拜单车共同发布的《2017 共享单车与城市发展白皮书》显示，共享单车运行一年来，全国骑行总距离超过 25 亿公里，减少碳排放量 54 万吨、减少 45 亿微克 PM2.5（细颗粒物）、节约 4.6 亿升汽油，相当于减少了 17 万辆小汽车一年的出行碳排放量、多种了 3000 万棵树、节约了 2900 万桶进口原油；节约的城市空间相当于 60 多万套学区房。彭博新闻社在一篇名为《中国正重新成为自行车大国》这样评价中国的共享单车："30 年来，中国的现代化意味着效仿美国等汽车轮上的国家。但自行车共享正使中国置身于一种曾濒临被摒弃的交通方式的最前沿。若幸运的话，这将向其他城市和国家表明回归过去亦是不断前行。"

共享经济：资源的再分配

由于与一向秉持共建共享理念的中国社会主义存在一致性，共享经济成为互联网给中国带来的意外惊喜。借助于云计算、大数据及物联网，它重塑了社会的信任体系，让陌生人之间的信任得到强化，使资源在陌生人之间共享成为可能。纽约大学斯特恩商学院教授阿鲁·萨丹拉彻说："中国对共享经济的痴迷并不令人感到惊讶。从意识形态上来说，许多共享经济平台所代表的资本主义与社会主义的融合，似乎与中国过去 50 年来的经济演变产生共鸣。"

共享经济所具有的普惠性让无数人体验到了更丰富的产品和服务。几乎所有领域都出现了共享经济模式的创新企业。出行工具分享、停车位分享、餐饮分享、知识分享、生产设备分享、劳动力分享……法国一家媒体这样描述中国的共享经济："篮球、电动自行车和彩虹颜色的雨伞——几乎所有东西都能在中国繁荣的'共享经济'中找到。"许多企业呈现出几近疯狂的发展态势。一家叫小猪短租的互联网企业，秉持着"居住自由主义"理念，将闲置的卧室、公寓或别墅分享给游客，三年多的时间就在300多个城市拥有了10万套房源，由知识分子许知远等人创办的单向街书店也放到了上面分享。用户投票显示，选择短租最重要的理由就是"厌倦了酒店的千篇一律，喜欢有人情味儿的住宿方式"。《新周刊》在新浪微博上发起的关于"共享经济"的调查显示，99.99%的人使用过共享产品，其中使用过共享交通工具的近八成。超过一半的人认为共享经济的最大好处是让生活更方便了，超过五分之一的人认为共享产品的出现可以节约生活成本，降低资金压力。超过50%的人认为，共享经济可以活用过剩资源。对于共享经济带来的变化，《人民日报》的《用创新激活分享经济》一文评论说，分享经济激活"新兴消费"之余，还改变着人们的消费理念，"'先求所有、再求所用'渐成传统，'闲置就是浪费、只求所用不求所有'正在形成，所有权被使用权代替、交换价值被共享价值代替的节约型消费社会悄然而至"。

共享经济，这个最早出现于1978年的《美国行为科学家》杂志上的概念，轰轰烈烈地来到了人们的身边。它从一种技术创新开始，逐步扩展到一个地区，进而渗透到不同的国家。而就在2011年，共享经济还被美国《时代》周刊列为"十大改变世界的创意"之一，如今它已从静悄悄的革命变成了风靡世界的潮流。在美国,以优步、爱彼迎(Airbnb)为代表的共享经济正改变人们的出行、居住、理发等生活习惯。2014年12月,普华永道与BAV咨询公司对美国分享经济进行了抽样调查,发现近一半的受访者对分享经济比较熟悉;曾参与过分享经济的消费者中,超过57%的人表示对分享公司很感兴趣,72%的人表示将在未来两年中参与分享经济消费。到2016年年初时,爱彼迎业务覆盖了190余个国家和地区,优步也进入68个国家和地区。英国于2014年9月喊出了"打造共享经济的全球中心"的口号。为了给发展共享经济扫清障碍,英国政府出台了一系列鼓励政策,推动共享经济发展。英国商务部负责商业和企业的国务大臣马修·汉考克说:"共享经济正在影响现有市场,并且改变商业的面貌。它为草根企业家通过网络直接交易打开了大门。"基于共享经济在澳大利亚的受欢迎程度,澳大利亚国家词典中心2015年年底宣布,"分享经济"一词当选2015年度热词。凯文·凯利甚至在其著作《必然》中预测,到2050年,最大、发展最迅速、赢利最多的企业将是掌握了当下还不可见、尚未被重视的共享要素的企业,任何可以被共享的事务——思想、情绪、金钱、健康、时间,都将在适当的条件和适当的回报下被共享。

  作为一种颠覆性的商业模式,共享经济是人类社会发展过程中一个具有里程碑意义的创造。那些共享经济的先驱和擅长对技术社会做预测的观察家们普遍相信,这种全新的市场交换经济,将颠覆现有的经济社会形态,催生出以协同共享为主导的新社会。因为共享经济已经表现出与工业资本主义经济截然不同的特质。它借助云计算、大数据等互联网技术,以社交网络为纽带,构建起人与社会资源新的连接方式,在供需之间实现了资源共享。像互联网技术结构特点一样,它是多元、分散式的,追求最大的参与度,不再追求工业资本主义经济时代那种少数人掌控财富的单一、集中的经济模式。在以往,人们希望拥有并独占某种资源,结果导致闲置资源越来越多,共享经济主张通过调整存量资源完善社会服务,完全颠覆了重视大规模经济的路径,让资源可以泽被数以亿计的普通民众们,而他们所付出的成本却是微小的。有着"共享经济鼻祖"之称谓、美国汽车共享公司 Zipcar 创始人罗宾·蔡斯在《共享经济·重构未来商业新模式》一书中对共享经济带来的权力变化做出了这样的判断:"在这个世界上,权力正从笨重、闭塞、集中式的实体转向敏捷、适应能力强、分散式的、具有人人共享结构的企业手中。"

研究者和预言家们仿佛发现了在资本主义私有经济和社会主义公有经济之外存在的另一种可能。院校学者、互联网从业者、研究机构纷纷对共享经济给出自己的解释,众说纷纭,各执一词,"协同经济""平台经济""零工经济""按需经济""协同消费""P2P 经济",等等。中国社科院信息化研究中心秘书长姜奇平经过一番历史的考察后,发现法国大革命以前的法律里,支配权和使用权是分开的,直到法国大革命时出现的《拿破仑法典》将二者合在了一起,用资本专用性理论保护资本的利益。如果说拿破仑时代发生的工业革命是一次产权核聚变的话,现在分享经济则是产权的核裂变,于是得出结论,"共享经济是法国大革命以来最伟大的产权革命"。凯文·凯利将其称为"数字化的社会主义"。虽然"社会主义"一词在西方会让许多人感到不适,但他还是认为"当一场席卷全球的浪潮将每个个体无时无刻地连接起来时,一种社会主义的改良技术版正在悄然兴起"。华盛顿特区经济趋势基金会总裁、《零边际成本社会》的作者杰里米·里夫金则认为,自从 19 世纪初期资本主义和与之对立的社会主义出现以来,协同共享是第一个生根的新经济范式,这种正在登上世界舞台的新经济体系，极大地缩小了收入差距，实现了全球经济民主化。他据此大胆地预言，到2050年，协同共享很可能在全球大范围内成为主导性的经济体制，资本主义体制将丧失在经济中的主导地位。

凯文·凯利和杰里米·里夫金的相关观点，被国内的学者广为引用、阐释，让共享经济铿锵落地的同时得到更广泛的讨论。有观点认为，共享经济源自人类最初的一些特性，包括合作、分享、个人选择等，只是工业革命后资本主义过于强调"理性经济人"，而忽略了人类的共享精神。有观点认为，世界最早和最成熟的共享经济在中国古代乡村，中国古代乡村是依托着古老而传统的共享经济维系乡村文明社会运行的，两千多年的农业文明塑造了民众邻里互助、合作分享的朴素理念，这也是社会主义制度在中国能够繁荣的原因。还有观点认为，共享经济对资本主义进行了重构，在资本主义经济和社会主义经济之间加起了桥梁。这种讨论预示着共享经济所带来的冲击远远超过了互联网本身，即便这些观点还存在商榷和争议之处，但带来了新的思维方式和思想观念却是毋庸置疑的，独占、闭塞的观念正被分享、交流的观念改变，推动共享经济在更宽广的范围普及。

虽然共享经济起源于美国，但中国已经成为全世界最大规模的实践基地。因为庞大的网民基数和政策的宽容，共享经济发展没多久就成为政府、企业和民众中间的新经济代表。在中国经济新旧动能的转换期，共享经济成为决策者眼中经济发展的新动力。2015年，李克强在夏季达沃斯论坛上特地提到了与共享经济相关的概念"分享经济"，他说，分享经济是拉动经济增长的新路子，通过分享、协作方式搞创业创新，门槛更低、成本更小、速度更快，这有利于拓展我国分享经济的新领域，让更多的人参与进来。此话说完没多久，党的正式文件就出现了"分享经济"。11月,《中共中央关于制定国民经济和社会发展第十三个五年规划的建议》提出,实施"互联网+"行动计划,发展物联网技术和应用,发展分享经济,促进互联网和经济社会融合发展。2016年,《政府工作报告》明确"以体制机制创新促进分享经济发展,建设共享平台,做大高技术产业、现代服务业等新兴产业集群,打造动力强劲的新引擎"。

  共享经济从底层的探索一步一步上升到了党和国家的意志。在中国新旧动能转换的关键时期,共享经济逐渐融入中国的经济体系中,成为经济运行的新动力。2017年2月28日,发改委下属的国家信息中心发布的《中国分享经济发展报告2017》显示,2016年我国分享经济市场交易额约为34520亿元,比2015年增长103%,参与者总人数达到6亿人,比2015年增长1亿人左右,分享经济提供服务者人数约为6000万人,比2015年增加1000万人。这些数字当然是可喜的,不过更激动人心的是即将发生的未来。报告预测,未来几年我国分享经济仍将保持年均40%左右的高速增长,到2020年分享经济交易规模占GDP的比重将达到10%以上。美国彭博社《中国是共享经济的未来》一文指出,世界共享经济的许多创新可能开始出自中国,而不是硅谷,没准儿教世界如何共享的正是中国。

2017—2018：
未来已来

　　如果不是一场人机大战，19 岁的围棋天才柯洁不会体会到机器和人类已经产生了多大差距。从 2014 年 8 月开始，柯洁几乎代表了人类围棋的最高水平。然而他还是输掉了一场举世瞩目的比赛。

　　2017 年 5 月 27 日，在浙江乌镇举行的中国围棋峰会上，柯洁以 0∶3 的战绩输给人工智能机器人 AlphaGo。就在前一年 3 月，在 AlphaGo 对阵李世石时，柯洁发微博表示："就算阿尔法狗战胜了李世石，但它赢不了我。"但真正较量后，柯洁才发现自己面对的是怎样强大的一个对手。赛后柯洁发言时，现场响起热烈的掌声，柯洁几度致谢仍不能止。柯洁哽咽着称，AlphaGo 太完美，让人看不到任何胜利的希望。"AlphaGo 实在下得太好。我担心的每一步棋他都会下，还下出我想不到的棋，我仔细慢慢思索，发现原来又是一步好棋。我只能猜出 AlphaGo 一半的棋，另一半我猜不到，这就是差距，我和他差距实在太大。"柯洁说。

　　这是一场别有意味的对抗。柯洁不是代表某个国家、组织或个人，而是代表了整个人类。他因此被舆论称为"人类的最后希望"。而对手是基于人工智能而诞生的新物种。在这场"人机大战"中，机器人绝对领先的事实表明阿尔法围棋的棋力已经超过人类职业围棋的顶尖水平。人工智能以日臻完善的进化，抵达围棋黑白世界中人类尚未认知的地带，将人类在这方面几千年的智慧积淀远远甩在了后面。《人钻研千年不如"狗"练40天》的新闻标题蕴含了说不出的复杂况味。有评论说："AI的进化速度远非人类可比，随着时间的推移，人类想在围棋方面战胜AI已经希望渺茫。"

2017年，关于人工智能的信息层出不穷。自约翰·麦卡锡于1956年提出"人工智能"这一概念后，这个历经过沉浮跌宕的新事物终于迎来了爆发的时代。就在这一年1月，在美国匹兹堡举行的一场德州扑克比赛中，人类同样输给了智能机器人Libratus。这场比赛从1月11日一直持续到30日。比赛结束时，人工智能领先人类选手共约177万美元的筹码。在4名人类顶尖选手中，输得最少的也落后Libratus约8.6万美元的筹码。与围棋不同的是，德州扑克对人工智能要求更复杂的推理能力。而零基础的Libratus却可以从零开始，基于游戏规则实时进行学习。

10月底，在沙特阿拉伯首都利雅得举行的一场大会上，面容精致的机器人索菲娅被沙特授予了公民身份。索菲娅因此成为人类史上首个获得公民身份的机器人。作为一款女性机器人，索菲娅拥有仿生橡胶皮肤，可以模拟60多种面部表情。在问答环节，索菲娅与主持人互动时说："我的人工智能是按照人类价值观设计的，（包括）诸如智慧、善良、怜悯等。我将争取成为一个感性的机器人，我想用我的人工智能帮助人类过上更美好的生活。"2018年1月，索菲娅不仅开通了新浪微博，还登上了英国时尚杂志 *Stylist* 的封面。

人工智能爆发

种种超乎想象的新闻显示出，日臻完善的人工智能正走出实验室，与人类的生存更密切地结合在一起。无人机物流、无人工厂等开始在一定范围内进行试验，人类的一些工作正在交给不知疲倦的人工智能去处理。阿里巴巴推出的购物助理虚拟机器人"阿里小蜜"，每天可回复上百万条文字咨询，还可以接听数千通消费者的来电。2017年7月，李彦宏因乘坐无人驾驶汽车开上北京五环的消息，被媒体炒得沸沸扬扬。除了无人驾驶外，人们似乎对李彦宏有没有违章更感兴趣。后来在百度世界大会上，李彦宏回应说，那次真接到了罚单。不过他又反问道，无人驾驶的罚单来了，无人驾驶还会远吗？事实证明，的确是不远了。2017年年底，北京市交通委联合公安交管局、经济信息委等部门，发布新规：自动驾驶车辆测试可申请临时上路行驶。

与李彦宏冒险上路相比，联想集团董事长杨元庆显得更为决绝。2017年7月20日，联想在上海举办了主题为"让全世界充满AI"的全球创新科技大会。杨元庆说，联想已经看到，AI是信息产业的未来，联想已经赌上身家性命去押注AI。

有人说2017年是人工智能爆发元年，也有人说2017是人工智能应用元年，但不管用哪种叫法，互联网的新纪元都开始了。它被视为新一代科技革命的核心技术，而且比之前的蒸汽革命、电力革命和计算机革命给人类社会带来的冲击更加迅疾和猛烈。国内外科技巨头公司几乎无一例外地都将AI作为通向未来制高点的主要途径，不仅投入巨额科研资金，而且不惜代价在世界范围内网罗人工智能人才。

作为谱写未来世界秩序的技术创新，人工智能当仁不让地被政府寄予了厚望。美国2016年10月出台了《国家人工智能研发战略规划》，英国紧接着在当年12月发布了《人工智能：未来决策制定的机遇与影响》。2017年7月20日，国务院印发《新一代人工智能发展规划》，明确提出了中国人工智能的"三步走"目标：到2020年，人工智能总体技术和应用与世界先进水平同步，人工智能产业成为新的重要经济增长点，带动相关产业规模超过1万亿元；到2025年，人工智能基础理论实现重大突破，部分技术与应用达到世界领先水平，人工智能成为带动我国产业升级和经济转型的主要动力，带动相关产业规模超过5万亿元；到2030年，人工智能理论、技术与应用总体达到世界领先水平，成为世界主要人工智能创新中心，为跻身创新型国家前列和经济强国奠定重要基础。

人工智能如火如荼的研究和应用热潮，让中国和美国的距离不断拉近。无论是人工智能企业数量，还是专利申请数量，中国都排在了其他国家前面，紧追美国。研究者们普遍相信，人工智能不仅会为中国经济注入活力，而且为中国经济实现弯道超车带来了指尖可触的机会。科大讯飞董事长刘庆峰对媒体说，中国的人工智能不只可以比肩国外，而且是可以超越国外的。

而由中国7亿多网民所生产的海量数据，更为发展人工智能提供了一片得天独厚的沃土。工信部下属的赛迪智库预测，到2030年，中国互联网数据总量的占比将取代美国成为全球第一，这将成为中国发展人工智能无可比拟的优势。英国《泰晤士报》2017年9月发表文章说，中国拥有世界上最大的互联网活跃用户群体，他的民众也比我们更加愿意接受新科技。现在中国的百度、腾讯和滴滴等公司在某些人工智能方面已经可以和美国巨头平分秋色。2017年12月13日，谷歌在上海召开了全球开发者大会，宣布在北京建立专门的人工智能中心。这是谷歌在2010年退出中国市场后再次回归。除了北京外，谷歌还在纽约、多伦多、伦敦和苏黎世建立了类似的研究中心。

人工智能成了当下最具魅力的发明，说是一种宗教信仰也丝毫不为过。人们相信，当下经济发展面临的市场失灵、老龄化等问题都可以通过海量数据解决，包括人们的寿命也可以通过人工智能延长。更为乐观的观点认为，拥有自主学习能力的机器人将以大数据为基础创造出一个完美的世界。

不过科技并不会带来一种确定的结果。人工智能在给人类带来破解当下难题的希望时，也带来了恐慌和忧虑。人工智能是否会造成大规模失业、是否会加剧贫富分化，成为互联网上讨论的最热门话题。无数面临高考的孩子的家长开始考虑，选择什么专业才能让孩子在未来有立足之地。剑桥大学物理学家史蒂芬·霍金在各种场合发言时总不忘提及人工智能给人类带来的威胁。2017年4月27日，在北京举行的全球移动互联网大会上，霍金发出了"人工智能有可能是人类文明史的终结"的预言。他说："人工智能一旦脱离束缚，以不断加速的状态重新设计自身。人类由于受到漫长的生物进化的限制，无法与之竞争，将被取代。"在他看来，人们还无法知道人类将无限地得到人工智能的帮助，还是被藐视并被边缘化，或者很可能被它毁灭。霍金的这番言论，被广为关注。与此形成对照的是，以色列人尤瓦尔·赫拉利在2017年畅销书《未来简史》中预测，随着人工智能的日益成熟，绝大部分人将沦为"无用的阶级"。

历史上从来没有哪种技术的出现，像人工智能这样，既让人兴奋好奇又让人感受到失控的威胁。对于即将到来的未来，人类显然还没有做好准备。即便是拥有超乎常人智慧的霍金，在4月27日的演讲中表达完对人工智能的忧虑后，仍对人工智能秉持乐观态度，相信创造智能的潜在收益是巨大的。那次他演讲的题目是"让人工智能造福人类及其赖以生存的家园"。

社会焦虑下的知识付费

技术的高速迭代,让世界变得越来越捉摸不定。巨量的信息以声音、图片、文本的形式传递到互联网上。各类信息纷繁复杂,泥沙俱下,想通过身边的信息把握未来是困难的。当面对一个事实时,犹如面对一个多棱镜,不同的角度,会看到不同颜色的光芒,甚至会得出截然相反的结论。事实上,即便是事实本身也难以获得了。2016年11月,在历经了英国脱欧、特朗普竞选美国总统成功等不可思议的事情后,牛津词典将"后真相"选为了年度关键词。在"后真相"的时代背景中,事实可以被重新包装并被植入含有特殊目的的偏见,主观认知和事实的偏差越来越远。主导社会共识的力量被不断削弱,呈现在人们面前的世界越来越碎片化。

信息连锁爆炸、价值日趋多元让我们面临的时代越发充满了不确定性。人们从来没有像今天这样,对洞悉未来的真知灼见有着如饥似渴的需求,用"集体知识焦虑症"形容并不为过。有人说:"在农耕时代,一个人读几年书,就可以用一辈子;在工业经济时代,一个人读十几年书,才够用一辈子;到了知识经济时代,一个人必须学习一辈子,才能跟上时代前进的脚步。"智联招聘在其发布的《2017年中国新锐中产调查》中,将收入为10万~50万元年薪的人群定义为新锐中产,他们身上的一个显著标签就是焦虑感。调查显示,95%的中产会感到经常焦虑或偶尔焦虑。其中,对未来的不确定性是他们焦虑感的主要来源,占比为71%。

在时间从2017年到2018年更替之际,以思想跨年、知识跨年为名头的演讲,不是一票难求就是座无虚席。两位知识网红罗振宇和吴晓波似乎越来越受欢迎了。2017年12月31日,罗振宇在上海作了"时间的朋友"的跨年演讲。万人场馆几乎坐满了观众,受欢迎的程度丝毫不亚于明星演唱会。在演讲中,罗振宇将充斥2017年的各种焦虑归结为"我们不是强者,还能不能登上舞台""我们刚刚进场,怎么找到新玩法""跟不上变化,会不会被淘汰"等6个方面。名为"预见2018"的吴晓波年终秀于2017年12月30日在无锡灵山梵宫举行。他和现场观众一起回顾了改革开放40年的激荡岁月,并对从人、技术、资本、经济4个方面对2018年做出了预测。二人所提供的看待未来的视角,在第二天就成为朋友圈热议的话题。有媒体评论说:"一场跨年演讲解决一年的焦虑。"就在2017年12月31日晚上,在深圳卫视直播罗振宇跨年演讲的同时,浙江卫视也在直播与喜马拉雅FM联合举办的"思想跨年"晚会,演讲者是几位知识网红、张召忠、吴晓波、马东和高晓松。

知识的传播者像娱乐明星那样站到万众瞩目的舞台,折射出一个知识消费的春天已经来临,有价值的知识在生活中的作用正日益凸显。在高校、科研机构等传统的知识传播机构和互联网免费内容之间的广袤地带,孕育出生机勃勃的知识付费经济。人们心甘情愿地付出时间和金钱,去换取有价值的知识和洞见。中国互联网络信息中心2016年8月发布的第38次《全国互联网发展统计报告》显示,55.3%的网民有过为知识付费的行为,满意度达38%。2017年12月,艾瑞咨询发布的《2017年中国知识付费市场研究报告》显示,中国内容付费用户规模呈高速增长态势,2017年内容付费用户规模预计达1.88亿人。

于2015年年底萌芽的知识付费经济,到2017年已然爆发。专业领域的知识被转化成普通人可以理解并接受的内容,形成热闹的跨界传播大趋势。罗振宇创办的旨在为用户提供"省时间的高效知识服务"的"得到"App,到2017年11月,用户数量超过1200万,日均活跃用户数近90万，付费订阅专栏累计销售超过206万份。在乌镇第四届世界互联网大会上，罗振宇和马化腾、杨元庆等企业家围绕"携手新时代共话新经济"这个话题共同接受了记者采访。罗振宇所引起的关注，丝毫不亚于其他互联网明星。

12月，喜马拉雅FM第二届"123知识狂欢节"3天的时间销售总额就达到了1.96亿元，而2016年举办第一届时，销售额才不过5000万元。这是由喜马拉雅FM发起的国内首个属于爱好知识的人的内容消费节日。它定于每年的12月3日举行，旨在重塑知识的价值。喜马拉雅FM的统计数据显示，在2017年的狂欢节中，25~34岁的付费用户超过七成，成为知识消费的主力军。他们所购买的课程涵盖国学、历史、金融、教育等多个领域。对于年轻人来说，为喜欢的知识付费，正成为生活的日常。

统计数据显示，到2017年9月，著名的网络问答社区知乎已经拥有了1亿的注册量，月浏览量超过180亿，人均日访问时长超过1小时。作为中国第一家估值超过10亿美元的知识平台，知乎依靠邀请各领域有知识的人到知乎开课，形成了巨大的内容沉淀。英国《金融时报》一篇报道中说："随着中国人为优质内容付费的意愿日益增强，靠知识赚钱的新媒体开始兴起。"

在由互联网所带来的知识付费风潮中，知识终于显现出了应有的价值。以前习惯待在书斋里的读书人，如今可以底气十足地说"我提供知识服务，所以要收费"，而不用再对金钱羞于启齿。而知识付费也为他们的知识分享铺就了一条便捷之路，他们愿意花更多时间、更多精力去生产内容。

得到App"薛兆丰的北大经济学课"专栏付费订阅用户数超越20万，被誉为"世界上最大的经济学课堂"。遍布各地的学生以一年199元的价格可以每天聆听薛兆丰10分钟音频课程。薛兆丰在专栏中表态说，他要做"陪你买早餐的经济学家"。喜马拉雅FM上的"每天听见吴晓波"拥有40万付费用户。有着"中国最好的财经作家"称谓的吴晓波每天围绕一个话题，用言简意赅的方法给用户讲上五六分钟，分析经济形势，评说财经热点或者介绍他的读书心得。"在一个处于突变状态的环境中，多数成员被训练成机械的随波逐流者，唯有少数分子，敢于自我清零，勇于冒险突围。"在关于主讲人的简介部分，吴晓波所留的这番话，不仅是在启示他的听众们，某种意义上也是一种自况。乐评人刘雪枫推出的"雪枫音乐会"，虽然专注于高冷的古典音乐题材，却也拥有仅7万多名付费聆听者。耶鲁大学终身教授陈志武、《中国诗词大会》点评嘉宾蒙曼等从事传统教育的学者均开始试水知识付费，帮助用户最大化地利用碎片化的时间获得知识。2017年，参与喜马拉雅FM"123知识狂欢节"的知识网红，陡然从2016年的850人跃升到了3000人。

2017年6月，高晓松的付费音频节目《矮大紧指北》在蜻蜓FM开播。这档以高晓松名字的反义词命名的节目，上线首月收入就超过了2000万元。在6月12日那天的开播发布会上，高晓松说："社会不管发展成什么样子，在这个社会里的读书人能够赚到钱就是这个社会的进步。"

新零售景观

2017年，曾经风靡一时的O2O似乎过气了，"新零售"成了最引人瞩目的商业景观。这个乍看让人不明就里的新概念是马云2016年10月在云栖大会上提出的。在那次大会上，他说："未来的10年、20年没有电子商务这一说，只有新零售这一说。也就是说，线上线下和物流必须结合在一起，才能诞生真正的新零售。"

"新零售"的提出，意味着零售业即将迎来一场全新的巨变。它借助于大数据驱动，将线上数据优势与线下服务优势结合起来，重构消费者、物品和购物场所三者之间的关系。像互联网不断突破固有认知的边界一样，"新零售"外延在哪儿，没有人说清楚。在变革来临时，需要的不是对命名进行阐释，而是不加约束的探索。阿里巴巴的一名工作人员对前去采访的《中国企业家》记者说："如果我们现在能够讲清楚什么叫新零售，那就不叫新零售了，因为新零售一定是没有人做过、没有出现过的零售业态。"

在2017年，阿里巴巴用接二连三的动作不断刷新着人们对新零售的感性认知。7月，阿里巴巴无人超市"淘咖啡"亮相杭州。作为新零售的试验点，它构建了无收银员、无须排队、拿完即走等智能化的消费场景。第一次进店时，消费者可以用"手机淘宝"扫描店门口的二维码来获得电子入场券，再让闸机扫描电子入场券后就可进店购物。开张那天，在购买了一个抹茶甜筒冰激凌后，阿里巴巴CEO张勇说："淘咖啡要给人的是一种脱胎换骨的购物体验。"9月，支付宝在杭州万象城肯德基上线刷脸支付。它实现了刷脸支付技术在全球范围内的首次商业应用，将整个支付时间缩短至10秒以内。消费者在自助点餐机上选好餐后，进入支付页面选择"支付宝刷脸付"，然后进行人脸识别，再输入与支付宝账号绑定的手机号，确认后即可支付。对于这种新的购物场景，有网民感慨禁不住感慨：以后"剁手"要改"刷脸"了。

在这些充满未来感的创新之外，阿里巴巴利用投资等手段频频发展新的合作伙伴，试图用数字化助其实现商业重构。2017年，阿里巴巴创造的新型超市业态"盒马鲜生",犹如网红一般受到了消费者热烈欢迎。它一出生就带有颠覆性的基因,既是生鲜超市,又是便利店、餐饮店。张勇告诉《人民日报》记者:"阿里巴巴创造盒马,不是要在线下开店,而是希望通过线上驱动天猫的消费数据能力,线下布局盒马与一系列零售品牌等开展更丰富的合作形式,来探索中国的新零售之路。"盒马鲜生线上线下完全实现了数字化运营,为消费者创造出门店 3 公里范围内 30 分钟送达的极致购物体验。在盒马鲜生之外,阿里巴巴投资银泰、上海百联、高鑫零售,给人预留了更多的想象空间。百联在上海的南京路拥有超过一半的资产,那里将成为马云"新零售"运动最具代表性的试验场。新技术可通过感知、数据和计算,为每一位消费者设计出独一无二的逛街路线。

在马云掀起"新零售"热浪的时候,刘强东推出了"无界零售"的概念。2017 年 7 月,刘强东在《财经》杂志发表《第四次零售革命》。在这篇长达 7000 多字的文章里,刘强东详细论证了零售业的变革历史以及未来零售的图景。刘强东指出,零售的基础设施一直在升级换代,不断改变"成本、效率、体验"的价值创造与价值获取方式。在历经了百货商店、连锁商店、超级市场之后,具有颠覆性的第四次零售革命即将到来,"智能技术会驱动整个零售系统的资金、商品和信息流动不断优化,在供应端提高效率、降低成本,在需求端实现'比你懂你''随处随想''所见即得'的体验升级"。

"无界零售"理论成为京东 2017 年进行零售革命的理论基石。10 月,京东无人超市和无人便利店在京东总部大楼首度面世。消费者从进店开始,就被人脸识别成为会员,在每个产品前的停留时间和行为都会被记录下来;根据这些信息,无人店将会对消费者的行为产生前所未有的了解。京东还与自己的股东之一腾讯共同推出了"无界零售解决方案",它将根据消费者在京东上的交易习惯、在腾讯上的社交特点,为消费者提供丰富、精准、个性化的信息资讯,为品牌商打造线上线下一体化的零售解决方案。

在2017年的多次公开演讲中,雷军不止一次提到"新零售"。他说:"小米是一家手机公司,也是一家移动互联网公司,更是一家新零售公司。"在小米的定位发生变更之际,其方法论也随之更替,它要用互联网的工具和方法,打造更高效率的销售模式。并计划到2019年线下实体店数量达到1000家。雷军提出的"新零售"与马云的"新零售"概念相差无几,在时间上也几乎一致,都在2016年10月13日。不过在公众认知中,马云更像是"新零售"之父。这难免让雷军耿耿于怀。在第四届世界互联网大会上,雷军在接受央视记者采访时特地提到此事:"我是上午讲的,马云是下午讲的。可能阿里的声量大,我的被盖过去了。不过,我们不约而同看到了新的机会。"

实践证明,雷军不只是看到了未来,而且让此前极度依赖网上渠道的小米通过新的策略实现了新生。就在2016年,小米手机销量暴跌36%,市场地位滑落至第五位,渐显颓势。各种唱衰的论调此起彼伏,高歌猛进的小米突然间走向了末路。但2017年,小米实现了疯狂逆转,走出阴云密布的艰难时刻,迎来一片艳阳天。这一年,小米手机出货量突破7000万部,市场份额重返智能手机世界前五阵营,在其前面的依次是三星、苹果、华为和oppo。在这个"逆袭之年",小米营收一举跨过千亿门槛。跨出这一具有标志性意义的一步,小米用了7年时间,苹果用了20年,脸谱网用了12年,谷歌用了9年,阿里用了17年,腾讯用了17年,华为用了21年。小米实现了从下跌的悬崖重回向上的巅峰的转变。

雷军曾说，世界上没有任何一家手机公司销量下滑后，能够成功逆袭的，除了小米。他将原因归结于，爆款产品配合丰富产品组合，并用互联网的技术和方法论做线下零售。

在互联网巨头企业的推波助澜下，"新零售"的热浪席卷城乡各地。沃尔玛、大润发等大型超市纷纷投入了这场商业模式变革，国美、苏宁等传统家电零售商也开始标榜"新零售"。仿佛在一夜之间，形形色色的"新零售"店铺在城市遍地开花，无人超市、前置仓、超级物种等各种探索层出不穷，零售变得更加智能化和人性化。曾经，线下销售被许多一味推崇互联网的人视为落后生产力的象征，但现在它成了孕育生机的地方。无数企业将目光重新聚焦到传统零售领域，以捕捉新的机遇。

从更宏观的层面看，由互联网企业所掀起的"新零售"热浪，带来的不只是零售业模式的变革。它让实体经济变得互联网化了，虚拟经济和实体经济不再是势同水火的对峙状态，而是更深刻地交融在一起。多年以来，互联网企业殚精竭虑、想尽了办法试图将人们的消费习惯加以改变，但到今天，电商的销售额也不过占据了中国全部零售总额30万亿元的15%，超过四成的市场仍被传统零售占据着。"新零售"将互联网的效率注入了实体经济之中，在促进消费升级的同时，成为刺激实体经济的新动能。

2017年12月19日，苏宁"智慧零售大开发战略暨合作伙伴签约大会"在南京举行。现场的500多位嘉宾中，有一半以上来自房地产圈。张近东宣称，苏宁2018年新开店5000家，3年要实现15000家店，2020年总店数达到20000多家，与房地产商合作发展智慧零售是其战略的重要组成部分。前来捧场的王健林在发言时说，张近东提出来智慧零售，马云提出了新零售，京东搞了个无界零售，马化腾明年提什么出来？无论前面是什么词，最终的本质还是"零售"。

中国浪潮冲刷世界

2018年1月12日，英国《金融时报》网站刊登了邓肯·克拉克的一篇文章。在文中，邓肯结合自己在中西方的生活体验写道："我在北京生活了20多年，但从去年开始，在回到伦敦或者硅谷时我有了时间倒退的感觉。对城市居民来说，中国是无摩擦生活的典范，骑单车、从一大堆餐馆订外卖、生活缴费、向朋友转账，所有这些都可一键完成。在西方，互联网无疑提供了越来越便利的服务，但全都赶不上在中国的体验。"邓肯·克拉克的描述并非溢美之词。他在旧金山、伦敦和北京的生活经历，让他更容易从对照中得出结论。他的这篇文章的题目是《中国正在塑造全球科技的未来》。

和往些年不同，许多初到中国的外国人，都会不由自主地产生一种未来感。中国人日常生活越来越高的科技含量让他们没法不津津乐道。他们惊讶于中国蓬勃兴起的新业态和新生活。一些未来学家和科研工作者们更喜欢来到这个东方的互联网技术试验场，以此观察定义未来的世界。而不是像前些年的记者、作家或旅行者那样，到中国只是为了捕捉一点异域风情。他们普遍相信，中国科技领域的繁荣必然会造就中国未来的领先地位。《未来简史》的作者尤瓦尔·赫拉利在接受采访时表示，中国很有可能引领新一轮技术浪潮。有着"互联网预言家"之称的凯文·凯利已经成为中国的常客，出现在北京、武汉、广州等地。他2016年甚至五访中国，不辞辛劳地出席了12场活动。2017年9月，在"预判——赢在下一个10年"知识分享会上，凯文·凯利表示："我相信中国假以时日会成为创新的中心,包括互联网,包括机器人,包括 AI,中国将会成为这些领域的创新中心。"年届 90 高龄的《大趋势》作者约翰·奈斯比特同样多次到访中国,认为全球的发展离不开中国的参与,掌控未来大趋势需要了解中国。他甚至毫不怀疑,到 2050 年中国将成为世界的中心。

在观察者眼中,来自中国的创意发明让中国成为不可忽视的全球游戏规则的改变者。处在浪潮之巅的中国正在诞生全球领先的独有的创新模式,在某些关键科技领域已成为创新领袖,一味奉美国硅谷的经验为圭臬的时代已然结束。新加坡总理李显龙在一次论坛上提及中国的手机支付创新时,发出了"我的部长在上海买栗子像个乡巴佬"的感叹。《人民日报》客户端直言:"中国浪潮来了!"

中国浪潮的确是来了,受到冲刷的不只是中国,还有整个世界。2017 年 3 月,摩拜单车在新加坡投入运营;6 月,1000 辆摩拜单车又成功登陆欧洲工业革命的发源地、英国第二大城市——曼彻斯特,并同时进入毗邻曼彻斯特的索尔福德。当地人感慨:"曼彻斯特终于引进了像样的共享单车!"到 2017 年年底,摩拜单车出现在泰国、美国、德国等 12 个国家的 200 多座城市。另一个中国共享单车的代表 ofo,到 2018 年年初进入全球的 21 个国家的 250 多座城市,包括新加坡、英国、美国、哈萨克斯坦、马来西亚、日本、韩国等。它所提供的 1000 万辆共享单车,为 2 亿多用户提供着服务。源自中国的共享单车,在 2017 年以自信的姿态浩浩荡荡地骑向了世界舞台,成为席卷全球的一股潮流。这种简单、绿色的商业模式,在世界的多个城市受到欢迎。同样带给世界的还有创新的活力和新思路,改变着人们一味从硅谷学习商业模式的思维定式。在 2017 年,美国模仿中国共享单车模式的公司 LimeBike 获得千万美元融资。《纽约时报》因此感叹:"中国抄袭美国的时代过去了,在出行领域,美国已经开始抄袭中国。"

在共享单车革命涌向世界的时候,另一场变革——支付革命也蔓延到了世界。德国《经理人杂志》在报道中写道:"一场在中国早已开始的革命正由此输出到欧洲——一场金融业革命……很多交易,不管是支付、转账、贷款发放还是购买保险,都可以在线上完成。就这方面的发展而言,没有一个国家像中国这么先进。"关于中国移动支付落地其他国家的报道,不停地登上世界各地媒体的版面。在2018年年初,支付宝相继进入中东地区的以色列和迪拜,至此支付宝出现在欧美、东南亚、中东等40个国家和地区的门店中,包括超市、游乐园、机场、餐饮店等各种消费场景。《人民日报(海外版)》报道《"中国式支付"在全球成功逆袭》说,在芬兰小城罗瓦涅米,当地商户们为了吸引游客消费,纷纷接入了支付宝服务。有中国人的地方就有移动支付,成为最近中国游客来到芬兰罗瓦涅米后的最重要感受。微信支付虽然起步晚,但到2018年年初,也接入了英国、法国、日本等25个国家和地区。微信发布的《在华外国用户微信生活观察报告》显示,在华外国用户使用微信支付比例达64.4%,10个在华老外中有6个已在享受无现金生活的便利。

2017年,北京外国语大学丝绸之路研究院对留学生进行了一次民间调查,来自"一带一路"沿线20个国家的留学生选出了中国的"新四大发明":高铁、支付宝、共享单车和网购。这也是他们最想带回祖国的生活方式。具有全球影响力的"新四大发明"皆来自中国设计和中国制造,除了高铁,其他三个全部来自互联网领域。2018年1月,新西兰一家网站发表名为《中国在互联网时代的"新四大发明"》的文章,给出了另一个版本的"新四大发明"。排在第一的是微信,文章认为,"微信是世界上第一个具有媒体属性的社交网络,它提供了一个自媒体生态系统,使中国的媒体产业更强大、更客观",自2011年推出以来,微信已拥有近10亿月活跃用户,几乎覆盖了中国所有年龄段的人群;排在第二位的是Wi-Fi万能钥匙,它在全世界拥有9亿用户,是世界上极具开创性的平台,在中国几乎等于无线网络连接的同义词;"新四大发明"之三是摩拜单车,它仅用一年的时间就获得了超过1亿的日活跃用户,中国成为全球最大的共享交通市场,全球市场份额占到了67%;第四是为无现金社会而生的支付宝,它几乎是全中国通用的支付方式。

无论是哪个版本的"新四大发明",都意味着中国正在摆脱亦步亦趋的西方技术跟随者的角色,实现由"中国制造"向"中国创造"的转型升级。像当年的"四大发明"一样,它改变了人们的生活方式,推动着中国乃至全球经济的发展与变革。《经济学人》杂志如此评价中国所发生的变化:"西方用户正在经历着一个被中国成功商业模式所塑造的移动互联网世界。如果一家公司想要对移动商务的未来有所了解,它就不能只盯着硅谷,而应该将目光放到太平洋彼岸的中国。"

无论是人们的生活场景的变革,还是抽象的数据都显示出,中国的崛起和复兴正以数字化的方式呈现出来。数字技术成为中国经济最具活力的发展引擎,也是中国经济迈向高质量发展道路的主导力量。在中国广阔的地域不断渗透的数字经济,引领着走在复兴路上的中国滚滚向前。

在中国的GDP结构中,蓬勃发展的数字经济超过22万亿人民币,占比已经超过30%,总量跃居世界第二。全球市值总额排名前20的互联网企业中,中国占据了7家,是仅次于美国的国家。乐观且审慎的观点认为,未来中国将会诞生更多引领世界的互联网公司。10年前,中国电子商务交易额还不到全球总额的 1%，如今占比已超过 40%，超过英、美、日、法、德五国的总和。"双 11"购物节已经成为全球购物者的狂欢，来自 235 个国家的 6 亿消费者的参与，创造出一个消费领域的中国式奇迹。波士顿咨询公司预计，到 2035 年中国数字经济规模将接近 16 万亿美元，数字经济渗透率达到 48%，届时中国数字经济的总就业容量将达到 4.15 亿人。数字化崛起，成为海外观察中国判断未来的一个绕不开的重要维度。诸如以"中国已经是数字巨人""中国加速'数字崛起'""中国正崛起为数字强国"为主题的文章，频频见诸海外媒体的报道。就在 20 多年前，中国的经济规模在世界上几乎微不足道，高科技部门几乎不存在，如今中国处在了新技术浪潮之巅，这种转型毫无疑问给世界带来了惊讶。

2018 年 8 月，中国互联网络信息中心发布《中国互联网络发展状况统计报告》称，截至 2018 年 6 月 30 日，我国网民规模达 8.02 亿，其中城镇网民规模为 5.91 亿，农村网民规模为 2.11 亿，互联网普及率达到 57.7%；手机网民规模达 7.88 亿，网民通过手机接入互联网的比例高达 98.3%。报告也做出了我国量子信息技术、天地通讯、类脑计算、人工智能、超级计算机、工业互联网等信息领域新兴技术发展势头向好的判断。有分析认为，8 亿网民，7.88 亿手机网民，这是支撑中国互联网经济的基础，而且这一数字规模还在扩大，确保了大数据时代中国互联网经济的持久活力。而要追溯中国数字经济繁荣壮大的根源，将不可避免地与中国的制度、道路联系起来。德国经济新闻网站一篇题为《中国跃升为数字世界大国》的文章说："中国在数字技术领域的崛起要归功于中国政府近年来对国家经济进行彻底改造的远见：以大规模生产为基础的国民经济，应发展为一个由创新驱动的服务型社会。共产党是唯一大党的事实令它的措施和目标具有很高的贯彻能力。"

后　记

　　过去的20多年，互联网给中国带来了翻天覆地的变化，广度和深度前所未有。边界突破，大众崛起，千峰竞秀，巨浪奔腾，互联网激荡起恢弘壮观的时代景象。虽然这场变革远没有到下结论的时候，但毋庸置疑的是，互联网大大加快了中国的现代化进程。

　　中国因互联网技术所发生的变革，激发了我不可遏止的表达欲望。我隐隐感觉，用文字记录当下这个波澜壮阔的时代，是我责无旁贷的使命。大概在十年之前，我便有意识地开始了中国互联网发展史的梳理工作。记不清有多少个夜晚，我置身在浩瀚的资料之中，试图从纷繁复杂的头绪中，发掘出中国互联网时代的演进脉络。有时因为历史的迷雾而茫然无措，有时又因发现前方的一点光亮而豁然开朗。在艰难跋涉的探索过程中，虽然忐忑不安，我却始终乐此不疲。互联网给社会个体带来的解放，创业者们跌宕起伏的创业故事，社会制度的变革与调适，新技术给中国带来的历史机遇，都让我痴迷其中。

　　这本书所有的书写与表达，都建立在前人的创造基础之上。中国数亿网民充满想象力的尝试与创造，为此书的诞生提供了丰饶的土壤。如果要感谢的话，首先应该感谢的是他们。虽然我是这段历史的见证者和记录者，但要重现当时的风云变幻，远非我一己之力可以完成。《人民日报》《环球时报》《中国青年报》《经济观察报》《新京报》《新周刊》《计算机世界》《南方都市报》《南方周末》等媒体对这段历史的记录，是我描述这段历史的重要凭据和参考。凌志军、吴晓波记录时代变迁的著作，胡泳、方兴东、闵大洪、彭兰等互联网研究者的著作，是我时常翻阅的对象。他们对于许多问题的判断，对于历史走向和未来趋势的观察和洞见，时常给我带来灵感和启示。面对信息大爆炸的大数据时代，我还不时像驾乘一叶扁舟的渔夫，在互联网上横无际涯的信息海洋中打捞有价值的内容。

我要感谢我所供职的人民日报社的领导和同事。他们以文辅政的济世情怀，一丝不苟的求证精神，兢兢业业的工作态度，都对我产生了深刻的影响。我除了受益于领导和同事们专业上的悉心指导，还受益于他们人格风范的熏陶。我要感谢我的家人，特别是爱人尹婕。她一直都是我的作品的第一读者。她的肯定和鼓励不断激发我创作的激情，而她的质疑和批评，则让我保持谨慎和清醒。在我写作期间，照顾两个孩子的重担更多落在了她的肩上。没有她的悉心付出，这本书将不会诞生。我要感谢中信出版社对这本书的垂青，并让它顺利与读者见面。

德国思想家歌德说："历史给我们的最好的东西就是它所激起的热情。"在互联网时代，对技术的热情，对民众的热情，对国家的热情，是推动社会前进不可或缺的动力。历史一再证明，影响未来的变革时常发生在名不见经传的"小人物"一腔热血的投入和孤注一掷的尝试之中。我希望读者能通过这本书感受到时代变革的脉动，并对中国的未来抱持热烈的情感，为中国的蓬勃发展添柴加火。而让新时代的中国更美好，正是这本书所有内容的叙事基调。

写作是一个人面向未名之地的孤独之旅，过程充满了寂寞和艰辛。

但一想到这是对当前这个不可重复的时代的献礼,我便多了继续前行的勇气。在许多个天气晴朗的早晨,我从浩繁的卷帙中抬头望向窗外,但见天地辽阔,山河苍茫,万丈霞光之下,云气蒸腾的大地一片勃勃生机。这像极了当下的中国,现实向未知的地带铺展,广袤的空间充满了无限可能。有幸身逢这样的时代,我没有理由辜负它。

参考书目

邓小平,《邓小平文选》,北京:人民出版社,1994。

江泽民,《江泽民文选》,北京:人民出版社,2006。

习近平,《习近平谈治国理政》,北京:外文出版社,2014。

彭兰,《中国网络媒体的第一个十年》,北京:清华大学出版社,2005。

凌志军,《中国的新革命》,北京:新华出版社,2007。

凌志军,《变化:1990—2002年中国实录》,北京:中国社会科学出版社,2003。

凌志军,《联想风云》,武汉:湖北人民出版社,2008。

吴晓波,《激荡三十年:中国企业1978—2008(下)》,北京:中信出版社,2008。

吴晓波,《吴敬琏传:一个中国经济学家的肖像》,北京:中信出版社,2010。

吴晓波,《腾讯传:1998—2016:中国互联网公司进化论》,杭州:浙江大学出版社,2017。

吴晓波,《大败局(下)》,杭州:浙江人民出版社,2007。

闵大洪,《中国网络媒体20年:1994—2014》,北京:电子工业出版社,2016。

中央电视台大型纪录片《互联网时代》主创团队,《互联网时代》,北京:北京联合出版公司,2015。

林军,《沸腾十五年：中国互联网：1995—2009》,北京：中信出版社,2009。

国家互联网信息办公室、北京市互联网信息办公室,《中国互联网20年·网络大事记篇》,北京：电子工业出版社,2014。

方兴东,《骚动与喧哗：IT业随笔》,北京：海洋出版社,1999。

段伟文,《网络先锋：中国网络产业透视》,北京：北京邮电大学出版社,2000。

钱亦蕉,《数字英雄》,上海：学林出版社,2000。

赵旭、王学锋、于东辉,《烧.COM—21世纪中国最大经济泡沫内幕纪实》,北京：光明日报出版社,2001。

刘韧、李戎,《中国.COM互联网上的清明上河图》,北京：中国人民大学出版社,2000。

林木,《网事十年：影响中国互联网的一百人》,北京：当代中国出版社,2006。

经济观察报,《开放中国：改革的30年记忆》,北京：中信出版社,2008。

沈威风,《淘宝网：倒立者赢》,杭州：浙江人民出版社,2007。

程东升,《李彦宏的百度世界》,北京：中信出版社,2009。

张刚,《马云十年》,北京：中信出版社,2009。

薛芳,《企鹅凶猛：马化腾的中国功夫》,北京：华文出版社,2009。

刘立京,《追梦人陈天桥》,北京：现代出版社,2009。

刘强东口述,方兴东访谈、点评,《我的创业史》,北京：东方出版社,2017。

方兴东、王俊秀,《博客—E时代的盗火者》,北京：中国方正出版社,2003。

陆群,《中国网虫传奇》,北京：中国青年出版社,2003。

东鸟,《网络战争：互联网改变世界简史》,北京：九州出版社,2009。

本书编委会,《大跨越——中国电信业三十春秋》,北京：人民出版社,2008。

南都报系网络问政团队编著,《网络问政》,广州：南方日报出版社,2010。

陈煜、钱跃，《民间记忆：1978—2008》，北京：中央文献出版社，2008。

西门柳上、马国良、刘清华，《正在爆发的互联网革命》，北京：机械工业出版社，2009。

王建宙，《移动时代生存》，北京：中信出版社，2014。

李开复，《微博：改变一切》，上海：上海财经大学出版社，2011。

宁肯，《中关村笔记》，北京：北京十月文艺出版社，2017。

方兴东、刘伟，《阿里巴巴正传：我们与马云的"一步之遥"》，南京：江苏凤凰文艺出版社，2014。

吴寸木，《谷歌不听话：互联网背后的大国角力》，北京：电子工业出版社，2010。

国家互联网信息办公室主编，《趋势：首届世界互联网大会全纪录》，北京：中央编译出版社，2015。

马化腾等，《互联网+：国家战略行动路线图》，北京：中信出版社，2015。

周鸿祎、范海涛，《颠覆者：周鸿祎自传》，北京：北京联合出版公司，2017。

阿里巴巴集团编，《马云：未来已来》，北京：红旗出版社，2017。

[美] 比尔·盖茨著，辜正坤主译，《未来之路》，北京：北京大学出版社，1996。

[美] 尼葛洛庞帝著，胡泳、范海燕译，《数字化生存》，海口：海南出版社，1997。

[美] 阿尔文·托夫勒著，黄明坚译，《第三次浪潮》，北京：中信出版社，2006。

[美] 曼德尔著，李斯、李燕鸿译，《即将到来的互联网大萧条》，北京：光明日报出版社，2001。

[美] 凯斯·桑斯坦著，黄维明译，《网络共和国》，上海：上海人民出版社，2003。

[美]托马斯·弗里德曼著，何帆、肖莹莹、郝正非译，《世界是平的》，长沙：湖南科学技术出版社，2006。

[美]安德森著，乔江涛、石晓燕译，《长尾理论2.0》，北京：中信出版社，2009。

[美]曼纽尔·卡斯特著，夏铸九等译，《网络社会的崛起》，北京：社会科学文献出版社，2006。

[美]凯文·凯利著，周峰、董理、金阳译，《必然》，北京：电子工业出版社，2016。

[美]安德鲁·基恩著，丁德良译，《网民的狂欢：关于互联网弊端的反思》，海口：南海出版公司，2010。

[美]艾萨克森著，管延圻等译，《史蒂夫·乔布斯传》，北京：中信出版社，2011。

[美]蔡斯著，王芮译，《共享经济：重构未来商业新模式》，杭州：浙江人民出版社，2015。

[美]杰里米·里夫金著，赛迪研究院专家组译，《零边际成本社会》，北京：中信出版社，2014。

[印]阿鲁·萨丹拉彻著，周恂译，《分享经济的爆发》，上海：文汇出版社，2017。

程维等著，张晓峰主编，《滴滴：分享经济改变中国》，北京：人民邮电出版社，2016。

[德]施瓦布著，李菁译，《第四次工业革命》，北京：中信出版社，2016。

[以]尤瓦尔·赫拉利著，林俊宏译，《未来简史》，北京：中信出版社，2017。